北京电子科技职业学院
BEIJING POLYTECHNIC

“百名教师到企业挂职（岗）实践、开发百门工学结合
项目课程、编写百部工学结合校本教材活动”系列教材

电工技术应用与实践

（维修电工高级项目化教程）

主　编　马冬宝

副主编　戚成浩　陈春先

参　编　徐永先　郎　莹　陶　砂　辛　义　单树明

電子工業出版社
Publishing House of Electronics Industry
北京・BEIJING

内容简介

本教材主要以相关专业人才培养方案、国家职业资格鉴定维修电工（高级工、技师）职业标准中岗位职业能力要求、国家级技能比赛的技能要求、行业企业和社会发展的先进水平为标准，充分体现规范性、先进性和实效性，培养学生具备对机械设备和电气控制系统线路及器件等进行安装、调试、维护、维修的能力。

本教材为项目化教程，每一个教学载体或项目对应维修电工高级工考核要求的一个模块，使维修电工高级工考核要求的每一个模块都对应2～3个项目的学习，项目均来源于企业及维修电工高级及技师的实践操作考核项目。

本书可作为高职高专院校机电类专业的教学用书以及电工技师维修的参考书。

未经许可，不得以任何方式复制或抄袭本书之部分或全部内容。
版权所有，侵权必究。

图书在版编目（CIP）数据

电工技术应用与实践 / 马冬宝主编. —北京：电子工业出版社，2015.1
维修电工高级项目化教程

ISBN 978-7-121-24738-5

Ⅰ. ①电… Ⅱ. ①马… Ⅲ. ①电工技术—高等学校—教材 Ⅳ. ①TM

中国版本图书馆CIP数据核字（2014）第262270号

策划编辑：郭乃明
责任编辑：郝黎明
印　　刷：北京天宇星印刷厂
装　　订：北京天宇星印刷厂
出版发行：电子工业出版社
　　　　　北京市海淀区万寿路173信箱　邮编　100036
开　　本：787×1 092　1/16　印张：20.75　字数：531.2千字
版　　次：2015年1月第1版
印　　次：2015年1月第1次印刷
定　　价：43.00元

凡所购买电子工业出版社图书有缺损问题，请向购买书店调换。若书店售缺，请与本社发行部联系，联系及邮购电话：（010）88254888。

本书由北京市级专项“2011/2012年教育教学改革”专项项目（PXM2011_014306_000058）资助完成。

质量投诉请发邮件至zlts@phei.com.cn，盗版侵权举报请发邮件至dbqq@phei.com.cn。

服务热线：（010）88258888。

北京电子科技职业学院

《“三百活动”系列教材》编写指导委员会

主　　任：安江英

副 主 任：王利明

委　　员：（以姓氏笔画为序）

于　京	马盛明（出版社）	王　萍
王　霆	王正飞（出版社）	
牛晋芳（出版社）	叶　波（出版社）	兰　蓉
朱运利	刘京华	李友友
李文波（企业）	李亚杰	何　红
陈洪华	高　忻（企业）	
黄天石（企业）	黄　燕（出版社）	蒋从根
翟家骥（企业）		

《电工技术应用与实践（维修电工高级项目化教程）》编写组

马冬宝　戚成浩　陈春先　徐永先　郎　莹　陶　砂　辛　义　单树明

序　言

职业教育作为与经济社会联系最为紧密的教育类型，它的发展直接影响到生产力水平的提高和经济社会的可持续发展。职业教育的逻辑起点是从职业需求出发，为使受教育者获得某种职业技能和职业知识、形成良好的职业道德和职业素质，从而满足从事一定社会生产劳动的需要而开展的一种教育活动。高等职业教育以培养高端技能型专门人才为教育目标，由于职业教育与普通教育的逻辑起点不同，其人才培养方式也不同。教育部《关于推进高等职业教育改革创新引领职业教育科学发展的若干意见》（教职成[2011]12 号）等文件要求“高等职业学校要与行业（企业）共同制订专业人才培养方案，实现专业与行业（企业）岗位对接、专业课程内容与职业标准对接；引入企业新技术、新工艺，校企合作共同开发专业课程和教学资源；将学校的教学过程和企业的生产过程紧密结合，突出人才培养的针对性、灵活性和开放性；将国际化生产的工艺流程、产品标准、服务规范等引入教学内容，增强学生参与国际竞争的能力”，其目的就是要深化校企合作，进行工学结合人才培养模式的改革，创新高等职业教育课程模式，在中国制造向中国创造转变的过程中，培养适应经济发展方式转变与产业结构升级需要的“一流技工”，不断创造具有国家价值的“一流产品”。我校致力于研究与实践这个高等职业教育创新发展的中心课题，以使命为己任，从区域经济结构特征出发，确立了“立足开发区，面向首都经济，融入京津冀，走出环渤海，与区域经济联动互动、融合发展，培养适应国际化大型企业和现代高端产业集群需要的高技能人才”的办学定位，形成了“人才培养高端化，校企合作品牌化，教育标准国际化”的人才培养特色。

为了创新改革高端技能型人才培养的课程模式，增强服务区域经济发展的能力，寻求人才培养与经济社会发展需求紧密衔接的有效教学载体，学校于 2011 年启动了“百名教师到企业挂职（岗）实践、开发百门工学结合项目课程、编写百部工学结合校本教材活动”（简称“三百活动”），资助 100 名优秀专职教师，作为项目课程开发负责人，脱产到世界 500 强企业挂职（岗）实践锻炼，去选择“好的企业标准”，转化为“好的教学项目”。教师通过深入生产一线，参与企业技术革新，掌握企业的技术标准、工作规范、生产设备、生产过程与工艺、生产环境、企业组织结构、规章制度、工作流程、操作技能等，遵循教育教学规律，收集整理企业生产案例，并开发转化为教学项目，进行“教、学、训、做、评”一体化课程教学设计，将企业的“新观念、新技术、新工艺、新标准”等引入课程与教学过程中。通过“三百活动”，有效地促进了教师的实践教学能力、职业教育的项目课程开发能力、“教、学、训、做、评”一体化课程教学设计能力与职业综合素质。

学校通过“教师自主申报”、“学校论证立项”等形式，对项目的选题、实施条件等进行充分评估，严格审核项目立项。在项目实施过程中，做好项目跟踪检查、项目中期检查、项目结题验收等工作，确保项目的高质量完成。《电工技术应用与实践》是我校“三百活动”系列教材之一。课程建设团队将企业系列真实项目转化为教学载体，经过两轮的“教、学、训、做、评”一体化教学实践，逐步形成校本教学资源，并最终完成了本教材的编写工作。“三百活动”系列教材的编写建设，得到了各级领导、行业企业专家和教育专家的大力支持和热心的指导与帮助，在此深表谢意。希望这套“三百活动”系列教材能为我国高等职业教育的课程模式改革与创新做出积极的贡献。

北京电子科技职业学院

副校长　安江英

致学习者

一、与您分享

本书将与您分享维修电工（高级）知识和技能。通过学习本书，您将在四个模块的十四个项目的导引下去学习维修电工（高级）的知识和技能。我们在本书的每个项目中都设置了由浅入深、不同难度的任务，当您在完成了各个任务后，就完成了相关的知识学习，同时锻炼了相关技能。为了与企业接轨，本书特别参照新国标对文字（GB/T20939-2007）和图形（GB/T4728-2005-2008）符号进行了规范，通过学习，您将收获新国标的使用方法，对您在工作中应用新国标会颇有益处。

在学完本书后，我们希望能够为您进一步学习机电一体化技术专业的其他课程奠定基础，更希望本书能成为您进入相关岗位的铺路石。

二、如何使用

在学习本书时，可以首先了解一下**【项目目标】**，然后了解**相关知识考核要点**和**相关技能考核要点**，从而对整个项目的学习效果有所认识。

【项目任务描述】是需要解决的问题的详细解读，**【项目实施条件】**是为解决问题提供的软硬件条件。**【相关知识链接】**提供了完成本项目必要的知识内容，这些内容是完成任务所必须掌握的。**【项目实施步骤】**为学习者提供了完成本项目的操作步骤。为了进一步巩固所学内容，书中安排了**【知识点拓展】**部分。在任务完成后，我们还安排了**【检查与评价】**，用于检查学习者在本项目中的完成情况。

希望读者从本书中找到适合自己的学习方法，充分提高对知识的理解和职业技能水平。

三、规划课程

本书以项目为载体，重点案例问题解决为主线，贯穿理论知识、仪表使用、电气安装等技术内容。通过项目教学的方式由浅入深、由易到难，逐层、逐步深入讲解。在学习中侧重讲解从小任务到大项目的问题解决方案，强调以分析和解决问题为重点教学内容，融入计划性、规范性的教学要求。注重形成性评价，特别是注重学习细节评价，让学习者从细节中不断发现问题并修正，直至养成良好的学习和工作习惯。

四、教材脉络

本教材以全新的结构进行编写，在本书中首先呈现以解决问题为主的工作模块，在每个模块中，根据模块解决的途径，编排了不同难度级别梯次的项目，在项目执行过程中强调自我学习、编制计划、自我评价。在每个项目中展现发现问题、分析问题和解决问题的具体实施步骤。

本书提供了螺旋式上升的学习方式，又提供了知识和技能不断往复实践，能力不断提升的学习途径。本书编排的项目与生产相结合，突出了机电一体化专业的专业内容。本书在编写过程中严格按照新国标进行撰写，保持了与行业和企业技术的同步。本书在编写过程中绘制了大量的图片用于创设情境和辅助教学。

本书模块一和模块三、教材整体结构设计编写和统稿由北京电子科技职业学院马冬宝负责，模块二由戚成浩负责组织编写，模块四主要由北京电子科技职业学院陈春先负责组织编写。徐永先、郎莹、辛义、陶砂及单树明也参与了本教材的编写，具体项目编写分工如下表所示：

模　块	项　目	负责人	模　块	项　目	负责人
模块一	项目一	马冬宝	模块三	项目一	马冬宝
	项目二	马冬宝		项目二	马冬宝
模块二	项目一	戚成浩	模块四	项目一	郎莹、辛义
	项目二	戚成浩		项目二	徐永先
	项目三	陶砂、郎莹		项目三	陈春先、单树明
	项目四	戚成浩		项目四	陈春先、单树明
	项目五	戚成浩		项目五	陈春先

由于编者水平有限，书中难免有不妥之处，敬请专家和广大读者批评指正。

编　者

目　　录

模块一　继电器控制电路装调维修模块

项目一　X62W 型铣床控制电路测绘与维修

【项目目标】

通过完成本项目，使学习者能够达到维修电工（高级）证书相应的理论和技能的考核要求，具体要求见表 1.1.1。

表 1.1.1　维修电工（高级）考核要素细目表

相关知识考核要点	相关技能考核要求
1. 电气控制图测绘的步骤、方法和注意事项 2. X62W 型铣床主电路和控制电路组成 3. X62W 型铣床分析方法和测绘内容 4. X62W 型铣床起动和制动控制方法 5. X62W 型铣床工作台移动和回转控制方法 6. X62W 型铣床电气保护措施及常见故障	1. 能测绘 X62W 型铣床电气控制电路的位置图和接线图 2. 能进行 X62W 型铣床电气控制电路的故障检查及排除

【电气图形符号和文字符号】

在本项目中涉及的元器件的图形符号和文字符号见表 1.1.2。

表 1.1.2　元器件的图形符号和文字符号

序号	名称	图形符号 GB/T4728—2005-2008	文字符号 GB/T20939-2007	备注
1	三相鼠笼式感应电动机 S00836	M 3～	MA	GB/T4728.6—2008
2	三绕组变压器 S00845		TA	GB/T4728.6—2008
3	动合（常开）触点 S00227		接触器 QA 继电器 KF	GB/T4728.7—2008
4	动断（常闭）触点 S00229		接触器 QA 继电器 KF	GB/T4728.7—2008

续表

序号	名称	图形符号 GB/T4728—2005-2008	文字符号 GB/T20939-2007	备注
5	自动复位的手动按钮开关 S00254		SF	GB/T4728.7—2008
6	无自动复位的手动旋转开关 S00256		SF	GB/T4728.7—2008
7	接触器的主动合触点 S00284		QA	GB/T4728.7—2008
8	断路器 S00287		QA	GB/T4728.7—2008
9	继电器线圈 S00305	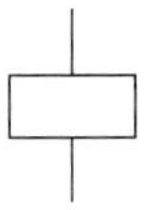	接触器 QA 继电器 KF	GB/T4728.7—2008
10	热继电器驱动件 S00325	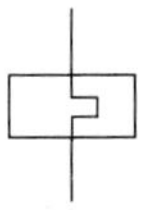	BB	GB/T4728.7—2008
11	时间继电器 通电延时线圈 S00312	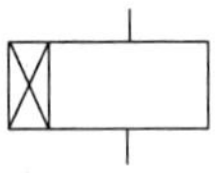	KF	GB/T4728.7—2008
12	时间继电器 延时闭合动合触点 S00243		KF	GB/T4728.7—2008
13	时间继电器 延时闭合动断触点 S00246	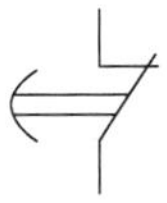	KF	GB/T4728.7—2008
14	带动合触点的位置开关 S00259		BG	GB/T4728.7—2008
15	带动断触点的位置开关 S00260		BG	GB/T4728.7—2008
16	组合位置开关 S00261	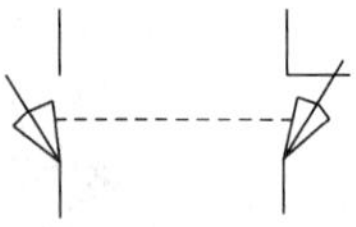	BG	GB/T4728.7—2008

续表

序号	名称	图形符号 GB/T4728—2005-2008	文字符号 GB/T20939-2007	备注
17	熔断器 S00362		FC	GB/T4728.7—2008
18	灯 S00965		PG	GB/T4728.8—2008
19	接地 S00200			GB/T4728.3—2005
20	速度继电器转子		KF	
21	速度继电器常开触点	n	KF	JB/T 2739-2008
22	速度继电器常闭触点	n	KF	
23	热继电器动断触点		BB	JB/T 2739-2008
24	断路器		QA	JB/T 2739-2008
25	T 形连接 S00019			GB/T4728.3—2005
26	T 形连接 S00020			GB/T4728.3—2005
27	导线的双 T 形连接 S00021			GB/T4728.3—2005
28	导线的双 T 形连接 S00022			GB/T4728.3—2005

【项目任务描述】

现有一台 X62W 型铣床，实物图如图 1.1.1 所示，该铣床相关的图纸丢失，同时有些功能无法正常运转。现需要工程技术人员对 X62W 型铣床相关图纸进行测绘。测绘完成后，根据电气原理图、位置图和接线图图纸，对 X62W 型铣床的相关故障进行诊断和排除。

图 1.1.1　X62W 型铣床实物图

【项目实施条件】

X62W 型铣床测绘和故障排除过程中所需要的工具和仪表见表 1.1.3。

表 1.1.3　仪器仪表及电器元件

序号	名　　称	型号与规格	单位	数量
1	机床	X62W 型铣床	台	1
2	电工工具		套	1
3	万用表		块	1
4	测绘工具		套	1
5	电路图	与 X62W 型铣床配套	张	1
6	故障排除所用材料	与相应的机床配套	套	1

【知识链接】

<继电器控制电路的分析与测绘方法>

根据机械设备电气部分的实际安装和接线位置绘出其电路原理图、位置图和接线图的方法称为电气测绘。

1. 复杂机械设备电气测绘的分类

根据任务的不同，所进行的电气测绘的方式和范围也不尽相同，在实际工作中应根据实际情况作出选择。

（1）整体测绘。

为进行电气维护和技术资料整理，需要进行电气控制系统的整体测绘。在实际工作中，有时需要面对无任何资料、且在企业中的地位比较重要的复杂机械设备。此时，就应当赶在设备的基本情况比较完好的情况下，对该设备进行一次全面的电气测绘。

（2）局部测绘。

为了满足进行必要电气维护和技术改造的需要，应对电气控制系统做局部测绘。

对实际维护工作中遇到的技术资料部分缺损或变更后技术资料不准确的情况，通常只是有目的地对某一部分或者某个环节进行测绘，以满足维护和改造的需要。

从实际测绘的需要来看，第二种测绘方式在实际工作中遇到比较多，整体测绘的情况相对比较少，但无论哪一种测绘都应当注意以下几点：

① 要根据设备的实际情况（包括控制方式、元器件型号和规格等信息）真实地进行记录和绘制，即使认为诸多单元有不先进或不合理的地方，也应当如实记录。因为这可能是获得该设备原始资料的唯一方法和最后机会，也是今后进行维护和技术改造的基本依据和论证材料。应当完全杜绝在测绘时夹杂个人意见的主观判断以及不尊重事实的行为。

② 测绘后要求留有较完整的技术资料，包括电气系统接线图、电气系统原理图、电气系统控制原理说明书（其中包括主要电气技术参数的调试记录），并附电气元器件明细表。

③ 测绘完成后，要按照原出厂方式整理好被测绘的电气控制箱和设备出线情况，全面恢复设备应有的使用功能和运行状态，并配合测绘与完善缺损或不清的电气标识和编号，消除测绘中发现的电气缺陷和隐患，并对修改进行记录。最后，写出测绘总结，将整理好的完整技术资料一起存档。

④ 对局部测绘完成后不能实施修复和功能恢复的，要根据测绘结果提出技术改造的实施方案。

⑤ 通常所说的测绘，在一般意义上是指电气设备硬件逻辑电路的测绘，主要用于指导设备的维护，一般不提倡对设备的软件进行测绘。另外，对电路板的测绘，只需要有其外特性和对外功能，也就是说对其输入、输出的要求和功能进行测绘。一般不要求对电路板的布线进行测绘来绘制原理图，因为即使测绘出了电路原理图，也可能因为某些元器件的过时而使原电路板无法修护。

2. 根据实物测绘设备的电气控制电路的方法

根据实物测绘设备的电气控制电路的方法如下：

（1）位置图 ---接线图 ---电路图测绘法。

根据电气设备的位置图和接线图测绘出电路图的方法为位置图 ---接线图 ---电路图测绘法，这是最基本的测绘电路图的方法。

（2）查对法。

在调查了解的基础上，分析判断生产设备控制电路中采用的基本控制环节，并画出电路草图，再与实际控制电路进行查对，对不正确的地方加以修改，最后绘制出完整的电气电路。

采用此法绘图时需要绘制者有一定的基础，既要熟悉各种电器元件在系统中的作用及连接方法，又要对系统中各种典型环节的画法有比较清楚的了解。

（3）综合法。

根据对生产设备中所用电动机的控制要求及各环节的作用，采用上述两种方法相结合进行绘制。如先用查对法画出草图，再对照实物进行测绘、检查、核对、修改，画出完整的电气电路。

3. 根据实物测绘设备的电气控制电路的步骤

（1）测绘前的调查。

① 了解设备的基本结构及运动形式：有哪些运动属于电气控制的，有哪些运动属于机械传动的，有哪些运动属于液压传动的；液压传动时，电磁阀的动作情况如何。另外，了解电气控制中那些需要联锁、限位的电路及其所需的各种电气保护装置。

② 在熟悉机械动作情况的同时，让机床的操作者开动机床，展示各运动部件的动作情况，了解哪些是正反转控制，哪些是顺序控制，哪台电动机需要制动控制等。有些电器的功能不清楚时，可通过试车确认。

③ 根据各部件的动作情况，在电气控制箱中观察各电器元件的动作情况。

（2）测绘位置图。

① 将机床断电，并使所有电器元件处于正常（不受力）状态。

② 按实物画出设备的电器位置图。

电器包括控制箱（柜）、电动机和设备本体上的元器件。

（3）画出接线图。

根据测绘出的位置图画出所有电器的内部功能示意图，在所有界限端子处均标号，画出实物接线图。

（4）绘制电路图。

根据实物和接线图绘制电路图的步骤如下：

① 绘制主运动、辅助运动及进给运动的主电路图。

② 绘制主运动、辅助运动及进给运动的控制电路图。

③ 将绘制的电路图按实物编号。

④ 将绘制好的控制电路图对照实物进行实际操作，检查绘制的电气控制电路图的操作控制与实际操作的电器动作情况是否相符。如果与实际操作情况相符，则完成了电气电路图的绘制；否则，须进行修改，直接与实际动作相符为止。

4. 绘制电路图时的注意事项

（1）电路图中的连接线、设备或元件图形符号的轮廓线都用实线绘制，其线宽可根据图形的大小在 0.25mm、0.35mm、0.5mm、0.7mm、1.0mm、1.4mm 中选取。屏蔽线、机械联动线、不可见轮廓线等用虚线，分界线、结构围框线、分组围框线等用点画线绘制。一般情况下，在同一图中，用同一线宽绘制。

（2）图中各电器元件的图形符号和文字符号均符合最新国家标准。

（3）各个元器件及其部件在电路图中的位置应根据便于阅读的原则来安排，同一元器件的各个部件可以不画在一起，但属于同一电器上的各元器件都用同一文字符号和同一数字表示。

（4）所有电气开关和触点的状态，均以线圈未通电、手柄置于零位、无外力作用或生产机械在原始位置为基础。

（5）电路分主电路和控制电路两部分，主电路画在左边，控制电路画在右边。按新的国家标准规定，一般用竖直画法。

（6）电机和电器的各接线端子都要编号。主电路的接线端子用一个字母后面附一位或两位数字来编号。如 U1、V1、W1。控制电路只用数字编号。

（7）各元器件在图中还要标有位置编号，以便寻找对应的元器件。对电路或分支电路可用数字编号表示其位置，数字编号应按照从左到右或自上而下的顺序排列。如果某些元器件符号之间有相关功能或因果关系，还应表示出它们之间的关系。

<继电器控制电路的故障与维修>

1. 机床电气设备故障的必然性

尽管我们对机床设备采取了日常维护保养及定期校验检修等有效措施，但仍不能保证机床电气设备长期正常运行而永远不出现电气故障。机床电气设备故障产生的原因主要有以下两方面。

（1）自然故障。

机床在运行过程中，其电气设备常常要承受许多不利的影响，诸如电器动作过程中的机械振动；过电流的热效应加速电器元件的绝缘老化变质；电弧的烧损；长期动作的自然磨损；周围环境温度、湿度的影响；有害介质的侵蚀；元件自身的质量问题；自然寿命等。以上种种原因都会使机床电器难免出现一些故障而影响机床的正常运行。因此，加强日常维护保养和检修，可使机床在较长时间内不出或少出故障，但切不可认为反正机床电气设备的故障是客观存在，在所难免，就可以忽视日常维护保养和定期检修工作。

（2）人为故障。

机床在运行过程中由于受到不应有的机械外力的破坏或因操作不当、安装不合理而造成的故障，也会造成机床事故，甚至危及人身安全。

2. 故障的类型

由于机床电气设备的结构不同，电器元件的种类繁多，导致电气故障的因素又是多种多样，因此电气设备所出现的故障必然是各式各样的。这些故障大致可分为如下两大类：

（1）故障有明显的外表特征并容易被发现。

例如，电机、电器的显著发热，冒烟，散发出臭味或火花等。这类故障是由于电机、电器的绕组过载、绝缘击穿、短路或接地引起的。在排除这类故障时，除了更换或修复之外，还必须找出和排除造成上述故障的原因。

（2）故障没有明显的外表特征。

这一类故障是控制电路的主要故障。在电气线路中，由于电气元件调整不当、机械动作失灵、触点及压接线头接触不良或脱落，以及某个小零件的损坏、断线等原因所造成的故障。线路越复杂，出现这类故障的机会也越多。这类故障虽小但经常碰到，由于没有外表特征，要寻找故障发生点，常常要花费很多时间，有时还需借助各类测量仪表和工具才能找出故障点，而一旦找出故障点，往往只需简单的调整或修理就能立即恢复机床的正常运行，所以能否迅速查出故障点是检修这类故障时能否缩短时间的关键。

3. 故障的分析和检修

当机床发生电气故障后，为了尽快找出故障的原因，常按下列步骤进行检查分析，排除故障。

（1）修理前的调查研究。

① 问。先向机床的操作者了解故障发生的前后情况，故障是第一次发生还是经常发生；是否有烟雾、跳火、异常声音和气味出现，有何失常和误动作等。因为机床的操作者最熟悉本机床的性能，最先了解故障发生的可能原因和部位，这样有利于电气修理人员在此基础上利用有关电气工作原理来判断故障发生的地点和分析故障产生的原因。

② 看。观察一下熔断器内的熔丝是否熔断；电气元件及导线连接处有无烧焦痕迹。

③ 听。电动机、控制变压器、接触器、继电器运行时声音是否正常。

④ 摸。机床电气设备运行一段时间后，切断电源用手触摸有关电器的外壳或电磁线圈，检查其温度是否显著上升，是否有局部过热现象。

（2）从机床电气原理图进行分析，确定产生故障的可能范围。

机床电气线路有的很简单，有的也很复杂。对于比较简单的电气线路，若发生了故障，仅有的几个电器元件和几根导线会一目了然，即使逐个电器、逐根导线地依次检查电路，也容易找出故障部位。但是对于线路较复杂的电气设备则不能采用上述方法来检查电气故障。电气维修人员必须熟悉和理解机床的电气线路图，这样才能正确判断和迅速排除故障。机床的电气线路是根据机床的用途和工艺要求而确定的，因此了解机床基本工作原理、加工范围和操作程序，对掌握机床电气控制线路的原理和各个环节的作用具有一定的意义。

任何一台机床的电气控制线路，总是由主电路和控制电路两部分组成，而控制电路又可分为若干个基本的控制电路或环节（如点动、正反转、降压起动、制动、调速）。分析电路时，通常先从主电路入手，了解机床各运动部件和机构由几台电动机拖动，从每台电动机主电路中使用接触器的主触点的连接方式，大致可看出电动机是否有正反转控制，是否采用了降压起动，是否有制动控制，是否有调速控制等；再根据接触器主触点的文字符号，在控制电路中找到对应的控制电路，联系到机床对控制线路的要求和前面所学的各种基本线路的知识，逐步深入了解各个具体的电路由哪些电器组成，它们互相的联系，等等，结合故障现象和线路工作原理进行分析，便可迅速判断出故障可能范围，以便进一步分析出故障发生的确切部位。

（3）进行外表检查。

在判断了故障可能发生的范围后，在此范围内对有关电器元件进行外表检查，这时常常能发现故障的确切部位。例如，熔断器内的熔丝熔断、接线头松动或脱落，接触器或继电器触点脱落或接触不良，线圈烧坏使表层绝缘纸烧焦变色，烧化的绝缘清漆流出，弹簧脱落或断裂，电气开关的动作机构受阻失灵等，都能明显地表明故障点所在。

（4）试验控制电路的动作顺序。

经外表检查未发现故障点时，则可采用通电试验控制电路的动作顺序的办法来进一步查找故障点。具体的做法是：操作某个按钮或开关时，线路中有关的接触器、继电器应按规定的动作顺序进行工作。若依次动作至某一个电器元件发现动作不符，说明此元件或其他相关电路有问题。再在此电路中进行逐项分析和检查，一般到此便可发现故障。在通电试验时，必须注意人员和设备的安全。要遵守安全操作规程，不得随意触动带电部分，要尽可能切断电动机主电路电源，只在控制电路带电情况下进行检查；如需电动机运转，则应使电动机在空载下运行，避免机床运动部分发生误动作和碰撞；要暂时隔断有故障的主电路，以免故障扩大，并预先充分估计到局部线路动作后可能发生的不良后果。

（5）利用仪表或器械检查。

利用各种电工测量仪表或器械对电路进行电阻、电流、电压等参数的测量，再进一步寻找或判断故障，是电器维修工作中的一项有效措施。如用万用表、钳形表、试电笔、校火灯等仪表或器械来检查电气线路，能迅速有效地找出故障原因。

（6）检查是否存在机械、液压故障。

在许多电气设备中，电器元件的动作是由机械、液压来推动的，与它们有着密切的联动关系，所以在检修电气故障的同时，应检查、调整和排除机械、液压部分的故障，或与机械维修工配合完成。

以上所述检查分析电气设备故障的一般顺序和方法，应根据故障的性质和具体情况灵活掌握，断电检查多采用电阻法，通电检查多采用电压法或电流法。各种方法可交叉使用。

（7）修复及注意事项。

当找出电气设备的故障后，就要着手进行修复、试运转、记录等过程，然后交付使用。这里必须注意如下事项：

① 在找出故障点和修复故障时，不能把找出的故障点作为寻找故障的结束，还必须进一步分析查明产生故障的根本原因。

② 在故障点的修理工作中，一般情况下应尽量做到复原。但是，有时为了尽快恢复机床的正常运行，根据实际情况也允许采取一些适当的应急措施，但绝不可凑合行事。

③ 机床需要通电试运行时，应和操作者配合，避免出现新的故障。

④ 每次排除故障后，应及时总结经验，并作好维修记录。记录的内容可包括：机床的型号、名称、编号，故障发生日期、现象、部位，损坏的电器，故障原因，修复措施及修复后的运行情况等。记录的目的：作为档案以备日后维修时参考，通过对历次故障对此分析，采取相应的有效措施，防止类似事故的再次发生，或对电气设备本身的设计提出改进意见。

4. 故障检测排除方法

（1）电压测量法。在检查电气设备时，经常用测量电压值的方法来判断电器元件和电路的故障点，检查时先将万用表拨到交流电压 500V 挡位上。

① 分阶测量法。电压的分阶测量法如图 1.1.2 所示。

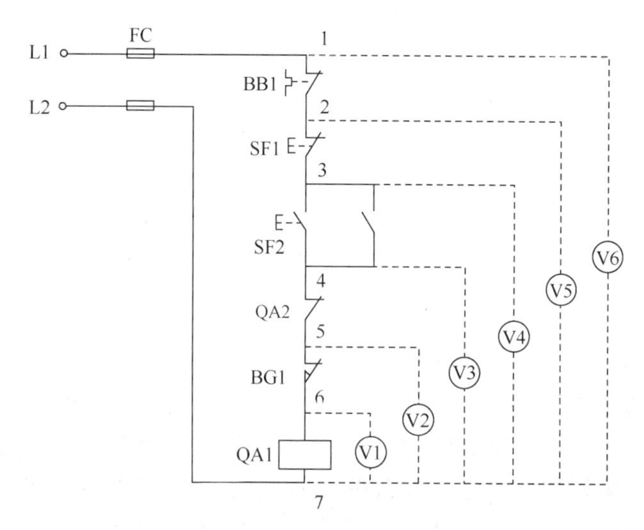

图 1.1.2　电压的分阶测量法

若按下起动按钮 SF2，接触器 QA1 不吸合，说明电路有故障。

检修时，首先用万用表测量 1、7 两点电压，若电路正常，电压为 380V。然后按下起动按钮 SF2 不放，同时将黑表笔接到 7 点上，红表笔接 6、5、4、3、2 标号依次向前移动，分别测量 7-6、7-5、7-4、7-3、7-2 各阶之间的电压。电路正常情况下，各阶电压均为 380V。如测到 7-6 之间无电压，说明是断路故障，可将红表笔前移。当移至某点（如 2 点）时电压正常，说明该点（2 点）以前触点或接线是完好的，此点（2 点）以后的触点或接线断路，一般是此点的第一个触点（即刚跨过的停止按钮 SB1 的触点）或连线断路。

这种测量方法像上台阶一样，所以叫分阶测量法。

分阶测量法可向上测量，即由 7 点向 1 点测量；也可向下测量，即依次测量 1-2、1-3、1-4、1-5、1-6。但向下测量时，若各阶电压等于电源电压，则说明刚测过的触点或导线已断路。向上测量各阶电压值检查故障的方法见表 1.1.4。

表 1.1.4　分阶测量法所测电压值及故障原因

故障现象	测试状态	7-6	7-5	7-4	7-3	7-2	7-1	故障原因
按下 SF2 时 QA1 不吸合	按下 SF2 不放	0	380V	380V	380V	380V	380V	BG1 接触不良
		0	0	380V	380V	380V	380V	QA2 接触不良
		0	0	0	380V	380V	380V	SF2 接触不良
		0	0	0	0	380V	380V	SF1 接触不良
		0	0	0	0	0	380V	BB1 接触不良

② 分段测量法。电压的分段测量法如图 1.1.3 所示。

先用万用表测试 1-7 两点，电压为 380V，说明电源电压正常。

电压的分段测试法是用红、黑两根表笔逐段测量相邻两标号点 1-2、2-3、3-4、4-5、5-6、6-7 的电压。

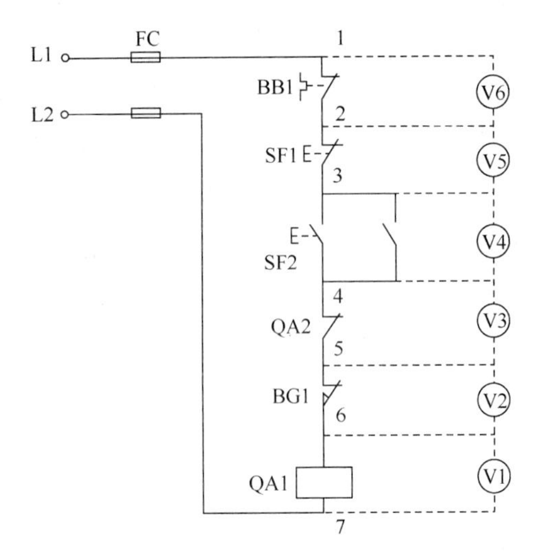

图 1.1.3　电压的分段测量法

如果电压正常，除 6-7 两点间的电压等于 380V 外，其他任意相邻两点间的电压都应为零。

如果按下起动按钮 SF2，接触器 KM1 不吸合，说明电路断路，可用电压表逐段测试各相邻两点的电压。如果测量某相邻两点电压为 380V，说明两点所包括的触点的连接导线接触不良或断路。例如，标号 4-5 两点间电压为 380V，说明接触器 QA2 的常闭触点接触不良。

根据各段电压值来检查故障的方法见表 1.1.5。

表 1.1.5　分段测量法所测电压值及故障原因

故障现象	测试状态	1-2	2-3	3-4	4-5	5-6	故障原因
按下 SF2 时 QA1 不吸合	按下 SF2 不放	380V	0	0	0	0	BB1 接触不良
		0	380V	0	0	0	SF1 接触不良
		0	0	380V	0	0	SF2 接触不良
		0	0	0	380V	0	QA2 接触不良
		0	0	0	0	380V	BG1 接触不良

③ 对地测量法。机床电气控制线路接 220V 电压且零线直接接在机床床身的，可采用对地测量法来检查电路的故障。电压的对地测量法如图 1.1.4 所示。

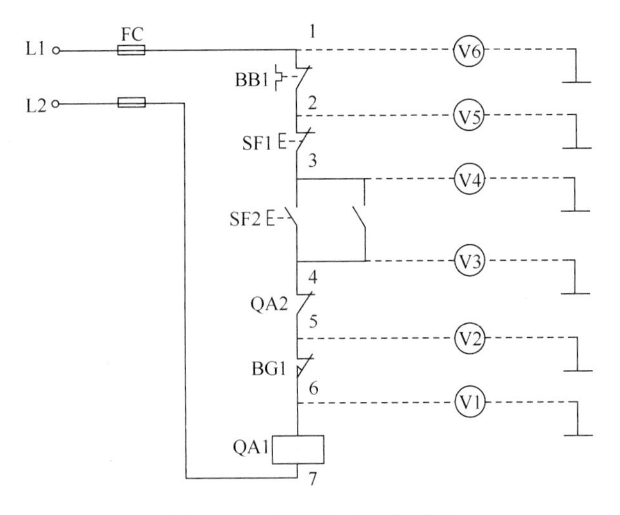

图 1.1.4　电压的对地测量法

测量时，用万用表的黑表笔逐点测量 1、2、3、4、5、6 等各点，根据各点对地的测试电压来检查线路的电气故障。

用对地测量法测出的电压值判别线路电气故障的原因见表 1.1.6。

表 1.1.6　对地测量法判别故障原因

故障现象	测试状态	1	2	3	4	5	6	故障原因
按下 SB2 时 KM1 不吸合	按下 SB2 不放	0	0	0	0	0	0	FC 熔断
		220V	0	0	0	0	0	FR 常闭触点接触不良
		220V	220V	0	0	0	0	SB1 接触不良
		220V	220V	220V	0	0	0	SB2 接触不良
		220V	220V	220V	220V	0	0	KM2 常闭接触不良
		220V	220V	220V	220V	220V	0	SQ 常闭触点接触不良
		220V	220V	220V	220V	220V	220V	KM1 线圈断路或接线脱落

④ 用电压测量法检查线路电气故障时，应注意下列事项：

a．用分阶测量法来检查线路电气故障时，标号 6 以前各点对 7 点的电压，都应为 380V，如低于额定电压的 20%以上，可视为有故障。

b．用分段或分阶测量法测量到接触器 KM1 线圈两端 6 与 7 时，若测量的电压等于电源电压，可判断为电路正常；若接触器不吸合，可视为接触器本身有故障。

c．除对地测量法必须在 220V 电路上应用外，分阶和分段测量法可通用，即在检查一条线路时可同时用两种或多种方法。

（2）电阻测量法。

① 分阶电阻测量法。分阶电阻测量法如图 1.1.5 所示。

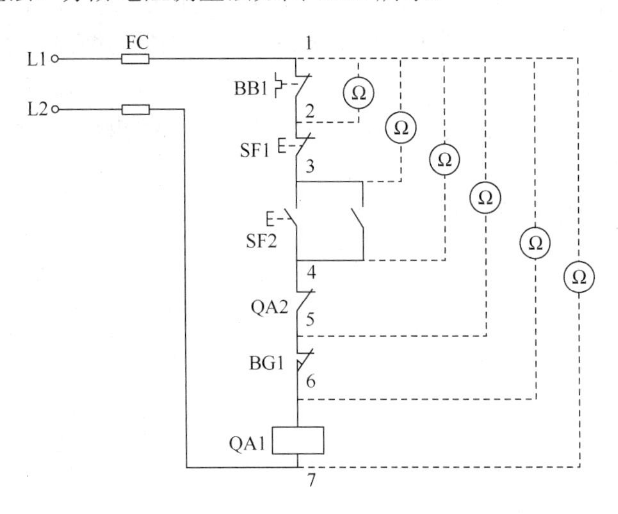

图 1.1.5　分阶电阻测量法

按起动按钮 SF2，若接触器 QA1 不吸合，说明该电气回路有故障。

检查时，先断开电源，把万用表拨到电阻挡，按下 SF2 不放，测量 1-7 两点间的电阻。如果电阻为无穷大，说明电路断路；然后逐段分阶测量 1-2、1-3、1-4、1-5、1-6 各点的电阻值。当测量到某标号时，若电阻突然增大，说明表笔刚跨过的触点或连接线接触不良或断路。

② 分段电阻测量法。电阻的分段测量法如图 1.1.6 所示。

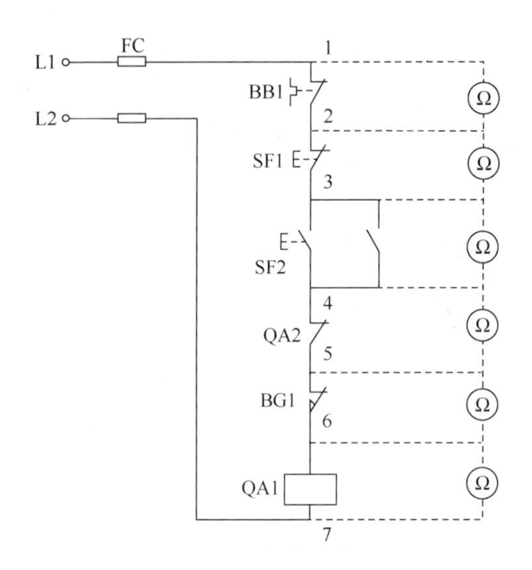

图 1.1.6　电阻分段测量法

检查时先切断电源，按下起动按钮 SF2，然后逐段测量相邻两标号点 1-2、2-3、3-4、4-5、5-6 的电阻。如测得某两点间电阻很大，说明该触点接触不良或导线断路。例如，测得 2-3 两点间电阻很大时，说明停止按钮 SF1 接触不良。

③ 注意事项。电阻测量法的优点是安全；缺点是测量电阻值不准确，易造成判断错误；为此应注意下述几点：

a．用电阻测量法检查故障时一定要断开电源。

b．所测量电路如与其他电路并联，必须将该电路与其他电路断开，否则所测电阻值不准确。

c．测量高电阻电器元件，要将万用表拨到电阻挡适当的位置。

（3）短接法。机床电气设备的常见故障为断路故障，如导线断路、虚连、虚焊、触点接触不良、熔断器熔断等。对这类故障，除用电压法和电阻法检查外，还有一种更为简便可靠的方法，就是短接法。检查时，用一根绝缘良好的导线，将所怀疑的断路部位短接，如短接到某处，电路接通，说明该处断路。

① 局部短接法。局部短接法如图 1.1.7 所示。

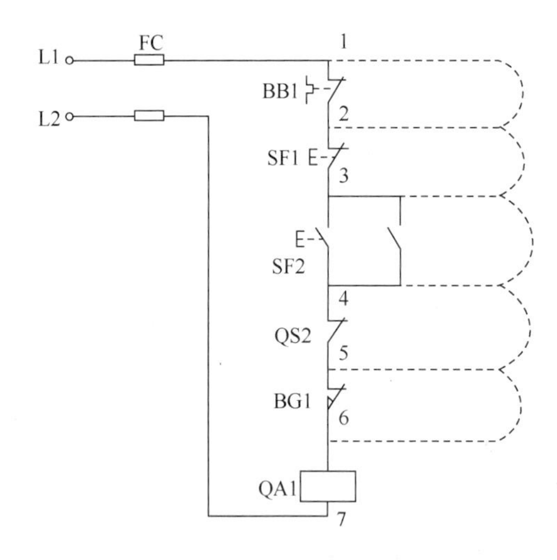

图 1.1.7　局部短接法

按下起动按钮 SF2 时，若 QA1 不吸合，说明该电路有故障。检查前，先用万用表测量 1-7 两点间电压，若电压正常，可按下起动按钮 SF2 不放。然后用一根绝缘良好的导线，分别短接到某两点时，接触器 QA1 吸合，说明断路故障就在这两点之间。具体短接部位及故障原因见表 1.1.7。

表 1.1.7　短接法短接部位及故障原因

故 障 现 象	短接点标号	QA1 动作	故 障 原 因
按下 SF2 时 QA1 不吸合	1-2	QA1 吸合	BB1 常闭触点接触不良或误动作
	2-3	QA1 吸合	SF1 的常闭触点接触不良
	3-4	QA1 吸合	SF2 的常开触点接触不良
	4-5	QA1 吸合	QA2 常闭触点接触不良
	5-6	QA1 吸合	BG1 常闭锄头接触不良

② 长短接法。长短接法如图 1.1.8 所示。

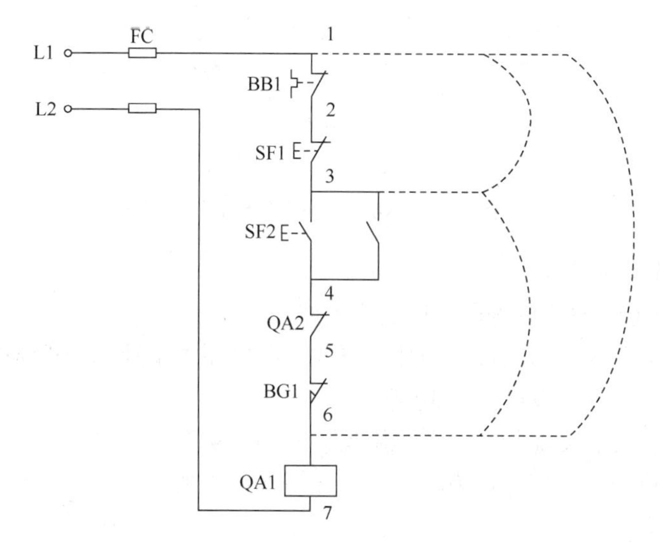

图 1.1.8　长短接法

长短接法是指一次短接两个或多个触点来检查故障的方法。当 BB1 的常闭触点和 SF1 的常闭触点同时接触不良时，若用局部短接法短接接触器 1-2 点，按下 SF2，QA1 仍不能吸合，则可能造成判断错误；而用长短接法将 1-6 点短接，如果 QA1 吸合，说明 1-6 这段电路上有断路故障；然后再用局部短接法逐段找出故障点。

长短接法的另外一个作用是：可把故障点缩小到一个较小的范围。例如，第一次先短接 3-6 点，QA1 不吸合，再短接 1-3 点，QA1 吸合，说明故障在 1-3 点范围内。

可见，用长短接法结合的短接法能很快地排除故障。

③ 用短接法检查故障时的注意事项。

a．短接法是用手拿绝缘导线带电操作的，所以一定要注意安全，避免触电事故。

b．短接法只适用于压降极小的导线及触点之类的断路故障。对于压降较大的电器，如电阻、线圈、绕组等断路故障，不能采用短接法，否则会出现短路故障。

c．对于机床的某些要害部位，必须在保障电气设备或机械部位不会出现事故的情况下，才能使用短接法。

<X62W 铣床电气线路分析>

X62W 万能铣床是以刀具的旋转进行加工的一种机床，主要由床身、主轴、刀杆、工作台、回转盘、横溜板、升降台、底座等几部分组成，其外形如图 1.1.9 所示。

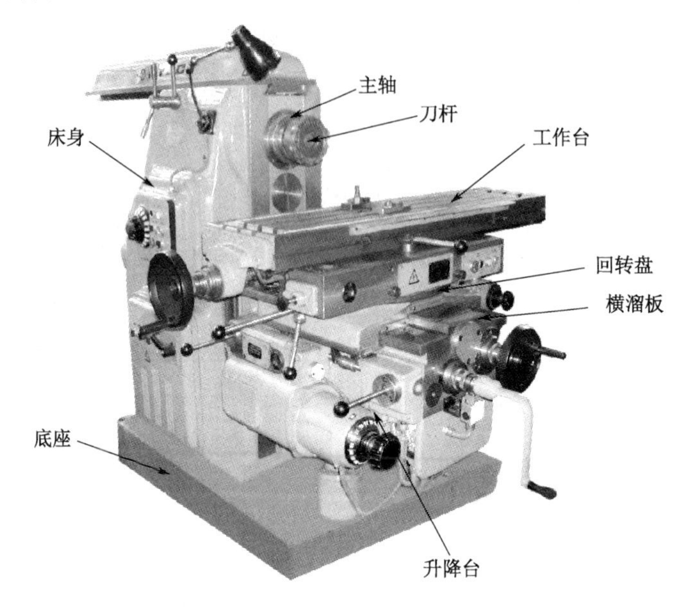

图 1.1.9　X62W 万能铣床外形图

1. X62W 铣床的运动形式

（1）主运动——主轴的旋转运动，控制要求如下。

① 由于铣削加工有顺铣和逆铣两种加工方式，所以要求主轴电动机 MA1 能实现正反转，由 SF14 来进行控制正反转，QA1 引入电源。

② 主轴要求能够快速实现制动，在此用反接制动来实现，由 QA2 控制，RA 为限流电阻。

③ 主轴采用齿轮变速，变速后为防止出现顶齿现象，加了一个主轴变速冲动，由 BG7 来控制。

（2）进给运动——工作台的移动或旋转运动，控制要求如下。

① 工作台要能实现前后运动，由 BG3（前进）、BG4（后退）控制进给电动机 MA2 的正反转，结合机床内部的横向进给离合器实现。

② 工作台要能实现上下运动，由 BG3（下降）、BG4（上升）控制进给电动机 MA2 的正反转，结合机床内部的垂直进给离合器实现。

③ 工作台要能实现左右运动，由 BG1（右移）、BG2（左移）控制进给电动机 MA2 的正反转，结合机床内部的纵向进给离合器实现。

④ 当加工圆弧工件时，工作台要求实现旋转运动（圆工作台旋转），由 SF11 来进行控制进给电动机 MA2 的正转拖动。

⑤ 为提高工作效率，工作台要能实现快速移动，由 SF5 和 SF6 控制，通过电磁离合器 MB 实现。

2. X62W 铣床控制线路主电路分析

如图 1.1.10 所示为 X62W 型万能铣床电气控制线路原理图，电路共由三部分组成：主电路、控制电路和照明电路。

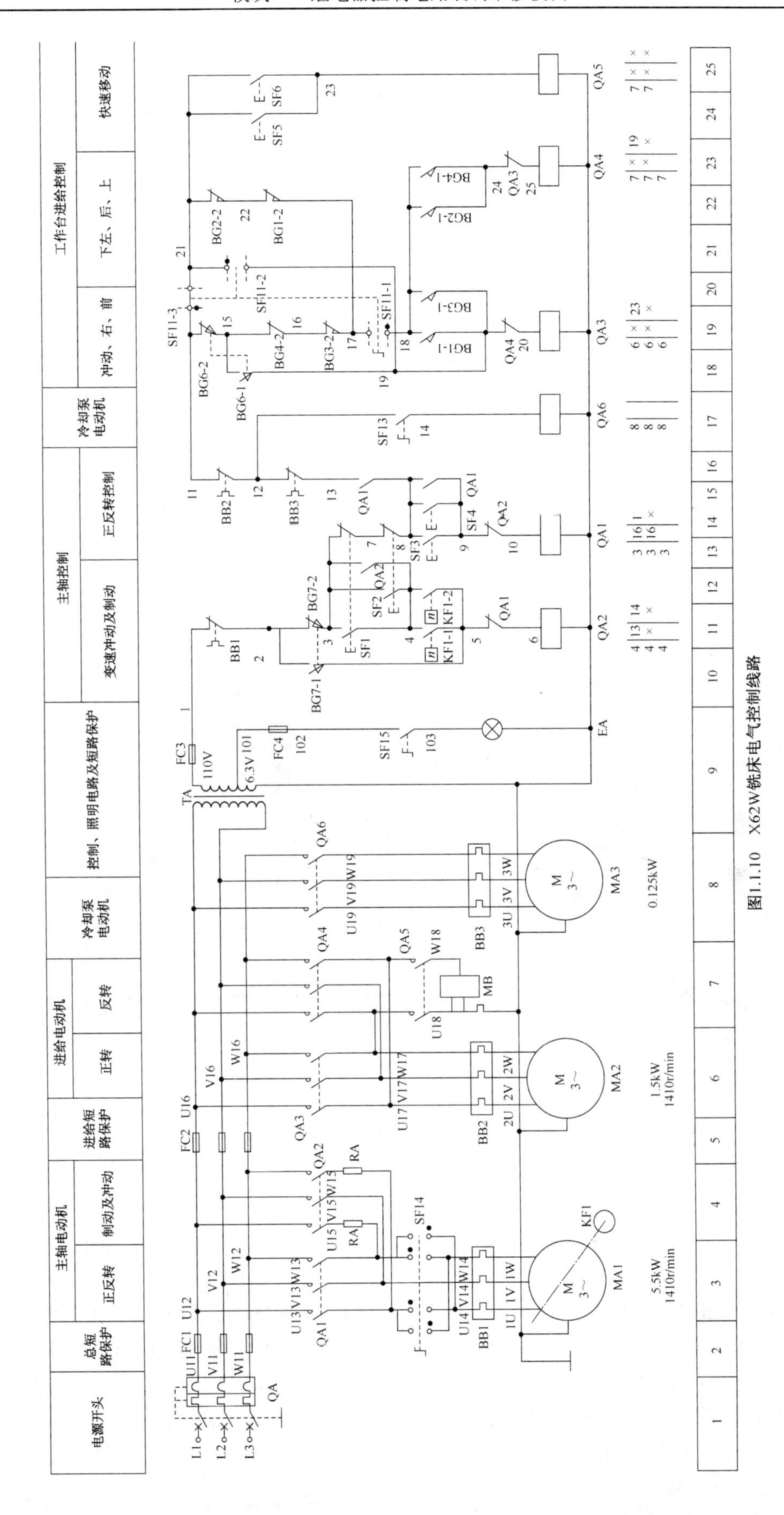

图1.1.10　X62W铣床电气控制线路

X62W 型万能铣床共由三台三相异步电动机驱动，即主拖动电动机 MA1、进给电动机 MA2 和冷却泵电动机 MA3 组成。断路器 QA 作为电源引入，熔断器 FC1 作电路总的短路保护，FC2 作进给电动机和控制电路的短路保护。MA1、MA2 和 MA3 都设置热继电器 BB 作过载保护。MB 为快移离合器的电磁线圈。

3. X62W 铣床控制线路控制电路分析

为了方便对铣床的操作，X62W 中设置了两地控制。

（1）主轴电动机 MA1 的控制。

① 正、反转控制的起动控制。

主轴电动机 MA1 的控制电路如图 1.1.11 所示。

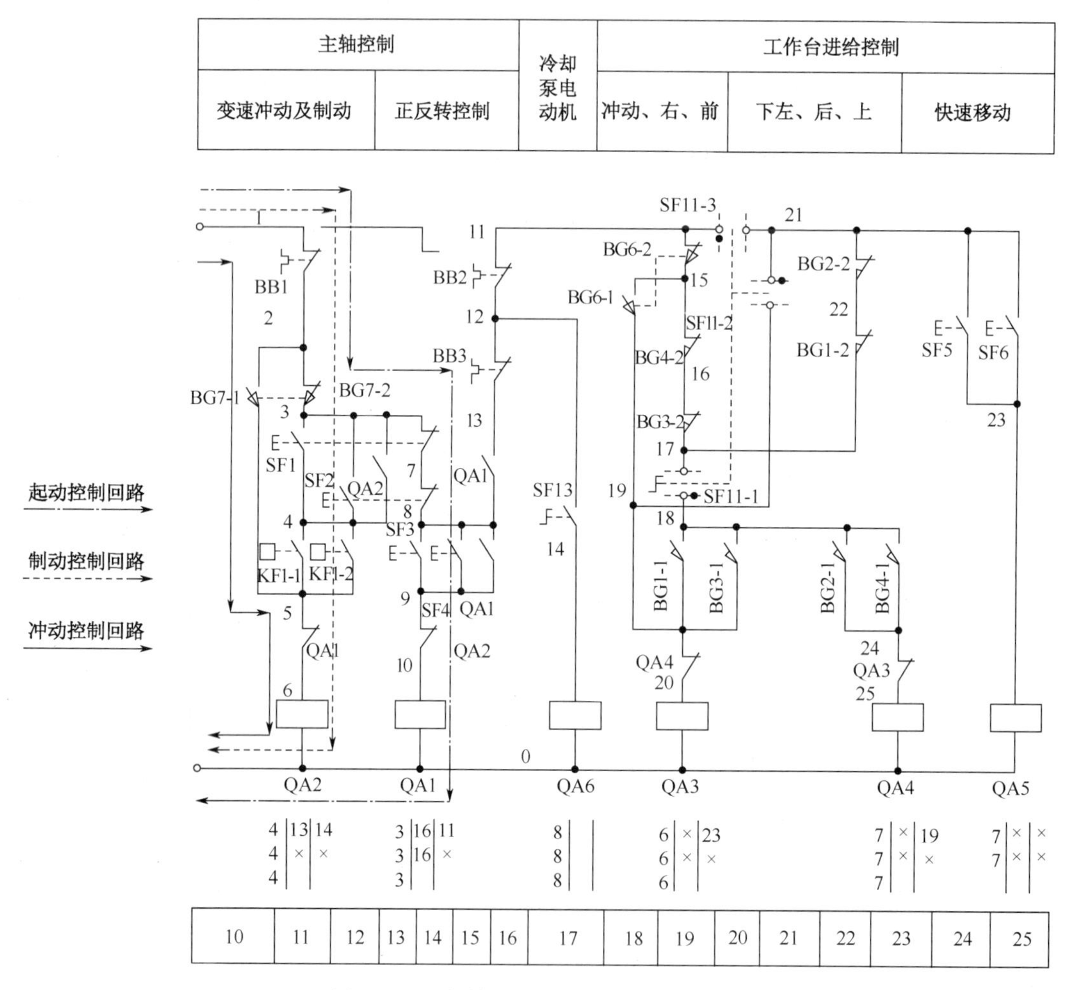

图 1.1.11 主轴电动机 MA1 的控制电路

合上断路器 QA，将 SF14 扳到所需的转向（注意：SF14 必须在 QA1 主触点断开的时候才允许转换）。

按下起动按钮 SF3（14 区）或 SF4（15 区）→QA1 线圈得电吸合→QA1 主触点（3）闭合，主轴电动机 MA1 得电，按照 SF14 所指的方向起动并运行→当转速达到 120r/min 以后，速度继电器 KF1-1（正转）或 KF1-2（反转）的常开闭合，为 QA2 得电实现反接制动做好准备。

起动控制时的回路（KM1 线圈回路）是：

1→BB1（11）→2→BG7（11）→3→SF1（14）→7→SF2（14）→8→SF3（14）、SF4（15）、

QA1（16）→QA2（14）→QA1 线圈→0

② 制动控制。

按下停止按钮 SF1（11）或 SF2（12）→QA1 线圈失电释放→QA1 主触点（3）断开，主轴电动机 MA1 高速惯性运行→QA2 线圈得电【KF1-1（11）或 KF1-2（12）仍处于闭合状态】→QA2 主触点（4）闭合，主轴电动机 MA1 串电阻 RA 实现反接制动→当转速下降到 100r/min 以后，速度继电器 KF1-1（11）或 KF1-2（12）的常开断开，QA2 线圈失电释放→QA2 主触点（4）断开，电动机 MA1 失电停转。

制动控制时的回路（KM2 线圈回路）是：

1→BB1（11）→2→BG7（11）→3→SF1（11）、SF2（12）、QA2（13）→KF1-1（11）、KF1-2（12）→5→QA1（11）→QA2 线圈→0

③ 冲动控制。

当主轴实现变速后，在压下变速盘时，若出现变速齿轮顶齿现象，则 BG7（10、11）在机械联动作用下被压下，BG7（11）常闭断开→切断 QA1 线圈回路→QA1 线圈失电释放→QA1 主触点（3）断开，主轴电动机 MA1 高速惯性运行→QA2 线圈得电【BG7（10）常开闭合】→QA2 主触点（4）闭合，主轴电动机 MA1 串电阻 RA 实现低速反转一下，带动齿轮系统产生一次抖动，当齿轮啮合后，BG7（10）常开断开→QA2 线圈失电释放→QA2 主触点断开，电动机 MA1 失电停转，冲动结束。

冲动控制时的回路是：

1→BB11（11）→2→BG7（10）→5→QA1（11）→QA2 线圈→0

冲动实现的机械原理：

主轴变速的冲动控制示意图如图 1.1.12 所示，变速时，先把变速手柄下压，使变速手柄的榫块从定位槽中脱出，然后向外拉动变速手柄使榫块落入第二道槽内，使齿轮组脱离啮合。转动变速盘选定所需转速后，把变速手柄推回原位，使榫块重新落进槽内，使齿轮组重新啮合（这时已改变了传动比）。变速时为了使齿轮容易啮合，扳动变速手柄复位时电动机 MA1 会产生一次冲动。在变速手柄推进时，变速手柄上装的凸轮将弹簧杆推动一下又返回，这时弹簧杆推动一下位置开关 BG7（10 区），使 SQ7-2 的常闭触点先分断，常开触点后闭合，接触器 QA1 瞬时得电动作，电动机 MA1 瞬时起动；紧接着凸轮放开弹簧杆，位置开关 BG7 触点复位，接触器 QAl 断电释放，电动机 MA1 断电。此时电动机 MA1 因未制动而惯性旋转，使齿轮系统抖动，在抖动时刻，将变速手柄先快后慢地推进去，齿轮便顺利地啮合。若瞬时点动过程中齿轮系统没有实现良好啮合，应重复上述过程，直到啮合为止。变速前应先停车。

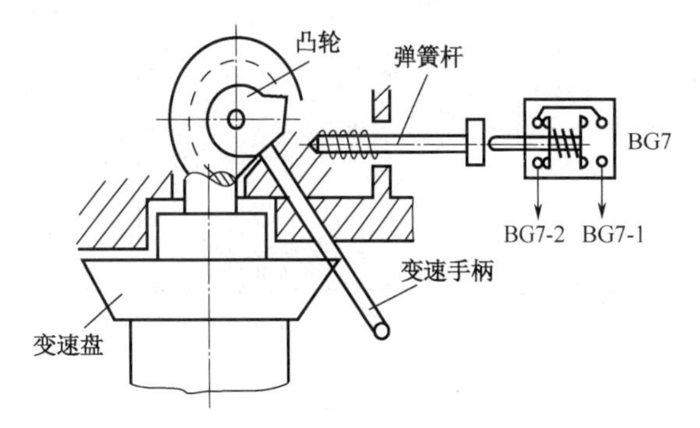

图 1.1.12 主轴变速的冲动控制示意图

当电动机在转动时，可以不按停止按钮直接进行变速操作，因为将变速手柄从原位拉向前面时，压合行程开关 BG7，使 BG7-2 先分断，切断接触器 QAl 线圈电路，电动机 MA1 便断电；然后 BG7-1 闭合，使接触器 QA2 线圈得电动作，电动机 MA1 进行反接制动；当变速手柄拉到前面后，行程开关 BG7 复原，电动机 MA1 断电停转，变速冲动结束。

（2）进给电动机 MA2 的控制。

工作台的控制：

将转换开关 SF11 扳到工作台的位置，此时，SF11-1、SF11-3 闭合，接通工作台控制回路；SF11-2 断开，切断圆工作台控制回路。起动主轴电动机 MA1，QA1（16）闭合，为工作台、圆工作台及快移的控制做好准备。

① 工作台的前进控制。

将垂直与横向进给操作手柄扳到“向前”位置，手柄通过机械装置，一方面接通横向离合器；另一方面压下行程开关 BG3→BG3 常开（20）闭合→QA3 线圈得电吸合→QA3 主触点闭合，进给电动机 MA2 得电正转，拖动工作台向前运动。

将操作手柄扳到中间位置，BG3 复原，QA3 断电，进给电动机 MA2 停转，工作台停止运动。

工作台向前运动的控制回路（图 1.1.13）是：

1→BB1（11）→2→BG7（11）→3→SF1（14）→7→SF2（14）→8→QA1（16）→13→BB3（16）→12→BB2（16）→11→SF11-3（20）→21→BG2-2（22）→22→BG1-2（22）→17→SF11-1（19）→18→BG3-1（20）→19→QA4（19）→20→QA3 线圈→0

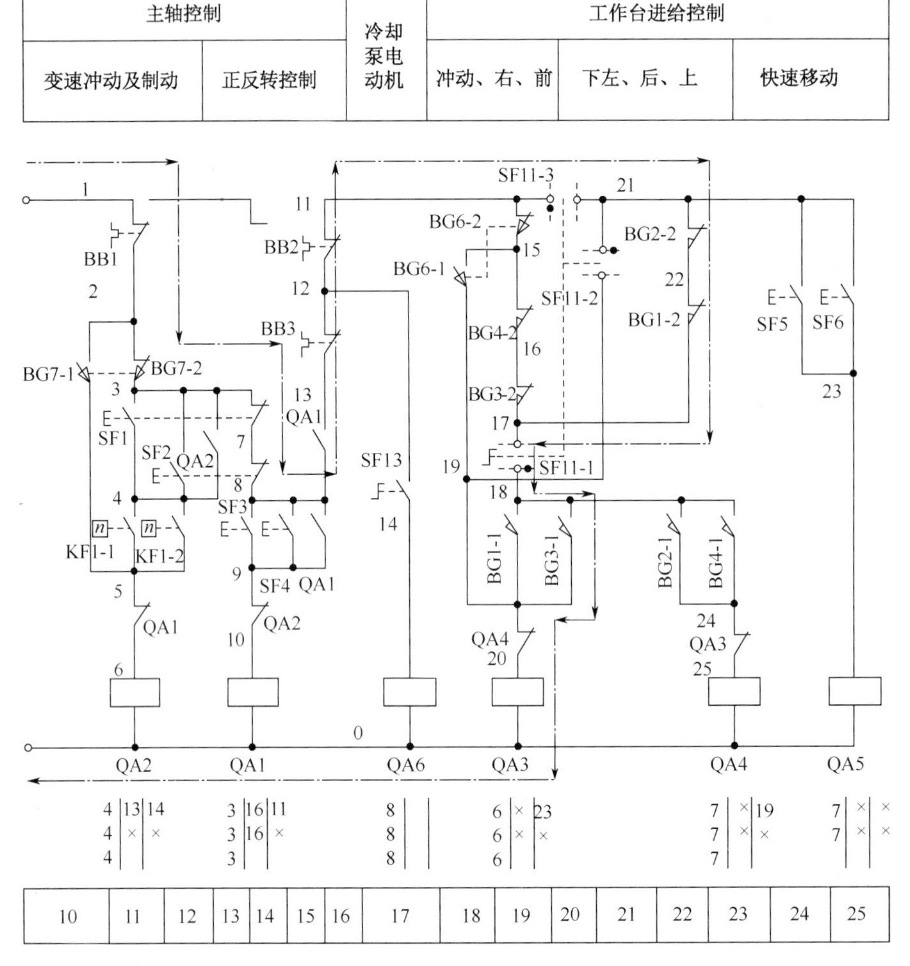

图 1.1.13　工作台向下、前运动控制电气原理图

② 工作台的下降控制。

工作台的向下运动与工作台向前运动控制电路完全相同，只需将垂直与横向进给手柄扳到“向下”位置，接通垂直离合器，即可实现工作台的向下运动。

③ 工作台的后退控制。

将垂直与横向进给操作手柄扳到“向后”位置，手柄通过机械装置，一方面接通横向离合器；另一方面压下行程开关 BG4→BG4 常开（23）闭合→QA4 线圈得电吸合→QA4 主触点闭合，进给电动机 MA2 得电反转，拖动工作台向后运动。

将操作手柄扳到中间位置，BG4 复原，QA4 断电，进给电动机 MA2 停转，工作台停止运动。

工作台向后运动的控制回路（图 1.1.14）是：

1→BB1（11）→2→BG7（11）→3→SF1（14）→7→SF2（14）→8→QA1（16）→13→BB3（16）→12→BB2（16）→11→SF11-3（20）→21→BG2-2（22）→22→BG1-2（22）→17→SF11-1（19）→18→BG4-1（23）→24→QA3（23）→25→QA4 线圈→0

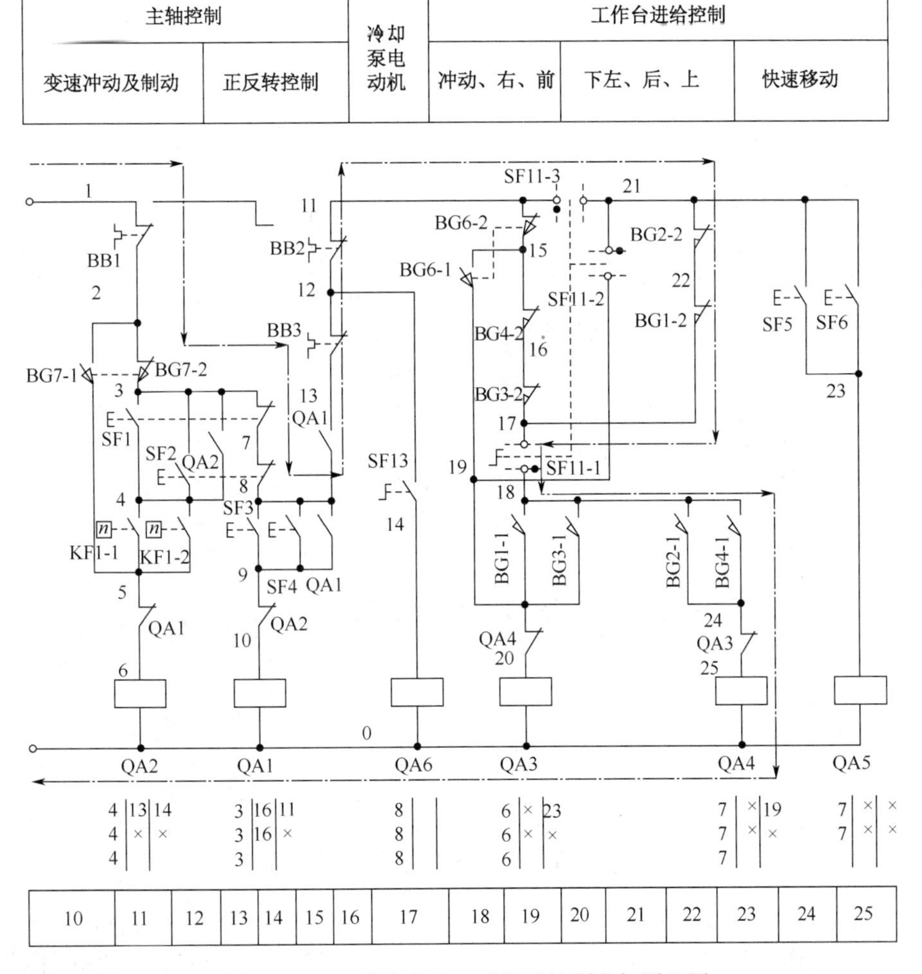

图 1.1.14　工作台向上、后运动控制电气原理图

④ 工作台的上升控制。

工作台的向上运动与工作台向后运动控制电路完全相同，只需将垂直与横向进给手柄扳到“向上”位置，接通垂直离合器，即可实现工作台的向上运动。

⑤ 工作台的右移控制。

将进给操作手柄扳到“向右”位置，手柄通过机械装置，一方面接通纵向离合器；另一方面压下行程开关 BG1→BG1 常开（19）闭合→QA3 线圈得电吸合→QA3 主触点闭合，进给电动机 MA2 得电正转，拖动工作台向右运动。

将操作手柄扳到中间位置，BG1 复原，QA3 断电，进给电动机 MA2 停转，工作台停止运动。

工作台向右运动的控制回路（图 1.1.15）是：

1→BB1（11）→2→BG7（11）→3→SF1（14）→7→SF2（14）→8→QA1（16）→13→BB3（16）→12→BB2（16）→11→BG6-2（19）→15→BG4-2（19）→16→BG3-2（19）→17→SF11-1（19）→18→BG1-1（19）→19→QA4（19）→20→QA3 线圈→0

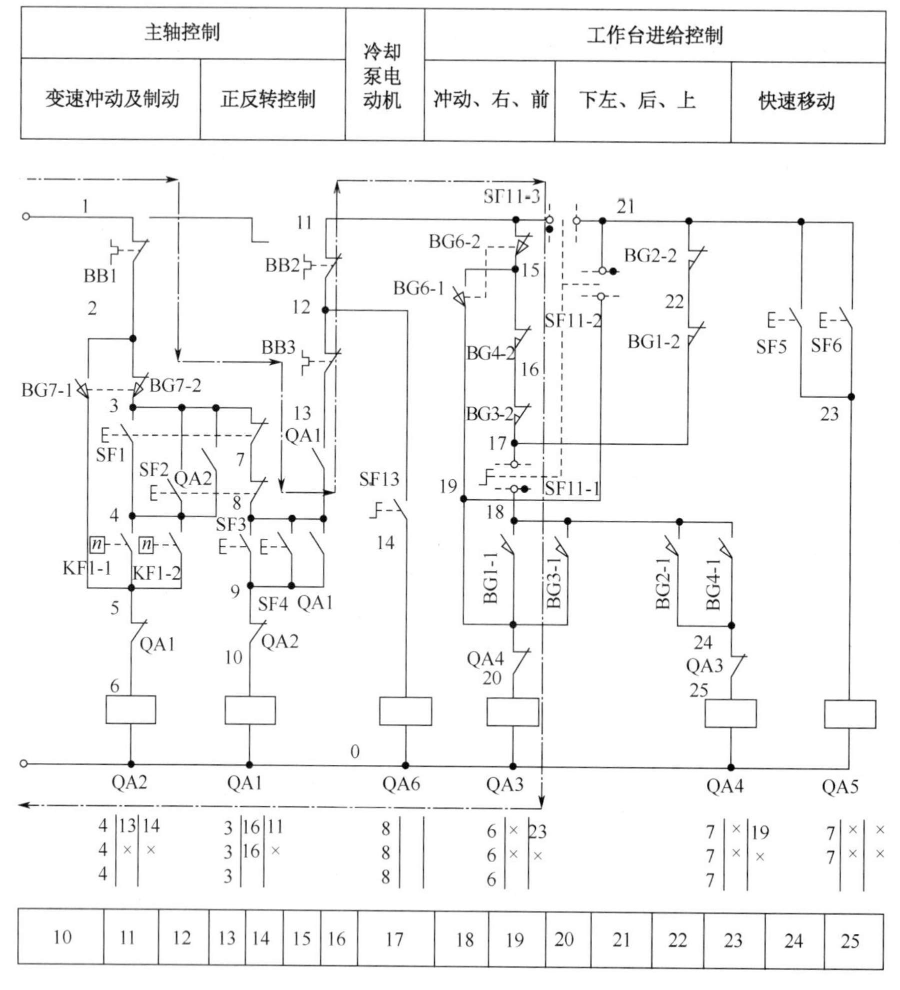

图 1.1.15 工作台向右移动控制电气原理图

⑥ 工作台的左移控制。

将纵向进给操作手柄扳到“向左”位置，手柄通过机械装置，一方面接通纵向离合器；另一方面压下行程开关 BG2→BG2 常开（22）闭合→QA4 线圈得电吸合→QA4 主触点闭合，进给电动机 M2 得电反转，拖动工作台向左运动。

将操作手柄扳到中间位置，BG2 复原，QA4 断电，进给电动机 MA2 停转，工作台停止运动。

工作台向左运动的控制回路（图 1.1.16）是：

1→BB1（11）→2→BG7（11）→3→SF1（14）→7→SF2（14）→8→QA1（16）→13→BB3（16）→12→BB2（16）→11→BG6-2（19）→15→BG4-2（19）→16→BG3-2（19）→17→SF11-1（19）→18→BG2-1（22）→24→QA3（23）→25→QA4 线圈→0

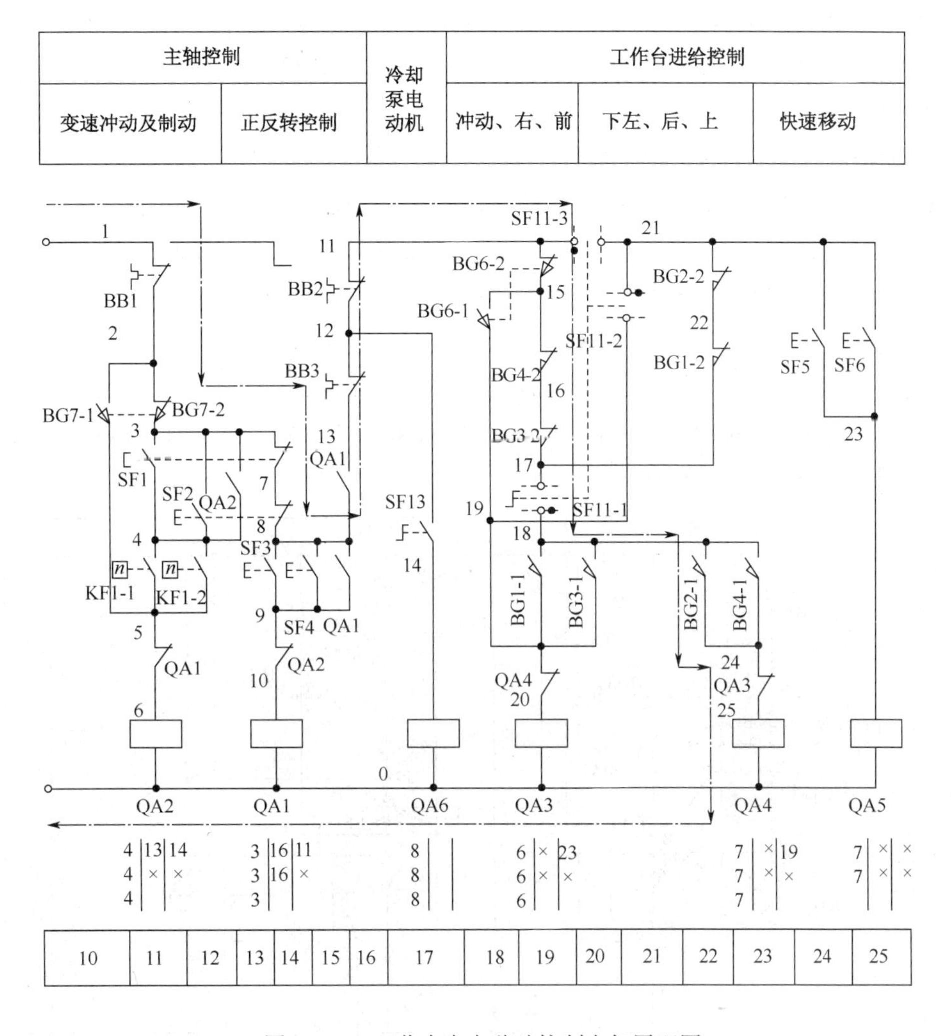

图 1.1.16　工作台向左移动控制电气原理图

⑦ 工作台的快移控制。

机床在不做铣切加工时，要求工作台能快速移动，提高生产效率。工作台上、下、前、后、左、右六个方向的快速移动由垂直与横向进给手柄、纵向进给手柄和快速移动按钮 SF5、SF6 配合实现。

工作台在选定的方向上运动时，再按下 SF5 或 SF6→QA5 线圈得电吸合→QA5 主触点闭合，接通快速牵引电磁铁 MB，通过机床内部的摩擦离合器，实现工作台的快速移动。松开 SF5 和 SF6，QA5 线圈失电释放，主触点断开，MB 失电，快速移动结束。

工作台快移控制回路（图 1.1.17）是：

1→BB1（11）→2→BG7（11）→3→SF1（14）→7→SF2（14）→8→QA1（16）→13→BB3（16）→12→BB2（16）→11→SF11-3（20）→21→SF5（24）、SF6（25）→23→QA5 线圈→0

⑧ 进给变速冲动控制。

同主轴变速一样，在选定工作台进给速度时，为了使齿轮易于啮合，需要进给电动机 MA2 瞬间转动一下。当进给速度选定后，压下变速手柄，若发生了变速齿轮顶齿现象，在机械联动作用下，BG6 被压合，BG6-1（18）常开闭合→QA3 线圈（19）得电，主触点闭合→进给电动机 MA2 得电正向转一下，带动齿轮系统产生一次抖动，齿轮啮合后，BG6 复原，进给电动机 MA2 也就失电，冲动结束。

冲动时的控制回路（图 1.1.17）是：

1→BB1（11）→2→BG7（11）→3→SF1（14）→7→SF2（14）→8→QA1（16）→13→BB3（16）→12→BB2（16）→11→SF11-3（20）→21→BG2-2（22）→22→BG1-2（22）→17→BG3-2（19）→16→BG4-2（19）→15→BG6-1（18）→19→QA4（19）→20→QA3 线圈→0

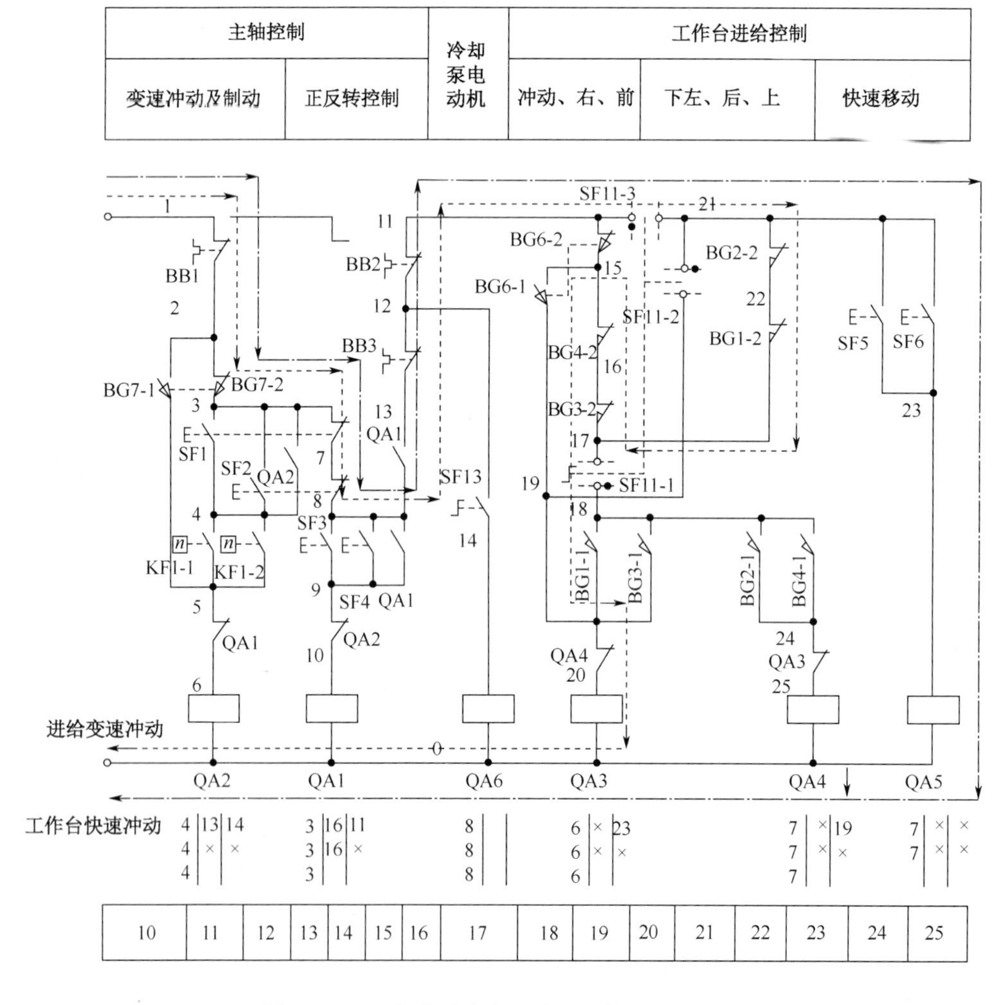

图 1.1.17　工作台进给变速冲动和快速进给控制

圆工作台的控制：

将转换开关 SF11 扳到圆工作台的位置，此时，SF11-1、SF11-3 断开，切断工作台控制回路；SF11-2 闭合，接通圆工作台控制回路，圆工作台做回转运动。

圆工作台控制回路（图 1.18）是：

1→BB1（11）→2→BG7（11）→3→SF1（14）→7→SF2（14）→8→QA1（16）→13→BB3（16）→12→BB2（16）→11→BG6-2（19）→15→BG4-2（19）→16→BG3-2（19）→17→BG1-2（22）→22→BG2-2（22）→21→SF11-2（22）→19→QA4（19）→20→QA3 线圈→0

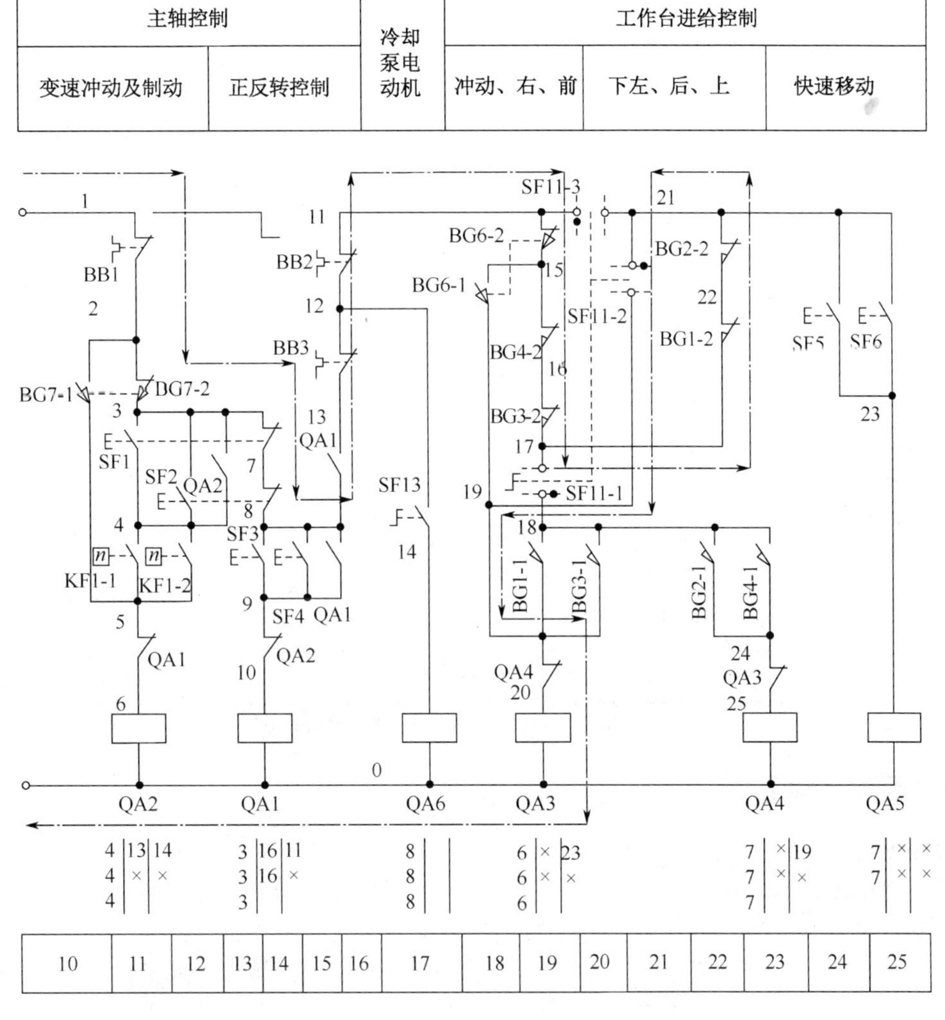

图 1.1.18　圆工作台控制电气原理图

（3）冷却泵电动机 MA3 的控制。

主轴电动机 MA1 起动后，闭合冷却泵电动机 MA3 的控制开关 SF13，接触器 QA6 线圈得电吸合，其主触点闭合，MA3 起动旋转，供给冷却液。SF13 断开，MA3 停止。

冷却泵电动机 MA3 的控制回路（图 1.1.19）是：

1→BB1（11）→2→BG7（11）→3→SF1（14）→7→SF2（14）→8→QA1（16）→13→BB3（16）→12→SF13（17）→QA6 线圈→0

（4）照明电路。

照明是保证足够的照度，方便设备的操作与工件的加工需要。机床照明采用 6.3V 供电，以保证安全。照明灯 EA 由 SF15 控制，SF15 闭合后，照明灯就亮；反之就熄灭。

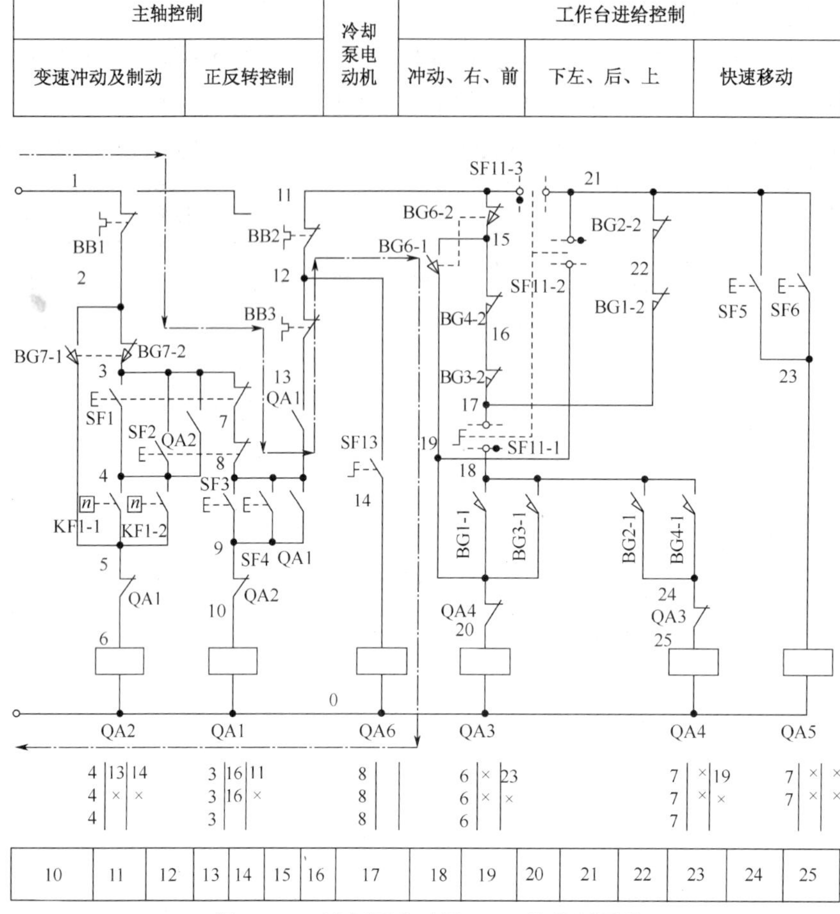

图 1.1.19　冷却泵电动机 MA3 的控制回路

【项目实施步骤】

1. X62W 型铣床控制电路的测绘

（1）熟悉机床控制电路，了解 X62W 型铣床的基本工作原理、加工范围和操作程序。对于 X62W 型铣床来说，主轴电动机需要正反转，但方向的改变并不频繁。根据加工工艺的要求，有的工件需要顺铣（电动机正转），有的工件需要逆铣（电动机反转），大多数情况，并不需要经常改变电动机转向。因此，可以用电源相序转换开关实现主轴电动机的正、反转，在主轴传动系统中装有惯性轮，但在高速切削后，停车很费时间，故采用反接制动。工作台既可以做六个方向的进给运动，又可以在六个方向上快速移动，为防止刀具和机床的损坏，要求只有主轴旋转后，才允许有进给运动。为了减小加工件的表面粗糙度，只有进给停止后主轴才能停止或同时停止。主轴运动和进给运动采用变速盘来进行速度选择，为保证变速齿轮进入良好啮合状态，两种运动都要求变速后作瞬时点动，操作上采用两地控制。

（2）绘制机床元件摆放位置，测量机床电路。

① 测量时，通常先从主电路入手，了解机床各运动部件和机构采用了几台电动机拖动，从每台电动机主电路中使用接触器主触点的连接方式，大致可看出电动机是否有正反转控制，是否采用减压起动，是否有制动控制等。

② 根据接触器主触点的线号，在控制电路中找到相对应的控制电路，联系机床对控制电路的要求，逐步深入了解各个具体的电路由哪些电器组成。

③ 在进行测量时，通过正确使用测量工具逐段核对接线及接线端子处线号来检查线路，能迅速有效地进行判断。

④ 按照国家电气绘图规范及标准，正确绘出电气接线图和电路图。

（3）按照绘出的机床电气电路图，分析其工作原理。

（4）测绘时的注意事项。

① 绘制接线图时的注意事项。

a．接线图应表示出各电器的实际位置，同一电器的各元件要画在一起。

b．要表示出各电动机、电器之间的电气连接。凡是导线走向相同的可以合并画成单线。控制板内和板外各元件之间的电气连接是通过接线端子来进行的。

c．接线图中元件的图形符号和文字符号以及端子的编号应与原理图一致，以便对照检查。

d．接线图应标明导线和走线管的型号、规格、尺寸、根数。

② 绘制电路图时的注意事项

a．绘制电路图时，先绘制主运动、辅助运动及进给运动的主电路图，再绘制主运动、辅助运动及进给运动的控制电路图。

b．将绘制的电路图按实物编号。

c．将绘制好的控制电路对照实物进行实际操作，检查绘制的电气控制电路的操作控制与实际操作的电器动作情况是否相符。如果与实际操作情况相符，就完成了电气控制电路的绘制；否则，必须进行修改，直到与实际动作相符为止。

2. 检修 X62W 型铣床的电气控制电路故障

（1）电气控制电路故障点的设置。

① 故障点位置：将 19 区连接 BG4-2、BG3-2 的 16 号线断开。

② 故障现象：工作台不能左右运动。

（2）操作人员向有关人员询问故障现象，了解故障发生后的异常现象为工作台不能左右运动，判断故障的大致范围应在进给电路中。

（3）依照 X62W 型铣床电气控制电路的工作原理分析故障。工作台在操作手柄控制下，应该能够实现左、右、上、下、前、后六个方向的移动。根据工作台垂直、横向（上、下、前、后）运动控制电路的路径和工作台纵向（左右）运行控制电路的路径的特点，可以得知：故障点引起工作台六个方向中的两个方向都不能移动，应考虑到进给电动机的主电路完好，垂直、横向控制电路的路径正常，工作台左、右方向控制电路的工作路径存在故障，即 11 号线→BG6 常闭触点→BG4-2 常闭触点→16 号线→BG3-2 常闭触点→17 号线。

（4）通过实验故障法对故障进一步分析，缩小故障范围。为收到准而快的效果，在不扩大故障范围、不损伤电器设备的前提下，可直接进行通电测试。接通电源开关 QS，工作台方向手柄都处于中间位置，然后按下起动按钮 SF3（或 SF4），主轴电动机起动正常。操作工作台左、右手柄和上、下、前、后手柄，工作台有上、下、前、后四个方向的运动，可证明进给电动机的主电路完好。在操作工作台左、右两个方向的手柄时，注意到没有接触器吸合的响声，加上故障点只有一个的前提条件，所以故障应在工作台左、右控制电路公共部分。为缩小故障范围，拉出进给调速手轮，瞬时压下 BG6 后，观察到接触器 QA3 没有吸合。

故障检查范围可缩小到与 BG6 常开触点、BG6 常闭触点（19）相连的 15 号线→BG4-2 常闭触点→16 号线→BG3-2 常闭触点→17 号线。

（5）故障检测。用电阻法寻找故障点。断开电源开关 QA，验电。为避免其他并联支路的影响，产生误判断，将工作台左、右方向的手柄打在向左（或右）的位置，断开上、下、前、后四个方向的电路回路。将万用表调至电阻挡，测量与BG4-2常闭触点相连的15号线→阻值为0→正常→测量BG4-2常闭触点→阻值为0→正常→测量与BG4-2常闭触点、BG3-2常闭触点相连的16号线→阻值为∞→有断点。修复16号线。

（6）通电试车。如果还存在其他故障，用实验法继续观察下一个故障现象。重复以上步骤，直到故障全部排除。

（7）整理现场。合上X62W型机床电气柜门，断开机床总电源开关，拉下总电源开关。整理机床电气控制线路，将检修过程涉及的各接线点重新紧固一遍；线槽盖板、灭弧罩、熔断器帽等盖好旋紧；各导线整理规范美观。将电气柜内的绝缘皮、废弃的线头等杂物清理干净。最后，将电工工具、仪器仪表和材料整齐摆放在桌面，清理地面。

（8）总结经验，做好维修记录。记录机床型号、名称、编号、故障发生日期、故障现象、部位、损坏的电器、故障原因、修复措施及修复后的运行情况等。

（9）故障排除的注意事项。

① 设置的人为故障点应符合自然规律。

② 排除故障过程中，不得采用更换电器元件、借用触点或改线路的方法修复故障点。

③ 由于铣床的电气控制与机械结构的配合十分密切，因此在出现故障时应注意判别是机械故障还是电气故障。

④ 停电要验电。带电检修时，一定要有监护人员在场。

【知识拓展】

<X62W型铣床常见故障及排除方法>

（1）**故障现象：**主轴电机正、反转和变速冲动均正常，但无反接制动。

故障分析：由于正、反转和变速冲动均正常，因此，FC3到3号线之间是正常的，5号线到QA2线圈之间也是正常的，所以故障范围在3号线到5号线之间， 3号线、4号线、5号线中的任一条开路都将导致无反接制动。

若SF1（3－4）或SF2（3－4）或KF1-1或KF1-2中的一个开路，将会产生某个方向的反接制动正常。

（2）**故障现象：**主轴电机正反转正常，但无反接制动，变速冲动缺相。

故障分析：变速冲动缺相，说明故障出在主电路，但主轴电机正反转正常，因此分析可知，故障范围在QA2的主触点回路。

无反接制动，可分两种情况来分析。情况一：若反接制动时，QA2能得电，并能自锁，说明控制回路是正常的，故障范围与变速冲动缺相时的一样，因为当缺相时，流入电动机的电流变小，电动机所产生的力矩也变小，导致电动机的制动力矩减小，所以不能制动，只能是自由停车（尤其是当V相开路时，此情况更为明显，值得注意的是，当U相或W相开路时，有可能产生变速冲动缺相，但反接制动正常。）

情况二：若反接制动时，QA2不能得电，则情况同故障1一样分析。

（3）**故障现象：**主轴电机工作正常，冷却泵和进给电机都不能工作。

故障分析：主轴电机工作正常，说明在QA1（8-13）这个触点之前的电路是正常的。原理分析可知，冷却泵和进给电机的工作是受QA1（8-13）这个常开触点控制的，当其断开时，冷却泵和进给电机的控制电路将不能得电，因此也就不能工作， 所以故障范围为8号线、13号线和QA1（8-13），此中有一处断开。（注意12号线和BB2断开也有可能。）

（4）**故障现象：**主轴电机和冷却泵工作正常，进给电机不能工作。

故障分析：根据这种现象，可知在 12 号线之前是不会有问题，故障范围必定在 12 号线和 BB2、11 号线之间，其中有一处断开。

（5）**故障现象：**合上 QA 后，按任何按钮和行程开关，电路无反映。

故障分析：这种故障的故障范围比较大，在用电阻法测量时，比较费时，因此遇到此类故障现象时，我们可用电压法来查找故障。方法如下：首先测量 TA 有无输出电压，若有，则故障在 FC3、1 号线、BB1、2 号线；若无，则故障在 TA 的前面。然后再测量 FC2 处 U16、V16 之间是否有电压，若有，则故障在 U16、V16 这两条线路上（包括 FC2 的接线端和 TA 的输入端）。若无，则故障在 FC2 的前面。再测量 FC1 处 U12、V12 之间是否有电压，若无，则故障点就在此位置。

（6）**故障现象：**工作台的前、下、后、上移动工作正常，变速冲动和工作台的左、右移动没有。

故障分析：工作台的前、下、后、上移动工作正常，说明在 11 号线之前的电路是正常的，根据分析可知，变速冲动和工作台的左、右移动都是通过 11 号线、BG6 常闭和 15 号线，也就是说，11 号线、BG6 和 15 号线是这部分电路的公共部分，因此，故障肯定是 11 号线或 BG6，或 15 号线开路。

在铣床排故时，应注意到工作台进给电路中存在着一个回路，即由 SF11-3、BG2-2、BG1-2、BG3-2、BG4-2、BG6 所构成的回路。若这些触点或它们的连接线中有一处断开，在测量时，由于是一个回路，因此测量的阻值为零（同样测量的电压也为零）。所以在测量这部分电路时，要把 SF11 打在停止位置。

【项目检查评价】

根据学习者完成情况进行评价，评分标准见表 1.1.8。

表 1.1.8　评分标准

序号	考 核 项 目	考核要求	配分	评 分 标 准	扣分	得分
1	测绘的电气控制图	（1）正确绘图 （2）图形符号和文字符号符合国家标准	30	（1）原理错误，每处扣 5 分 （2）图形符号和文字符号不符合国家标准，每处扣 3 分		
2	故障分析	能够正确标出故障范围	10	（1）错标或标不出故障范围，每个故障点扣 5 分 （2）不能标出最小的故障范围，每个故障点扣 3 分		
3	检修方法及过程	（1）能够正确使用工具和仪表 （2）检修方法步骤正确	30	（1）工具和仪表使用不正确每次扣 5 分 （2）检修方法步骤不正确，每次扣 10 分		
4	故障排除	能够正确排除故障	20	（1）每少查出一次故障点扣 5 分 （2）每少排除一次故障点扣 5 分		
5	安全文明生产	（1）明确安全用电的主要内容 （2）操作过程中符合文明生产要求	10	（1）未经同意私自通电扣 5 分 （2）损坏设备扣 2 分 （3）损坏工具仪表扣 1 分 （4）发生轻微触电事故扣 5 分 （5）本项配分扣完为止		
合计			100			

【理论试题精选】

一、判断题

1.（　　）X62W 铣床的主轴电动机 MA1 采用了减压起动方法。

2．（　　）X62W 铣床的进给电动机 MA2 采用了反接制动的停车方法。

3．（　　）X62W 铣床进给电动机 MA2 的冲动控制是由位置开关 BG7 接通反转接触器一下实现的。

4．（　　）X62W 铣床进给电动机 MA2 的前后（横向）和升降十字操作手柄有上、下、中三个位置。

5．（　　）X62W 铣床的回转控制可以用于普通工作台的场合。

6．（　　）电气控制线路图测绘的一般步骤是设备停电，先画出电气原理图，再画出电气接线图，最后画出电器布置图。

7．（　　）电气线路测绘前先要操作一遍测绘对象的所有动作，找出故障点，准备工作仪表。

8．（　　）电气线路绘制前要检测设备是否有电，无论什么情况都不能带电作业。

二、选择题

1．测绘 X62W 铣床电气原理图时要画出电源开关、电动机、（　　）、行程开关、电器箱等在机床中的具体位置。

A．接触器　　B．熔断器　　C．按钮　　D．热继电器

2．分析 X62W 铣床主电路工作原理图时，首先要看懂主轴电动机 MA1 的正反转电路、制动及冲动电路，然后再看进给电动机 MA2 的正反转电路，最后看冷却泵电动机 MA3 的（　　）。

A．起停控制电路　　B．正反转电路　　C．能耗制动电路　　D．Y—△起动电路

3．测绘 X62W 铣床电气控制主电路图时要画出（　　）、熔断器 FC1、接触器 QA1～QA6、热继电器 BB1～BB3、电动机 MA1～MA3 等。

A．按钮 SF1～SF6　　B．行程开关 BG1～BG7

C．转换开关 SF11/SF14/SF15　　D．电源开关 QA

4．测绘 X62W 铣床电气线路控制电路图时要画出控制变压器 TA，按钮 SF1～SF6，（　　），速度继电器 KF，转换开关 SF11、SF14 和 SF15，热继电器 FR1～FR3 等。

A．电动机 MA1～MA3　　B．熔断器 FC1

B．行程开关 BG1～BG7　　D．电源开关 QA

5．检测 X62W 铣床手动旋转圆形工作台时必须将圆形工作台转换开关 SF11 置于（）。

A．左转位置　　B．右转位置　　C．接通位置　　D．断开位置

6．X62W 铣床主轴电动机的正反转互锁由（　　）实现。

A．接触器常闭触点　　B．位置开关常闭触点

C．控制手柄常开触点　　D．接触器常开触点

7．X62W 铣床的圆工作台控制开关在“接通”位置时会造成（　　）。

A．主轴电动机不能起动　　B．冷却泵电动机不能起动

C．工作台各方向都不能进给　　D．主轴冲动失灵

8．电气控制线路图测绘的一般步骤是将设备停电后，先画电气布置图，再画（　　），最后画出电气原理图。

A．电气位置图　　B．电气接线图　　C．按钮布置图　　D．开关布置图

9．电气控制线路图测绘的方法是先画主电路，再画控制电路；（　　）；先画主干线，再画各支路；先简单后复杂。

A．先画机械，后画电气　　B．先画电气，后画机械

C．先画输入端，再画输出端　　D．先画输出端，再画输入端

项目二　T68 型卧式镗床控制电路测绘与调试

【项目目标】

通过完成本项目，使学习者能够达到维修电工（高级）证书相应的理论和技能的考核要求，具体要求见表 1.2.1。

表 1.2.1　电工（高级）考核要素细目表

相关知识考核要点	相关技能考核要求
1. T68 镗床主电路和控制电路组成 2. T68 镗床分析方法和测绘内容 3. T68 镗床起动和制动控制方法 4. T68 镗床调速控制方法 5. T68 镗床电气保护措施及常见故障	1. 能测绘 T68 镗床电气控制电路的位置图和接线图 2. 能进行 T68 镗床的电气控制电路的故障检查及排除

【电气图形符号和文字符号】

在本项目中涉及的元器件的图形符号和文字符号见表 1.2.2。

表 1.2.2　元器件的图形符号和文字符号

序号	名称	图形符号 GB/T4728—2005-2008	文字符号 GB/T20939-2007	备注
1	三相鼠笼式感应电动机 S00836	M 3~	MA	GB/T4728.6—2008
2	三绕组变压器 S00845		TA	GB/T4728.6—2008
3	动合（常开）触点 S00227		接触器 QA 继电器 KF	GB/T4728.7—2008
4	动断（常闭）触点 S00229		接触器 QA 继电器 KF	GB/T4728.7—2008
5	自动复位的手动按钮开关 S00254	E	SF	GB/T4728.7—2008

续表

序号	名称	图形符号 GB/T4728—2005-2008	文字符号 GB/T20939-2007	备注
6	无自动复位的手动旋转开关 S00256		SF	GB/T4728.7—2008
7	接触器的主动合触点 S00284		QA	GB/T4728.7—2008
8	断路器 S00287		QA	GB/T4728.7—2008
9	继电器线圈 S00305	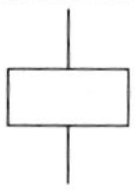	接触器 QA 继电器 KF	GB/T4728.7—2008
10	热继电器驱动件 S00325	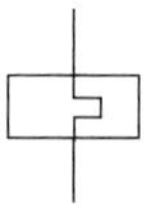	BB	GB/T4728.7—2008
11	时间继电器 通电延时线圈 S00312	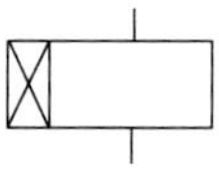	KF	GB/T4728.7—2008
12	时间继电器 断电延时线圈 S00311	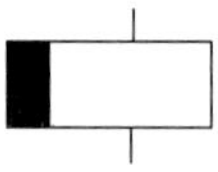	KF	GB/T4728.7—2008
13	时间继电器 延时闭合动合触点 S00243		KF	GB/T4728.7—2008
14	时间继电器 延时闭合动断触点 S00246	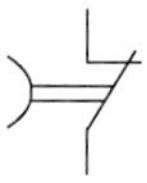	KF	GB/T4728.7—2008
15	时间继电器 延时断开动合触点 S00245		KF	GB/T4728.7—2008
16	时间继电器 延时断开动断触点 S00244		KF	GB/T4728.7—2008
17	带动合触点的位置开关 S00259		BG	GB/T4728.7—2008
18	带动断触点的位置开关 S00260		BG	GB/T4728.7—2008

续表

序号	名称	图形符号 GB/T4728—2005-2008	文字符号 GB/T20939-2007	备注
19	组合位置开关 S00261		BG	GB/T4728.7—2008
20	熔断器 S00362		FC	GB/T4728.7—2008
21	灯 S00965		PG	GB/T4728.8—2008
22	接地 S00200			GB/T4728.3—2005
23	速度继电器常开触点	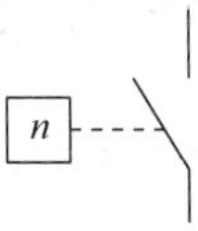 *n*	KF	JB/T 2739-2008
24	热继电器动断触点	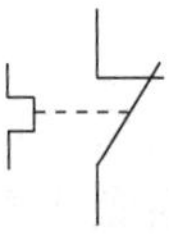	BB	JB/T 2739-2008
25	三相隔离开关	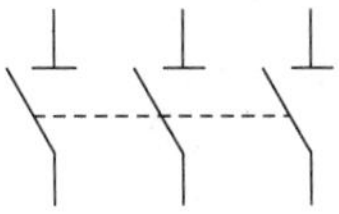	QB	JB/T 2739-2008
26	断路器	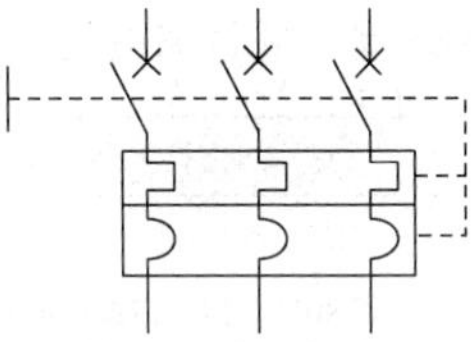	QA	JB/T 2739-2008
27	三相带漏电保护的断路器	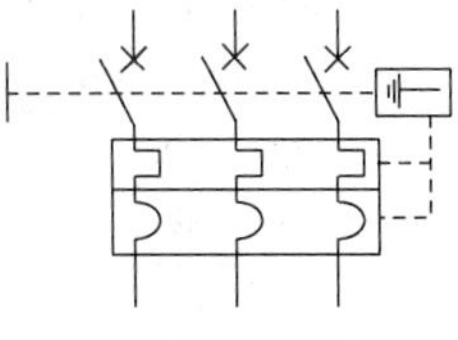	QA	JB/T 2739-2008
28	T 形连接 S00019			GB/T4728.3—2005
29	T 形连接 S00020			GB/T4728.3—2005
30	导线的双 T 形连接 S00021	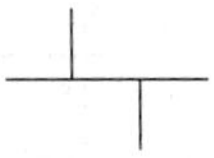		GB/T4728.3—2005
31	导线的双 T 形连接 S00022			GB/T4728.3—2005

【项目任务描述】

现有一台 T68 型卧式镗床，实物图如图 1.2.1 所示。该镗床相关的图纸丢失，同时有些功能无法正常运转。现需要工程技术人员对 T68 型卧式镗床相关图纸进行测绘。测绘完成后，根据电气原理图、位置图和接线图图纸，完成对 T68 型卧式镗床的相关故障进行诊断和排除。

图 1.2.1　T68 型卧式镗床实物图

【项目实施条件】

1. 工具、仪表及器材

剥线钳、试电笔、电烙铁、镊子等常用组装工具 1 套，铅笔和尺子等绘图工具 1 套，万用表等。

2. T68 镗床电气元件明细表

项目中涉及的电气元件见表 1.2.3。

表 1.2.3　T68 型卧式镗床电气元件明细表

序号	文字符号	器件名称	型号规则	数量	备　注
1	MA1	三相双速异步电动机	JDO2-52-4/2 5.2/7kW，380V，1440/2900r/min	1	主轴旋转及进给
2	MA2	三相异步电动机	JO2-32-4 3kW，380V，6.47A，1430r/min	1	进给快速移动
3	QA	断路器	HZ2－60/3 60A，3 相	1	电源总开关
4	FC1	熔断器	RL1－60 熔体 40A	3	电源短路保护
5	FC2	熔断器	RL1－15 熔体 15A	3	MA2 短路保护
6	FC3	熔断器	RL1－15 熔体 2A	1	控制电路短路保护
7	FC4	熔断器	RL1－15 熔体 2A	1	照明电路短路保护
8	QA1	交流接触器	CJ0－40 110V，40A	1	主轴正转

续表

序号	文字符号	器件名称	型号规则	数量	备　注
9	QA2	交流接触器	CJ0－20	1	主轴反转
10	QA3	交流接触器	CJ0－20	1	主轴制动
11	QA4	交流接触器	CJ0－40	1	主轴低速
12	QA5	交流接触器	CJ0－40	1	主轴高速
13	QA6	交流接触器	CJ0－40	1	MA2 正转快速
14	QA7	交流接触器	CJ0－20		MA2 反转快速
15	BB1	热继电器	JB0－40 14.5A	1	MA1 过载保护
16	KF	时间继电器	JS7－2 110V	1	主轴高速延时
17	KF1	中间继电器	JZ7－44 110V 5A	1	接通主轴正转
18	KF2	中间继电器	JZ7－44 110V 5A	1	接通主轴反转
19	KF3	速度继电器	JY－1	1	主轴反接制动
20	RA	电阻	ZB1－09 0.9Ω	1	主轴电机反接制动
21	TA	变压器	BK－300 300VA，380/110，36，6.3V	1	控制和照明两用
22	EA	照明灯具	JC6－2	1	低压照明
23	PG	信号指示灯	DK－1－10 6.3V，2W，绿色灯罩	1	电源接通指示
24	SF1	按钮	LA2 500V 5A	1	主轴停止
25	SF2	按钮	LA2	1	主轴正转起动
26	SF3	按钮	LA2	1	主轴反转起动
27	SF4	按钮	LA2	1	主轴正转点动
28	SF5	按钮	LA2	1	主轴反转点动
29	BG1	行程开关	LX1－11J	1	主轴进刀与工作台移动联锁
30	BG2	行程开关	LX3－11K	1	主轴进刀与工作台移动联锁
31	BG3	行程开关	LX1－11K	1	进给速度变换
32	BG4	行程开关	LX1－11K 500V。6A	1	主轴速度变换
33	BG5	行程开关	LX1－11K	1	进给速度变换
34	BG6	行程开关	LX5－11	1	主轴速度变换
35	BG7	行程开关	LX1－11K	1	接通高速
36	BG8	行程开关	LX3－11K	1	快速移动正转
37	BG9	行程开关	LX3－11K	1	快速移动反转

【知识链接】

镗床是用于孔加工的机床，与钻床比较，镗床主要用于加工精确的孔和各孔间的距离要求较精确的零件，如一些箱体零件（机床主轴箱、变速箱等）。镗床的加工形式主要是用镗刀镗削在工件上已铸出或已粗钻的孔，除此之外，大部分镗床还可以进行铣削、钻孔、扩孔、铰孔等加工。

镗床的主要类型有卧式镗床、坐标镗床、金刚镗床和专用镗床等，其中以卧式镗床的应用最为广泛。T68 型卧式镗床型号的含义如图 1.2.2 所示。

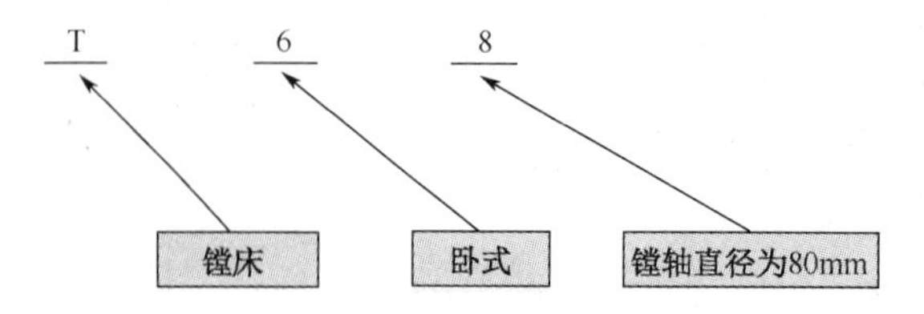

图 1.2.2　T68 镗床型号含义

1. T68 型卧式镗床主要结构

T68 卧式镗床主要由床身、前立柱、镗头架、工作台、后立柱和尾架等组成。T68 卧式镗床结构示意图如图 1.2.3 所示。

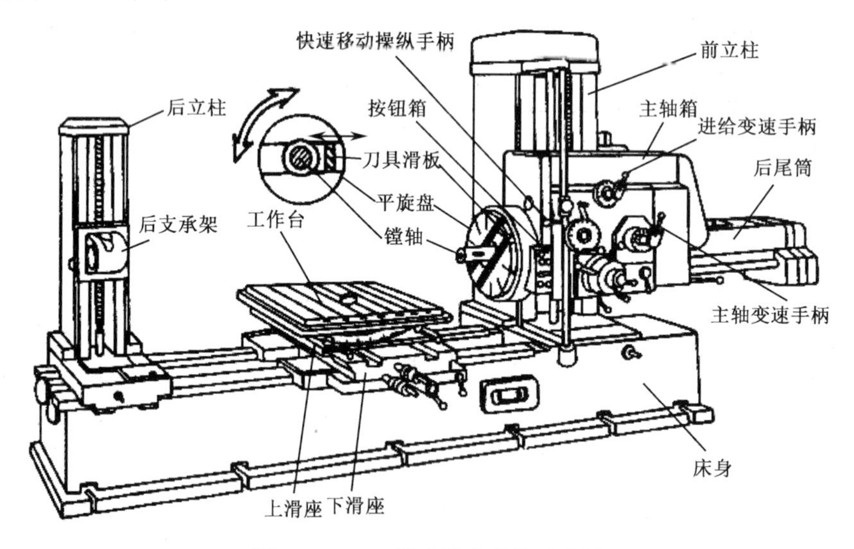

图 1.2.3　T68 卧式镗床结构示意图

床身是一个整体铸件，在它的一端固定有前立柱，在前立柱的垂直导轨上又安装有镗头架，镗头架可沿垂直导轨上下移动。在镗头架里集中装有主轴、变速箱、进给箱和操纵机构等部件。切削刀具一般安装在镗轴前端的锥形孔里，或安装在花盘的刀具溜板上。在切削过程中，镗轴一面旋转，一面沿轴向作进给运动，而花盘只能旋转，装在其上面的刀具溜板可作垂直主轴轴线方向的径向进给运动，镗轴和花盘轴分别通过各自的传动链传动，可以独立转动。后立柱位于镗床床身的另一端，后立柱上的尾座用来支撑装夹在镗轴上的镗杆末端，它与镗头架同时升降，两者的轴线始终在同一水平直线上。根据镗杆的长短，可通过后立柱沿床身水平导轨的移动来调整前、后立柱之间的距离。

2. T68 型卧式镗床的主要运动形式

（1）主运动。

镗轴的旋转运动与花盘的旋转运动，由主轴电机 MA1 拖动。控制特点如下

① 由于主轴的调速范围要求较大，并需要恒功率拖动，所以采用了“△—YY”双速电动机（由 QA4 控制低速运行，QA5 控制高速运行）。

② 主轴采用双速电动机变速外，还采用了齿轮变速，为防止变速后产生顶齿的现象，要求主轴系统变速后能实现低速断续冲动（称为变速冲动，由 BG3、BG6 控制）。

③ 为适应加工过程中调整的需要，要求主轴可以正、反转点动控制，由主轴电动机低速点动来实现的（SF4 控制正转点动，SF5 控制反转点动）。

④ 主轴要求能正、反转旋转（由 QA1、QA2 控制）。

⑤ 主轴电动机低速时可以直接起动，但在高速时控制电路要求先接通低速，经延时再接通高速，以减小起动电流（由 BG7、KF 控制）。在制动时，要求先进入低速，然后再进行制动，以减小制动电流。

⑥ 主轴停车时要求快速并准确，在此采用了反接制动，为防止制动结束后反向起动，用速度继电器 KF3 检测转速。

（2）进给运动。

镗轴的轴向进给、花盘刀具溜板的径向进给、镗头架的垂直进给、工作台的横向进给、工作台的纵向进给，都是由进给电机 MA2 拖动，并通过齿轮、齿条等来完成。在此要求进给电动机 MA2 能实现正、反转（由 QA6、QA7 控制）。

3. T68 型卧式镗床电气控制线路分析——主电路分析

如图 1.2.4 所示为 T68 型镗床电气控制电路，由主电路、控制电路和照明电路三部分组成。

T68 型卧式镗床共由两台三相异步电动机驱动，即主拖动电动机 MA1（双速电动机）和快速移动电动机 MA2 组成。熔断器 FC1 作电路总的短路保护，FC2 作快速移动电动机和控制电路的短路保护。MA1 设置热继电器 BB1 作过载保护，MA2 是短期工作，所以不设置热继电器。

4. T68 型卧式镗床电气控制线路分析——控制电路分析

（1）主轴电动机 MA1 的控制。

① 主轴电动机的正反转控制。

a. 正转控制：

按下 SF2→KF1 线圈得电→KF1 常开（14）闭合→QA3 线圈得电→QA3 主触点闭合，短接 RA→QA3 常开（19）、KF1 常开（18）闭合→QA1 线圈得电→QA1 常开（21）闭合→QA4 线圈得电→QA1、QA4 主触点闭合，MA1 低速正转起动，当转速达到 120r/min 时，KF3（20）闭合，为反接制动作准备。

正转电流通路（图 1.2.5）：

QA1 通路：1→BG1（10）→2→BB1（10）→3→SF1（10）→4→QA3（19）→17→KF1（18）→16→QA2（17）→QA1 线圈→0

QA4 通路：1→BG1（10）→2→BB1（10）→3→QA1（21）→KF（21）→QA5（21）→QA4 线圈→0

b. 反转时只需按下反转起动按钮 SF3，动作原理同上，所不同的是中间继电器 KF2 和接触器 QA2 得电吸合。

反转电流通路（图 1.2.6）：

QA2 通路：1→BG1（10）→2→BB1（10）→3→SF1（10）→4→QA3（19）→17→KF2（19）→QA1（20）→QA2 线圈→0

QA4 通路：1→BG1（10）→2→BB1（10）→3→KM2（22）→KF（21）→QA5（21）→QA4 线圈→0

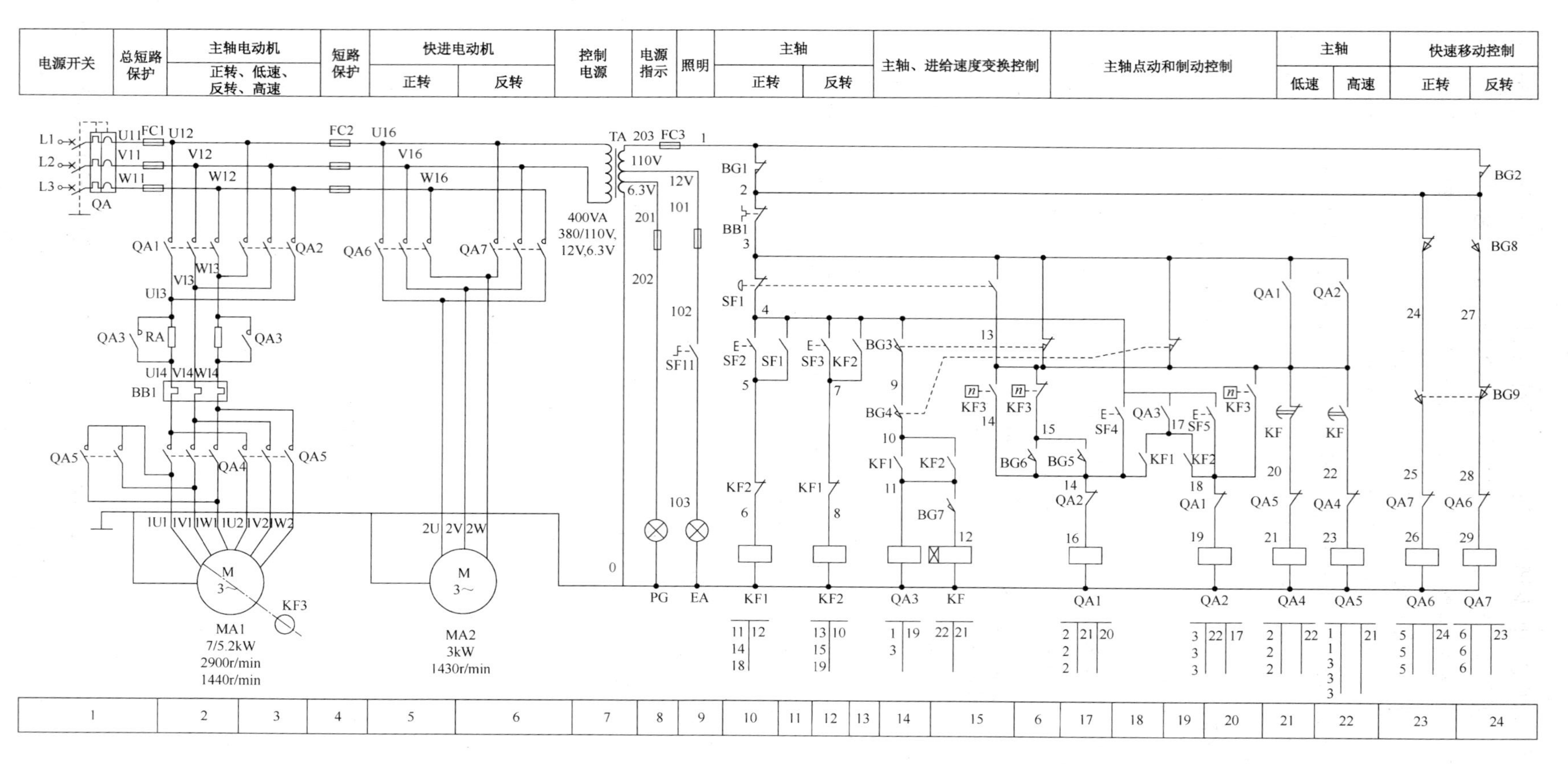

图1.2.4　T68型镗床电气控制电路

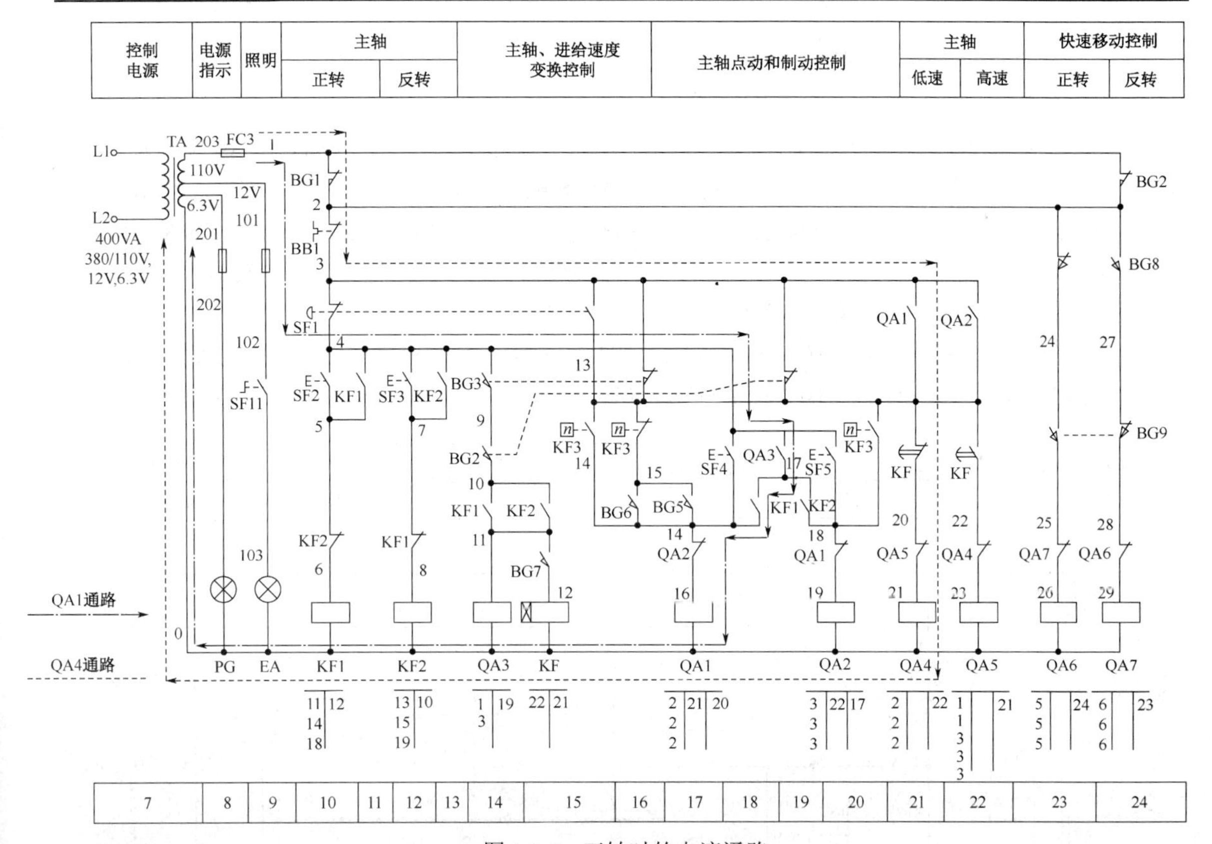

图 1.2.5　正转时的电流通路

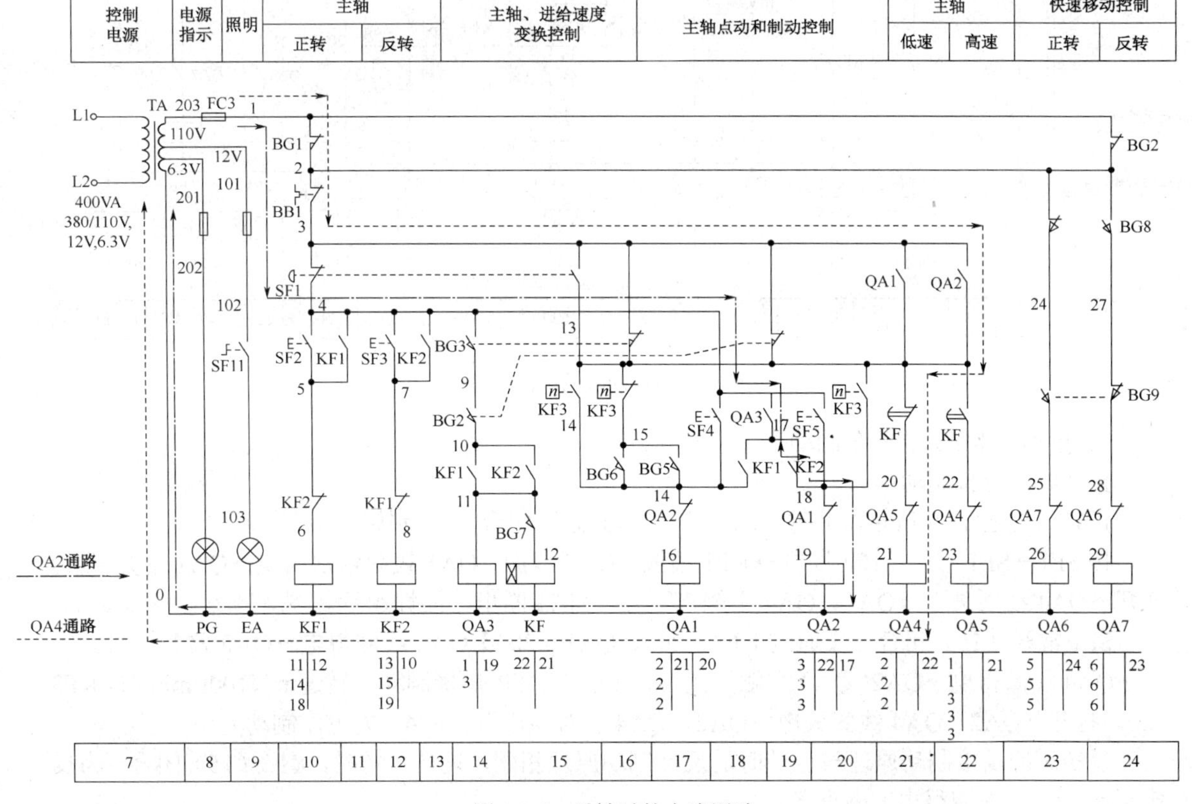

图 1.2.6　反转时的电流通路

② 主轴电动机 MA1 的点动控制。

正向点动过程：

按下 SF4→QA1 线圈得电→QA1 常开（21）闭合→QA4 线圈得电→QA1、QA4 主触点闭合，MA1 串电阻 RA 正向起动→放开 SF4，QA1、QA4 失电→主触点断开，MA1 失电，自由停转。同理，按下反向点动按钮 SF5→接触器 QA2 和 QA4 线圈得电吸合→主触点闭合，MA1 串电阻 RA 反向起动→放开 SF5，QA2、QA4 失电→主触点断开，MA1 失电，自由停转。

正、反向点动电流通路（图 1.2.7）：

1→BG1（8）→2→BB1（10）→3→QA1（21）→KF（21）→QA5（21）→QA4 线圈→0

1→BG1（8）→2→BB1（10）→3→QA2（22）→KF（21）→QA5（21）→QA4 线圈→0

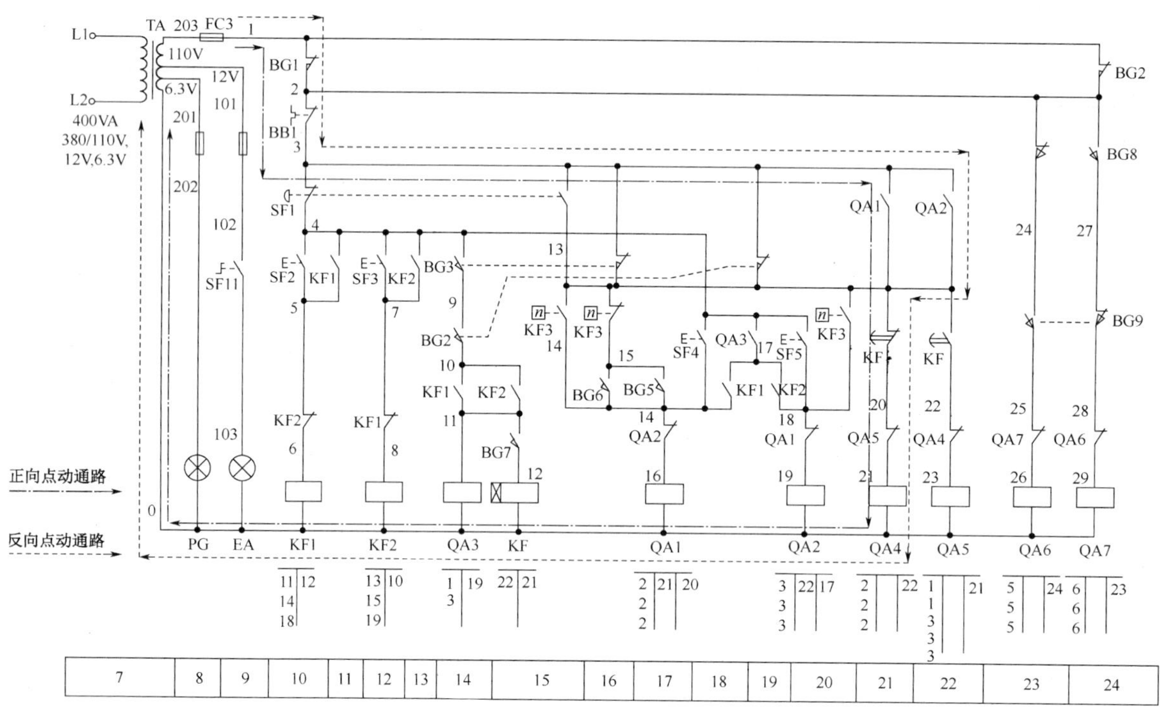

图 1.2.7 点动时的电流通路

③ 电动机 MA1 的停车制动。

正转时的反接制动：

正转速度达 120r/min 以上时，KF3 常开（20 区）闭合，为反接制动做准备。

按 SF1→SF1 常闭（10）断开→KF1 线圈、QA3 线圈、QA1 线圈依次失电→QA1 常开（21）打开→QA4 线圈失电→QA1、QA4 主触点断开，MA1 断电，惯性运行。

SF1 常开（15）闭合→【通过 KF3（20）、QA1（20）】QA2 线圈得电→QA2 常开（22）闭合→QA4 线圈得电→QA2、QA4 主触点闭合，MA1 串入 R 反接制动→转速 n＜100r/min 时，KF3（20）打开→QA2、QA4 线圈失电→QA2、QA4 主触点断开，MA1 失电，制动完毕。

反转时的反接制动原理与正转时的反接制动原理相同，只是反转时，KF3（15）闭合，为反接制动（QA1 线圈得电）做准备。

若电动机原来处于高速状态，KF 线圈是得电的，在制动时，SF1 常闭（10）断开，KF 线圈失电，KF 常开（22）分断 QA5 线圈回路，因此制动时 QA5 线圈是不会得电的，只有 QA4 线圈会得电，也就是说，高速状态制动时，首先是进入低速，然后再进行制动。

主轴正转反接制动电流通路（图 1.2.8）：

1→BG1（8）→2→BB1（10）→3→QA2（22）→13→KF3（20）→18→QA1（20）→QA2 线圈→0

1→BG1（8）→2→BB1（10）→3→QA2（22）→KF（21）→QA5（21）→QA4 线圈→0

主轴反转反接制动电流通路（图 1.2.9）：

1→BG1（10）→2→BB1（10）→3→QA1（21）→KF3（14）→14→QA2（17）→QA1 线圈→0

1→BG1（10）→2→BB1（10）→3→QA1（21）→KF（21）→QA5（21）→QA4 线圈→0

④ 主轴电动机的高速控制。

高速控制过程：

若电动机已经处于低速运行，则将变速手柄扳向高速，BG7 常开（15）闭合，接通 KF 线圈，延时后，KF 常闭（21）断开，切断 QA4 线圈回路，KF 常开（22）闭合，接通 QA5 线圈回路，QA5 主触点闭合，主轴电动机 MA1 做YY形接法，高速运行。

若电动机原来处于停止状态，则可先压下 BG7 后，再按下起动按钮，同理，主轴电动机 MA1 先做低速起动，然后再进入高速运行。

高速时的电流通路（图 1.2.10）：

1→BG1（10）→2→BB1（10）→3→QA1（21）→KF（22）→QA4（22）→QA5 线圈→0

⑤ 主轴变速及进给变速控制。

变速过程：拉出变速手柄（模拟机床上是转动手柄）→BG3 常开（14）打开→QA3 线圈失电→QA3 常开（19）打开→QA1、QA4 线圈依次失电→MA1 断电→BG3 常闭（16）闭合→【通过 KF3（20）】QA2 线圈得电→QA2 常开（22）闭合→QA4 线圈得电→MA1 串 RA 反接制动→KF3（20）打开→MA1 停车→进行变速，结束后将手柄复位→BG3 重新被压合→QA3、QA1、QA4 线圈依次得电→MA1 以新转速起动。

主轴变速冲动过程：

变速时，若因齿轮顶齿使手柄不能推入，则 BG6 被压合（BG6、BG5 正常工作时为打开状态，模拟机床上，BG6 与 BG3 联动，BG5 与 BG4 联动），此时 MA1 已完成反接制动。

BG6（16）闭合→【SF3（15）已恢复闭合】QA1、QA4 线圈依次得电，主触点闭合→MA1 正向起动→当 n＞120r/min 后→SF3（15）常闭打开→QA1、QA4 线圈依次失电→SF3（20）闭合→QA2、QA4 线圈依次得电吸合，主触点闭合→电动机 MA1 反接制动→当 n＜100r/min 后→SF3（15）闭合→MA1 又恢复正向起动→……MA1 如此重复间歇起动和制动→直到齿轮啮合完好，变速手柄能推复原位→BG6（16）打开→BG3（14）闭合→变速冲动结束。

主轴变速冲动电流通路（图 1.2.11）：

1→BG1（10）→2→BB1（10）→3→BG3（16）→SF3（16）→15→BG5（17）→QA2（17）→QA1 线圈→0

工作台变速冲动电流通路（图 1.2.11）：

1→BG1（10）→2→BB1（10）→3→BG3（16）→SF3（16）→15→SQ6（16）→QA2（17）→QA1 线圈→0

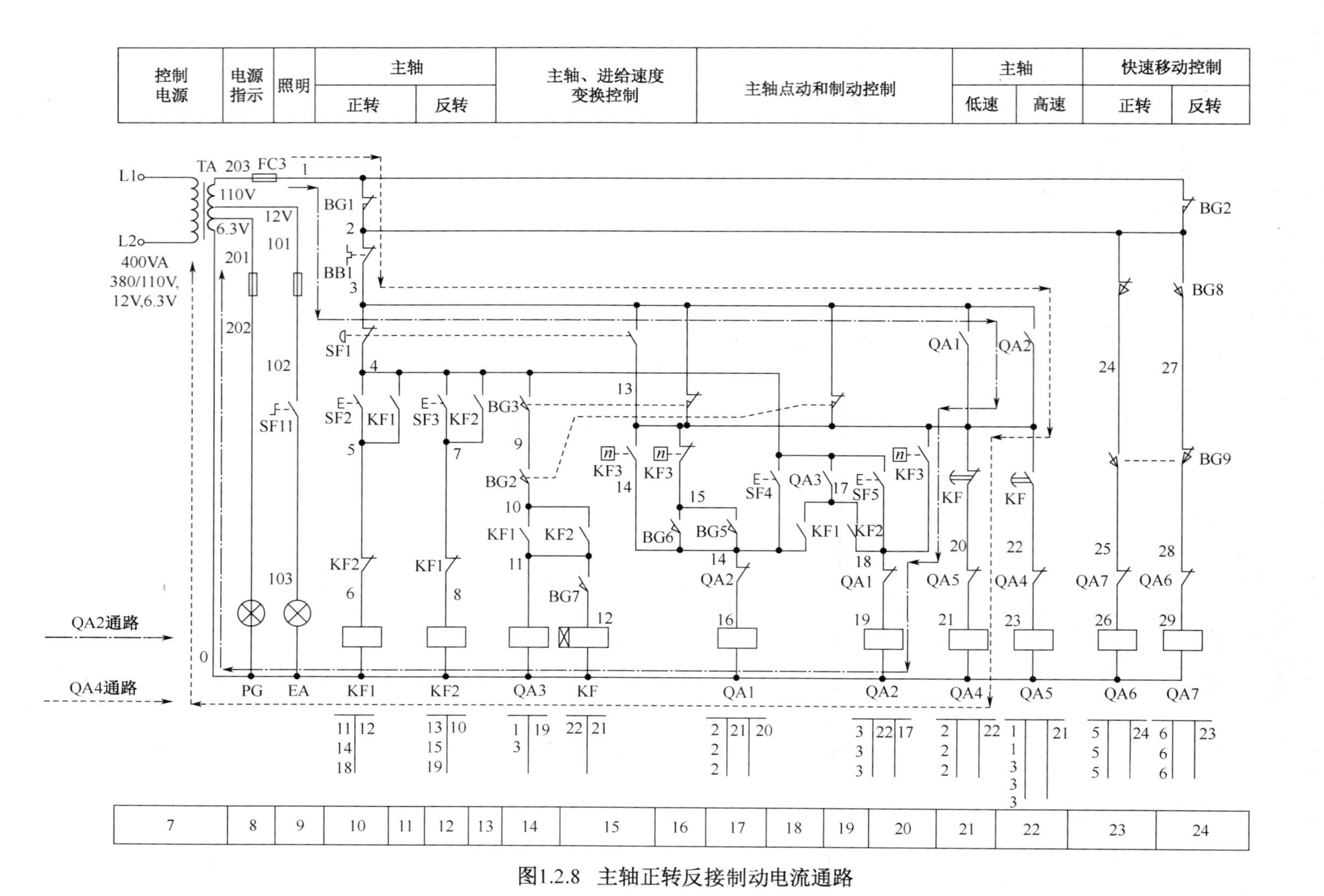

图1.2.8 主轴正转反接制动电流通路

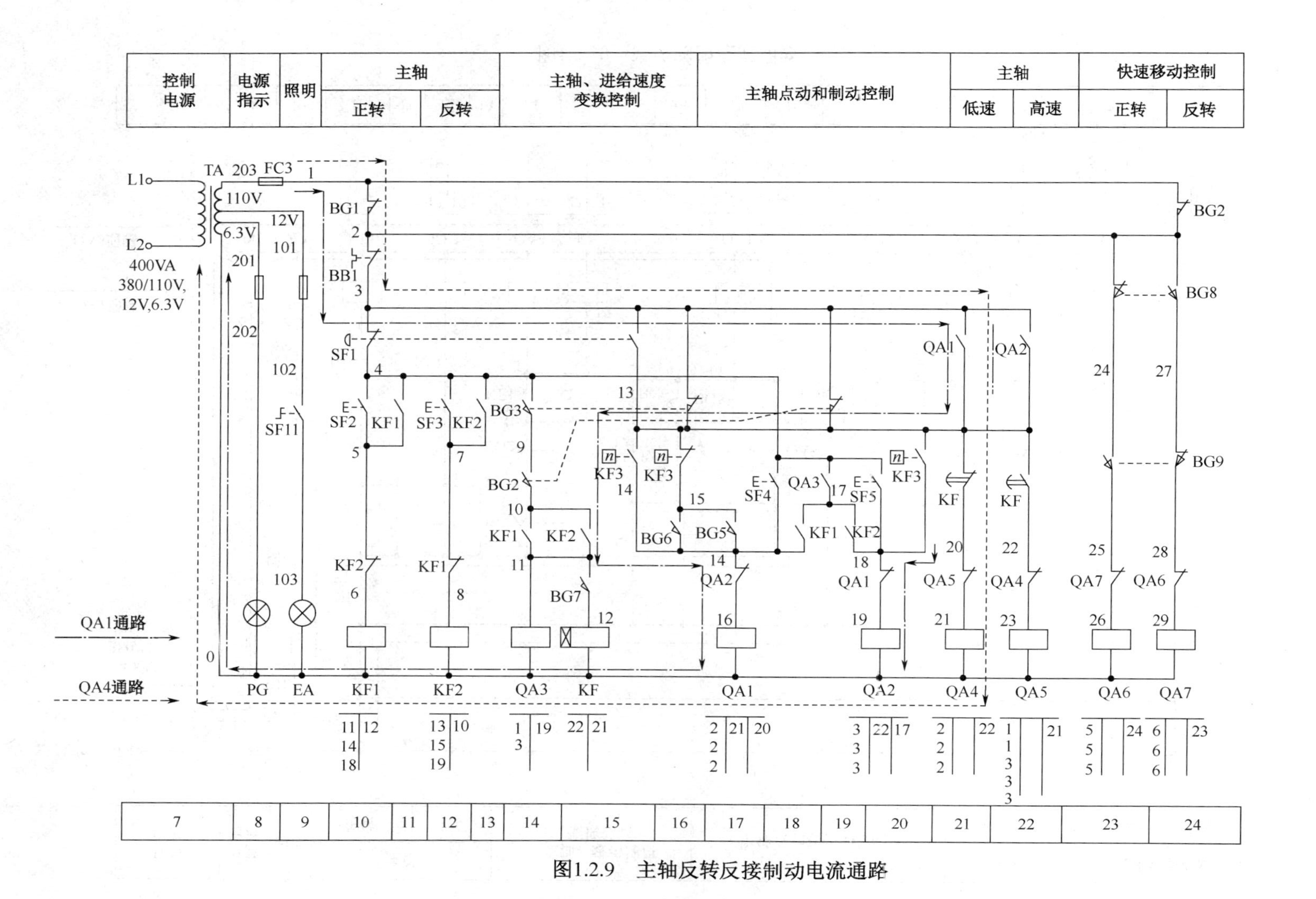

图1.2.9　主轴反转反接制动电流通路

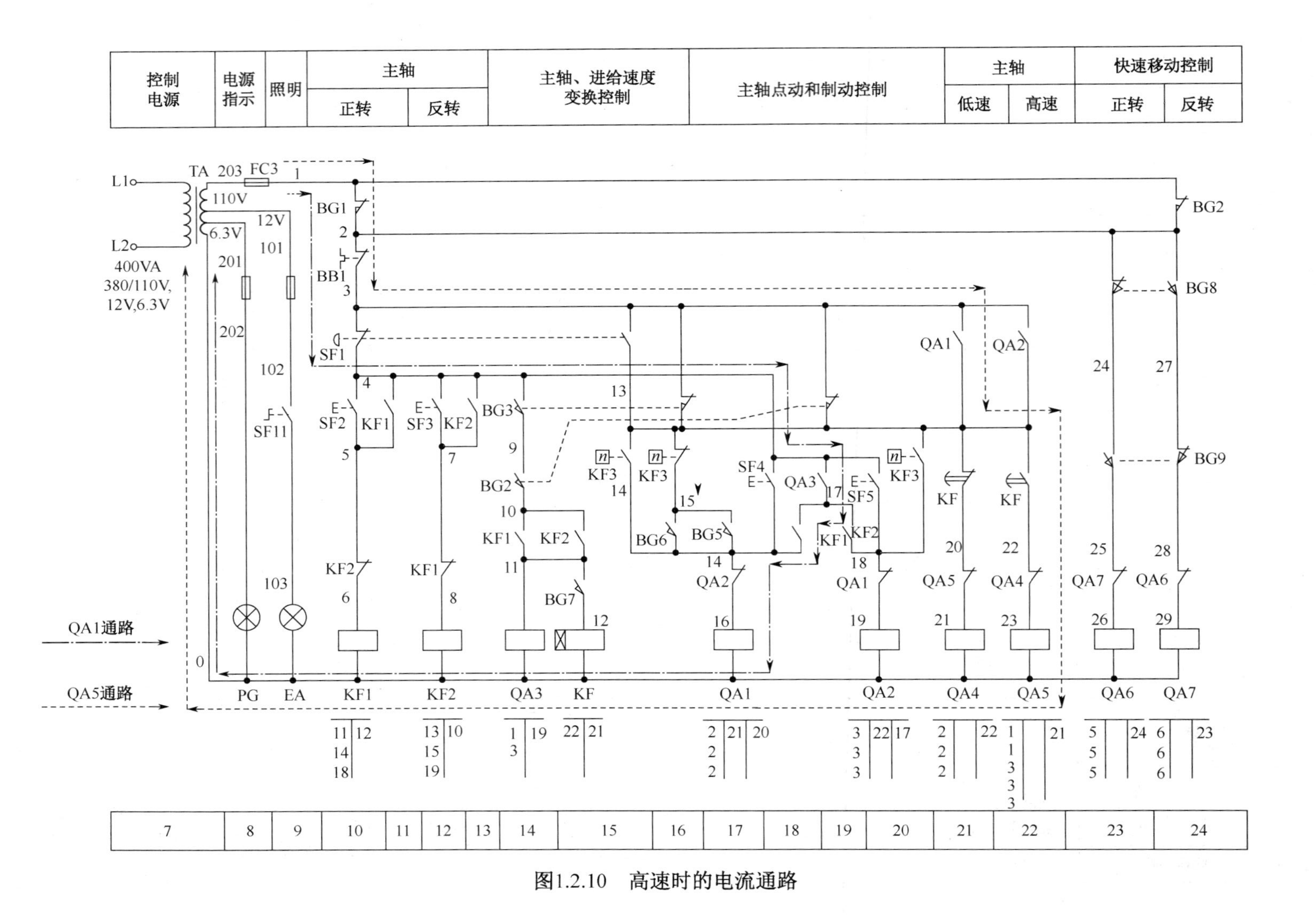

图1.2.10 高速时的电流通路

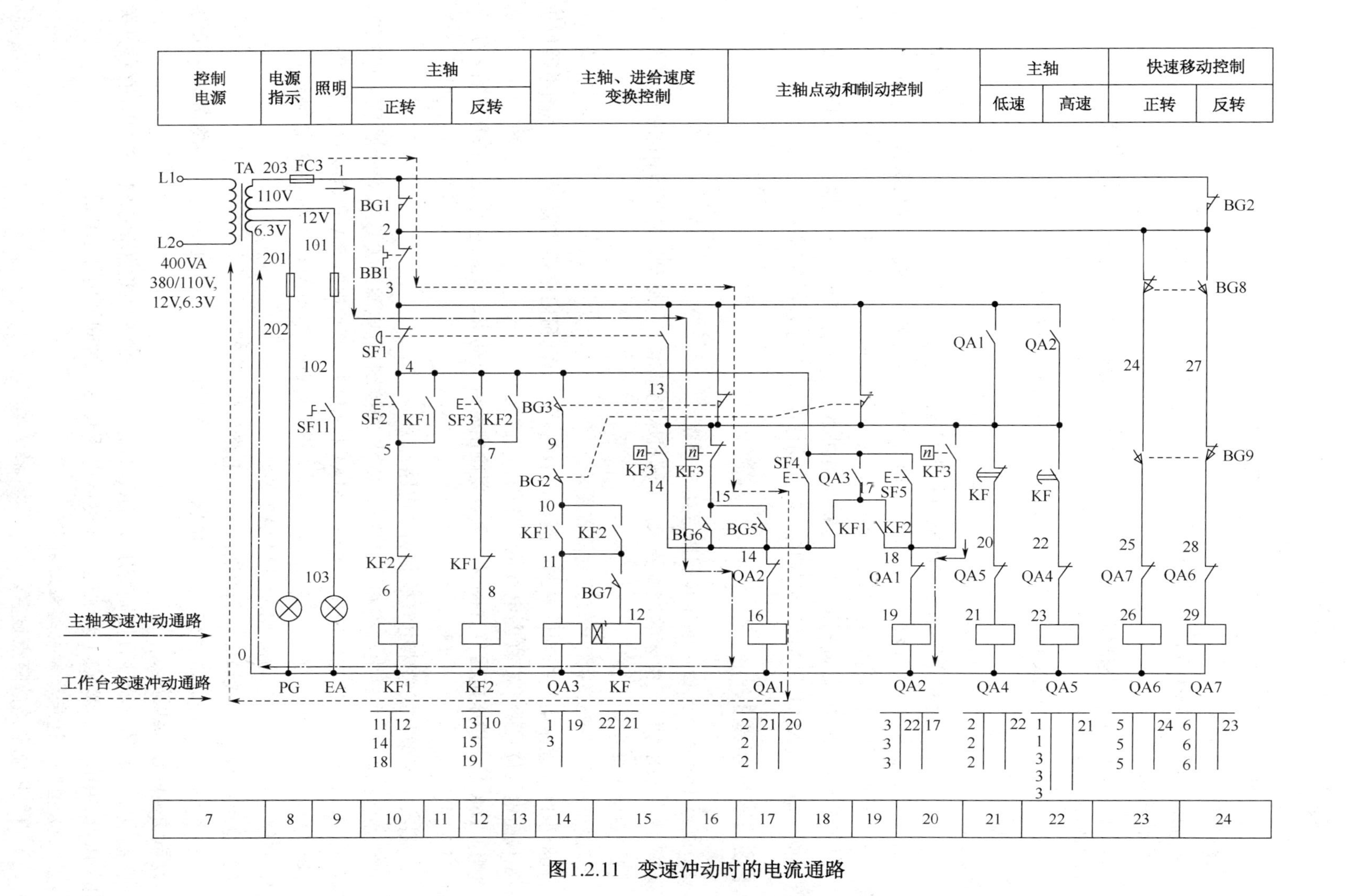

图1.2.11　变速冲动时的电流通路

（2）快速移动电动机 MA2 的控制。

正向快移：

压下行程开关 BG9，接触器 QA6 线圈得电吸合，电动机 MA2 正转，实现快速正向移动。

正向快移电流通路：

1→BG1（10）→2→BG8（23）→BG9（23）→QA7（23）→QA6 线圈→0

反向快移：

压下行程开关 BG8，接触器 QA7 线圈得电吸合，电动机 MA2 反转，实现快速反向移动。

反向快移电流通路：

1→BG1（10）→2→BG8（24）→BG9（24）→KA6（24）→QA7 线圈→0

（3）联锁保护装置。

为了防止在工作台或主轴箱自动快速进给时又将主轴进给手柄扳到自动快速进给的误操作，就采用了与工作台和主轴箱进给手柄有机械连接的行程开关 BG1。当工作台（或主轴箱）自动快速进给时，BG1 被压断开。同样，主轴自动快速进给时，SQ2 受压分断。因此，若工作台（或主轴箱）在自动进给时（BG1 断开），又将主轴进给手柄扳到自动进给位置（BG2 也断开），那么 BG1 和 BG2 同时断开，切断控制回路，使所有继电器接触器线圈失电，它们的触点复位，电动机 MA1 和 MA2 也失电，便自动停车，从而达到联锁保护的目的。

【项目实施步骤】

1. 测绘 T68 型卧式镗床电气控制图方法及步骤

（1）熟悉 T68 型卧式镗床的控制要求，了解机床的基本工作原理、加工范围和操作程序等。

（2）测绘 T68 型卧式镗床电气控制图。

① 测绘 T68 型卧式镗床电气控制位置图。

T68 型卧式镗床电气控制位置图的测绘内容包括：电气箱内电器位置图、主视图电器位置图、左视图电气位置图、右视图电气位置图等。

测绘 T68 卧式镗床电器位置图时，重点要画出两台电动机、电源总开关、按钮、行程开关及电气箱的具体位置。

② 测绘 T68 型卧式镗床电气控制图主电路部分

主电路包括电源、主轴电动机和快速移动电动机的控制。有电源开关 QA、熔断器 FC1 和 FC2、接触器 QA1～QA7、热继电器 BB1、电动机 MA1 和 MA2、制动电阻 RA 和速度继电器 KF3。

测绘 T68 镗床电气控制主电路图时要画出电源开关 QA、熔断器 FC1 和 FC2、接触器 QA1～QA7、热继电器 BB1、电动机 MA1 和 MA2 等。

（3）测绘 T68 型卧式镗床电气控制图控制电路部分。

T68 型卧式镗床控制电路包括控制电路电源、主轴电动机控制电路电源、主轴电动机和快速移动电动机的控制线路。

控制电路的具体元器件有控制变压器 TA、按钮 SF1～SF5、接触器 QA1～QA7、行程开关 BG1～BG9、中间继电器 KF1 和 KF2、速度继电器 KF3、时间继电器 KF 等。

2. T68 型卧式镗床控制电路故障排除

（1）电气控制电路故障点设置。

① 故障点设置：以速度继电器的常开触点为例。

② 故障现象：按下起动按钮 SF2，主轴电动机不能正常工作。

（2）对 T68 型卧式镗床进行通电操作，观察镗床各种工作状态下存在的故障现象，确定故障现象是在主电路还是控制电路。根据电路图，若按下起动按钮 SF2，KF1 线圈得电吸合→QA3 吸合→QA1 得电→QA4 得电→电动机低速正转起动。而通电试车时，当按下起动按钮 SF2，观察到 KF1、QA3 两个线圈可以吸合，QA1、QA4 两个线圈没有得电，所以得出结论：故障点在控制电路。

（3）依据电气控制电路的工作原理和观察到的故障现象，在电路图上用虚线标出故障电路的最小范围。为进一步缩小范围，通电试车时，按下起动按钮 SF3→KF2 线圈得电→QA3 线圈得电→QA2 线圈得电→QA4 线圈得电→电动机能够低速反转起动，则说明从控制变压器 TA 电源开始→FC3→1→BG1→2→BB1→SF1→QA3 辅助常开触点→17 是完好的，把故障范围可以缩小至 17→KF1 常开触点→14→QA2 辅助常开触点→16→QA1→0，在电路图上用虚线正确标出故障电路的最小范围。

（4）在故障范围内进行检查，应采用正确的检查方法，迅速查找故障点。

① 根据电路图和故障检查范围。确定先采用电压法，然后用电阻法进行测量检查。

② 接通电源，将万用表调至交流电压 500V 挡位。

③ 测量 QA3 常开触点（19）的四号线连接点和 KF1 常开触点（18）的 14 连接点的电压为 0V，证明故障范围内存在故障点。然后，将红表笔接在 4 号线与 QA3 常开触点（19）之间的连线处不动→黑表笔接在 QA1 线圈 0 号线节点上测有 110V 电压→黑表笔再接 QA1 线圈的 16 号线接点上→测有 110V 电压→黑表笔又接在 QA2 常闭触点的 16 号线接点上→测有 110V 电压→黑表笔又接在 QA2 常闭触点的 14 号线接点上→电压为 0V→说明 17 区的 QA2 常闭触点有问题。

（5）断开电路电源，验电。将万用表调至电阻挡。对 QA2（17 区）常闭触点测量电阻，阻值为无穷大，说明故障点在 QA2 常闭触点（17 区）。

（6）根据故障原因，采取适当的修理方法排除故障。将 QA2 常闭触点的螺钉卸下，发现常闭触点接触不良，修复故障点。

（7）通电试车。按下起动按钮 SF2，主轴电动机可以正转运行，但主轴电动机正转不能制动。

（8）根据试车时的现象，判断出故障在制动控制电路。故障可能出现在速度继电器的常开触点（13-18）处。

（9）检修故障。

① 将万用表置于 500V 挡，重新起动电动机，在主轴正转时，测量速度继电器触点（13-18）之间的电压，电压为零。

② 将万用表置于电阻挡，测量速度继电器触点（13-18）之间的电阻，电阻值为无穷大，可确定该点为故障点，故障为常开触点接触不良。

（10）排除故障。断开电源，根据故障原因，采取适当的修理方法排除故障。用螺钉旋具轻轻触及速度继电器的触点，用钳子轻轻扳动速度继电器的常开触点。再次用万用表测量速度继电器触点（13-18）之间的电阻，电阻值为零或很小，说明故障已修复。

（11）通电试车，进一步确定故障被排除，电路能够正常工作。

（12）做好维修记录，清理维修现场。

【知识拓展】

<T68 型卧式镗床常见故障及排除方法>

（1）故障 1：主轴电动机正、反转都不能起动。

首先应检查电动机在“正向点动”和“反向点动”位时能否点动。若能点动，说明主电路是好的，控制电路中正、反转接触器 QA1、QA2 及其后面电路也是好的，故障位于中间继电器 KF1、KF2，接触器 QA3 有关的电路中。应检查按钮 SF2、SF3 是否接触良好，QA3 线圈是否有断裂或脱落，行程开关 BG1－1、BG3－1 是否接触不良；若正、反向点动均不能进行，则应注意是否能听到接触器 QA1、QA2、KQ4 的吸合声。若无吸合声，说明故障在电源及控制电路部分，应检查熔断器 FC1、FC2、FC3 是否熔断，热继电器 BB1 是否因过载而脱扣，或因整定电流过小而动作，使整个控制电路断电。碰到这种情况，应查明电动机过载的原因，并予以排除。若是整定电流过小，则将其调到电动机的额定电流值。其次，还要检查 QA1、QA2、QA4 线圈及有关电路。如停止按钮 SF1 常闭触点、时间继电器 KT 延时断开常闭触点是否接触良好；若 QA1、QA2、QA4 吸合正常，说明故障在主电路中，应检查接触器 QA1、QA2、QA4 主触点是否接触不良，电动机绕组是否断线或接线脱落等。

（2）故障 2：电动机只有一个方向能起动，另一个方向起动不了。

主轴电动机有一个方向能起动，说明电源正常，主电路也基本上是好的，故障在不能起动那个方向有关的控制电路上。例如，反向不能起动，则可能的原因有：反向起动按钮 SF3 接触不良，中间继电器 KF2 线圈断线或常开触点接触不良，反转接触器 QA2 线圈断线或主触点接触不良。

（3）故障 3：主轴电动机高速挡时，在低速起动后，不能向高速挡转移而自动停止。

此故障中，电动机能低速起动，说明接触器 QA3、QA1、QA4 工作正常；低速起动后，不向高速挡转移而自动停止，说明时间继电器 KF 是工作的，其延时断开的常闭触点能自动切断 QA4 的电源，但不能接通接触器 QA5 的电源。因此，故障的主要原因是时间继电器 KF 的延时闭合常开触点接触不良。此外，还应检查接触器 QA4 的常闭辅助触点是否接触良好，接触器 QA5 线圈是否断线，主触点是否接触不良等。

（4）故障 4：主轴电动机低速挡不能起动；高速挡时，在按起动按钮后延迟几秒钟才起动。

此故障是由接触器 QA4 不能正常工作引起的。如时间继电器 KF 的延时断开常闭触点、接触器 QA5 的常闭辅助触点接触不良，使 QA4 线圈不能得电工作。此外，QA4 线圈损坏，QA4 主触点接触不良，都会使主轴电动机在低速挡不能起动。高速挡时，则跳过低速起动这一步，由时间继电器 KF 的延时闭合常开触点直接接通接触器 QA5，电动机在双星形接法下起动，高速运行。

（5）故障 5：主轴电动机只有高速挡没有低速挡，或只有低速挡没有高速挡。

引起这种故障的原因较多，常见的有时间继电器 KF 不动作，或行程开关 BG7 安装的位置移动，使 BG7 总处于通或断的状态。例如，时间继电器 KT 线圈损坏、机械卡阻、触点不动作，则主轴电动机不能转换到高速挡运转，只能在低速挡运转。若 BG7 总处于通的状态，则主轴电动机只有高速；若 BG7 总处于断的状态，则主轴电动机只有低速。

（6）故障 6：主轴电动机在运行中突然发出“嗡嗡”声，且转速变得很低。

这是电动机断相的症状。发生这种故障时，应立即切断电源。否则，长期断相运行会烧毁电动机。产生故障的原因是电动机的三相电源有一相断路。如三相电源开关 QS 一相接触不良，熔断器 FU1 一相熔断，接触器 KM1 或 KM2 的三个主触点中有一个接触不良，电动机定子接线端一相断线或接触不良等。

（7）故障 7：主轴电动机起动时，发出类似断相运行时的“嗡嗡”声，熔断器 FC1 熔断。

T68 卧式镗床主轴电动机采用 JDO2-52-4/2 型双速电动机。高速挡时，电源应由端子 U2、V2、W2 接入，而将端子 U1、V1、W1 短接，使电动机为双星形接法运转。低速时，电源应由端子 U1、V1、W1 接入、端子 U2、V2、W2 则开路，使电动机为三角形接法运转。其接线如图 1.2.12 所示。

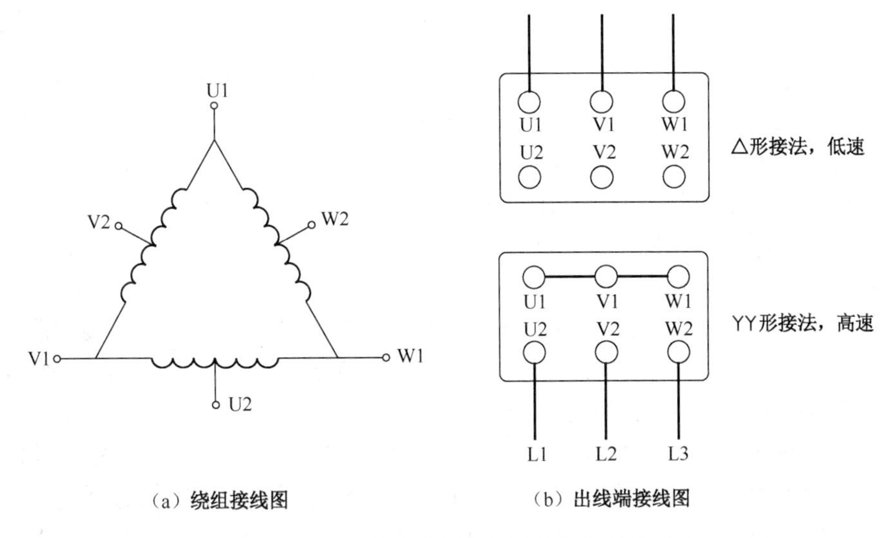

（a）绕组接线图　（b）出线端接线图

图 1.2.12　双速电动机绕组及出线端接线图

如果电动机经修理后线路接错，即高速时由端子 U1、V1、W1 接入电源，将端子 U2、V2、W2 短接；低速时，电源由 U2、V2、W2 接入，端子 U1、V1、W1 开路，则电动机起动不了，就会出现上述故障现象。

（8）故障 8：主轴变速手柄拉出后，主轴电动机不能冲动；或变速完毕合上手柄后，主轴电动机不能自动开车。

这种故障是由受主轴变速操作盘控制的行程开关 BG3、BG6 引起的。不变速时，通过变速机构的杠杆、压板使 BG3、BG6 受压，即 BG3（14）闭合，BG3（16）断开，BG6（16）断开。当主轴变速手柄拉出时，行程开关 BG3 复位，主轴电动机断电而制动停车。当速度选好后推上手柄时，若发生顶齿，则 BG6 复位，接通瞬时点动控制电路，使主电动机低速冲动。BG3、SQ6 装在主轴箱下部，往往由于紧固不牢，位置偏移，接点接触不良而完不成上述动作。此外，BG3、BG6 是由胶木塑压成型的，往往由于质量等原因将绝缘击穿。例如，若接点（4-9）短路，就会造成变速手柄拉出后，尽管 BG3 已经动作，但由于接点（4-9）仍接通，使主轴仍以原来转速旋转，此时变速将无法进行。

（9）故障 9：进给变速手柄拉出后，主轴电动机不能冲动；或变速完毕，合上手柄后，主轴电动机不能自动开车。

主轴和进给共用一台电动机 MA1 拖动的。进给变速时出现这种故障，是由受进给变速操作盘控制的行程开关 BG4、BG5 引起的。如 BG4、BG5 紧固不牢、位置偏移、接点接触不良等。

（10）故障 10：主轴的实际转速比标牌指示数多一倍或少一倍。

T68 镗床主轴有十八种转速，是采用双速电动机和机械滑移齿轮来实现变速的。主轴电动机高、低速的转换通过行程开关 BG7 的通断实现。行程开关 BG7 安装在主轴调速手柄的旁边，主轴调速机构转动时推动一个撞钉，撞钉推动簧片使 BG7 通或断。所以在安装调整时，应使撞钉的动作与标牌指示相符。例如，第一挡为 12r/min，第二挡为 20r/min，主轴电动机以 1500r/min 的速度运转，第三挡为 25r/min，主轴电动机以 3000r/min 的速度运转；第四挡为 30r/min，主轴电动机又以 1500r/min 的速度运转，以后依次类推。当标牌指示在第一、第二挡时，撞钉不推动簧片，行程开关 BG7 不动作；标牌指示在第三挡时，撞钉推动簧片，使 BG7 动作。如果安装调整不当，使 BG7 动作恰好相反，则会出现主轴转速比标牌指示数多一倍或少一倍的故障现象。

（11）故障 11：主轴停车时没有制动作用。

主要原因是速度继电器 KF3 发生了故障，使它的两个常开触点 KF3（20）和 SR2（15）不能按旋转方向正常闭合，就会导致停车时无制动作用。例如，SR 中推动触点的胶木摆杆有时会断裂。这时，KF3 的转子虽随电动机转动，但不能推动触点闭合，也就没有制动作用了。

此外，速度继电器 KF3 转子的旋转是通过联动装置来传动的。当继电器轴上圆销扭弯、磨损或弹性连接件损坏、螺丝销钉松动或打滑时，都会使速度继电器的转子不能正常运转，其常开触点也就不能正常闭合，在停车时不起作用。

（12）故障 12：主轴停车后产生短时反向旋转。

这往往是速度继电器 KF3 动触点调整过松，使触点分断过迟，以致在反接的惯性作用下，主轴电动机停止后，仍做短时间的反向旋转。这只需将触点弹簧调节适当就可消除。

（13）故障 13：主轴电动机正转时，按停止按钮不停车。

此故障是由接触器 QA1 主触点熔焊造成的。这时，只有断开电源开关 QA，才能使主轴电动机停下来。应检查接触器 QA1 型号是否合乎规格，主轴电动机是否过载，或起动、制动过于频繁等。可根据情况更换接触器的主触点或新的接触器。

（14）故障 14：扳动正向快速或反向快速手柄，快速移动不起作用。

各进级部分的快速移动专门由一台电动机 MA2 拖动，由快速手柄带动相应的限位开关 BG8、BG9 进行控制。若 BG8、BG9 触点接触不良，接触器 QA7、QA8 线圈断线，电动机 MA2 绕组断线或接线脱落，都会出现上述故障现象。此外，还应检查快速手柄与限位开关 BG8、BG9 联动的机械机构能否正确动作。

【项目检查评价】

根据学习者完成情况进行评价，评分标准见表 1.2.4。

表 1.2.4　评分标准

序号	考核项目	考核要求	配分	评分标准	扣分	得分
1	测绘的电气控制图	（1）正确绘图 （2）图形符号和文字符号符合国家标准	30	（1）原理错误，每处扣 5 分 （2）图形符号和文字符号不符合国家标准，每处扣 3 分		
2	故障分析	能够正确标出故障范围	10	（1）错标或标不出故障范围，每个故障点扣 5 分 （2）不能标出最小的故障范围，每个故障点扣 3 分		
3	检修方法及过程	（1）能够正确使用工具和仪表 （2）检修方法步骤正确	30	（1）工具和仪表使用不正确，每次扣 5 分 （2）检修方法步骤不正确，每次扣 10 分		
4	故障排除	能够正确排除故障	20	（1）每少查出一个故障点扣 5 分 （2）每少排除一个故障点扣 5 分		
5	安全文明生产	（1）明确安全用电的主要内容 （2）操作过程中符合文明生产要求	10	（1）未经同意私自通电扣 5 分 （3）损坏设备扣 2 分 （3）损坏工具仪表扣 1 分 （4）发生轻微触电事故扣 5 分 （5）本项配分扣完为止		
合计			100			

【理论试题精选】

一、判断题

1.（ ）测绘 T68 镗床电气布置图时要画出 2 台电动机在机床中的具体位置。

2.（ ）分析 T68 镗床电气控制线路的控制电路原理图时，重点是快速移动电动机 MA2 的控制。

3.（ ）测绘 T68 镗床电气控制主电路时要画出电源开关 QA，熔断器 FC1 和 FC2，接触器 QA1～QA7，按钮 SF1～SF5 等。

4.（ ）测绘 T68 镗床电气线路的控制电路图时要正确画出控制变压器 TA、按钮 SF1～SF5、行程开关 BG1～BG9、电动机 MA1 和 MA2 等。

5.（ ）T68 镗床的主轴电动机采用全压起动方法。

6.（ ）T68 镗床的主轴电动机的调速控制采用了△—YY变极调速方法。

7.（ ）T68 镗床的主轴电动机的制动控制采用了电源两相反接制动法。

二、选择题

1．测绘 T68 镗床电气位置图时，重点要画出两台电动机、电源总开关、（ ）、行程开关以及电气箱的具体位置。

A．接触器 B．熔断器 C．按钮 D．热继电器

2．分析 T68 镗床电气控制主电路原理图时，首先要看懂主轴电动机 MA1 的正反转电路和高低速切换电路，然后再看快速移动电动机的（ ）。

A．△—Y起动电路 B．正反转电路 C．能耗制动电路 D．降压起动电路

3．T68 镗床的进给电机采用了（ ）方法。

A．频敏变阻器起动 B．全压起动 C．△—Y起动 D．△—YY起动

4．T68 镗床的主轴电动机 MA1 采用了（ ）的停车方法。

A．能耗制动 B．反接制动 C．电磁抱闸制动 D．机械摩擦制动

5．T68 镗床的主轴电动机由（ ）实现过载保护。

A．熔断器 B．过电流继电器

C．速度继电器 D．热继电器

6．T68 镗床主轴电动机的高速与低速之间的联锁保护由（ ）实现。

A．速度继电器动合触点 B．接触器动断触点

C．中间继电器动合触点 D．热继电器动断触点

7．T68 镗床主轴电动机只能工作在低速挡，不能高速挡工作的原因是（ ）。

A．速度继电器故障 B．行程开关故障

C．热继电器故障 D．熔断器故障

8．T68 镗床主轴电动机的正反转互锁由（ ）实现。

A．接触器常闭触点 B．时间继电器常闭触点

C．速度继电器常开触点 D．接触器常开触点

9．T68 镗床电气线路控制电路由控制变压器 TA、（ ）、行程开关 BG1～BG9、中间继电器 KF1 和 KF2、速度继电器 KF3、时间继电器 KF 等组成。

A．电动机 MA1 和 MA2 B．制动电阻 RA

C．电源开关 QA D．按钮 SF1～SF5

模块二　可编程控制系统装调维修模块

项目一　PLC改造星—三角降压起动控制电路连接与调试

【项目目标】

通过完成本项目，使学习者能够达到维修电工（高级）证书相应的理论和技能的考核要求，具体要求见表2.1.1。

表2.1.1　维修电工（高级）考核要素细目表

相关知识考核要点	相关技能考核要求
1．PLC编程软件的功能、安装方法 2．PLC编程软件编程语言的选择和转换方法 3．PLC与计算机的通信设置方法 4．程序上传、下载监控方法 5．PLC基本指令的使用方法 6．PLC定时器指令的使用方法 7．PLC改造星—三角降压起动控制电路的方法 8．PLC改造星—三角降压起动控制电路的编程方法	1．能使用基本指令编写星—三角降压起动控制电路程序 2．能用PLC改造星—三角降压起动控制电路 3．能够使用编程软件上传下载监视程序

【电气图形符号和文字符号】

在本项目中涉及的元器件的图形符号和文字符号见表2.1.2。

表2.1.2　元器件的图形符号和文字符号

序号	名称	图形符号 GB/T4728—2005-2008	文字符号 GB/T20939-2007	备　注
1	三相带漏电保护的断路器	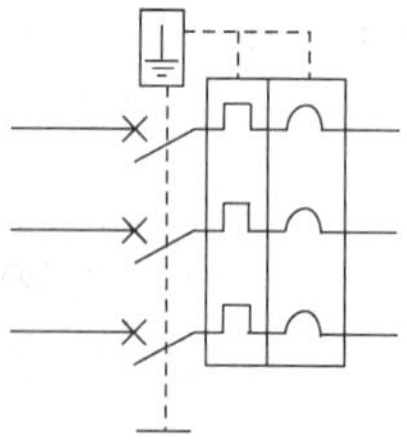	QA	JB/T 2739-2008
2	熔断器 S00362		FC	GB/T4728.7—2008
3	接触器的主动合触点 S00284		QA	GB/T4728.7—2008

续表

序号	名称	图形符号 GB/T4728—2005-2008	文字符号 GB/T20939-2007	备　注
4	热继电器驱动件 S00325		BB	GB/T4728.7—2008
5	三相鼠笼式感应电动机 S00836	M 3～	MA	GB/T4728.6—2008
6	热继电器动断触点		BB	JB/T 2739-2008
7	动合（常开）触点 S00227		接触器 QA 继电器 KF	GB/T4728.7—2008
8	动断（常闭）触点 S00229		接触器 QA 继电器 KF	GB/T4728.7—2008
9	自动复位的手动按钮开关 S00254		SF	GB/T4728.7—2008
10	继电器线圈 S00305		接触器 QA 继电器 KF	GB/T4728.7—2008
11	延时断开的动断触点 S00245		KF	GB/T4728.7—2008
12	缓慢吸合继电器线圈 S00312		时间继电器 KF	GB/T4728.7—2008
13	T 形连接 S00019			GB/T4728.3—2005

【项目任务描述】

现有星—三角降压起动控制系统，电气原理图如图 2.1.1 所示。由于星—三角降压起动控制电路使用了继电器和接触器，经常造成接触不良，而且元件老化快，设备故障频繁，不便于维修。因此，根据实际条件，本项目的主要任务是采用可编程序控制器对原有继电器—接触器系统进行改造升级，使起动系统的故障率下降，可靠性和灵活性大大提高。

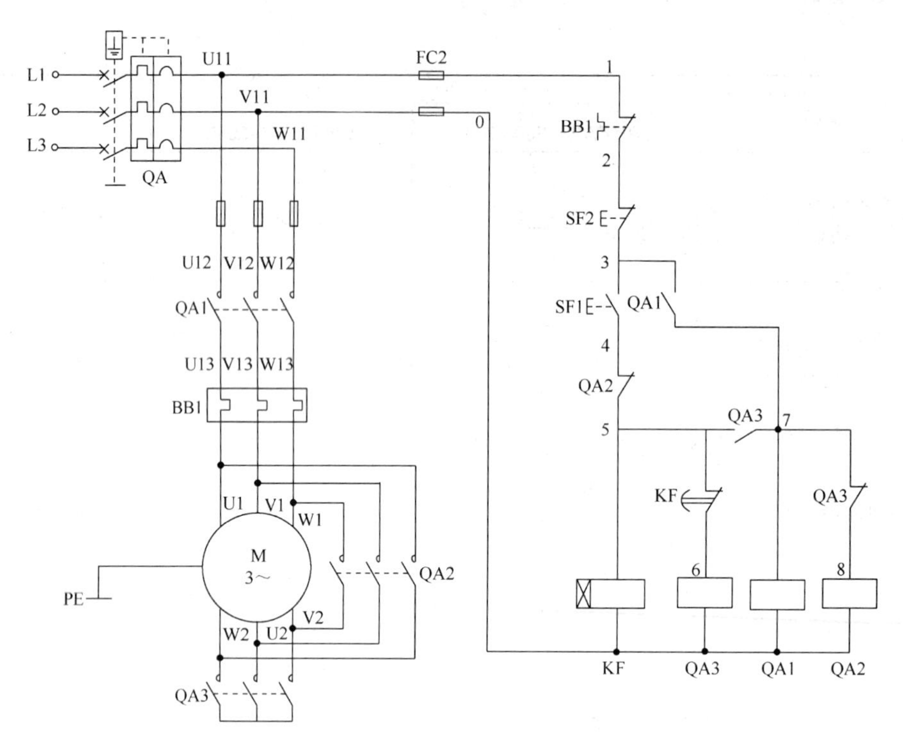

图 2.1.1　星—三角降压起动控制电路电气原理图

【项目实施条件】

1. 工具、仪表及器材

剥线钳、试电笔、电烙铁、镊子等常用组装工具 1 套，万用表及双踪示波器。

2. 元器件

项目改造所需的电气元件清单见表 2.1.3。

表 2.1.3　项目改造所需的电气元件清单

序号	代　号	名　称	型 号 规 则	数量
1	MA1	电动机	Y132M-4-B3， 7.5kW，1450r/min	1
2	QA1、QA2、QA3	交流接触器	CJ20-20， 线圈电压 220V	3
3	QA	断路器	DZ47-3P-20	1
4	SF1	按钮	LAY3-01ZS/1	1
5	SF2	按钮	LAY3-10/3.11	1
6	BB	热继电器	JR16-20/2D，15.4A	1
7	FC1	熔断器	RL1-10，55×78，5A	3
8	FC2	熔断器	RL1-15，5A	2
9	PLC	可编程控制器（三菱）	FX2N-16MR	1

【知识链接】

1. 星—三角降压起动控制电路工作原理

根据星—三角降压起动控制电气电路原理图（图 2.1.3）可知，其控制原理为：合上电源开关 QA，按下 SF1，过程如图 2.1.2 所示。停止时，按下 SF2 即可实现停止。

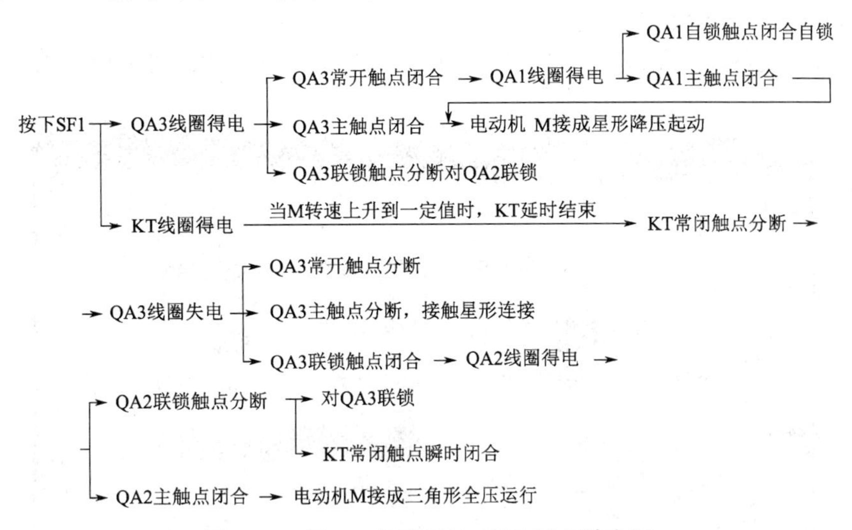

图 2.1.2　星—三角降压起动控制原理流程图

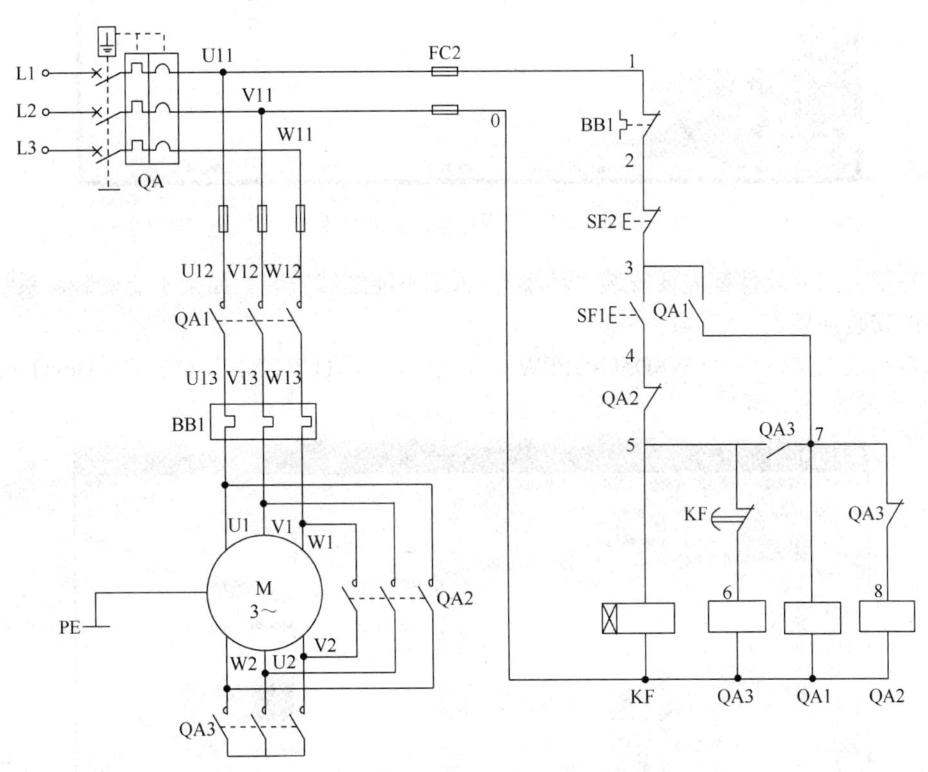

图 2.1.3　星—三角降压起动控制电路电气原理图

2. PLC 编程软件的功能、安装方法

（1）PLC 编程软件的功能。

GX Developer 编程软件是三菱 PLC 设计/维护的应用软件，可用于三菱大型 PLC 的 Q 系列、A 系列、QnA 系列机型以及小型 FX 系列 PLC。该软件比 SWOPC-FXGP/WIN-C 编程软件功能更强大，可以将编辑的程序转换成 GPPQ/GPPA 格式的文档，当选择 FX 系列 PLC 时，还能将程序储存为 FXGP（DOS）/FXGP（WIN）格式的文档，以实现与 SWOPC-FXGP/WIN-C 软件的文件互换。该软件能够将 Excel、Word 等软件编程的说明性文字、数据，通过复制、粘贴等简单操作导入程序中，使软件的使用、程序的编辑更加便捷。

（2）PLC 编程软件的安装方法。

第一步：先安装通用环境，进入文件夹“EnvMEL”，单击“SETUP.EXE”安装，如图 2.1.4 所示。

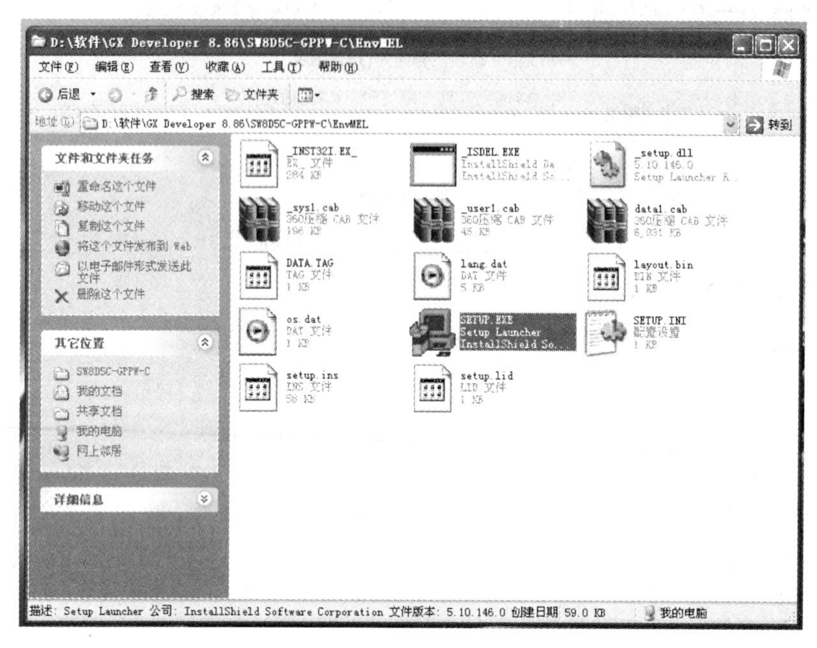

图 2.1.4　通用环境的安装目录

注：三菱大部分软件都先要安装“环境”，否则不能继续安装。如果不能安装，系统会主动提示需要的安装环境。

第二步：进入文件夹“SW8D5C-GPPW-C”，单击“SETUP.EXE”安装 GX Developer 软件，如图 2.1.5 所示。

图 2.1.5　安装 GX Developer 软件

注：其他文件夹在安装时主安装程序会自动调用。

第三步：在安装之前把其他应用程序关闭，如杀毒软件、防火墙、IE、办公软件等。因为这些软件可能会调用系统的其他文件，影响安装的正常进行。单击如图 2.1.6 所示的“确认”按钮。

第四步：输入各种注册码信息后，输入序列号，进行下一步，如图 2.1.7 所示。

注：不同软件版本的序列号可能会不同，序列号可在下载后的压缩包内得到。

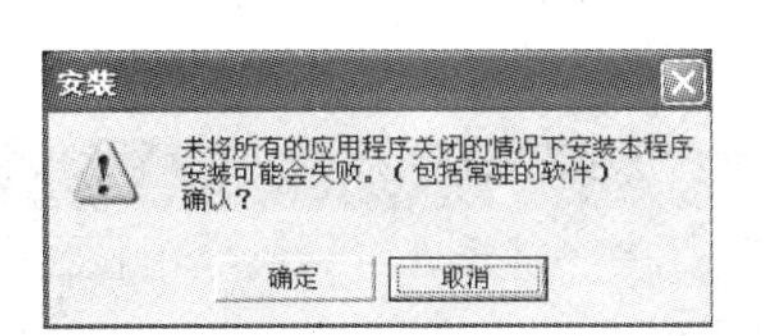

图 2.1.6　单击“确认”按钮

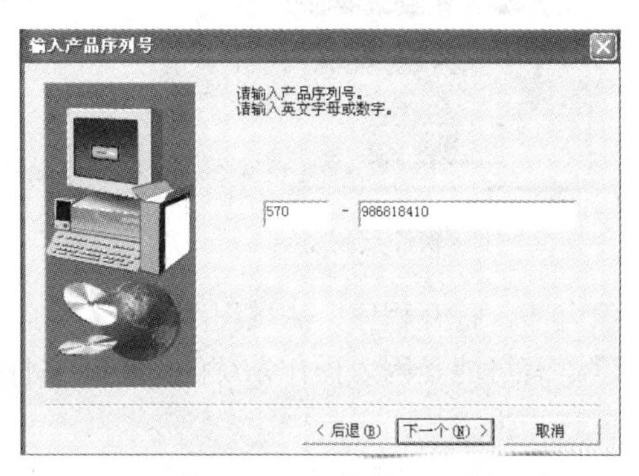

图 2.1.7　输入产品序列号

第五步：不要勾选如图 2.1.8 所示的三个界面，否则软件只能监视，不能进行程序的编辑。

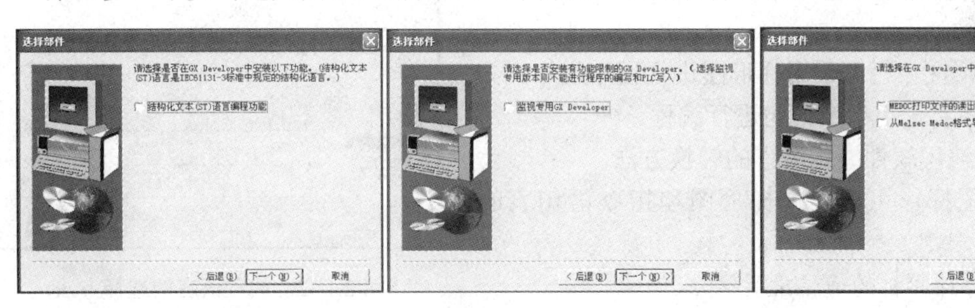

图 2.1.8　选择部件界面

第六步：等待安装过程，如图 2.1.9 所示。

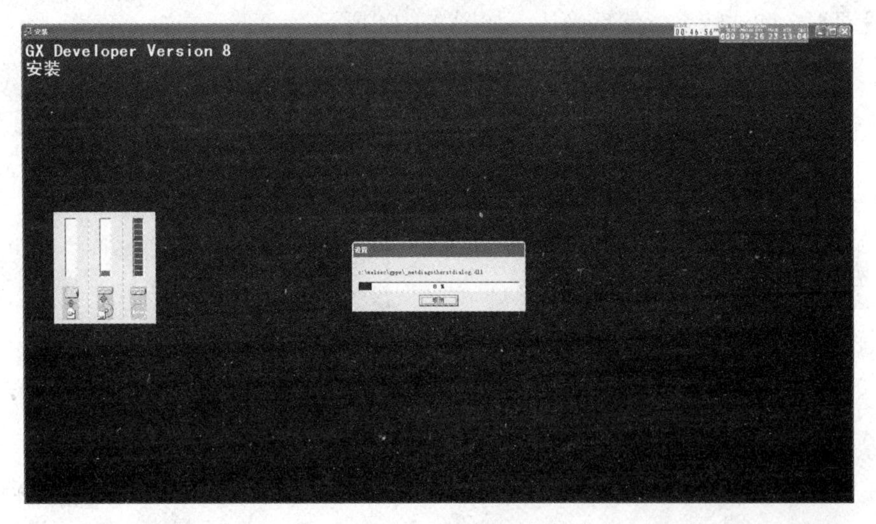

图 2.1.9　安装过程

第七步：直到出现如图 2.1.10 所示的窗口，则软件安装完毕。

第八步：在开始/程序里可以找到安装好的文件，如图 2.1.11 所示。

图 2.1.10　软件安装完毕

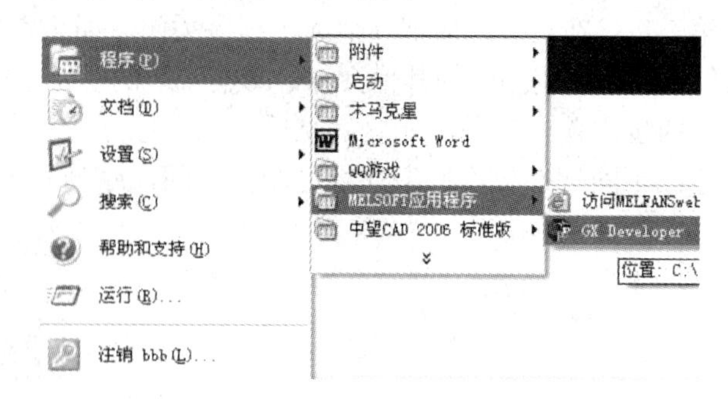

图 2.1.11　打开 GX Developer 软件

第九步：打开程序，测试程序是否正常。如果程序不正常，有可能是因为操作系统的 DLL 文件或者其他系统文件丢失。

3. PLC 编程软件编程语言的选择和转换方法

（1）PLC 编程软件编程语言的选择.

打开 GX Developer 软件，创建一个新工程，如图 2.1.12 所示。

选择“梯形图”栏可采用梯形图进行程序设计，如选择“SFC”栏将采用指令语句进行编程。

（2）PLC 编程软件编程语言的转换方法。

单击图标，可以实现梯形图和指令语句表的转换。

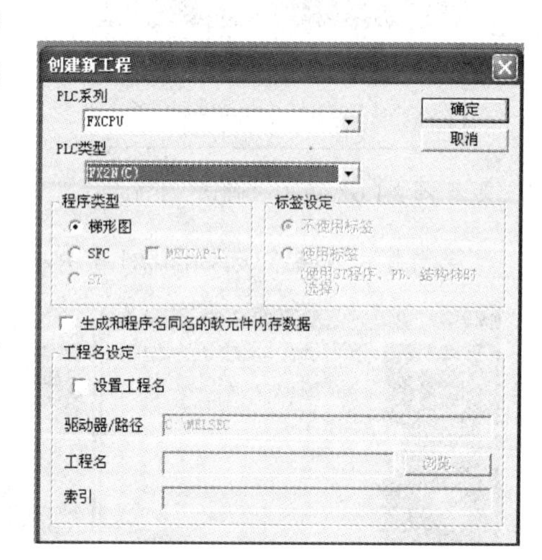

图 2.1.12　编程语言的选择方法

4. PLC 与计算机的通信设置方法

（1）首先在窗口界面选择“在线”下的“传输设置”栏，如图 2.1.13 所示。

（2）在弹出的窗口上选择“串行USB”。

（3）设置端口和波特率，然后确认，如图 2.1.14 所示。

图 2.1.13　“在线/传输设置”

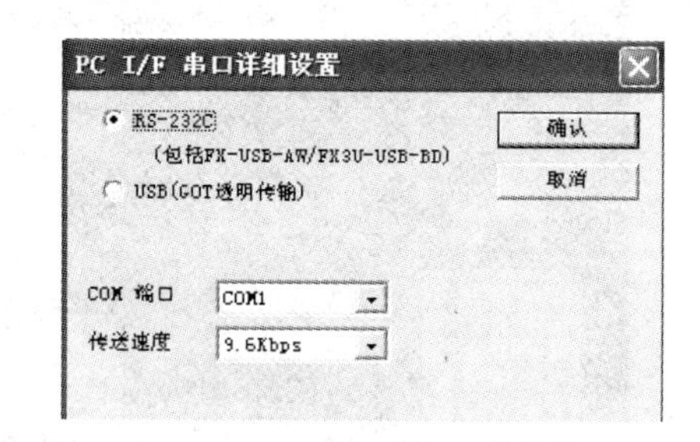

图 2.1.14　设置端口和波特率

5. 程序上传、下载监控方法

（1）程序的上传方法。

首先在窗口界面选择“在线”栏，然后选择“PLC 读取（R）”栏或单击图标进行程序的上传。

注：PLC 程序的上传时不能停电。

（2）程序的下载方法。

首先在窗口界面选择“在线”栏，然后选择“PLC 写入（W）”栏或单击图标进行程序下载。

注：PLC 程序下载时不能停电。

（3）程序的监控方法。

编程软件可以对输入量、输出量和存储量进行监控。在 PLC 窗口界面，单击图标即可进行软件的监控。

6．PLC 基本指令的使用方法

FX 系列 PLC 基本指令包括：位逻辑指令、定时器指令、计数器指令等。

（1）位逻辑指令。

① 逻辑取（装载）及线圈输出指令。

用 LD 和 LDI 指令来装载常开触点和常闭触点，用 OUT 作为输出指令。

LD（Load）：取电路开始的常开触点指令。

LDI（Load Inverse）：取电路开始的常闭触点指令。

OUT（Out）：输出指令，对应梯形图则为线圈输出。

使用说明：

a．LD/LDI 可用于 X、Y、M、T、C、S 的触点，通常与左母线相连，在使用 ANB、ORB 块指令时，用来定义其他电路串并联电路的起始触点。

b．OUT 可驱动 Y、M、T、C、S 的线圈，但不能驱动输入继电器 X，通常放在梯形图的最右边。当 PLC 输出端不带负载时，尽量使用 M 或其他控制线圈。

c．OUT 可以并联使用任意次，但不能串联。

例 2.1.1　合上电源开关，没有按下点动按钮时，指示灯亮，按下按钮时，电动机转动。分别使用 PLC 梯形图、基本指令实现这一控制功能。

解：点动按钮 SF0 与 PLC 输入端子 X000 连接。指示灯与 PLC 输出端子 Y000 连接，电动机 MA1 由 QA 控制，而 QA 的线圈与 PLC 输出端子 Y001 连接。PLC 控制程序如图 2.1.15 所示。

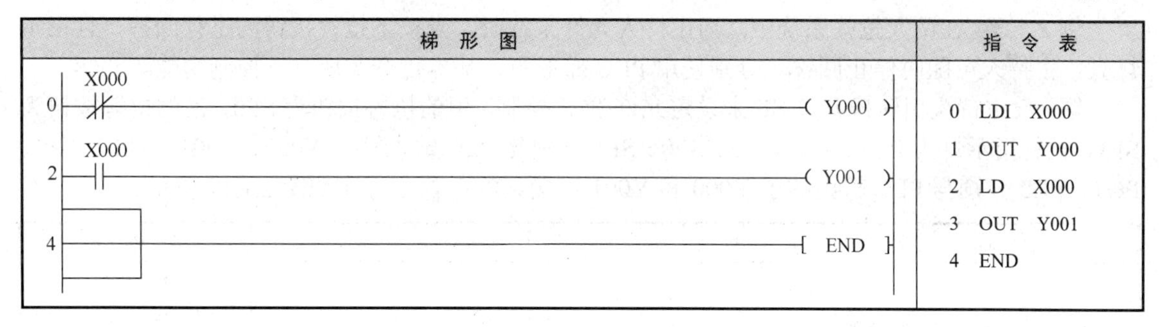

图 2.1.15　例 2.1.1 图

② 触点串联指令。

触点串联指令又称逻辑“与”指令，它包括常开触点串联和常闭触点串联，分别用 AND 和 ANI 指令来表示。

AND（And）：“与”操作指令，在梯形图中表示串联一个常开触点。

ANI（And Inverse）：“与非”操作指令，在梯形图中表示串联一个常闭触点。

使用说明：

a．AND 和 ANI 指令是单个触点串联连接指令，可连续使用。

b．AND、ANI 指令可对 X、Y、M、T、C、S 的触点进行逻辑“与”操作，和 OUT 指令组成纵向输出。

例 2.1.2 在某一控制系统中，SF0 为停止按钮，SF1、SF2 为点动按钮，当 SF1 按下时，电动机 MA1 起动。此时再按下 SF2 时，电动机 MA2 起动而电动机 MA1 仍然工作，如果按下 SF0，则两个电动机都停止工作，试用 PLC 实现其控制功能。

解： SF0、SF1、SF2 分别与 PLC 输入端子 X000、X001、X002 连接。电动机 MA1、电动机 MA2 分别由 QA0、QA1 控制，QA0、QA1 的线圈分别与 PLC 输出端子 Y000 和 Y001 连接。PLC 控制程序如图 2.1.16 所示

梯形图	指令表
0 X001 X000 (Y000) X002 (Y001) 5 [END]	0 LD X001 1 ANI X000 2 OUT Y000 3 AND X002 4 OUT Y001 5 END

图 2.1.16 例 2.1.2 图

③ 触点并联指令。

触点并联指令又称逻辑“或”指令，它包含常开触点并联和常闭触点并联，分别用 OR 和 ORI 指令来表示。

OR（Or）：“或”操作指令，在梯形图中表示并联一个常开触点。

ORI（Or Inverse）：“或非”操作指令，在梯形图中表示并联一个常闭触点。

使用说明：

a．OR/ORI 指令可作为并联一个触点指令，可连续使用。

b．OR/ORI 指令可对 X、Y、M、T、C、S 的触点进行逻辑“或”操作，和 OUT 指令组成纵向输出。

例 2.1.3 在两人抢答系统中，当主持人允许抢答时，先按下抢答按钮的进行回答，且指示灯亮，主持人可随时停止回答。分别使用 PLC 梯形图、基本指令实现这一控制功能。

解： 设主持人用转换开关 SF 来设定允许/停止控制，甲的抢答按钮为 SF0，乙的抢答按钮为 SF1，抢答指示灯为 PG1、PG2。SF、SF0、SF1 分别与 PLC 输入端子 X000、X001、X002 连接。PG1、PG2 分别与 PLC 输出端子 Y000 和 Y001 连接。PLC 控制程序如图 2.1.17 所示。

梯形图	指令表
0 X001 X000 Y001 (Y000) Y000 5 X002 X000 Y000 (Y001) Y001 10 [END]	0 LD X001 1 OR Y000 2 AND X000 3 ANI Y001 4 OUT Y000 5 LD X002 6 OR Y001 7 AND X000 8 ANI Y000 9 OUT Y001 10 END

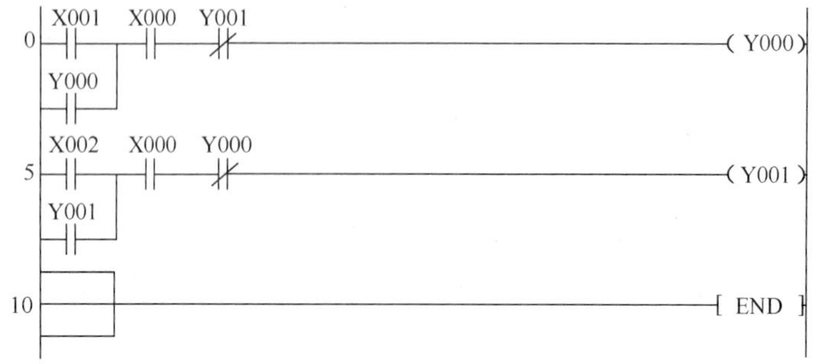

图 2.1.17 例 2.1.3 图

④ 电路块的串联指令。

电路块是指由两个或两个以上的触点连接构成的电路。

ANB（And Block）：块“与”操作指令，用于两个或两个以上触点并联在一起的回路块的串联连接。

使用说明：

a．将并联回路块串联连接进行“与”操作时，回路块开始用 LD 或 LDI 指令，回路块结束后用 ANB 指令连接起来。

b．ANB 指令不带元件编号，是一条独立指令，ANB 指令可串联多个并联电路块，支路数量没有限制。

例 2.1.4　ANB 的使用如图 2.1.18 所示。

	梯　形　图	指　令　表
程序1	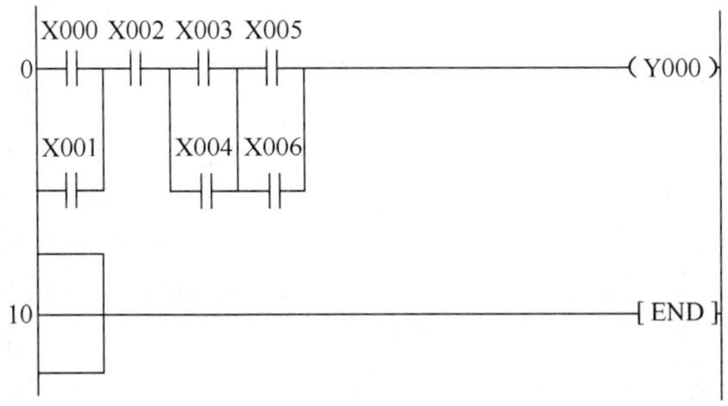 X000 X002 X003 X005 0 —(Y000) X001　X004 X006 10 —[END]	0 LD X000 1 OR X001 2 AND X002 3 LD X003 4 OR X004 5 AND 6 LD X005 7 OR X006 8 AND 9 OUT Y0 10 END

图 2.1.18　例 2.1.4 图（一）

程序 1 中 a 由 X000 和 X001 并联在一起，然后与 X002 串联，不需要使用串联块命令 ANB，b 由 X003 和 X004 并联构成一个块再与 X002 串联，因此需要使用 ANB 命令，c 由 X005 和 X006 并联构成一个块，再与块 b 串联，因此也需要使用 ANB 命令如图 2.1.19 所示。

	梯　形　图	指　令　表	
		编程方法一	编程方法二
程序2	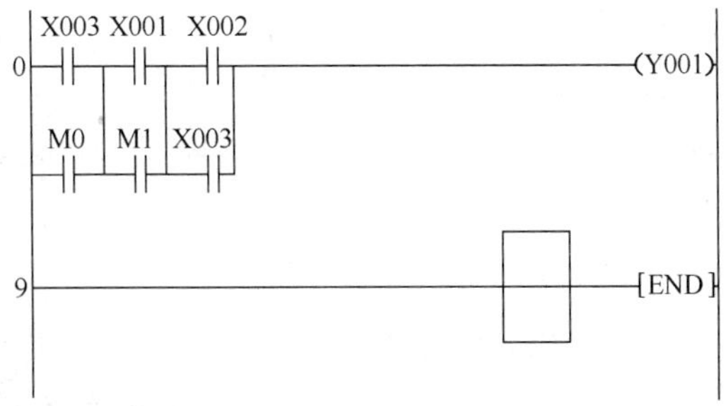 X003 X001 X002 0 —(Y001) M0　M1　X003 9 —[END]	0 LD X000 1 OR M0 2 LD X001 3 OR M1 4 ANB 5 LD X002 6 OR X003 7 ANB 8 OUT Y001 9 END	0 LD X000 1 OR M0 2 LD X001 3 OR M1 4 LD X002 5 OR X003 6 ANB 7 ANB 8 OUT Y000 9 END

图 2.1.19　例 2.1.4 图（二）

程序 2 中由块 d、块 e、块 f 串联而成，因此，块 d、块 e 串联时需要一个 ANB 命令，块 f

与前面电路串联时也需一个 ANB 命令，指令表如编程方法一所示。程序 2 的指令块中也可以先将 3 个并联回路写完再写 ANB 命令，如编程方法二所示。

⑤ 电路块的并联指令。

ORB（Or Block）：块“或”操作指令，用于两个或两个以上触点串联在一起的回路块的并联连接。

使用说明：

a．将串联回路块并联连接进行“或”操作时，回路块开始用 LD 或 LDI 指令，回路块结束后用 ORB 指令连接起来。

b．ORB 指令不带元件编号，是一条独立指令，ORB 指令可并联多个串联电路块，支路数量没有限制。

例 2.1.5 ORB 的使用如图 2.1.20 所示，程序 2 的梯形图也可以用两种指令表完成。

	梯形图	指令表	
程序1	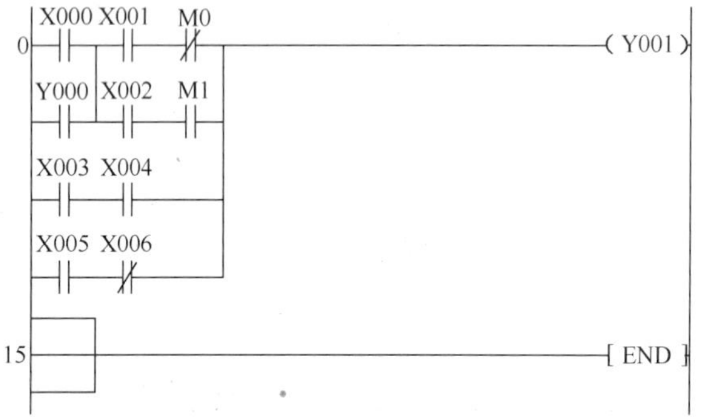 0 X000 X001 M0 (Y001) Y000 X002 M1 X003 X004 X005 X006 15 [END]	0 LD X000 1 OR Y000 2 LD X001 3 ANI M0 4 LD X002 5 AND M1 6 ORB 7 ANB	8 LD X003 9 AND X004 10 ORB 11 LD X005 12 ANI X006 13 ORB 14 OUT Y001 END
		编程方法一	编程方法二
程序2	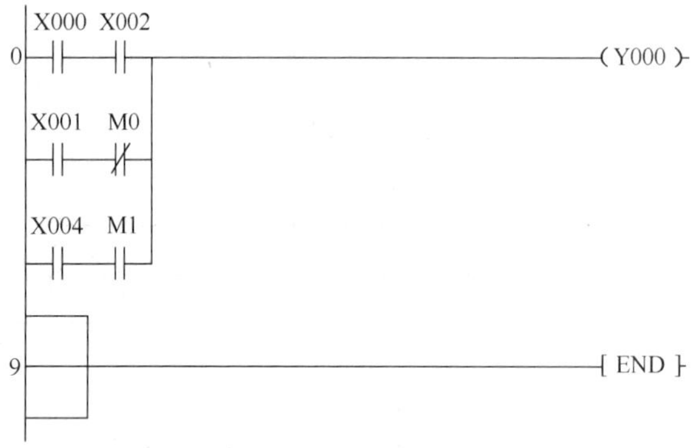 0 X000 X002 (Y000) X001 M0 X004 M1 9 [END]	0 LD X000 1 AND X002 2 LD X001 3 ANI M0 4 ORB 5 LD X004 6 AND M1 7 ORB 8 OUT Y000 9 END	0 LD X000 1 AND X002 2 LD X001 3 ANI M0 4 LD X004 5 AND M1 6 ORB 7 ORB 8 OUT Y000 9 END

图 2.1.20 例 2.1.5 图

（2）定时器指令。

在传统继电器—接触器控制系统中，一般使用延时继电器进行定时，通过调节延时调节螺钉来设定延时时间长短。在 PLC 控制系统中，通过内部软延时继电器—定时器来进行定时操作。PLC 内部定时器是 PLC 常用软元件之一，用好用对定时器对 PLC 程序设计非常重要。

通常 PLC 定时器采用 T 表示，它是对内部时钟累计时间增量计时的。在 FX2N 系列 PLC 中有 T0～T255 总共 256 个增量型定时器。每个定时器均有一个当前值寄存器用以存放当前值；一个预置值寄存器用以存放时间的设定值；还有一个用来存储其输出触点状态的映像寄存器位，这 3 个存储单元共用一个元件号。

常数 K（K 的范围为 K0～K32767）可以作为定时器的设定值，也可以用数据寄存器（D）的内容来设定，例如，用外部数字开关输入的数据到寄存器（D）中做定时器的设定值。通常使用有电池后备的数据寄存器，以保证在断电的情况下数据仍不会丢失。

FX2N 系列 PLC 定时器可按照工作方式的不同，将定时器分为通用定时器和积算定时器两种。根据时间脉冲的不同分为 1ms、10ms、100ms 三挡。FX2N 系列 PLC 定时器的类型见表 2.1.4。

表 2.1.4　定时器类型

定　时　器	时 间 脉 冲	定时器编号范围	定 时 范 围
通用定时器	100ms	T0～T199	0.1～3276.7s
	10ms	T200～T245	0.01～327.67s
积算定时器	1ms	T246～T249	0.001～32.767s
	100ms	T250～T255	0.1～3276.7s

在 FX2N 系列 PLC 中，通用定时器为 T0～T245 共 246 个，其中 T192～T199 专用于子程序中断服务程序；积算定时器 10 个。通用定时器没有保持功能，在输入电路断开或停电时被复位。积算定时器具有断电保持功能，在输入电路断开或停电时保持当前值，当输入再接通或重新接通时，在原计时当前值的基础上继续累积。

7. PLC 定时器指令的使用方法

例 2.1.6　按下按钮 SF 后，指示灯亮，延时 0.5s 自动熄灭。

分析：在本例中可采用通用定时器进行延时，由于延时时间不长，除 T192～T199 定时器外，时间脉冲为 100ms 或时间脉冲为 10ms 的通用定时器型的定时器均可使用。在本例中采用 T200 进行延时，设定值为 0.5s÷10ms=50。按钮 SF 与 PLC 的 X000 连接；指示灯 PG 与 PLC 的 Y000 相连。程序与时序如图 2.1.21 所示。

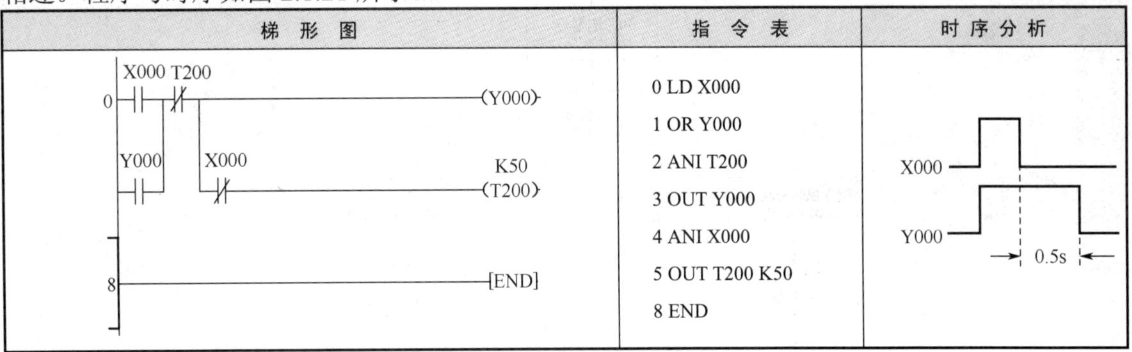

图 2.1.21　例 2.1.6 图

例 2.1.7　闪光控制。

分析：利用两个定时器可构成任意占空比周期性信号输出，在本例中，定时器 T0 产生 3s 的定时，T200 产生 2s 的定时，灯光闪烁周期为 5s。若 X000 接通时，Y000 接通，同时定时器 T0 开始定时，2s 后，T200 常闭触点断开，则定时器 T0、T200 被复位，其触点恢复常态，从而使常闭触点 T200 重新接通，第二个输出周期开始。T0 延时 3s，设定值为 30；T200 延时 2s，设定值为 200。X001 为停止按钮控制，程序与时序如图 2.1.22 所示，若要改变闪光的频率，只要改变两个定时器的时间常数即可。如果 T0 和 T200 设定的延时时间相同，则 Y000 输出为一方波。

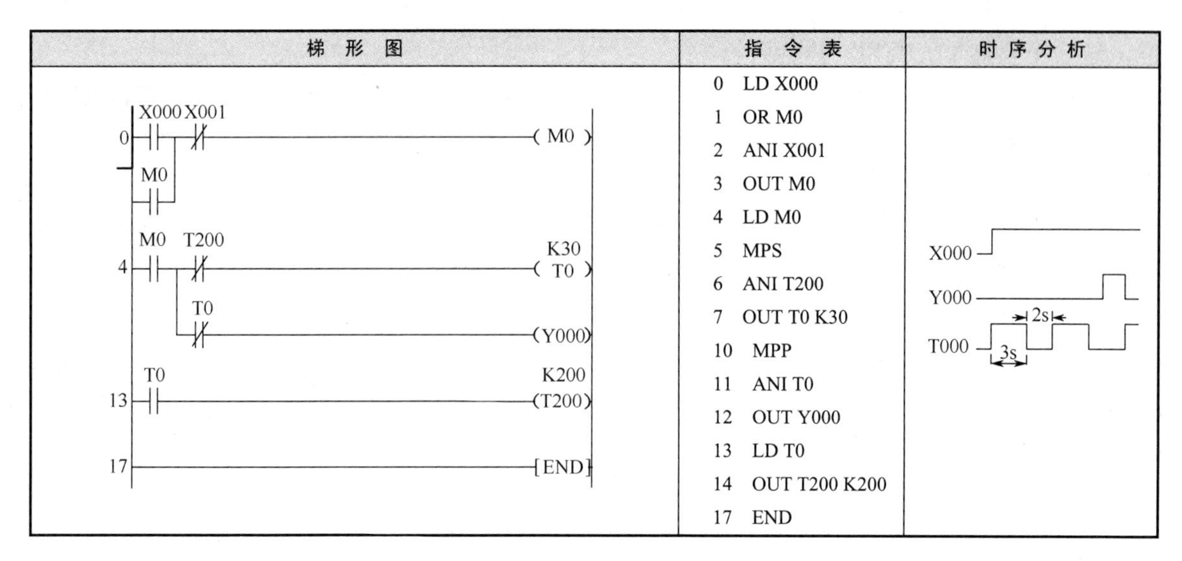

图 2.1.22　例 2.1.7 图

【项目实施步骤】

根据星—三角降压起动控制要求，制定项目实施步骤，如图 2.1.23 所示。

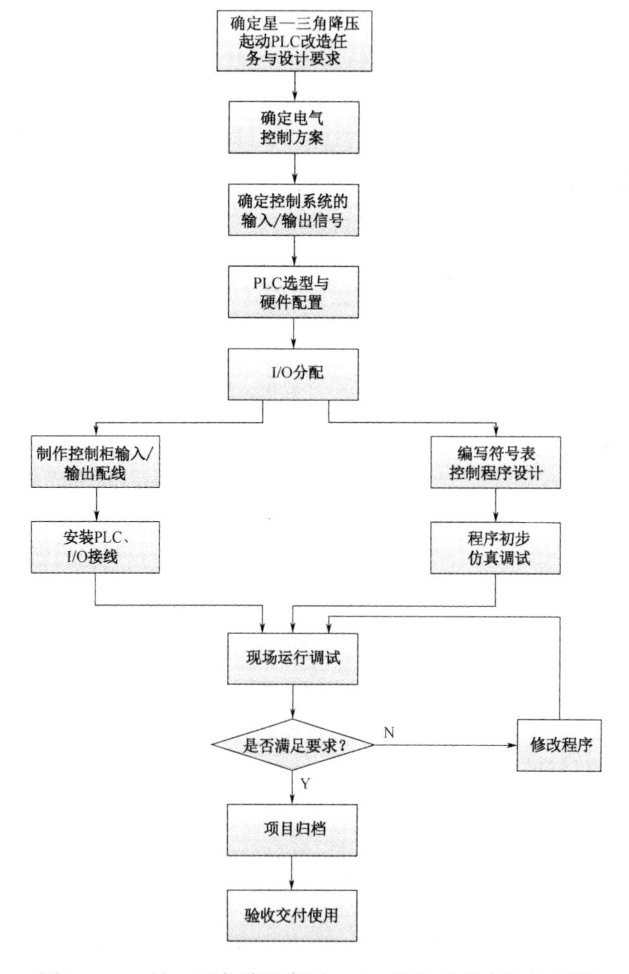

图 2.1.23　星—三角降压起动 PLC 改造项目实施流程图

1. 根据控制要求确定输入/输出设备

三相定子绕组作三角形连接的三相鼠笼式异步电动机，正常运行时均可采用星—三角起动的方法，以达到限制起动电流的目的。起动时定子绕组先星形连接减压起动，过一段时间（6s）转速上升到接近额定转速时，定子绕组改为三角形连接，电动机进入全压运行状态。通过 PLC 编程控制三相异步电动机星—三角降压起动，按下按钮时电动机星形降压起动，过 6s 后自动转换为角形全压运行，按下停止按钮电动机停止运行。起动按钮为 SF1，停止按钮为 SF2，交流接触器为 QA1，星形减压起动接触器为 QA2，三角形全压运行接触器为 QA3。SF1、SF2 分别与 X000 和 X001 相连；QA1、QA2、QA3 分别与 Y000、Y001 和 Y002 相连。

2. PLC 选型及 I/O 分配

根据输入和输出点数的数量，选用三菱 FX2N 系列的 PLC，其型号为 FX2N-16MR，PLC 输入/输出地址分配表见表 2.1.5。

表 2.1.5　星—三角降压起动 PLC 地址分配表

输入设备			输出设备		
序号	现场输入信号	地址	序号	现场输出信号	地址
1	起动按钮 SF1	X000	1	交流接触器 QA1	Y000
2	停止按钮 SF2	X001	2	星形减压起动接触器 QA2	Y001
3			3	三角形全压运行接触器 QA3	Y002

3. 电气控制柜接线

根据星—三角降压起动电气控制原理图，对星—三角降压起动进行改造时，主回路保持不变，控制电路功能由 PLC 完成。因此 PLC 改造星—三角降压起动控制电路电气原理图如图 2.1.24 所示，依据此电气原理图和其他相应图纸完成电气控制柜的接线和调试。

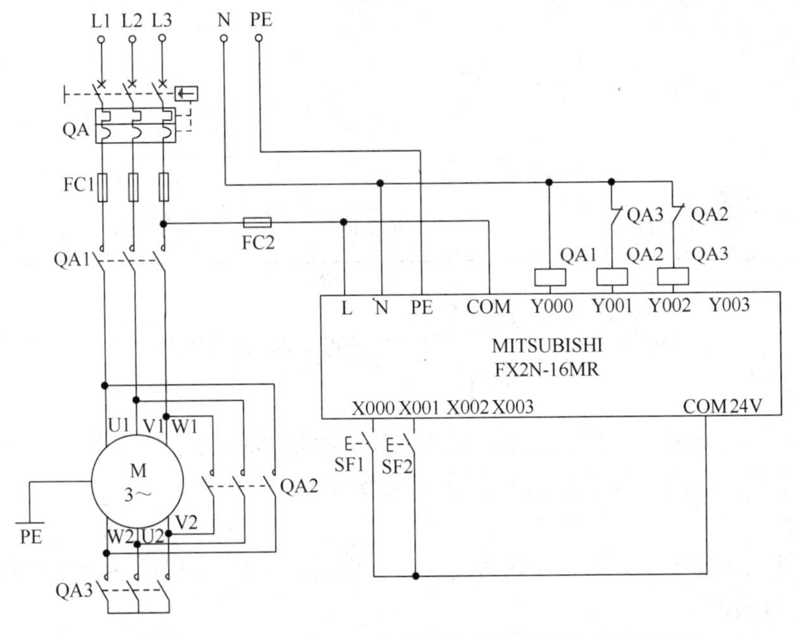

图 2.1.24　PLC 改造星—三角降压起动控制电路电气原理图

4. 根据电气控制线路编写梯形图程序

根据星—三角降压起动的控制要求和 I/O 接线情况，设计梯形图程序，如图 2.1.25 所示，该程序反映了原继电器—接触器控制电路中的逻辑要求。

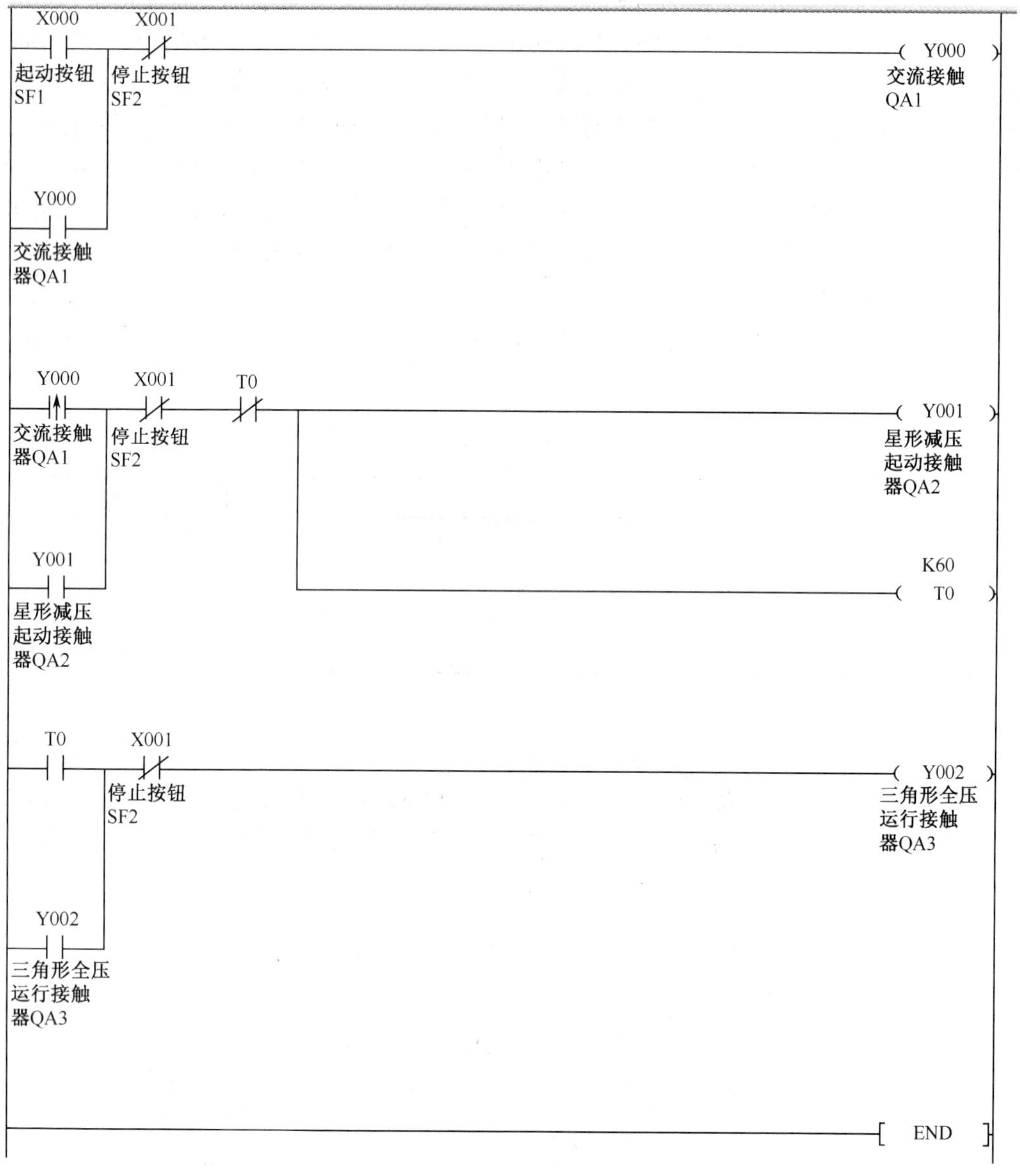

X000 起动按钮 SF1
X001 停止按钮 SF2
Y000 交流接触 QA1
Y000 交流接触器QA1

Y000 交流接触器QA1
X001 停止按钮 SF2
T0
Y001 星形减压起动接触器QA2
Y001 星形减压起动接触器QA2
K60 T0

T0
X001 停止按钮 SF2
Y002 三角形全压运行接触器QA3
Y002 三角形全压运行接触器QA3

END

图 2.1.25　星—三角降压起动 PLC 改造后的程序

5. 实物调试

采用与星—三角降压起动控制电路一致的按钮、接触器和 PLC 等元件，组成实验室模拟控制系统，检验检测元件的可靠性及 PLC 的实际负载能力。

6. 现场调试

星—三角降压起动控制装置在现场改造安装完成后，进行现场软、硬件联合调试。

7. 验收交付使用

最后对改造后的星—三角降压起动控制装置的所有安全措施（接地、保护和互锁等）进行检查，即可投入系统的试运行。试运行一切正常后，再把程序固化到 EEPROM 中去，验收交付用户使用。

【知识拓展】

1．单按钮起动和停止

在 PLC 控制系统中，常常碰到负载的起动与停止控制，通常的做法是采用两只按钮作为外部起动与停止控制的输入器件，在 PLC 中与两只按钮相对应的输入点数也有两个，PLC 的外部接线如图 2.1.26 所示，按钮 SF1（X0）作为起动控制，按钮 SF2（X1）作为停止控制，这样虽然可以达到控制目的，但需要的按钮和连接导线较多，PLC 的输入点数也较多。但在实际工作中，可以充分利用 PLC 内部多功能化的特点，采用单个按钮控制负载的起动与停止，进行改进后的 PLC 外部接线如图 2.1.27 所示，用 SF 代替 SF1 和 SF2 的功能，用 X0 代替 X0 和 X1 的功能，电路的实际接线就大为简化，这样做不仅节省了硬件成本，而且还减少了由于按钮多而可能引起的故障。使电路更加经济合理、安全可靠，控制方便简单，具有很高的实用价值。

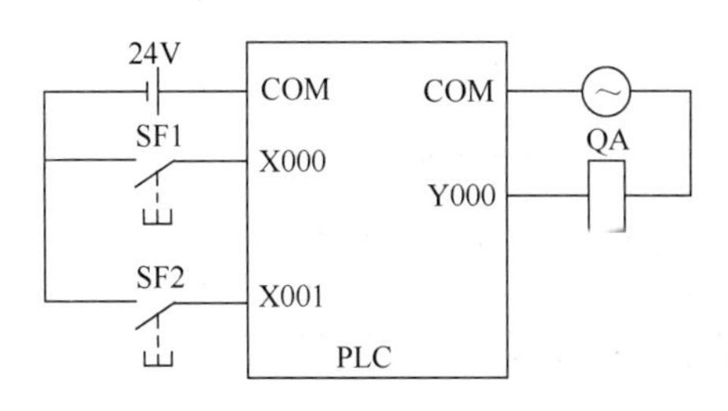

图 2.1.26　外部接线图

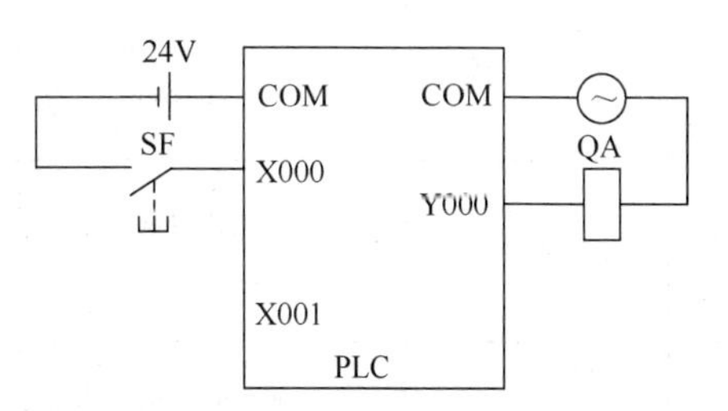

图 2.1.27　改进后的外部接线图

单按钮起停控制的梯形图见表 2.1.6。

表 2.1.6　单按钮起停控制的梯形图

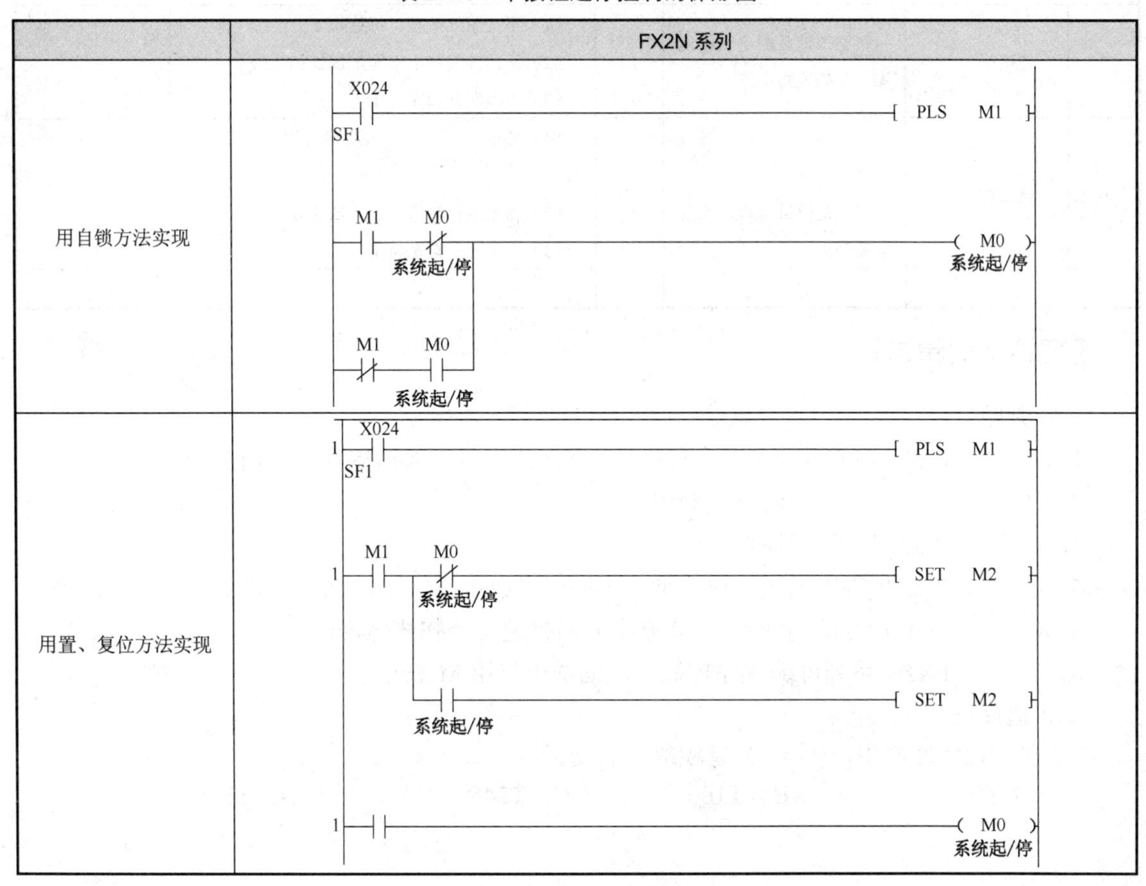

【项目检查评价】

根据学习者完成情况进行评价，评分标准见表 2.1.7。

表 2.1.7　评分标准

序号	考 核 项 目	考 核 要 求	配分	评 分 标 准	扣分	得分
1	绘制改造后的 PLC 电气原理图	（1）正确绘图 （2）图形符号和文字符号符合国家标准 （3）正确回答相关问题	6	（1）原理错误，每处扣 2 分 （2）图形符号和文字符号不符合国家标准，每处扣 1 分 （3）回答问题错 1 道扣 2 分 （4）本项配分扣完为止		
2	工具的使用	（1）正确使用工具 （2）正确回答相关问题	6	（1）工具使用不正确，每次扣 2 分 （2）回答问题错 1 道扣 2 分 （3）本项配分扣完为止		
3	仪表的使用	（1）正确使用仪表 （2）正确回答相关问题	8	（1）仪表使用不正确，每次扣 2 分 （2）回答问题错 1 道扣 2 分 （3）本项配分扣完为止		
4	安全文明生产	（4）明确安全用电的主要内容 （5）操作过程中符合文明生产要求	5	（1）未经同意私自通电扣 5 分 （2）损坏设备扣 2 分 （3）损坏工具仪表扣 1 分 （4）发生轻微触电事故扣 5 分 （5）本项配分扣完为止		
5	连接	按照改造后的电气原理图，正确连接电路	15	（1）不按图纸接线，每处扣 2 分 （2）元器件安装不牢靠，每处扣 2 分 （3）本项配分扣完为止		
6	试运行	（1）通电器检测设备、元件及电路 （2）通电试运行，实现电路功能	10	（1）通电试运行发生短路事故和开路现象扣 10 分 （2）通电运行异常，每项扣 5 分 （3）本项配分扣完为止		
合计			50			

【理论试题精选】

一、判断题

1．（　　）FX2N PLC 中 RST 可以对定时器、计算器、数据寄存器的内容清零。

2．（　　）PLC 程序下载时不能断电。

3．（　　）PLC 可以远程遥控。

4．（　　）PLC 外围输出模块根据型号不同，有继电器输出、晶体管输出、光电输出等。

5．（　　）LDP 指令的功能是，X000 上升沿接通二个扫描脉冲。

6．（　　）FX2N 系列可编程序控制器辅助继电器用 M 表示。

二、选择题

1．在 FX2N PLC 中，（　　）是积算定时器。

A．T0　　B．T100　　C．T245　　D．T255

2．如图 2.1.28 所示的 FX2N 可编程序控制器程序实现的是（　　）功能。

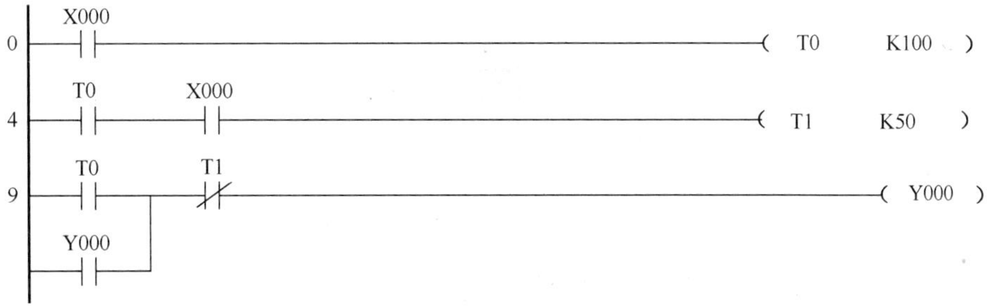

图 2.1.28　题二（2）图

A．Y0 延时 10s 接通，延时 10s 断开　　B．Y0 延时 10s 接通，延时 15s 断开

C．Y0 延时 5s 接通，延时 5s 断开　　D．Y0 延时 10s 接通，延时 5s 断开

3．如图 2.1.29 所示的 FX2N 可编程序控制器程序控制电动机星—三角延时（　　）。

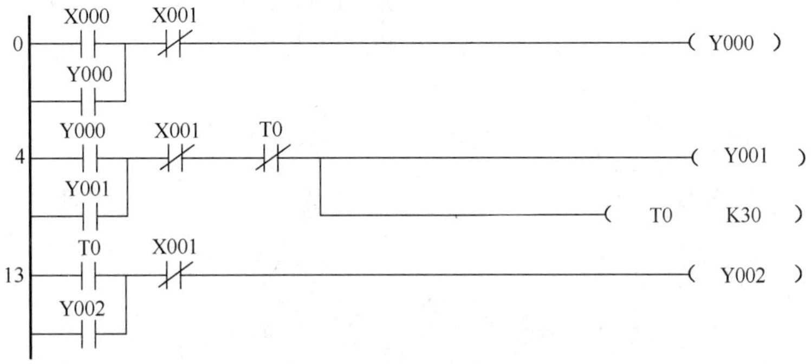

图 2.1.29　题二（3）图

A．1s　　B．2s　　C．3s　　D．4s

4．在如图 2.1.30 所示的使用 FX2N 可编程序控制器程序控制多速电动机运行时，Y0 和 Y1 是（　　）。

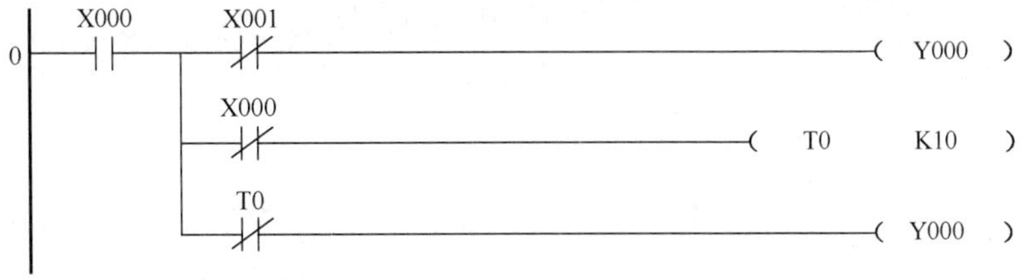

图 2.1.30　题二（4）图

A．Y0 运行 1s　　B．Y0、Y1 同时运行

C．Y1 运行 1s　　D．Y1 停止运行 1s 后，Y0 起动

5．PLC 文本化编程语言包括（　　）

A．IL 和 ST　　B．LD 和 ST　　C．ST 和 FBQ　　D．SFC 和 LD

6．PLC 程序的检查内容不包括（　　）

A．指令检查　　B．梯形图检查　　C．继电器检查　　D．软元件检查

7．如图 2.1.31 所示为 PLC 编程软件中的（　　）按钮。

图 2.1.31　题二（7）图

A．读取按钮　　B．写入按钮　　C．仿真按钮　　D．程序检测按钮

8．在一个程序中不能使用（　　）检查的方法。

A．直接下载到 PLC　　B．梯形图

C．指令表　　D．软元件

9．PLC 中“24V DC”灯熄灭表示无相应的（　　）电源输出。

A．交流电源　　B．直流电源　　C．后备电源　　D．以上都是

10．以下属于 PLC 与计算机连接方式的是（　　）。

A．RS232 通信连接　　B．RS422 通信连接

C．RS485 通信连接　　D．以上都是

项目二　PLC 控制交通灯电路连接与调试

【项目目标】

通过完成本项目，使学习者能够达到维修电工（高级）证书相应的理论和技能的考核要求，具体要求见表 2.2.1。

表 2.2.1　维修电工（高级）考核要素细目表

相关知识考核要点	相关技能考核要求
1．脉冲指令的编程方法和功能分析 2．置位、复位指令的编程方法和功能分析 3．时钟电路编程方法和功能分析 4．输出软元件的强制执行方法 5．PLC 控制交通灯程序编写方法 6．PLC 硬件故障的类型 7．PLC 输入模块和输出模块常见故障及处理方法	1．能使用相应指令编写交通灯控制程序 2．能够使用编程软件上传、下载监视程序 3．程序错误的纠正步骤与方法 4．能够排除输入模块和输出模块的常见故障

【电气图形符号和文字符号】

在本项目中涉及的元器件的图形符号和文字符号见表 2.2.2。

表 2.2.2　元器件的图形符号和文字符号

序号	名称	图形符号 GB/T4728—2005-2008	文字符号 GB/T20939-2007	备　注
1	指示灯 S00965		PG	GB/T4728.8—2008
2	熔断器 S00362		FC	GB/T4728.7—2008
3	自动复位的手动按钮开关 S00254		SF	GB/T4728.7—2008
4	T 形连接 S00019			GB/T4728.3—2005

【项目任务描述】

当你走过交通路口时，一定经常看到这样的场景，如图 2.2.1 所示：路口处行人熙攘，车辆往来穿梭，行人车辆各行其道，大家共同在一种秩序下行进。这井然的秩序是靠什么来实现的呢？我们自然会想到十字路口的交通灯通过特定的发光顺序指引着交通秩序。那么，交通灯是如何实现红、绿、黄三种颜色信号灯交替变化，按要求工作的呢？

答案：依靠交通信号灯自动控制系统。

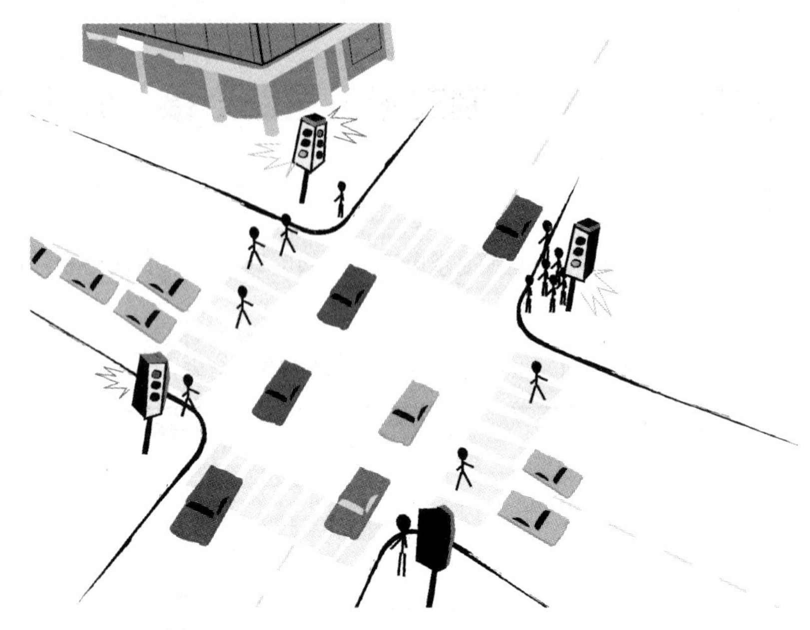

图 2.2.1　十字路口交通灯

根据各地不同的交通法规和不同的道路要求，交通信号灯的控制方式也有很多种。通过本项目的学习，大家可以掌握通过应用自动控制技术，采用 PLC 控制来实现交通信号灯自动控制系统的基本功能，通过演变可以学习各种交通灯控制方法。

红绿灯显示十字路口交通灯控制任务的特点是应用范围最广，也是实现十字路口交通信号灯系统控制功能的最普遍方式。

本任务的十字路口交通信号灯运行控制要求是：

（1）首先按下系统启动按钮，系统启动运行。

（2）十字路口交通信号灯根据交通规则进行如下控制。

① 南北双方向交通灯控制保持规律一致，东西双方向交通灯控制保持规律一致。

② 南北方向和东西方向各个交通灯的控制规律，见表 2.2.3。

③ 系统要求循环运行，即完成一次循环控制后自动循环。

（3）当按下停止按钮，所有灯光熄灭。

表 2.2.3　十字路口交通信号灯运行规律

<table>
<tr><td rowspan="2">南北方向交通灯</td><td>信号颜色</td><td>绿灯</td><td>黄灯</td><td colspan="4">红灯</td></tr>
<tr><td>保持时间</td><td>20s</td><td>3s</td><td>3 s</td><td colspan="3">26 s</td></tr>
<tr><td rowspan="2">东西方向交通灯</td><td>信号颜色</td><td colspan="3">红灯</td><td>绿灯</td><td>黄灯</td><td>红灯</td></tr>
<tr><td>保持时间</td><td colspan="3">26 s</td><td>20 s</td><td>3 s</td><td>3 s</td></tr>
</table>

【项目实施条件】

1．工具、仪表及器材

剥线钳、试电笔、电烙铁、镊子等常用组装工具 1 套，万用表及双踪示波器。

2．元器件

项目所需的电气元件清单见表 2.2.4。

表 2.2.4　项目所需的电气元件清单

序号	代　号	名　称	型 号 规 则	数　量
1	SF1	按钮	LAY3-01ZS/1	1
2	SF2	按钮	LAY3-01ZS/1	1
3	FC1	熔断器	RL1-15，5A	1
4	PG	信号灯		12
5	PLC	可编程控制器（三菱）	FX2N-16MR	1

【知识链接】

1．PLC 控制交通灯电路工作原理

从十字路口交通信号灯系统的运行规律可以看到，南北方向与东西方向的信号灯运行时，同时启动，时间上相互配合，但是在实际运行过程中，相互之间并不影响，如图 2.2.2 所示。

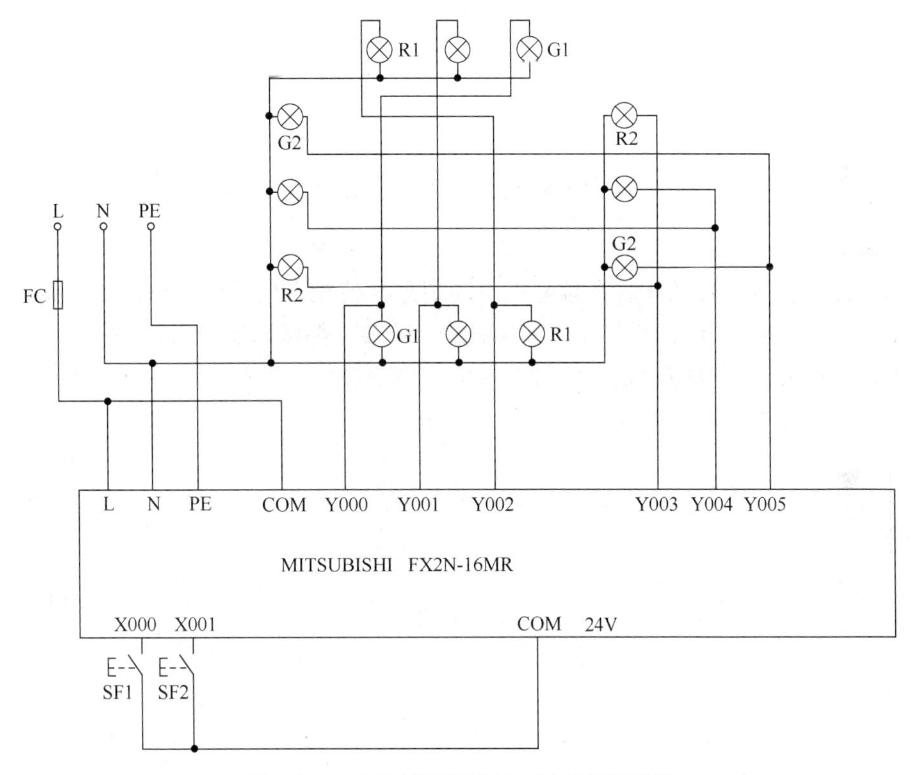

图 2.2.2　PLC 控制交通灯电路电气原理图

制定出本任务的工作流程，具体工作流程图如图 2.2.3 所示。

2．脉冲指令的编程方法和功能分析

（1）基本功能。

① PLS 指令称为“上升沿脉冲微分指令”。其功能是：当检测到输入脉冲的上升沿时，PLS 指令的操作元件 Y 或 M 的线圈得电一个扫描周期，产生一个宽度为一个扫描周期的脉冲信号输出。

② PLF 指令称为“下降沿脉冲微分指令”。其功能是：当检测到输出脉冲的下降沿时，PLF 指令的操作元件 Y 或 M 的线圈得电一个扫描周期，产生一个脉冲宽度为一个扫描周期的脉冲信号输出。

PLS 和 PLF 指令的操作元件为输出继电器 Y 和辅助 M 不含特殊件电器。

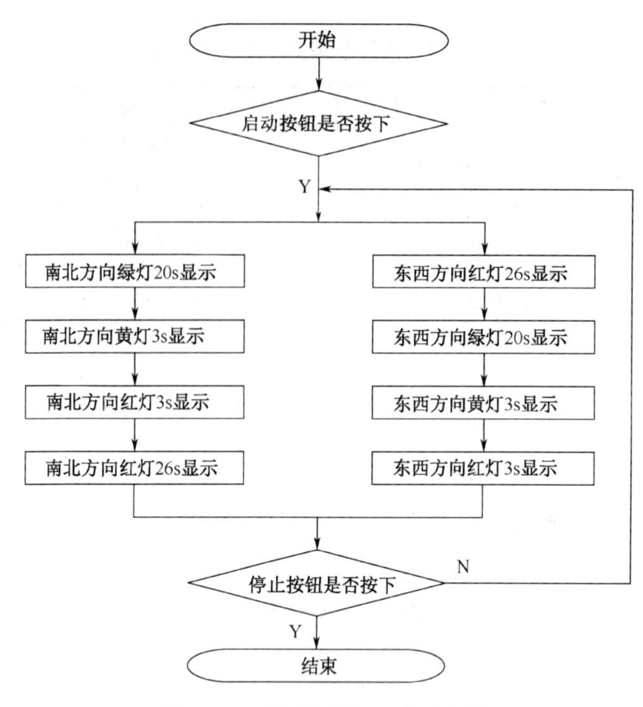

图 2.2.3　交通信号灯工作流程图

（2）功能分析。

采用脉冲微分指令可以防止输入信号的抖动现象，使输入信号保证稳定和可靠。如图 2.2.4 所示的梯形图，第一行与第二行的功能基本都是一样的，都可以实现自锁功能，但第一行程序采用脉冲上升沿指令，可以防止输入信号的抖动，稳定性好。

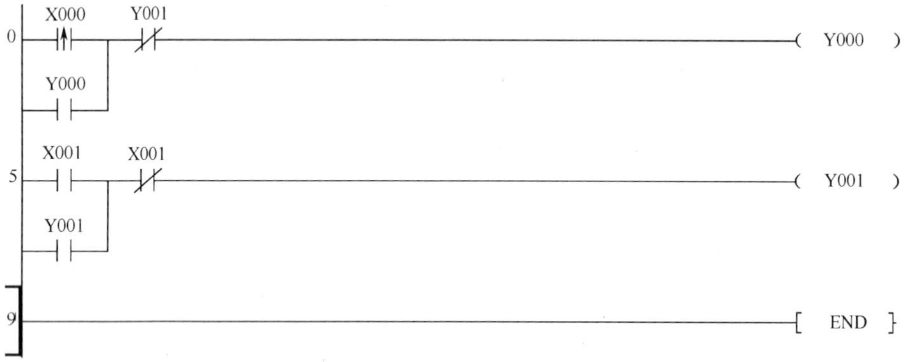

0 X000 Y001 (Y000)
Y000
5 X001 X001 (Y001)
Y001
9 [END]

图 2.2.4　脉冲指令梯形图

3. 置位、复位指令的编程方法与功能分析

（1）基本功能。

① SET 指令称为“置位指令”。其功能是：驱动线圈，使其具有自锁功能，维持接通状态。置位指令的操作元件是输出继电器 Y、辅助继电器 M 和状态继电器 S。

② RST 指令称为“复位指令”。其功能是：线圈复位。复位指令除与 SET 功能相同外，还有计算定时器 T 和计数器 C。

（2）功能分析。

在使用置位指令时，必须使用复位指令，如图 2.2.5 所示。

图 2.2.5 置位、复位指令梯形图

4. 时钟电路的编程和功能分析

（1）定时器的功能。PLC 中的定时器（T）相当于继电器控制系统的通电型时间继电器。它可以提供无线归队延时动合、动断触点。定时器中有一个设定值寄存器（一个字长），一个当前寄存器（一个字长）和一个用存储器输出触点的映像寄存器（一个二进制位），这三个量使用同一地址编号，定时器采用 T 与十进制数共同组成编号（只有输入/输出继电器采用八进制数），如 T0、T198 等。

FX2N 中定时器的通用定时器用脉冲计数实现定时，时钟脉冲的周期有 1、10、100ms 三种，当所计脉冲个数达到设定值时触点动作。设定值可用常数 K 或数据寄存器 D 的内容来设置。

① 通用定时器。通用定时器的特点是不具备断电保持功能，即当输入电路断开或停电时，定时器复位。

a．100ms 通用定时器（T0～T199），共 200 点，其中 T192～T199 为子程序和中断服务程序专用定时器。这类定时器对 100ms 时钟累积计数，设定值为 0～32767，所以其设定范围为 0.1～3276.7s。

b．10ms 通用继电器（T 200～T245），共有 46 点。这类定时器对 10 ms 时钟累积计数，设定值 1～32767，所以其设定时范围为 0.01～327.67s。

② 积算定时器。积算定时器具备断电保持的功能，在定时过程中如果断电或定时器线圈断开，积算定时器将保持当前的计数值，通电或定时器线圈接通后继续累积，即当前具有保持功能，只有将积算定时器复位，当前值才会变成 0。

（2）功能分析。与计数器配合使用时，可以使定时的时间延长。如图 2.2.6 所示的梯形图中，定时器 T0、T1 实现的功能是：Y000 延时 10s 接通，延时 5s 断开。

图 2.2.6 定时器电路梯形图

5. 输出软元件的强制执行方法

（1）单击图标。

（2）右击软件编程区，弹出下拉列表，选择软元件测试，如图 2.2.7 所示。

（3）在“软元件测试”对话框中选择相应的软元件进行强制操作，如图 2.2.8 所示。

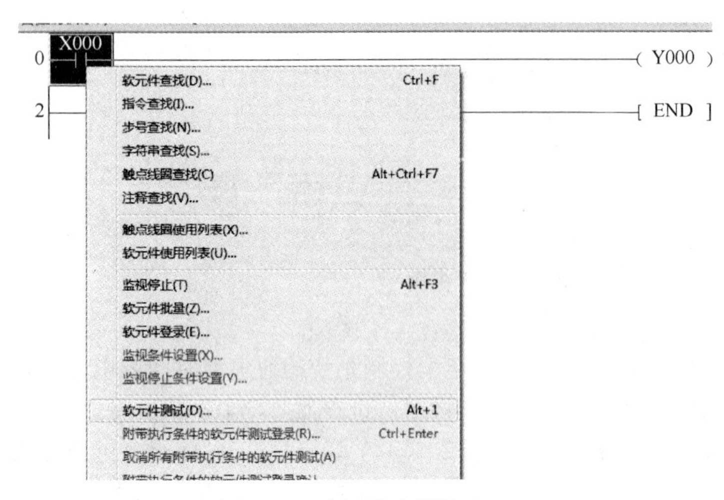

图 2.2.7　选择软元件测试

图 2.2.8　软元件进行强制操作

【项目实施步骤】

1．制定项目实施步骤

根据交通灯控制要求，如图 2.2.9 所示。

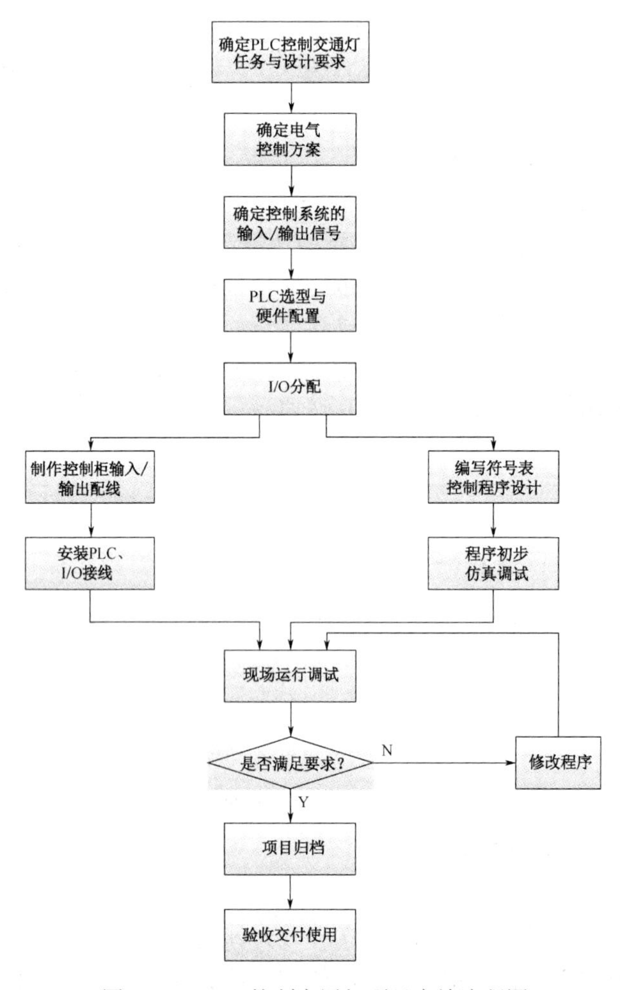

图 2.2.9　PLC 控制交通灯项目实施流程图

2. 根据控制要求确定输入/输出设备

根据控制要求，启动按钮 SF1 和停止按钮 SF2 为输入设备，共两个输入点。南北方向绿灯、南北方向黄灯、南北方向红灯、东西方向红灯、东西方向黄灯、东西方向绿灯为输出设备，共六个输出点。

3. PLC 选型及 I/O 分配

根据输入和输出点数的数量，选用三菱 FX2N 系列的 PLC，其型号为 FX2N-16MR，PLC 输入/输出地址分配表见表 2.2.5。

表 2.2.5　星—三角降压起动 PLC 地址分配表

输入设备			输出设备		
序号	现场输入信号	地址	序号	现场输出信号	地址
1	启动按钮 SF1	X000	1	南北方向绿灯	Y000
2	停止按钮 SF2	X001	2	南北方向黄灯	Y001
3			3	南北方向红灯	Y002
			4	东西方向红灯	Y003
			5	东西方向黄灯	Y004
			6	东西方向绿灯	Y005

4. 电气控制柜接线

PLC 控制交通灯电路电气原理图如图 2.2.10 所示，依据此电气原理图和其他相应图纸完成电气控制柜的接线和调试。

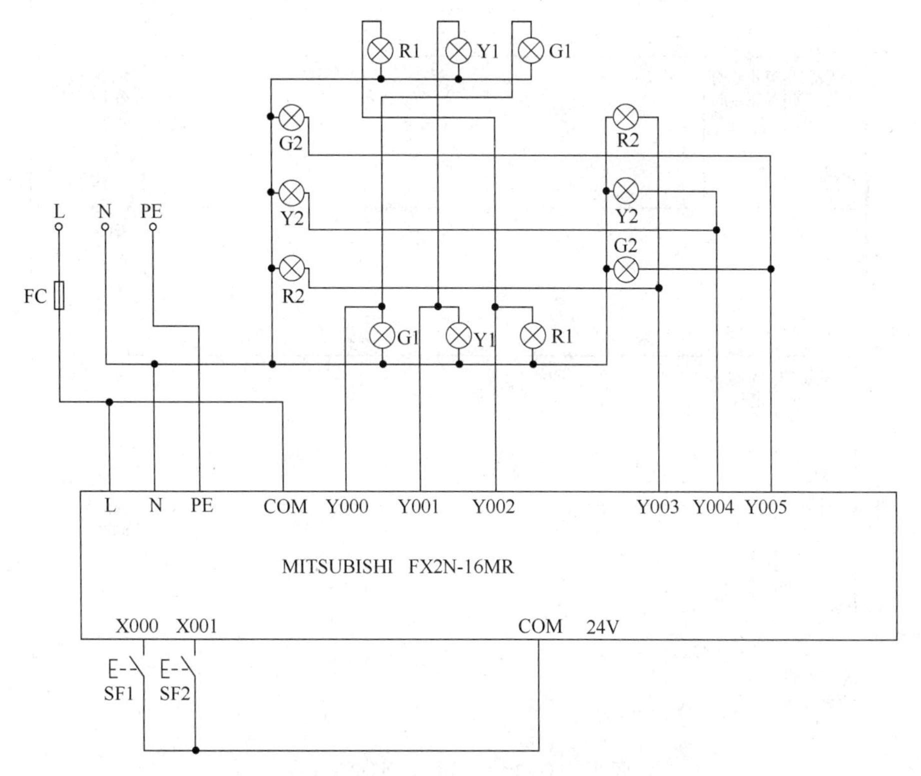

图 2.2.10　PLC 控制交通灯电路电气原理图

5. 根据电气控制线路编写梯形图程序

根据 PLC 控制交通灯电路控制要求和 I/O 接线情况，设计梯形图程序，如图 2.2.11 所示。

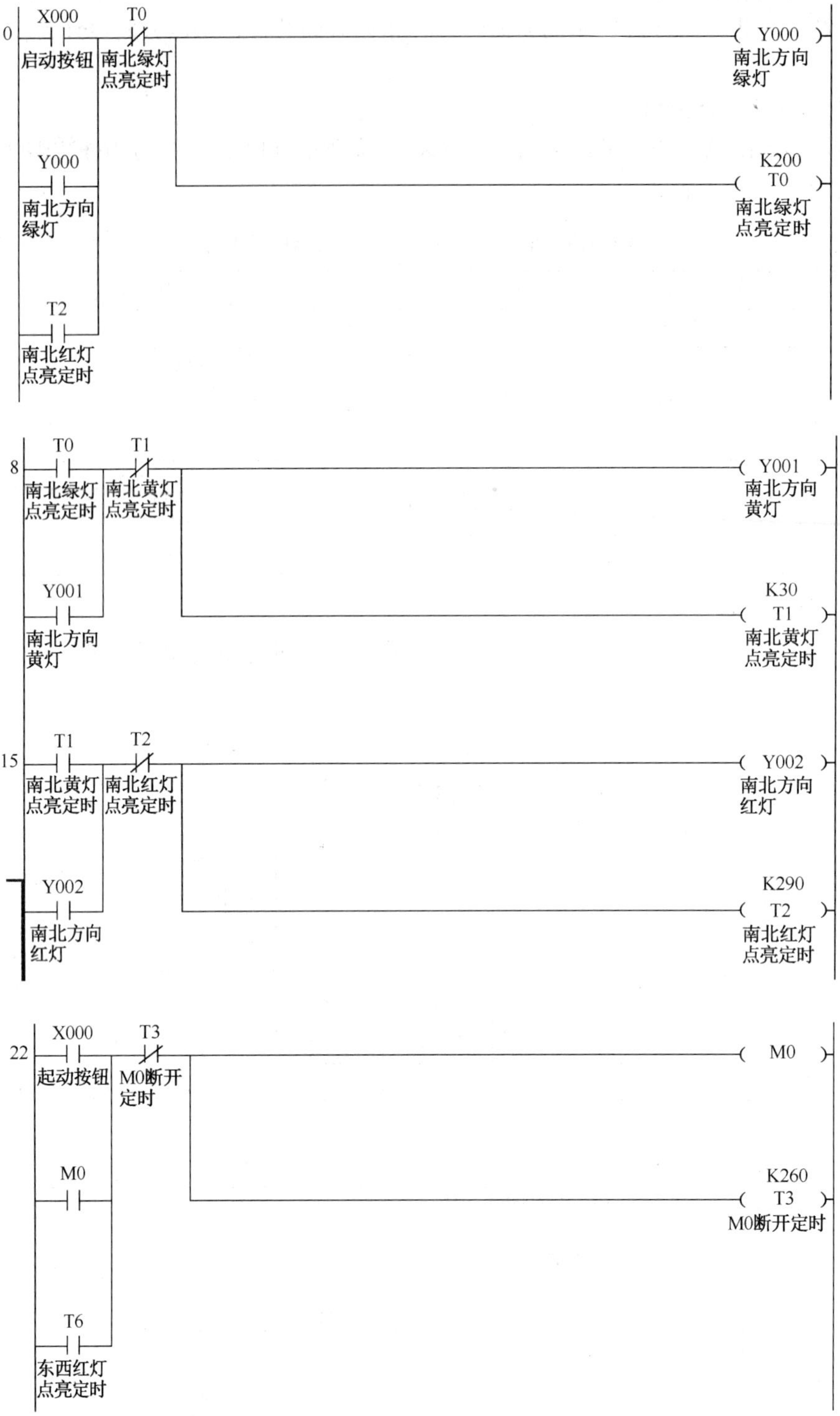

0 X000 启动按钮 T0 南北绿灯点亮定时 (Y000) 南北方向绿灯
Y000 南北方向绿灯
T2 南北红灯点亮定时
K200 (T0) 南北绿灯点亮定时

8 T0 南北绿灯点亮定时 T1 南北黄灯点亮定时 (Y001) 南北方向黄灯
Y001 南北方向黄灯
K30 (T1) 南北黄灯点亮定时

15 T1 南北黄灯点亮定时 T2 南北红灯点亮定时 (Y002) 南北方向红灯
Y002 南北方向红灯
K290 (T2) 南北红灯点亮定时

22 X000 起动按钮 T3 M0断开定时 (M0)
M0
T6 东西红灯点亮定时
K260 (T3) M0断开定时

图 2.2.11 PLC 控制交通灯的程序

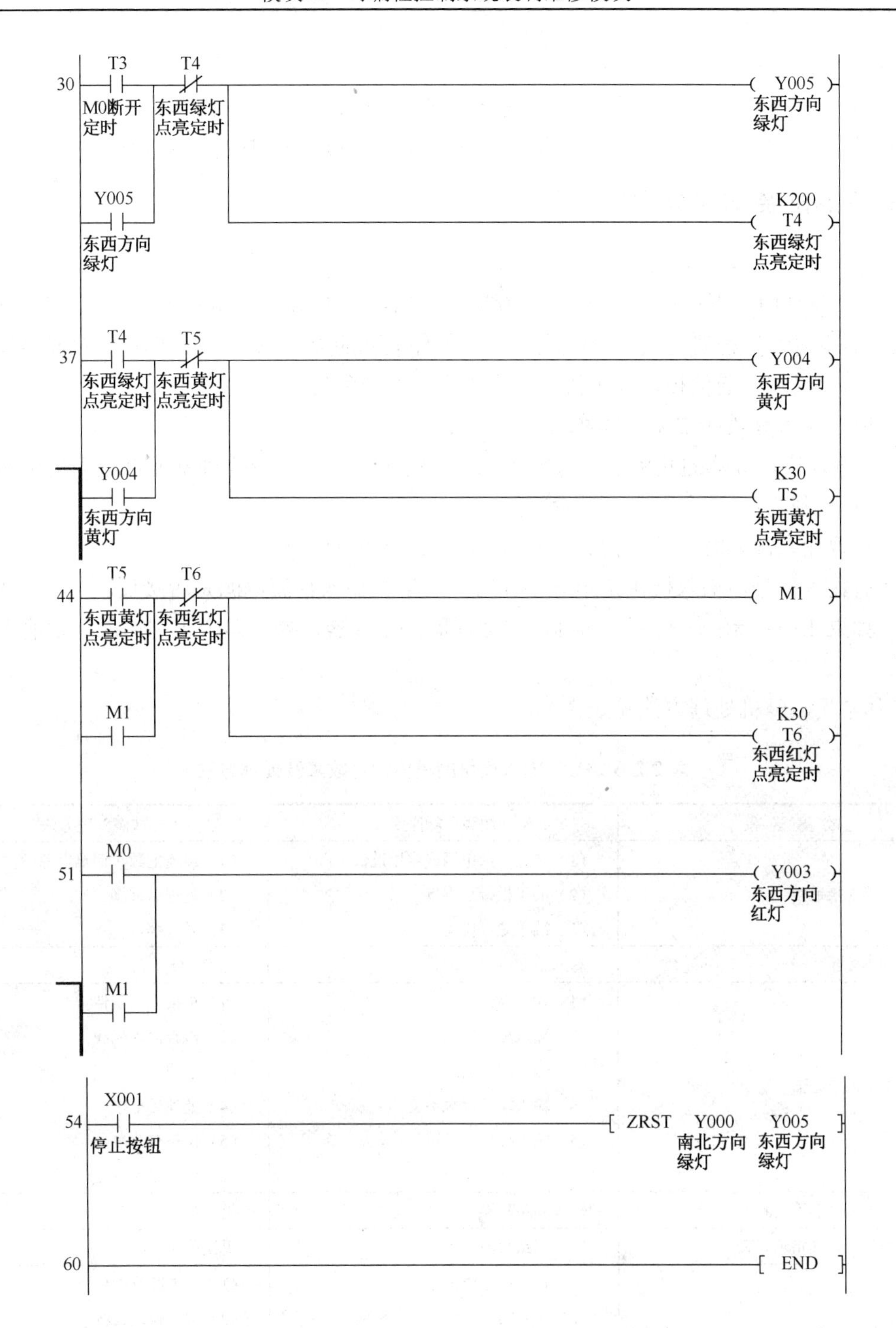

图 2.2.11　PLC 控制交通灯的程序（续）

6. 实物调试

采用与 PLC 控制红绿灯电路一致的按钮、灯和 PLC 等元件组成在实验室模拟控制系统，检验检测元件的可靠性及 PLC 的实际负载能力。

7. 现场调试

PLC 控制红绿灯装置在现场改造安装完成后，进行现场软硬件联合调试。

8. 验收交付使用

最后对 PLC 控制红绿灯装置的所有安全措施（接地、保护和互锁等）进行检查，即可投入系统的试运行。试运行一切正常后，再把程序固化到 EEPROM 中去，验收交付用户使用。

【知识点拓展-故障处理方法】

1. PLC 硬件故障的类型

PLC 主要是由中央处理器（CPU）、存储器（RAM、ROM）、输入/输出单元（I/O 接口）、通信接口、电源及编程器几大部分组成。PLC 硬件故障的类型包括 CPU 模块、存储器模块、输入模块、输出模块、通信模块、电源模块和外围电路故障等。

2. PLC 输入模块的常见故障机处理

PLC 输入模块故障的几率较外部输入元件少得多，绝大部分为外部元件故障机接线故障，具体的检查步骤为：

① 出现输入故障时，首先检查 LED 指示灯是否相应现场元件。

② 有输入信号但输入模块指示灯不亮时，应检查输入直流电源是否接反。

③ 如果 LED 指示灯变暗，而且根据编程器件监视器、处理器未识别输入，则输入模块存在故障。

具体常见故障机处理方法见表 2.2.6。

表 2.2.6 PLC 输入模块的具体常见故障及处理方法

故 障 现 象	故障可能原因	故障处理方法
输入均不能接通	（1）未加外部电源或电压过低 （2）端子板接触不良 （3）端子螺钉松动	（1）接通电源、调整电源 （2）处理后重接 （3）紧固螺钉
输入均不关断	输入单元电路故障	更换 I/O 单元
特定继电器不接通	（1）输入器件故障 （2）输入配线断 （3）输入端子松动 （4）输入端子接触不良 （5）输入接通时间短 （6）输入回路故障	（1）更换输入器件 （2）检查输入配线 （3）紧固 （4）处理后重接 （5）调整有关参数 （6）更换输入单元
特定输出继电器不关断	输入回路故障	更换单元
输入全部断开（指示灯灭）	输入回路故障	更换单元
输入随机性动作	（1）输入信号电压过低 （2）输入噪声过大 （3）端子螺钉松动 （4）端子连接器接触不良	（1）查电源及输入器件 （2）加屏蔽或滤波 （3）紧固 （4）处理后重接
动作正确但指示灯灭	LED 指示灯损坏	更换 LED 指示灯

3. PLC 输出模块的常见故障及处理

PLC 输出模块的常见故障为：无输出、无指示；无输出、有指示；误动作；有输出、无指示。PLC 输出模块出现故障可能是供电电源、端子接线、模板安装等原因造成的。具体常见故障及处理方法见表 2.2.7。

表 2.2.7　PLC 输出模块的常见故障及处理

故障现象	故障可能原因	故　障
输出均不能接通	(1)未加负载电源或电压过低或电源损坏 (2）端子接触不良 (3）熔丝熔断 (4）输出回路故障，I/O 总线插座脱落	(1）接通电源、修理电源 (2）处理后重接 (3）更换熔丝 (4）更换 I/O 单元
输出均不关断	输出回路故障	更换 I/O 单元
特定输出继电器不接通（指示灯灭）	(1）输出时间过短 (2）输出回路故障	(1）修改程序 (2）更换 I/O 单元
特定输出继电器不接通（指示灯亮）	(1）输出继电器损坏 (2）输出配线断 (3）输出端子接触不良 (4）输出回路故障	(1）更换输出继电器 (2）检查输出配线 (3）处理后重接 (4）更换 I/O 单元
特定输出继电器不关断（指示灯灭）	(1）输出继电器损坏 (2）输出驱动管不良	(1）更换输出继电器 (2）更换输出管
特定输出继电器不关断（指示灯亮）	(1）输出驱动电路故障 (2）输出指令中地址重复	(1）更换 I/O 单元 (2）修改程序
输出随机性动作	(1）PLC 供电电压太低 (2）接触不良 (3）输出噪声过大	(1）调整电源 (2）检查端子接线 (3）加防噪声措施
动作正确但指示灯灭	LED 指示灯损坏	更换 LED 指示灯

【项目检查评价】

根据学习者完成情况进行评价，评分标准见表 2.2.8。

表 2.2.8　评分标准

序号	考核项目	考核要求	配分	评分标准	扣分	得分
1	绘制 PLC 电气原理图	(1）正确绘图 (2）图形符号和文字符号符合国家标准 (3）正确回答相关问题	6	(1）原理错误，每处扣 2 分 (2）图形符号和文字符号不符合国家标准，每处扣 1 分 (3）回答问题错 1 道扣 2 分 (4）本项配分扣完为止		
2	工具的使用	(1）正确使用工具 (2）正确回答相关问题	6	(1）工具使用不正确，每次扣 2 分 (2）回答问题错 1 道扣 2 分 (3）本项配分扣完为止		
3	仪表的使用	(1）正确使用仪表 (2）正确回答相关问题	8	(1）仪表使用不正确，每次扣 2 分 (2）回答问题错 1 道扣 2 分 (3）本项配分扣完为止		
4	安全文明生产	(1）明确安全用电的主要内容 (2）操作过程中符合文明生产要求	5	(1）未经同意私自通电扣 5 分 (2）损坏设备扣 2 分 (3）损坏工具仪表扣 1 分 (4）发生轻微触电事故扣 5 分 (5）本项配分扣完为止		

续表

序号	考核项目	考核要求	配分	评分标准	扣分	得分
5	连接	按照电气原理图正确连接电路	15	（1）不按图纸接线，每处扣2分 （2）元器件安装不牢靠，每处扣2分 （3）本项配分扣完为止		
6	试运行	（1）通电前检测设备、元件及电路 （2）通电试运行实现电路功能	10	（1）通电试运行发生短路事故和开路现象扣10分 （2）通电运行异常，每项扣5分 （3）本项配分扣完为止		
合计			50			

【理论试题精选】

一、判断题

1．（　　）FX2N PLC 中 SET 指令的使用同普通输出继电器一样。

2．（　　）NOP 空操作指令，是一条无动作、无目标元件、占一个程序步的指令，所以没有意义。

3．（　　）若在程序最后写入 END 指令，则该指令后的程序步就不再执行。

4．（　　）计数器、定时器 RST 的功能指令是复位输出触点，当前数据清零。

5．（　　）PLC 晶体管输出最大的优点是适用于高频动作，响应时间短。

二、选择题

1．PLC 程序上载时应注意（　　）。

A．人机界面关闭　　B．断电　　C．PLC 复位　　D. PLC 处于 STOP 状态

2．PLC 程序下载时应注意（　　）。

A．PLC 不能断电　　B．断开数据连接状态

C．接通 I/O 口电源　　D．以上都是

3．在 FX 系列 PLC 控制中可以用（　　）替代中间继电器。

A．T　　B．C　　C．S　　D．M

4．（　　）是 PLC 编程软件可以进行监控的对象。

A．电源电压值　　B．输入、输出量

C．输入电流值　　D．输出电流值

5．如图 2.2.12 所示的窗口实现的功能是（　　）。

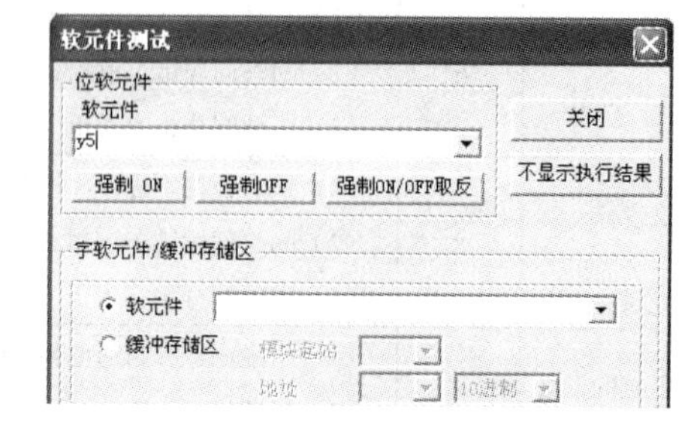

图 2.2.12　题二（5）图

A．输入软元件强制执行　　B．输出软元件强制执行

C．计算器元件强制执行　　D．以上都不是

6．如图 2.2.13 所示为是 PLC 编程软件中的（　　）按钮。

图 2.2.13　题二（6）图

A．写入按钮　　B．监控按钮　　C．PLC 读取按钮　　D．程序检测按钮

7．PLC 通过（　　）寄存器保持数据。

A．计数　　B．掉电保持　　C．中间　　D．以上都不是

8．PLC 程序能对（　　）进行检查。

A．开关量　　B．二极管

C．双线圈指令梯形图　　D．光电耦合器

9．在如图 2.2.14 所示的 PLC 梯形图程序中，0 步和 3 步实现的功能（　　）。

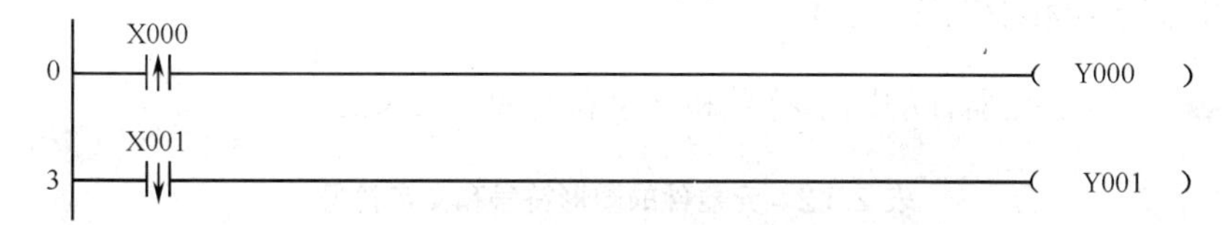

图 2.2.14　题二（9）图

A．一样

B．0 步是上升沿脉冲指令，3 步是下降沿脉冲指令

C．0 步是点动，3 步是下降沿脉冲指令

D．3 步是上升沿脉冲指令，0 步是下降沿脉冲指令

10．在一个 PLC 程序中，不能使用（　　）检查纠正的方法。

A．梯形图　　B．指令表　　C．双线圈　　D．直接跳过

项目三　PLC 改造 CA6140 车床控制电路连接与调试

【项目目标】

通过完成本项目，使学习者能够达到维修电工（高级）证书相应的理论和技能的考核要求，具体要求见表 2.3.1。

表 2.3.1　维修电工（高级）考核要素细目表

相关知识考核要点	相关技能考核要求
1．优先电路的编程方法和功能分析 2．分频电路的编程方法和功能分析 3．编程软件模拟现场的调试方法 4．PLC 电源模块和通信模块的常见故障及处理方法 5．PLC 改造 CA6140 车床控制电路程序编写方法	1．能使用相应指令编写 CA6140 车床 PLC 控制程序 2．能够使用编程软件上传下载监视程序 3．程序错误的纠正步骤与方法 4．能够排除 PLC 电源模块和通信模块的常见故障

【电气图形符号和文字符号】

在本项目中涉及的元器件的图形符号和文字符号见表 2.3.2。

表 2.3.2　元器件的图形符号和文字符号

序号	名　称	图形符号 GB/T4728—2005-2008	文字符号 GB/T20939-2007	备　注
1	三相鼠笼式感应电动机 S00836	M 3～	MA	GB/T4728.6—2008
2	三绕组变压器 S00845		TA	GB/T4728.6—2008
3	动合（常开）触点 S00227		接触器 QA 继电器 KF	GB/T4728.7—2008
4	动断（常闭）触点 S00229		接触器 QA 继电器 KF	GB/T4728.7—2008
5	手动操作开关 S00253		SF	GB/T4728.7—2008
6	自动复位的手动按钮开关 S00254		SF	GB/T4728.7—2008
7	无自动复位的手动旋转开关 S00256		SF	GB/T4728.7—2008

续表

序号	名　称	图形符号 GB/T4728—2005-2008	文字符号 GB/T20939-2007	备　注
8	接触器的主动合触点 S00284		QA	GB/T4728.7—2008
9	断路器 S00287		QA	GB/T4728.7—2008
10	继电器线圈 S00305	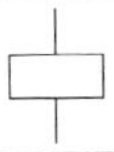	接触器 QA 继电器 KF	GB/T4728.7—2008
11	热继电器驱动件 S00325	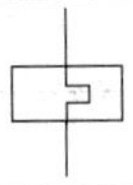	BB	GB/T4728.7—2008
12	熔断器 S00362		FC	GB/T4728,7—2008
13	灯 S00965		PG	GB/T4728.8—2008
14	接地 S00200		PE	GB/T4728.3—2005
15	热继电器动断触点	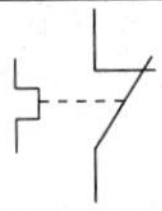	BB	JB/T 2739-2008
16	断路器	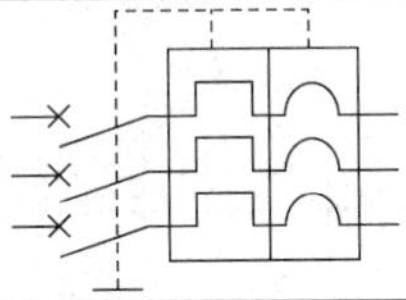	QA	JB/T 2739-2008
17	三相带漏电保护的断路器	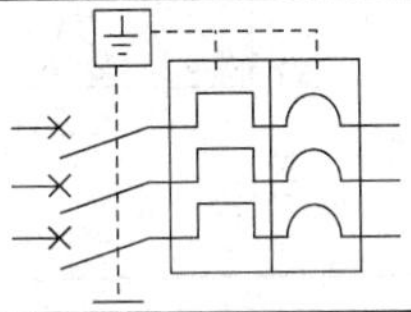	QA	JB/T 2739-2008
18	T 形连接 S00019	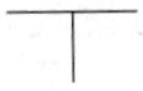		GB/T4728.3—2005
19	T 形连接 S00020			GB/T4728.3—2005
20	导线的双 T 形连接 S00021	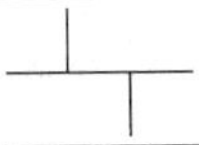		GB/T4728.3—2005
21	导线的双 T 形连接 S00022			GB/T4728.3—2005

【项目任务描述】

我校现有的 CA6140 车床采用传统的继电器控制系统，电气原理图如图 2.3.1 所示，实物图如图 2.3.2 所示。由于 CA6140 车床使用了大量的继电器与接触器，经常造成接触不良，而且元件老化快，设备故障频繁，不便于维修，影响到学生正常的使用。因此，根据实际条件，本项目的主要任务是采用可编程控制器对原有继电器接触器控制系统进行改造升级，使机床的故障率下降，可靠性和灵活性大大提高。

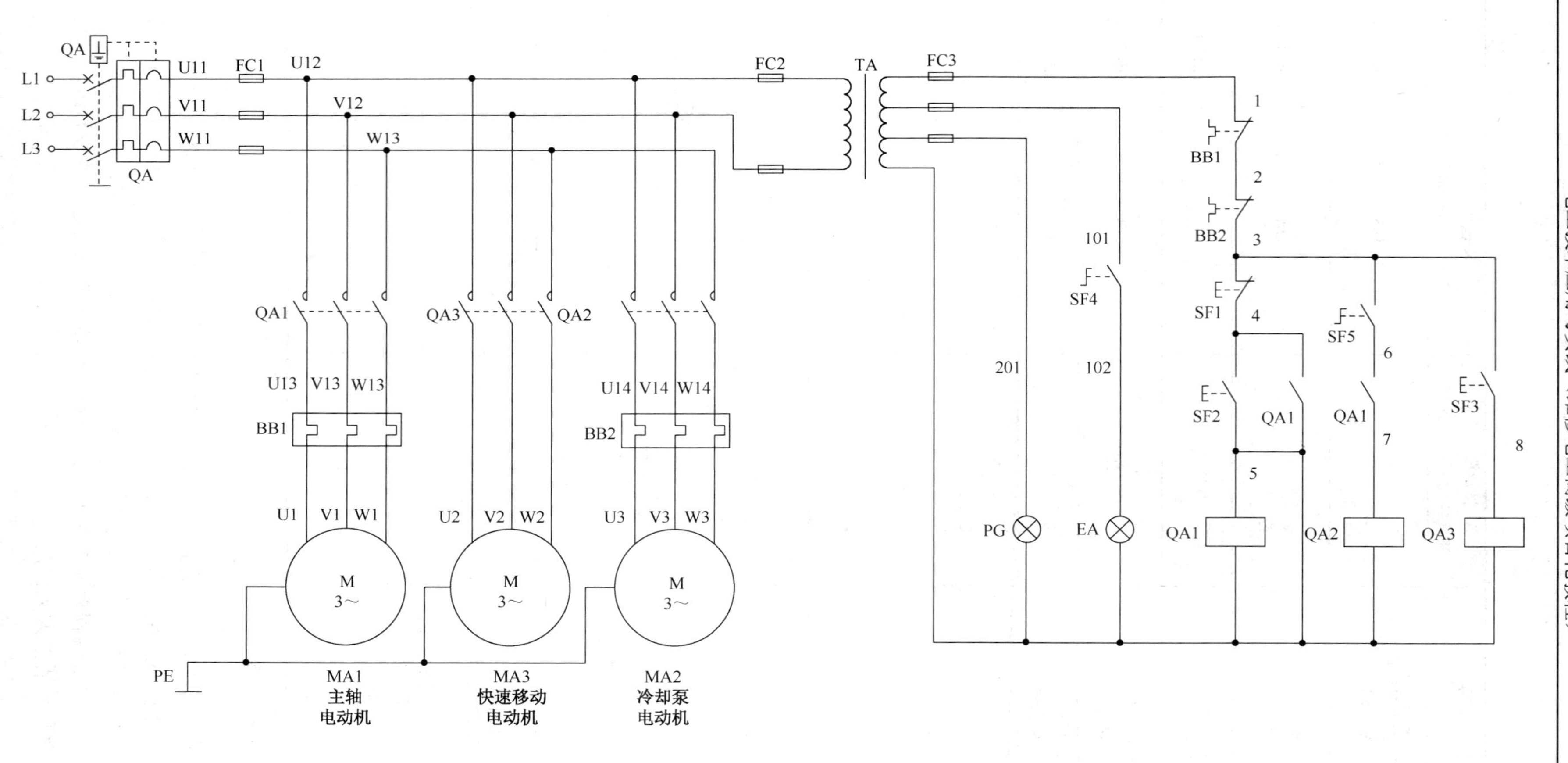

图2.3.1　CA6140型车床电气原理图

图 2.3.2　CA6140 型车床实物图

【项目实施条件】

1. 工具、仪表及器材

剥线钳、试电笔、电烙铁、镊子等常用组装工具 1 套，万用表及双踪示波器各一台。

2. 元器件

项目改造所需的电气元件清单见表 2.3.3。

表 2.3.3　项目改造所需的电气元件清单

序号	代　号	名　称	型 号 规 则	数量
1	MA1	主轴电动机	Y132M-4-B3， 7.5kW，1450r/min	1
2	MA2	冷却泵电动机	AOB-25，90W，3000r/min	1
3	MA3	快移电动机	AOS5634，250W，1360r/min	1
4	QA1、QA2、QA3	交流接触器	CJ20-20， 线圈电压 110V	3
5	QA	断路器	DZ47-60 20A 3P	1
6	SF1	按钮	LAY3-01ZS/1	1
7	SF2	按钮	LAY3-10/3.11	1
8	SF3	按钮	LAY3-10X/2	1
9	SF4/SF5	转换开关	LA9	2
10	BB1、BB2	热继电器	JR16-20/2D，15.4A	2
11	TA	变压器	JBK2-100，380V/110V/24V/6V	1
12	FC1	熔断器	RL1-10，55×78、35A	3
13	FC2/FC3	熔断器	RL1-15，5A	5
14	PG	指示灯	ZSD-0.6V	2
15	PLC	可编程控制器（三菱）	FX2N48MR	1

【知识链接】

1. CA6140 型车床功能及组成

CA6140 型卧式车床，其结构具有典型的卧式车床布局，它的通用性程度较高。加工范围较广，适合于中小型的各种轴类和盘套类零件的加工；能车削内外圆柱面、圆锥面、各种环槽、成形面及端面；能车削常用的米制、英制、模数制及径节制四种标准螺纹，也可以车削加大螺距螺纹、非标准螺距及较精密的螺纹；还可以进行钻孔、扩孔、铰孔、滚花和压光等操作。

CA6140 型普通车床的主要组成部件有：主轴箱、进给箱、溜板箱、刀架、尾架、光杠、丝杠和床身。CA6140 外形结构图如图 2.3.3 所示。

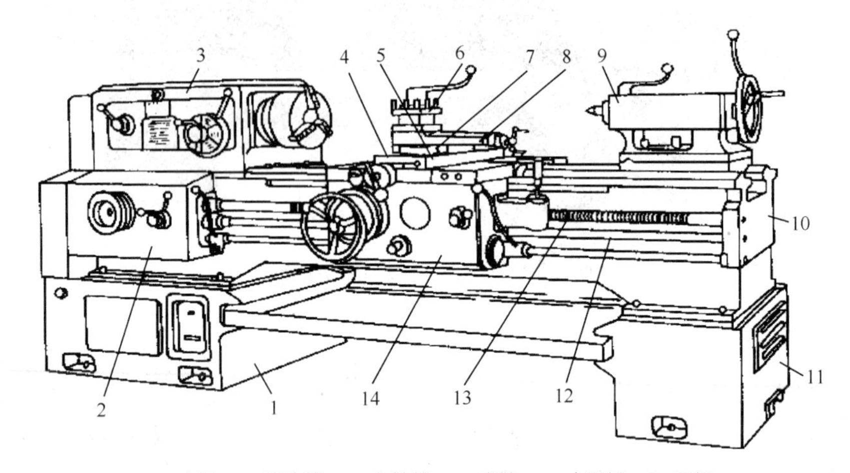

1．床腿；2．进给箱；3．主轴箱；4．床鞍；5．中滑板；6．刀架
7．回转盘；8．小滑板；9．尾座；10．床身；11．挂轮；12．光杠；13．丝杠；14．溜板箱

图 2.3.3　CA6140 外形结构图

从车削工艺要求出发，对各电动机的控制要求主要有：

（1）主电动机 MAl（功率为 30kW），完成主轴主运动和刀具纵、横向进给运动的驱动，电动机为不可调速的鼠笼式异步电动机，采用直接启动方式，主轴采用机械变速，正反转采用机械换向。

（2）电动机 MA2 拖动冷却泵，在加工时提供切削液，采用直接起动停止方式和连续工作状态。

（3）电动机 MA3 为刀架快速移动电动机，可根据使用需要，随时手动控制起停。

2．CA6140 型车床工作原理分析

CA6140 型车床电气控制原理图如图 2.3.1 所示，其电气元件符号及功能说明见表 2.3.4。在分析电路图时，要分清主电路与辅助电路，从分析主电路入手，先了解元件，再分析具体控制功能。

表 2.3.4　CA6140 型车床电气元件表

文字符号	元件名称	作　用
MA1	主轴电动机	工件的旋转和刀具的进给
MA2	冷却泵电动机	供给冷却液
MA3	快移电动机	刀架的快速移动
QA1	交流接触器	控制主轴电动机 MA1
QA2	交流接触器	控制冷却泵电动机 MA2
QA3	交流接触器	快速移动电动机 MA3
QA	断路器	电源开关
SF1	按钮	主轴停止
SF2	按钮	主轴启动

续表

文字符号	元件名称	作　用
SF3	按钮	快速移动电动机 M3 点动
SF4	转换开关	工作灯开关
SF5	转换开关	冷却泵电动机开关
BB1	热继电器	MA1 过载保护
BB2	热继电器	MA2 过载保护
TA	变压器	控制与照明用变压器
FC	熔断器	短路保护
PG	指示灯	电源指示灯
EA	指示灯	照明指示灯

（1）主电路功能分析。

主电路由三台三相异步交流电动机及其附属电路元件组成。三台异步电动机均采用接触器直接启动。

MA1 是主轴电机，功率为 7.5kW，由交流接触器 QA1 控制其启动与停止。热继电器 FR1 是过载保护电器。

MA2 是冷却泵电动机，功率为 125W，由交流接触器 QA2 控制 MA2，热继电器 FR2 是过载保护电器。

MA3 是快速移动电动机，功率为 250W，接触器 QA3 控制 MA3。

主电路电源电压为交流 380 V，断路器 QA 作为电源引入开关。短路保护电器是 FC1。控制线路电源电压为交流 110V，照明电压为 36V，由控制变压器 TA 提供电源。

控制线路、照明电路均由相应的熔断器作为短路保护电器。

（2）控制电路功能分析。

控制电路可分为主电动机 MA1、冷却泵电动机 MA2、刀架快速移动电动机 MA3 的控制电路，以及照明灯和控制电路工作指示灯的控制电路部分。

按下启动按钮 SF2，接触器 QA1 线圈通电，常开主触点闭合，电动机 MA1 通电。同时，并联在按钮 SF2 两端的常开辅助触点也闭合。当松开按钮 SF2 时，由于常开辅助触点是闭合的，所以接触器 QA1 线圈继续保持通电状态，从而保证了电动机 MA1 连续运转。要使电动机 MA1 停止运转，可按下停止按钮 SF1，切断线圈 QA1 电源，常开主触点与辅助触点均断开，电动机 MA1 及控制电路均断电，电动机体制运行。按下按钮 SF3，接触器 QA3 线圈通电，电动机 MA3 通电。当松开按钮 SF3 时，接触器 QA3 线圈断电，使电动机 MA3 停止运行。

在电动机 MA1 运行的情况下，合上开关 SF5，接触器 QA2 线圈通电，电动机 MA2 通电。断开开关 SF5，接触器 QA2 线圈断电，电动机 QA2 停止运行。

合上开关 SF4，照明灯 EA 亮，断开 SF4，照明灯 EA 熄灭。在断路器 QA 合上后，控制电路指示灯 PG1 被点亮。照明电路采用 24V 安全交流电压。灯泡的另一端必须接地，以防止变压器原绕组和副绕组间发生短路时发生触电事故。故熔断器 FC3 是照明电路的短路保护器件。在断路器 QA 断开后，控制电路指示灯 PG 熄灭。指示灯 PG 的状态受断路器 QA 的控制，与控制电路无关。

3. 三菱 PLC 指令

（1）优先电路的编程和功能分析。

优先电路是指两个输入信号中先到信号取得优先权，后者无效。如在抢答器程序设计中的抢答优先，又如防止控制电机的两个正、反转按钮同时按下的保护电路。如图 2.3.4 所示的优先电路及执行结果，图中，X000 先接通，M10 线圈接通，则 Y000 线圈有输出；同时由于 M10 的动断触点断开，X1 输入再接通时，亦无法使 M11 动作，Y001 无输出。若 X001 先导通，则情况相反。

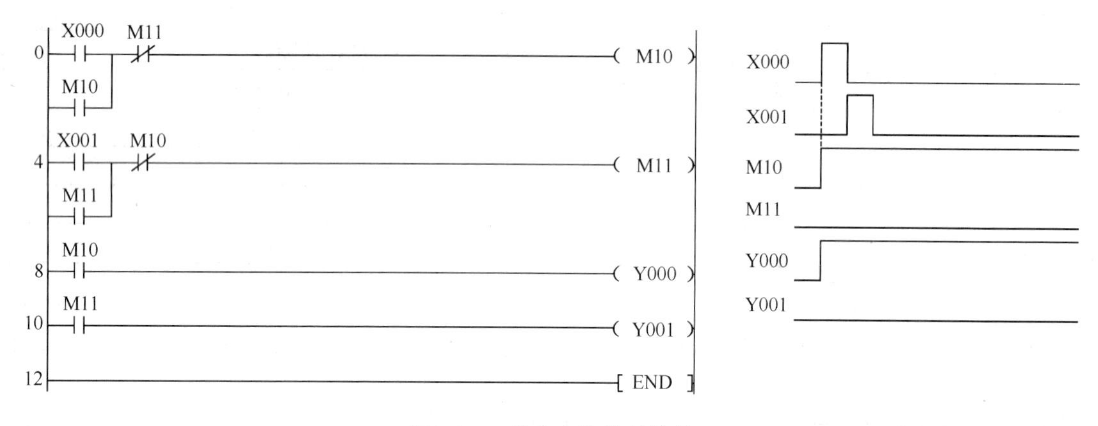

图 2.3.4　优先电路执行结果

PLC 输入信号的优先顺序是按照 PLC 工作过程的扫描顺序进行的，即自上而下、自左至右进行的。所以梯形图程序必须符合顺序执行的原则，即从左到右，从上到下地执行，如不符合顺序执行的电路不能直接编程。简化程序时把串联触点较多的电路编在梯形图上方；并联触点较多的电路应放在左边。例如，如图 2.3.5 所示梯形图的输入信号优先级最高的为 X001，输入信号优先级最低的为 X004。

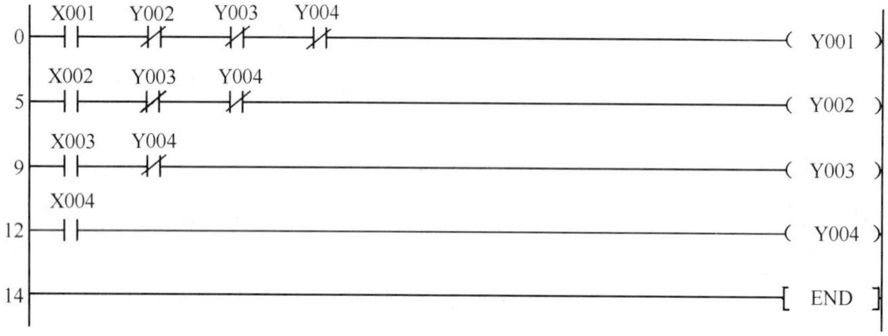

图 2.3.5　优先电路输入信号优先级示例程序

（2）分频电路的编程和实现。

用 PLC 可以实现对输入信号的任意分频，如图 2.3.6 所示为二分频电路梯形图，如图 2.3.7 所示为二分频电路时序图，要分频的脉冲信号加入 X000 端，Y000 端输出分频后的脉冲信号。程序开始执行时，M8002 接通一个扫描周期，确保 Y000 的初始状态为断开状态，X000 端第一个脉冲信号到来时，M100 接通一个扫描周期，驱动 Y000 的两条支路中 1 号支路接通，2 号支路断开，Y000 接通。第一个脉冲到来一个扫描周期后，M100 断开，Y000 仍接通，所以驱动 Y000 的两条支路中 2 号支路接通，1 号支路断开，Y000 继续保持接通。X000 端第二个信号到来时，M100 又接通一个扫描周期，此时 Y000 仍接通，驱动 Y000 的两条支路都断开。第二个脉冲到一个扫描周期后，M100 断开，Y000 仍断开，Y000 继续保持断开，直到第三个脉冲到来。

所以 X000 每送入 2 个脉冲，Y0 产生 1 个脉冲，实现了分频。

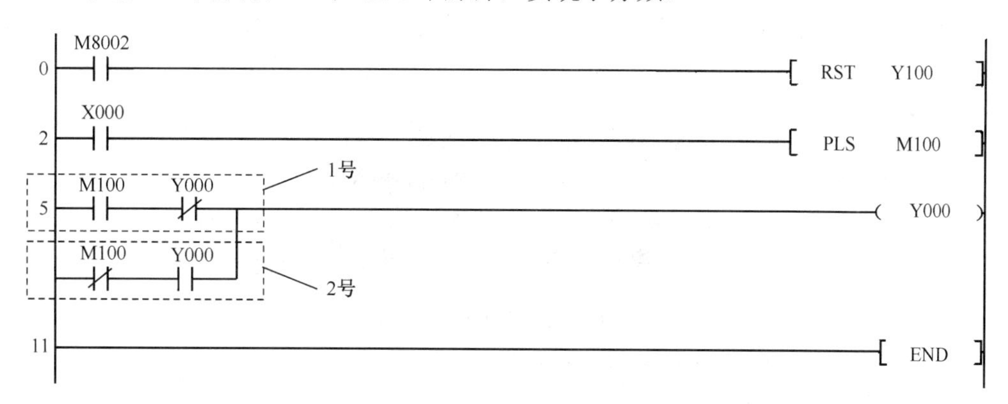

图 2.3.6　二分频电路梯形图

4. 编程软件模拟现场的调试方法

PLC 程序的调试可分为模拟调试和现场调试两个调试过程，在此之前首先对 PLC 外部接线做仔细检查，为了安全考虑，最好将主电路断开。当确认接线无误后再连接上主电路，将模拟调试好的程序送入用户存储器进行调试，直到各部分的功能都能正常工作，并能协调一致地完成整体的控制功能为止。

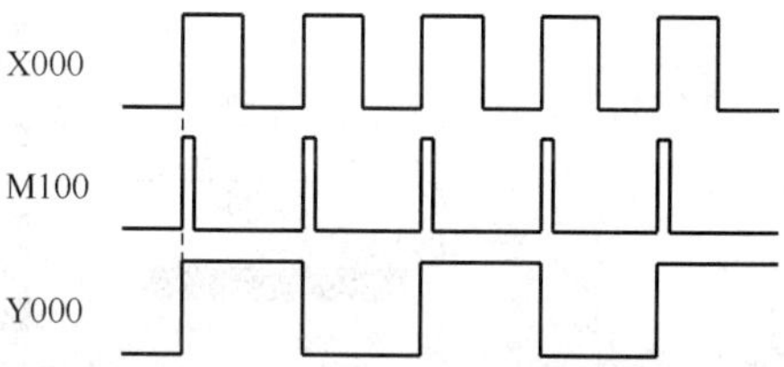

X000
M100
Y000

图 2.3.7　二分频电路时序图

（1）程序的模拟调试。

将设计好的程序写入 PLC 后，首先逐条仔细检查，并改正写入时出现的错误。用户程序一般先在实验室模拟调试，实际的输入信号可以用开关和按钮来模拟，各输出量的通/断状态用 PLC 上有关的发光二极管来显示，一般不用接 PLC 的实际负载（如接触器、电磁阀等）。可以根据功能表图，在适当的时候用开关或按钮来模拟实际的反馈信号，如限位开关触点的接通或断开。

在调试时应充分考虑各种可能的情况，对系统各种不同的工作方式都应逐一检查，不能遗漏。发现问题后应及时修改梯形图和 PLC 中的程序，直到在各种可能的情况下输入量与输出量之间的关系完全符合要求。

如果程序中某些定时器或计数器的设定值过大，为了缩短调试时间，可以在调试时将它们减小，模拟调试结束后再写入它们的实际设定值。

在设计和模拟调试程序的同时，可以设计、制作控制台或控制柜，PLC 之外的其他硬件的安装、接线工作也可以同时进行。

（2）利用仿真软件进行调试。

具体的操作步骤如下：

① 进入 PLC 编程界面，建立一个新文件，并编制程序。

② 通过菜单启动仿真软件，如图 2.3.8 所示。也可以通过快捷图标启动仿真，如图 2.3.9 所示。

③ 启动仿真后，此时程序写入，如图 2.3.10 所示，待参数写入完成以后，如图 2.3.10 所示的窗口消失，表示程序写入完成。光标编程栏，程序已处于监控状态，且在状态栏

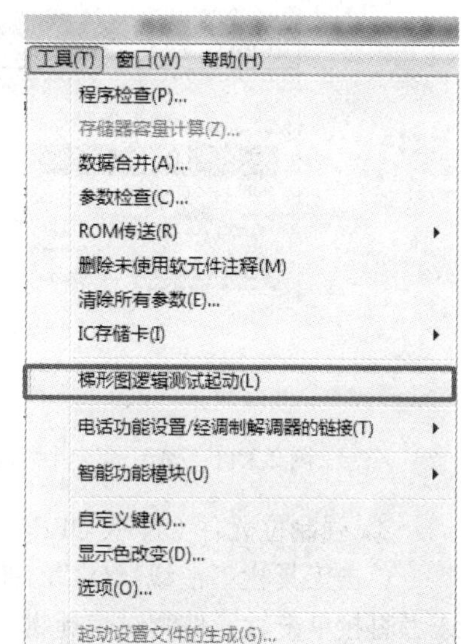

图 2.3.8　通过菜单起动仿真软件

出现 LADDER LOGIC TEST TOOL，单击该状态栏，即可出现梯形图逻辑测试工具对话框，如图 2.3.11 所示。在图 2.3.11 中 RUN 呈黄色，表明程序已正常运行。如程序有错误或出现未支持指令，则出现对话框如图 2.3.12 所示。双击绿色“未支持指令”，就可跳出未支持指令一览表。

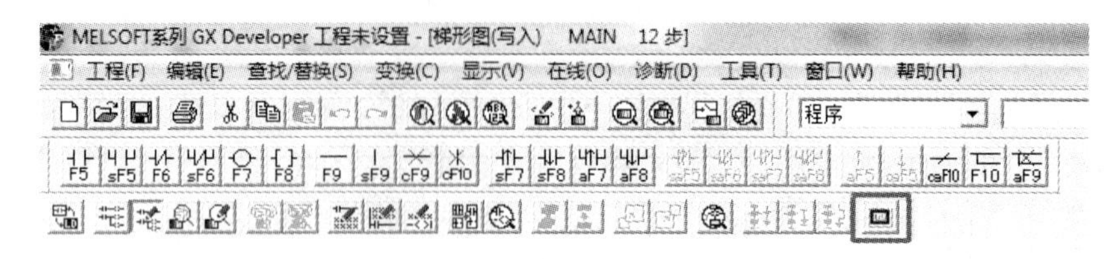

图 2.3.9　通过快捷图标起动仿真

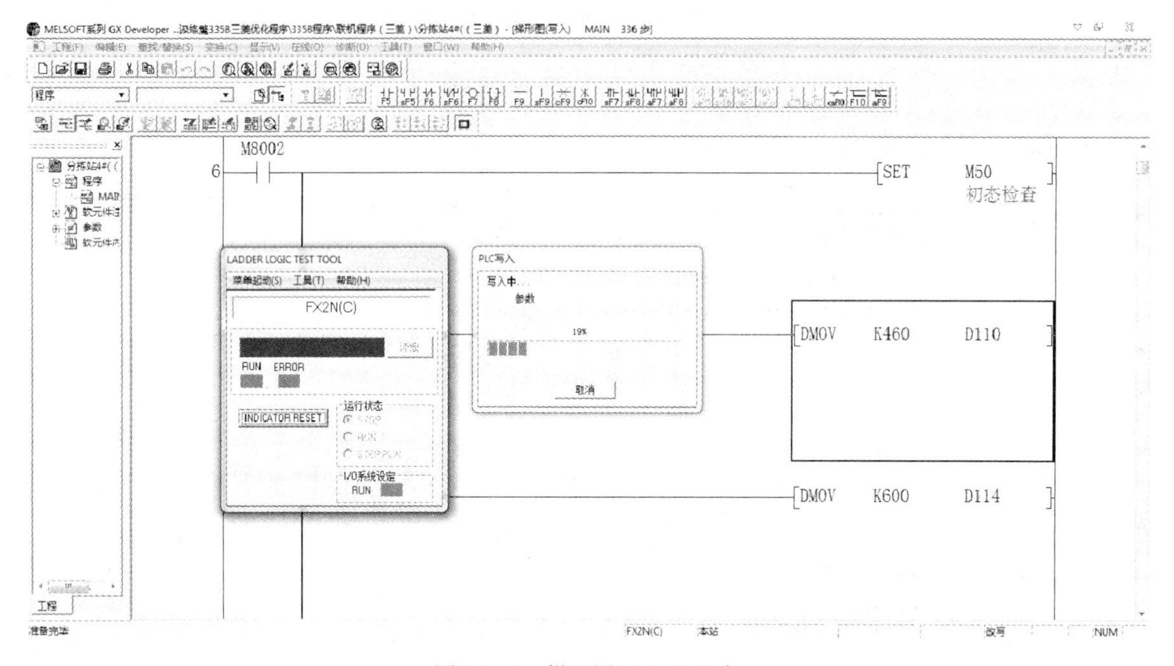

图 2.3.10　梯形图写入 PLC 中

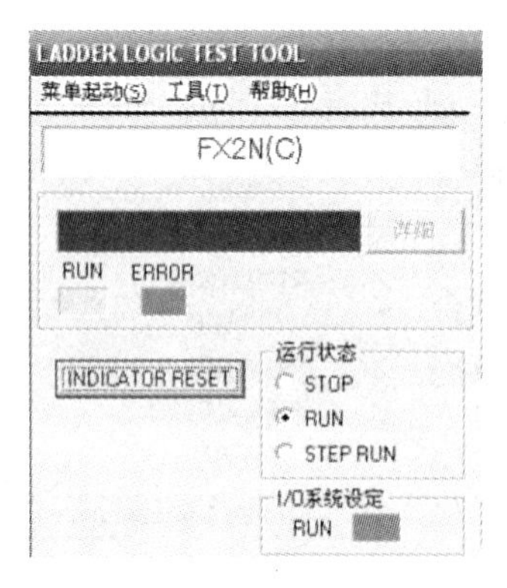

图 2.3.11　梯形图逻辑测试对话框

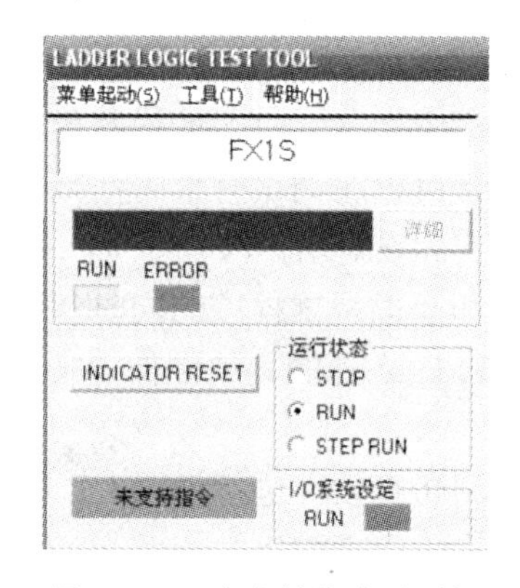

图 2.3.12　未支持指令对话框

④ 强制位元件 ON 或 OFF，监控程序的运行状态。

单击工具栏“在线（O）”，弹出下拉菜单，单击“调试（B）”→“软元件测试（D）”命令或者直接单击软元件测试快捷键，则弹出软元件测试对话框，如图 2.3.13 所示。在该对话框的“位软元件”栏中输入要强制的软元件，如 X001，需要把该元件置 ON 的，就单击“强制 ON”

按钮，如需要把该元件置 OFF 的，就单击“强制 OFF”按钮。同时在“执行结果”栏中显示刚强制的状态。此时程序已运行，运行结果如图 2.3.13 和图 2.3.14 所示。接通的触点和线圈都用蓝色表示，同时可以看到字元件的数据在变化。

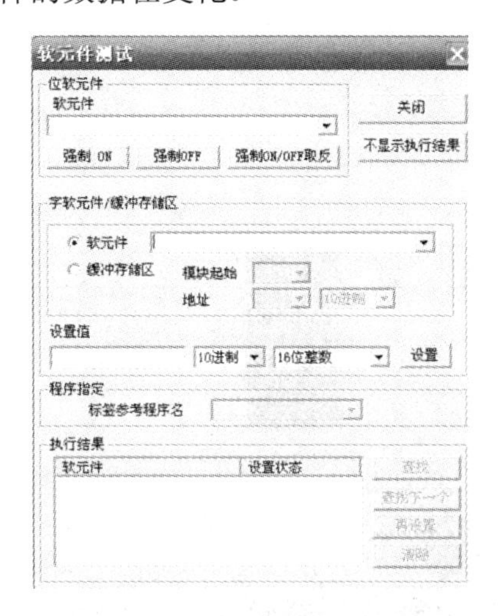

图 2.3.13　位元件测试对话框

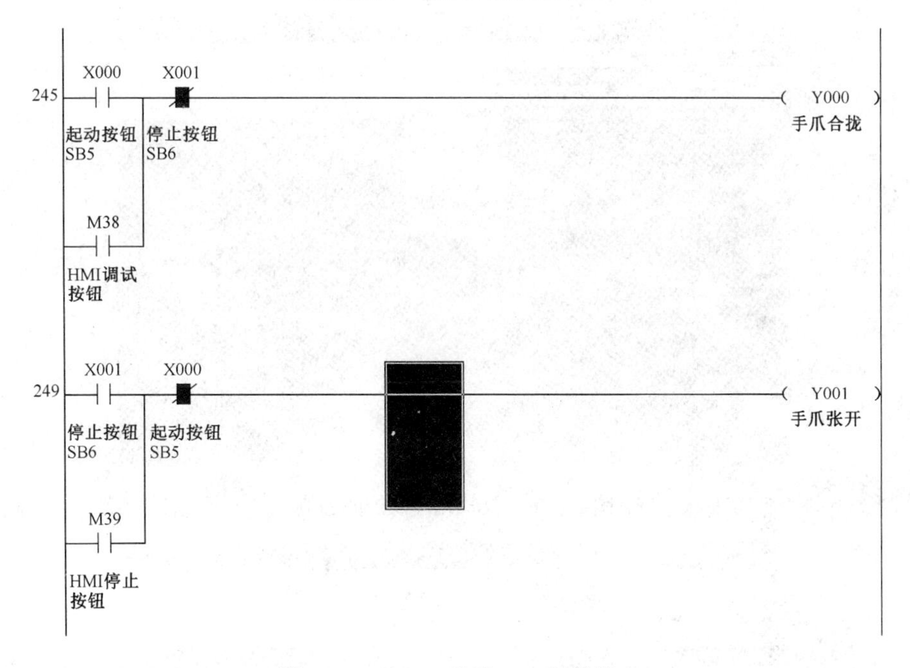

图 2.3.14　X000 处于 OFF 时的状态

⑤ 监控各位元件的状态和时序图。

单击状态栏 LADDER LOGIC TEST TOOL 按钮，弹出如图 2.3.11 所示的对话框，单击“菜单启动（S）”→“继电器内存监视（D）”命令，弹出如图 2.3.16 所示的窗口，单击“软元件（D）”→“位软元件窗口”→“Y”命令，如图 2.3.17 所示，即可监视到所有输出 Y 的状态，置 ON 的为黄色，处于 OFF 状态的不变色。用同样的方法，可以监视 PLC 内所有元件的状态，对于位元件双击，可以强制 ON，再双击，可以强制 OFF，对于数据寄存器 D，可以直接置数。对于 T、C 也可以修改当前值，因此调试程序非常方便。

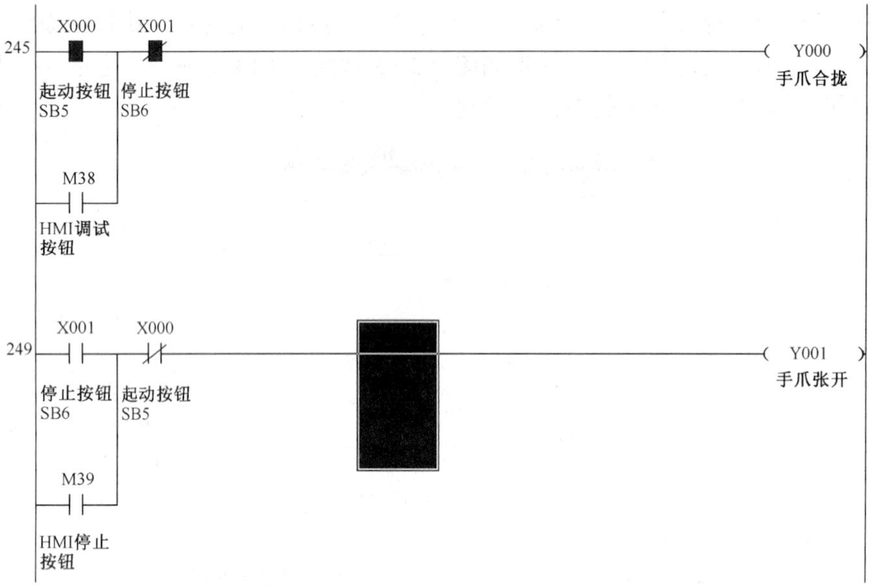

245 X000 起动按钮 SB5 X001 停止按钮 SB6 (Y000) 手爪合拢

M38 HMI调试按钮

249 X001 停止按钮 SB6 X000 起动按钮 SB5 (Y001) 手爪张开

M39 HMI停止按钮

图 2.3.15　X000 处于 ON 时的状态

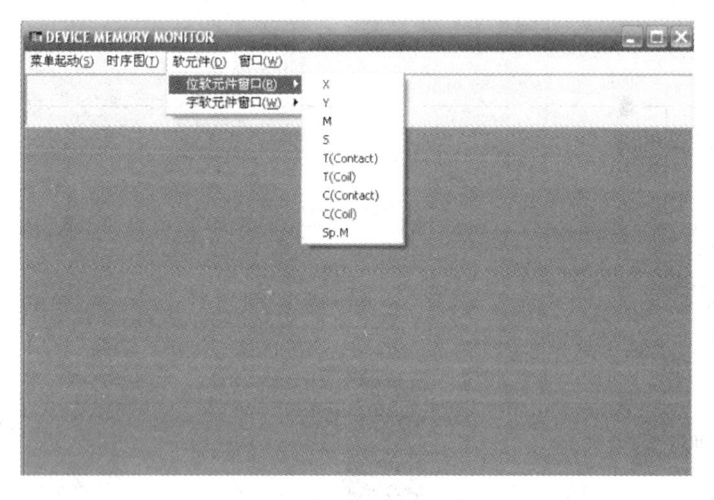

图 2.3.16　位软元件监控或强制

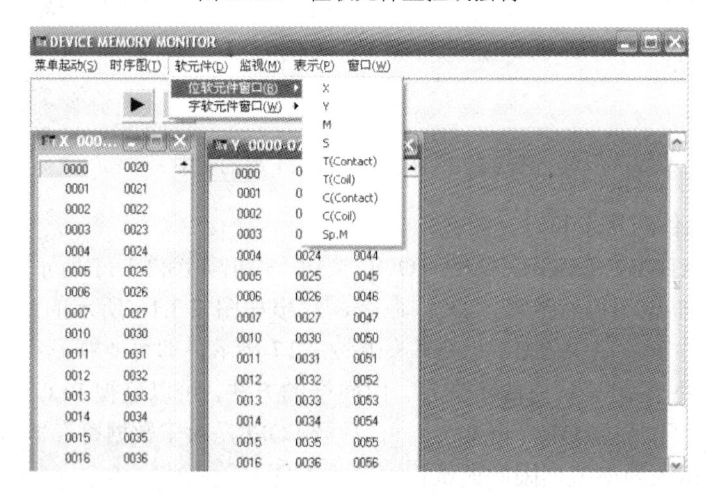

图 2.3.17　在一个窗口中可以同时监视多种元器件的状态

在如图 2.3.17 所示的窗口中单击“时序图（T）”→“启动（R）”命令，则出现时序图监控，如图 2.3.18 所示，在如图 2.3.18 所示的窗口中可以看到程序中各元件的变化时序图。

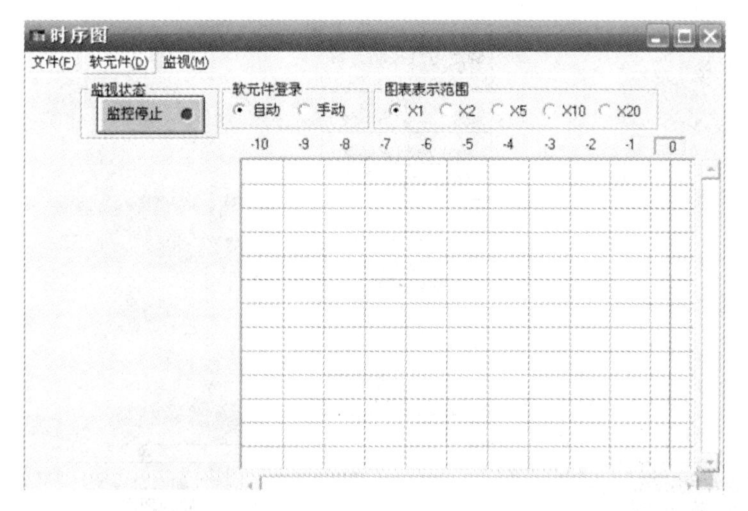

图 2.3.18　时序图监控

⑥ 退出 PLC 仿真运行。

在对程序仿真测试时，通常需要对程序进行修改，这时要退出 PLC 仿真运行，重新对程序进行编辑修改，退出方法如下。

单击快捷键图标，则出现退出梯形图逻辑测试窗口，如图 2.3.19 所示，单击“确定”按钮即可退出仿真运行，但此时的光标还是蓝块，程序处于监视状态，不能对程序进行编辑，所以需要单击快捷图标，光标变成方框，即可对程序进行编辑。

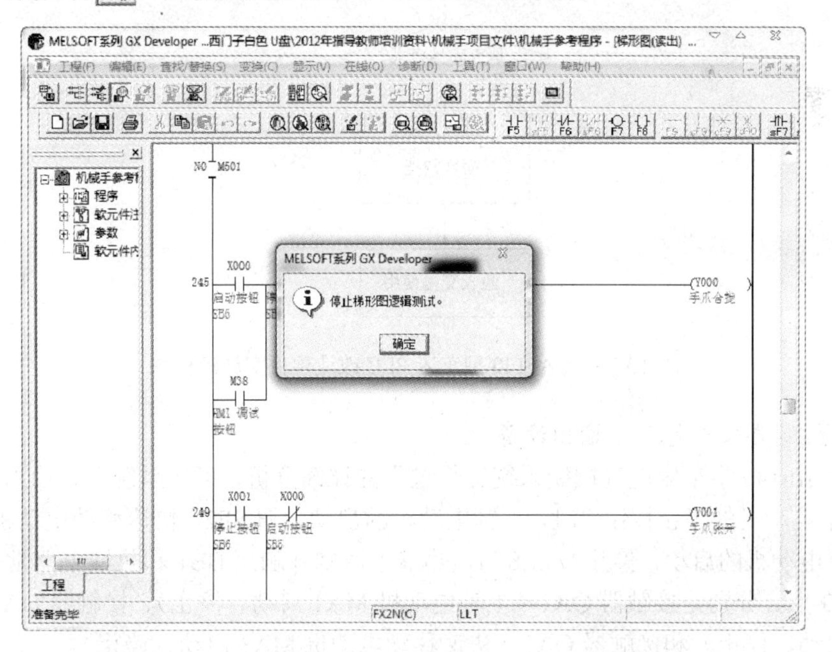

图 2.3.19　退出 PLC 仿真运行

【项目实施步骤】

根据 CA6140 型车床改造控制要求，制定项目实施步骤，如图 2.3.20 所示。

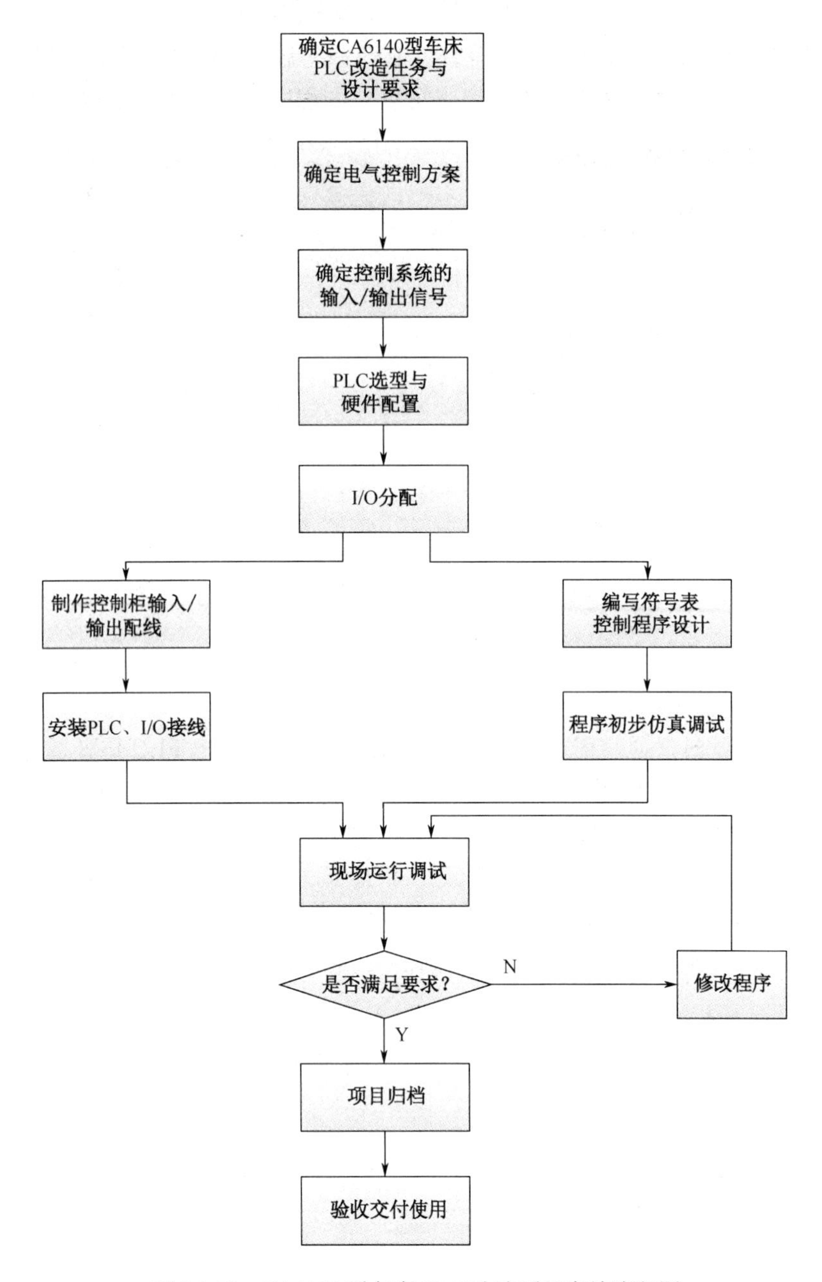

图 2.3.20　CA6140 型车床 PLC 改造项目实施流程图

1．根据控制要求确定输入/输出设备

通过对 CA6140 型车床电气控制系统工作过程的详细分析，可知系统需要输入点数为 6 点，分别是：主轴电动机的停止按钮 SF1，主轴电动机的启动按钮 SF2，快速移动电动机的启动按钮 SF3，冷却泵电动机的启动，停止按钮 SF4，热继电器常开触点 BB1 和热继电器常开触点 BB2；输出点数为 3 点，分别是接触器 QA1（主轴电动机 MA1 启动、停止）、接触器 QA2（冷却泵电动机 MA2 启动、停止）和接触器 QA3（快速移动电动机 MA3 启动、停止）。

2．PLC 选型及 I/O 分配

根据输入和输出点数的数量，选用三菱 FX2N 系列的 PLC，其型号为 FX2N-16MR，PLC 输入/输出地址分配表见表 2.3.5。

表 2.3.5　CA6140 型车床 PLC 地址分配表

输入设备			输出设备		
序号	现场输入信号	地址	序号	现场输出信号	地址
1	主轴电动机的停止按钮 SF1	X000	1	接触器 QA1（主轴电动机 MA1 启动停止）	Y000
2	主轴电动机的启动按钮 SF2	X001	2	接触器 QA2（冷却泵电动机 MA2 启动停止）	Y001
3	快速移动电动机的启动按钮 SF3	X002	3	接触器 QA3（快速移动电动机 MA3 启动停止）	Y002
4	冷却泵电动机的启动、停止按钮 SF4	X003	4		
5	热继电器常开触点 BB1	X004	5		
6	热继电器常开触点 BB2	X005	6		

3. 电气控制柜接线

根据 CA6140 型车床电气控制原理图，对 CA6140 型车床进行改造时，主回路保持不变，控制变压器及照明电路保留，控制电路功能由 PLC 完成。因此 PLC 改造 CA6140 型车床控制电路电气原理图如图 2.3.21 所示，依据此电气原理图和其他相应图纸完成电气控制柜的接线和调试。

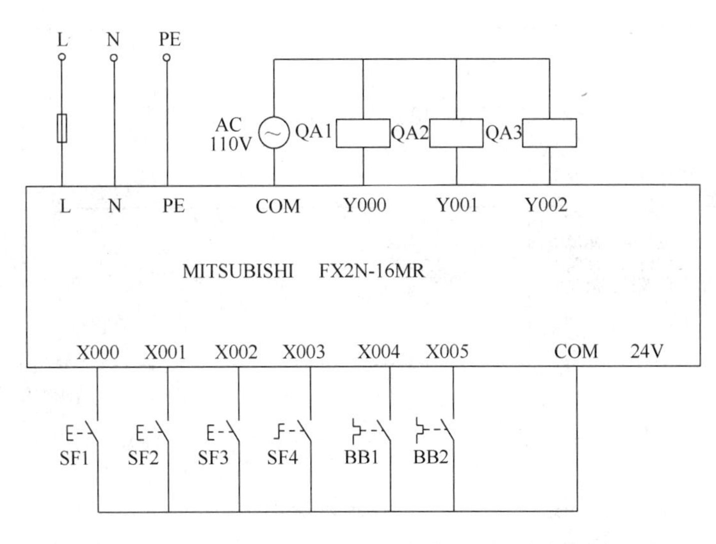

图 2.3.21　PLC 改造 CA6140 型车床控制电路电气原理图

4. 根据电气控制线路编写梯形图程序

根据 CA6140 型车床的控制要求和 I/O 接线情况，设计梯形图程序，如图 2.3.22 所示，该程序反映了原继电器—接触器控制电路中的逻辑要求。

5. 利用仿真软件调试 CA6140 型车床 PLC 控制程序

首先将设计好的梯形图程序键入 PLC 后，仔细检查程序，然后进行模拟运行。选择菜单栏上的“工具”→“梯形图逻辑测试起动”命令，然后选择“在线”→“调试”→“软元件测试”命令，也可以在快捷菜单中选择“软元件测试”命令，通过对 PLC 梯形图中需要测试的软元件强制 ON/OFF 来改变其运行状态，软元件模拟得电，观察相应的输出元件的动作情况。

CA6140 型车床的控制程序软件仿真调试步骤如下。

（1）主轴电动机仿真调试。

当按下启动按钮 SF2→X001 通电→M0 和 Y000 通电→QA1 通电→MA1 启动，仿真结果如图 2.3.23 所示，松开启动按钮 SF2 继续转动，仿真结果如图 2.3.24 所示。

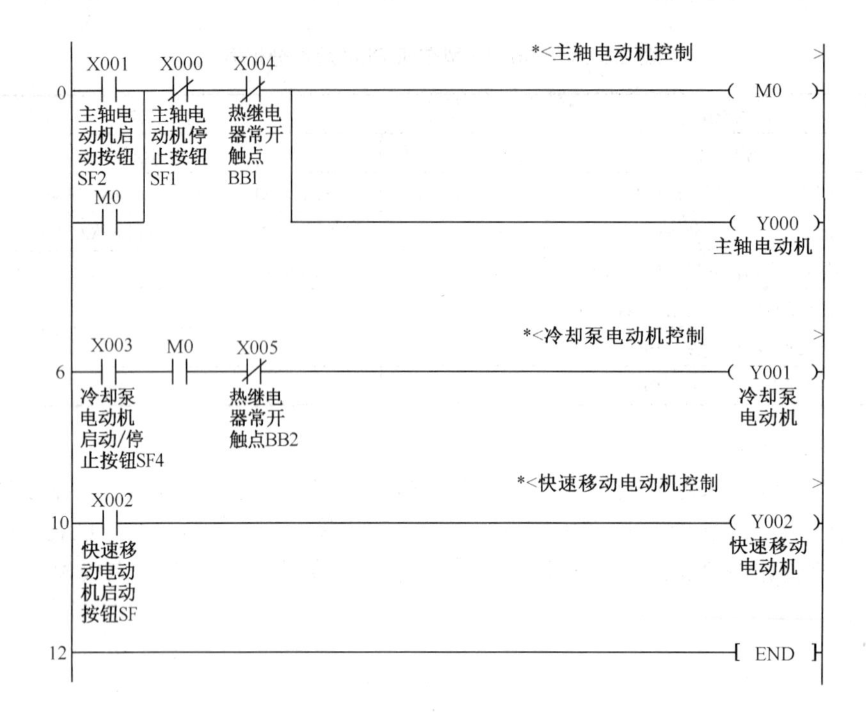

图 2.3.22　CA6140 型车床 PLC 改造后的程序

图 2.3.23　按下启动按钮 SF2 仿真结果

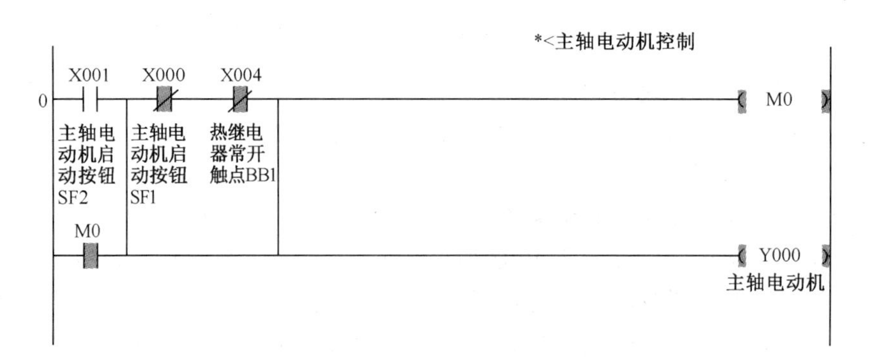

图 2.3.24　松开启动按钮 SF2 仿真结果

当按下停止按钮，SF1→M0 和 Y000 断电→QA1 断电→MA1 停转。仿真结果如图 2.3.25 所示，松开停止按钮，仿真结果如图 2.3.26 所示。

X001　X000　X004
0　(M0)
主轴电动机启动按钮SF2　主轴电动机停止按钮SF1　热继电器常开触点BB1
M0
(Y000)
主轴电动机

图 2.3.25　按下停止按钮 SF1 仿真结果

X001　X000　X004
0　(M0)
主轴电动机启动按钮SF2　主轴电动机停止按钮SF1　热继电器常开触点BB1
M0
(Y000)
主轴电动机

图 2.3.26　松开停止按钮 SF1 仿真结果

（2）冷却泵电动机仿真调试。

在 MA1 转动过程中，M0 通电→转动转换开关 SF4 至接通状态→X003 通电→Y001 通电→MA2 启动，仿真结果如图 2.3.27 所示；M0 断电或转动转换开关 SF4 至断开状态→Y001 断电→MA2 停转，仿真结果如图 2.3.28 所示。

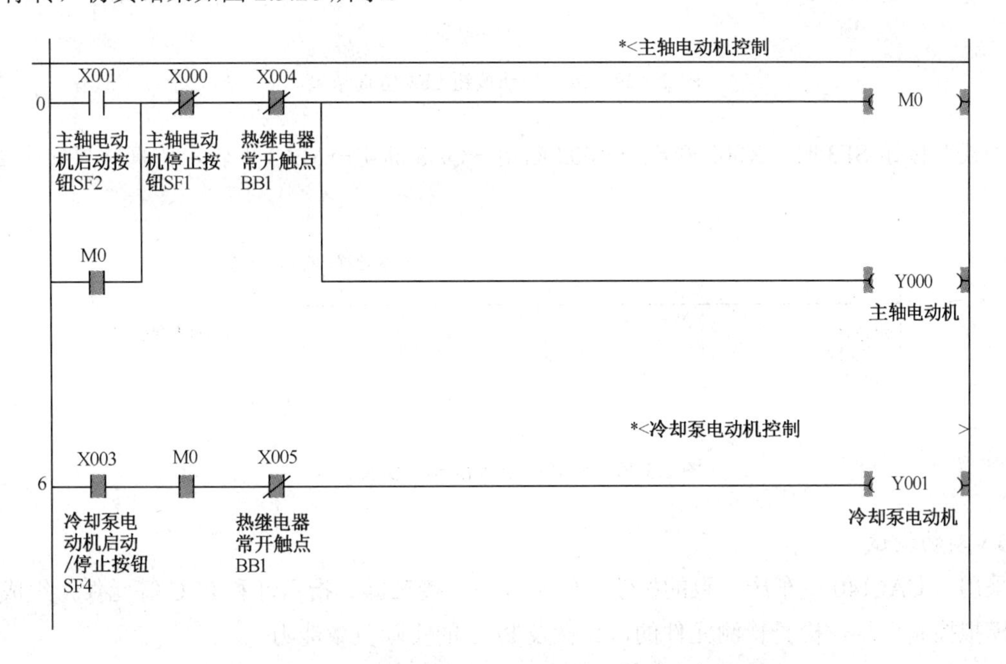

图 2.3.27　转动转换开关 SF4 至接通状态仿真结果

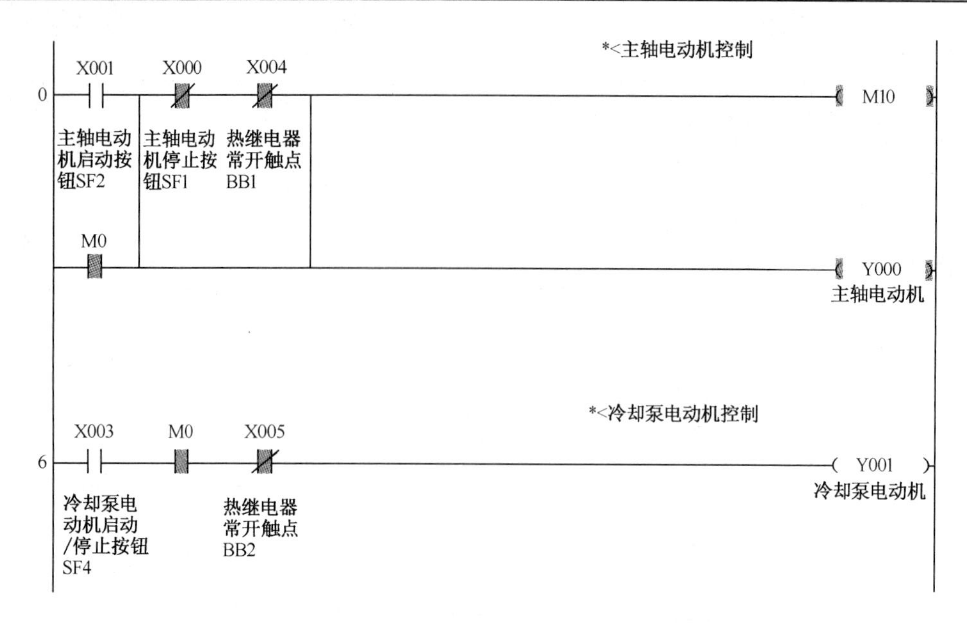

图 2.3.28　转动转换开关 SF4 至断开状态仿真结果

（3）快速移动电动机仿真调试。

当按下启动按钮 SF3 时，X002 通电→Y002 通电→QA3 通电→MA3 启动，仿真结果如图 2.3.29 所示。

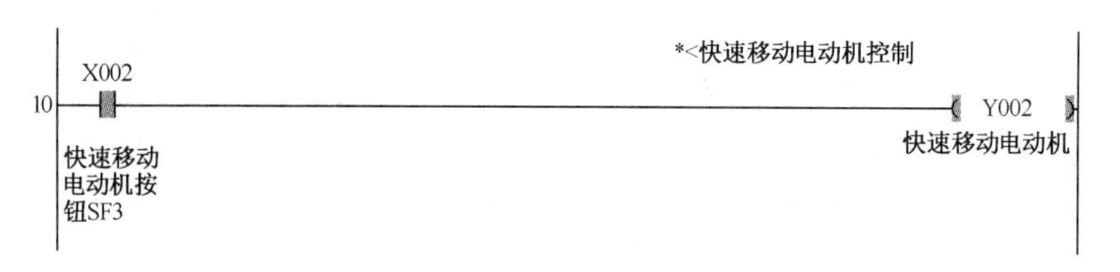

图 2.3.29　按下启动按钮 SF3 仿真结果

当松开按钮 SF3 时，X002 断电→Y002 断电→QA3 断电→MA3 停转，仿真结果如图 2.3.30 所示。

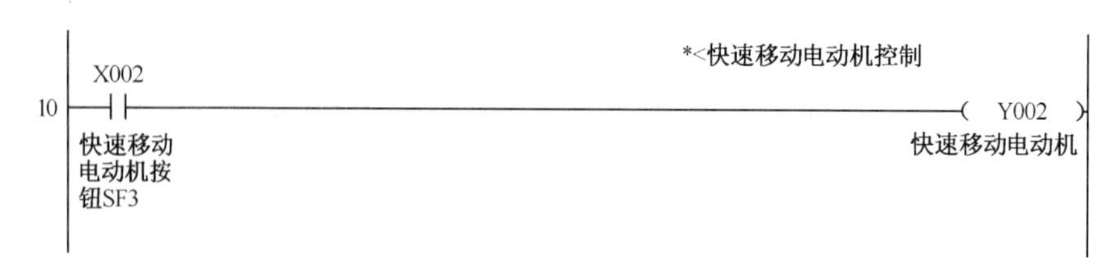

图 2.3.30　松开启动按钮 SF3 仿真结果

6. 实物调试

采用与 CA6140 型车床一致的按钮、转换开关、接触器、指示灯和 PLC 等元件，组成在实验室模拟控制系统，检验检测元件的可靠性及 PLC 的实际负载能力。

7. 现场调试

CA6140 型车床在现场改造安装完成后，进行现场软硬件联合调试。

8. 验收交付使用

最后对改造后的 CA6140 型车床的所有安全措施（接地、保护和互锁等）进行检查，即可投入系统的试运行。试运行一切正常后，再把程序固化到 EEPROM 中去，验收交付用户使用。

【知识拓展】

1. PLC 控制系统的电源故障及处理

PLC 控制系统的电源包括上机电源、扩展单元电源和自带电源等。PLC 电源模块的常见故障就是没电，电源指示灯不亮。

如果发现电源指示灯不亮，则需要进行电源检查。电源检查应从外部电源开始，依次是主机电源、扩展单元电源、传感器电源和执行部件的电源。在对电源系统进行检查时，需要事先掌握有关的供电标准。如果发现电池电压指示灯亮时，就需要更换电池；PLC 电源模块指示灯报错可能是接线问题或负载问题；PLC 中“24VDC”灯熄灭，表示无相应的直流电源输出。

2. PLC 通信模块的常见故障

通信是 PLC 网络工作的基础，PLC 的面板上有多个通信端口，如与特殊功能模块的通信端口、与计算机的通信端口等。

PLC 与计算机的连接形式有：RS-232 通信电缆连接、RS485 通信电缆连接和网络连接三种形式。其中，计算机与 PLC 端口所选用的电缆不同，计算机的 RS232C 为 9 针端口，而 FX 系列 PLC 与计算机的通信端口 RS-232C 只有 7 针。所以通信时，要在两者之间进行转换。FX 系列 PLC 与计算机通信使用的是“RS-232C/RS422 转换器”。这三者就组成了 FX 系列可编程控制器与计算机的通信电缆。

PLC 网络的主站、从站的通信处理程序和通信模块都有工作正常指示。当通信不正常时，说明 PLC 通信模块机外围设备处理故障，通信模块具体的常见故障及处理见表 2.3.6。

表 2.3.6　通信模块具体的常见故障及处理

故障现象	故障原因	故障处理方法
单一模块不通信	（1）模块接插不好 （2）模块故障 （3）组态不对	（1）紧固 （2）更换模块 （3）重新组态
从站不通信	（1）分支通信电缆故障 （2）分支处理器松动 （3）通信处理器地址开关错 （4）通信处理器故障	（1）检查故障或更换 （2）紧固 （3）重新设置 （4）更换
主站不通信	（1）通信电缆故障 （2）调制解调器故障 （3）通信处理器故障	（1）排除故障或更换 （2）断电时再启动，无效时更换 （3）清理后再启动，无效时更换
通信正常，但通信故障灯亮	某模块插入或接触不良	插入并紧固

【项目检查评价】

根据学习者完成情况进行评价，评分标准见表 2.3.7。

表 2.3.7 评分标准

序号	考核项目	考核要求	配分	评分标准	扣分	得分
1	绘制改造后的PLC 电气原理图	（1）正确绘图 （2）图形符号和文字符号符合国家标准 （3）正确回答相关问题	6	（1）原理错误，每处扣 2 分 （2）图形符号和文字符号不符合国家标准，每处扣 1 分 （3）回答问题错 1 道扣 2 分 （4）本项配分扣完为止		
2	工具的使用	（1）正确使用工具 （2）正确回答相关问题	6	（1）工具使用不正确，每次扣 2 分 （2）回答问题错 1 道扣 2 分 （3）本项配分扣完为止		
3	仪表的使用	（1）正确使用仪表 （2）正确回答相关问题	8	（1）仪表使用不正确，每次扣 2 分 （2）回答问题错 1 道扣 2 分 （3）本项配分扣完为止		
4	安全文明生产	（1）明确安全用电的主要内容 （2）操作过程中符合文明生产要求	5	（1）未经同意私自通电扣 5 分 （2）损坏设备扣 2 分 （3）损坏工具仪表扣 1 分 （4）发生轻微触电事故扣 5 分 （5）本项配分扣完为止		
5	连接	按照改造后的电气原理图正确连接电路	15	（1）不按图纸接线，每处扣 2 分 （2）元器件安装不牢靠，每处扣 2 分 （3）本项配分扣完为止		
6	试运行	（1）通电检测设备、元件及电路 （2）通电试运行，实现电路功能	10	（1）通电试运行发生短路事故和开路现象扣 10 分 （2）通断运行异常，每项扣 5 分 （3）本项配分扣完为止		
合计			50			

【理论试题精选】

一、判断题

1.（　　）电气原理图中所有电气的触点，都按照没有通电或没有外力作用时的状态画出。

2.（　　）按照电气元件图形符号和文字符号国家标准（GB/T20939-2007），接触器的文字符号应用 KM 来表示。

3.（　　）机床控制线路中，电动机的基本控制线路主要有启动、运行及制动控制线路。

4.（　　）机床电气控制系统中，交流异步电动机控制常用的保护环节有短路、过电流、零电压及欠电压保护。

5.（　　）PLC 程序中的 END 指令的用途是程序结束，停止运行。

6.（　　）程序设计时必须了解生产工艺和设备对控制系统的要求。

7.（　　）系统程序要永久保存在 PLC 中，用户不能改变，用户程序是根据生产工艺要求编制的，可修改或增删。

8.（　　）PLC 除了锂电池及输入/输出触点，几乎没有经常性损耗的元器件。

9.（　　）PLC 锂电池电压即使降至最低值，用户程序也不会丢失。

10.（　　）可编程控制器可以对输入信号任意分频。

二、选择题

1. 阅读分析电气原理图应从（　　）入手。

A. 分析控制电路　　B. 分析主电路　　C. 分析辅助电路　　D. 分析联锁和保护环节

2．PLC 的（　　）输出是有触点输出，既可控制交流负载又可控制直流负载。

A．继电器　　B．晶体管　　C．单结晶体管　　D．二极管

3．在几个并联回路相串联时，应将并联回路多的放在梯形图的（　　），可以节省指令语句表的条数。

A．左边　　B．右边　　C．上方　　D．下方

4．PLC 在模拟运行调试中可用计算机进行（　　），若发现问题，可在计算机上立即修改程序。

A．输入　　B．输出　　C．编程　　D．监控

5．选择 PLC 产品要注意的电气特征是（　　）。

A．CPU 执行速度和输入/输出模块形式

B．编程方法和输入/输出模块形式

C．容量、速度、输入/输出模块形式、编程方法

D．PLC 的体积、耗电、处理器和容量

6．如图 2.3.31 所示的 PLC 梯形图实现的是（　　）

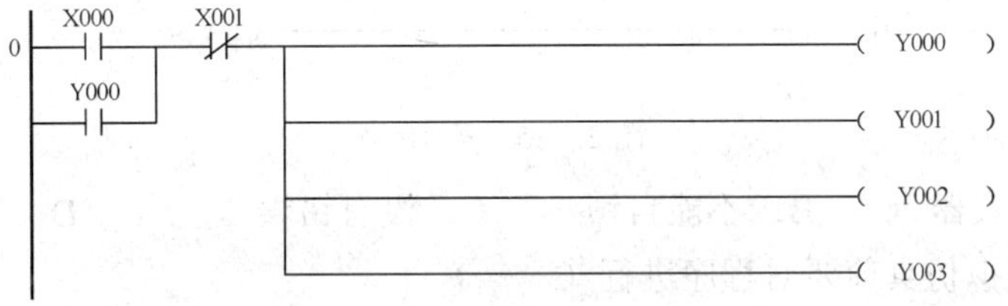

图 2.3.31　第 6 题

A．双线圈输出　　B．多线圈输出　　C．两地控制　　D．以上都不对

7．如图 2.3.32 所示的 PLC 梯形图实现的功能是（　　）

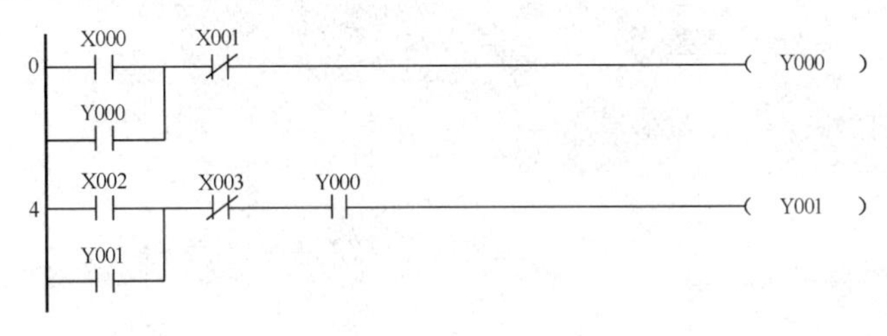

图 2.3.32　第 7 题

A．长动控制　　B．点动控制　　C．顺序起动　　D．自动往复

8．在如图 2.3.33 所示的 FX2N PLC 程序中，Y1 得电，是因为（　　）先闭合。

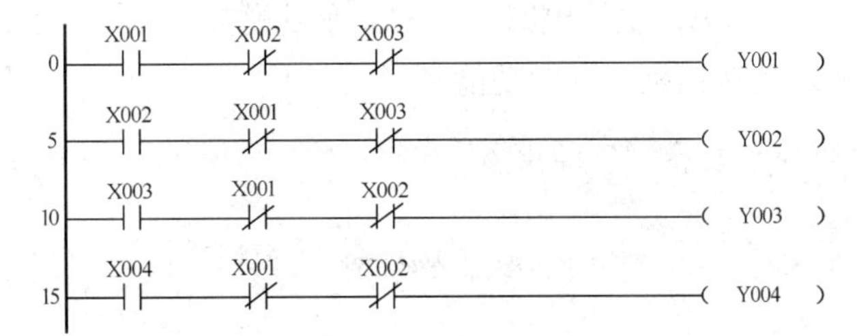

图 2.3.33　第 8 题

A．X4　　B．X3　　C．X2　　D．X1

9．在如图 2.3.34 所示的 FX2N 系列 PLC 程序中，当 Y3 得电后，（　　）还可以得电。

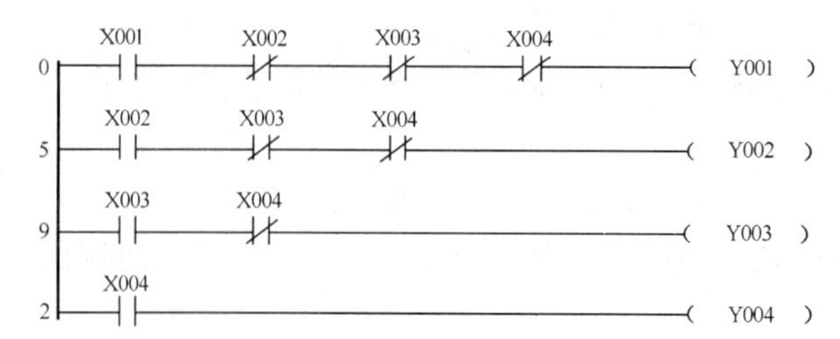

图 2.3.34　第 9 题

A．Y1　　B．Y2　　C．Y4　　D．都可以

10．如图 2.3.35 所示的程序出现的错误是（　　）。

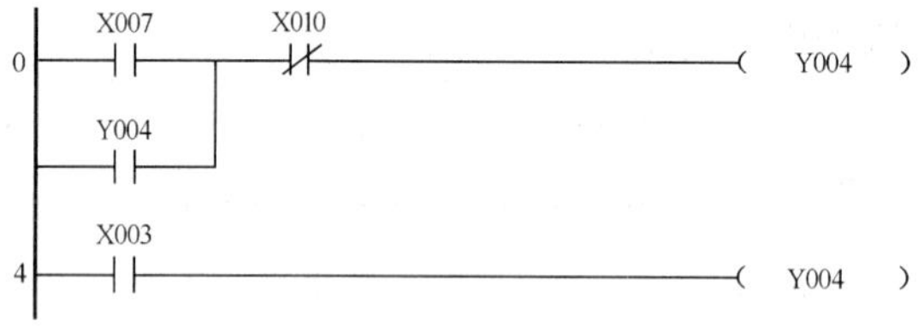

图 2.3.35　第 10 题

A．没有计数器　　B．不能自锁　　C．没有错误　　D．双线圈错误

11．在 PLC 模拟仿真前要对程序进行（　　）。

A．程序删除　　B．程序检查　　C．程序备份　　D．程序备注

12．如图 2.3.36 所示的窗口是（　　）方式的模拟状态。

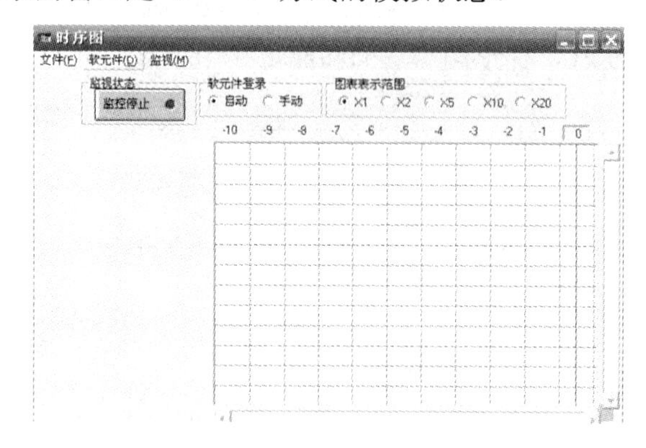

图 2.3.36　第 12 题

A．没有仿真　　B．主控电路　　C．变量模拟　　D．时序图仿真

13．如图 2.3.37 所示的对话框实现的功能是（　　）

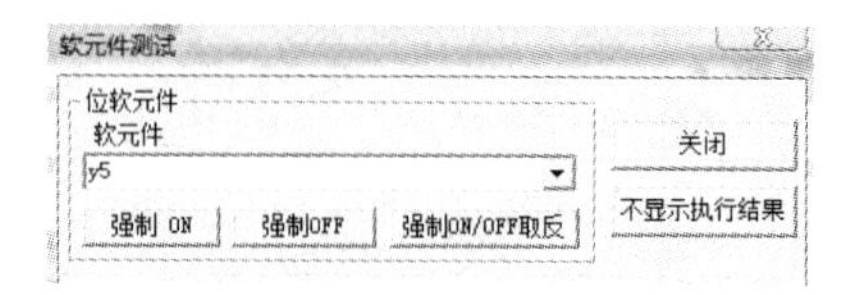

图 2.3.37　第 13 题

A．输入软元件强制执行　　B．输出软元件强制执行

C．计算器元件强制执行　　D．以上都不是

项目四　PLC 控制多级输送带电路连接与调试

【项目目标】

通过完成本项目，使学习者能够达到维修电工（高级）证书相应的理论和技能的考核要求，具体要求见表 2.4.1。

表 2.4.1　维修电工（高级）考核要素细目表

相关知识考核要点	相关技能考核要求
1．PLC 控制系统设计的原则、内容和步骤 2．传送指令和比较指令的编程方法和功能分析 3．PLC 断电数据保持的设置方法 4．PLC 控制多级输送带电路程序编写方法	1．能使用相应指令编写 PLC 控制多级输送带电路控制程序 2．能够使用编程软件上传、下载监视程序

【电气图形符号和文字符号】

在本项目中涉及的元器件的图形符号和文字符号见表 2.4.2。

表 2.4.2　元器件的图形符号和文字符号

序号	名　称	图形符号 GB/T4728—2005-2008	文字符号 GB/T20939-2007	备　注
1	三相带漏电保护的断路器	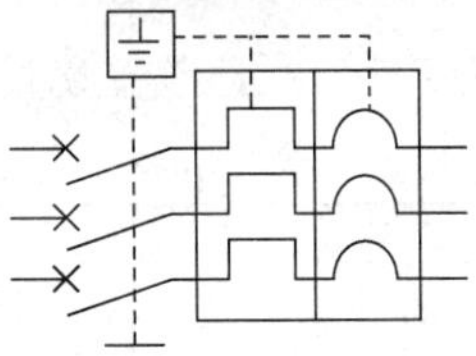	QA	JB/T 2739-2008
2	熔断器 S00362		FC	GB/T4728.7—2008
3	接触器的主动合触点 S00284		QA	GB/T4728.7—2008
4	热继电器驱动件 S00325	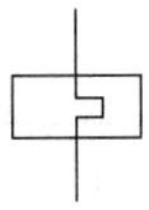	BB	GB/T4728.7—2008
5	三相鼠笼式感应电动机 S00836	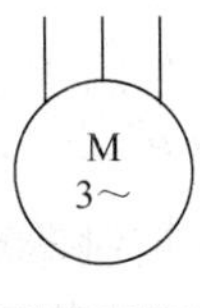 M 3～	MA	GB/T4728.6—2008

续表

序号	名　称	图形符号 GB/T4728—2005-2008	文字符号 GB/T20939-2007	备　注
6	热继电器动断触点		BB	JB/T 2739-2008
7	动合（常开）触点 S00227		接触器 QA 继电器 KF	GB/T4728.7—2008
8	动断（常闭）触点 S00229		接触器 QA 继电器 KF	GB/T4728.7—2008
9	自动复位的手动按钮开关 S00254		SF	GB/T4728.7—2008
10	继电器线圈 S00305		接触器 QA 继电器 KF	GB/T4728.7—2008
11	延时断开的动断触点 S00245		KF	GB/T4728.7—2008
12	缓慢吸合继电器线圈 S00312		时间继电器 KF	GB/T4728.7—2008
13	T 形连接 S00019			GB/T4728.3—2005
14	T 形连接 S00020			GB/T4728.3—2005
15	导线的双 T 形连接 S00021			GB/T4728.3—2005
16	导线的双 T 形连接 S00022			GB/T4728.3—2005

【项目任务描述】

现有多级输送带控制系统，电气原理图如图 2.4.1 所示。由于多级输送带控制电路使用了继电器和接触器，经常造成接触不良，而且元件老化快，设备故障频繁，不便于维修。因此，根据实际条件，本项目的主要任务是采用可编程序控制器对原有继电器—接触器系统进行改造升级，使启动系统的故障率下降，可靠性和灵活性大大提高。

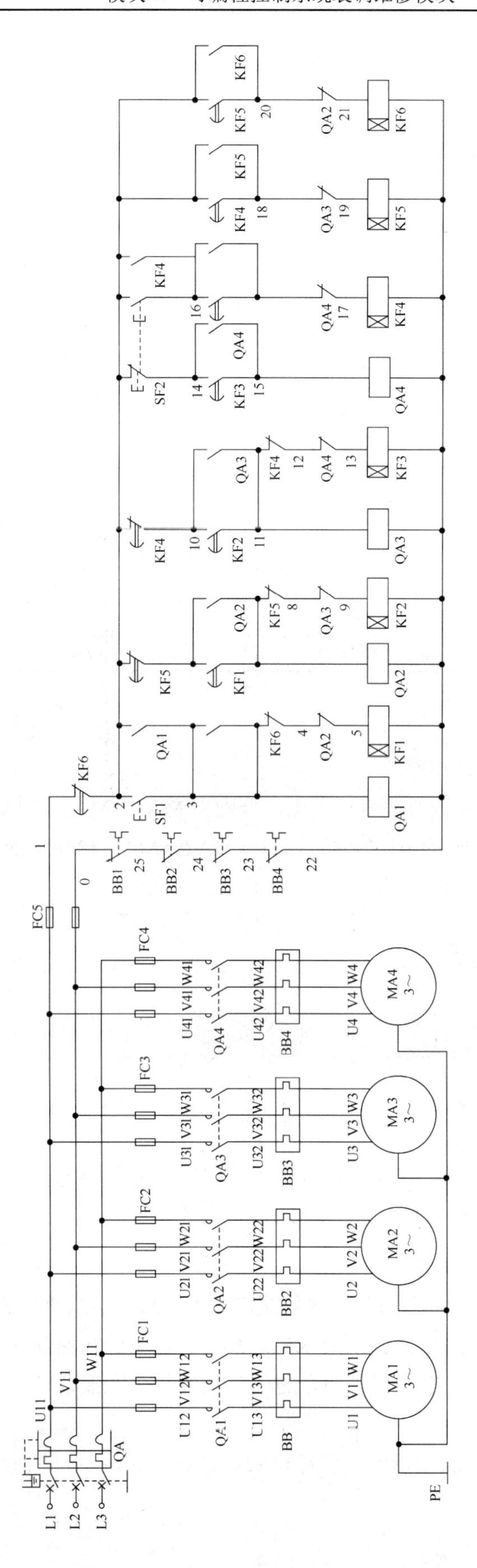

图2.4.1　多级输送带控制电路电气原理图

【项目实施条件】

1. 工具、仪表及器材

剥线钳、试电笔、电烙铁、镊子等常用组装工具 1 套，万用表及双踪示波器。

2. 元器件

项目改造所需的电气元件清单见表 2.4.3。

表 2.4.3　项目改造所需的电气元件清单

序号	代　号	名　称	型 号 规 则	数量
1	M1、M2、M3、M4	电动机	Y132M-4-B3，7.5kW，1450r/min	4
2	QA1、QA2、QA3、QA4	交流接触器	CJ20-20，线圈电压 220V	4
3	QA	断路器	DZ47-3P-20	1
4	SF1	按钮	LAY3-01ZS/1	1
5	SF2	按钮	LAY3-10/3.11	1
6	BB1、BB2、BB3、BB4	热继电器	JR16-20/2D，15.4A	4
7	FC1、FC2、FC3、FC4	熔断器	RL1-10，55×78，5A	12
8	FC5	熔断器	RL1-15，5A	2
9	PLC	可编程控制器（三菱）	FX2N-16MR	1

【知识链接】

1. 多级输送带控制电路工作原理

如图 2.4.2 所示，现有一台四级皮带输送机，分别由 MA1、MA2、MA3、MA4 四台电动机拖动，启动时要求按 10s 的时间间隔，并按 MA1→MA2→MA3→MA4 的顺序启动；停止时按 30s 的时间间隔，并按 MA4→MA3→MA2→MA1 的顺序停止。

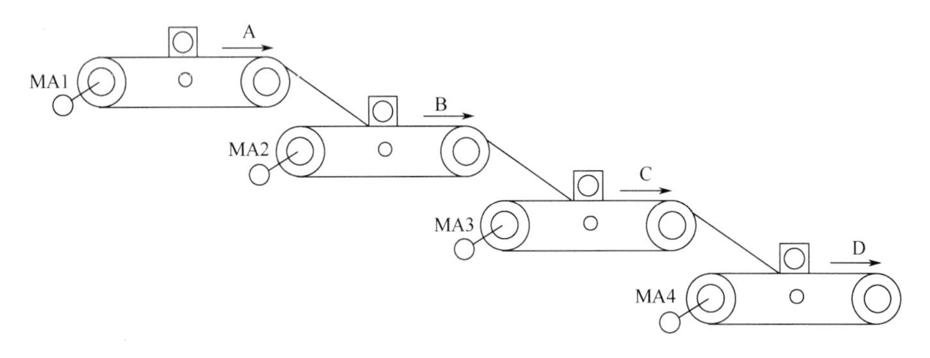

图 2.4.2　传动系统示意图

因 MA1 启动后要求按照 10s 的时间间隔依次启动 MA2、MA3、MA4，故用三个继电器来进行控制。设三个时间继电器的编号分别为 KF1、KF2、KF3 的线圈分别与 QA1、QA2、QA3 的线圈并联，用 KF1、KF2、KF3 的延时闭合的动合触点分别接通 QA2、QA3、QA4 的线圈，并用各自接触器的动合触点自保。

为保证时间继电器线圈不长期带电，应将 QA2、QA3、QA4 的动断触点分别串接在 KF1、KF2、KF3 的线圈电路中。

为了使电动机按 MA4→MA3→MA2→MA1 的顺序及 30s 的时间间隔停止，可用另外三个时间继电器进行控制，设编号为 KF4、KF5、KF6。在 KF4、KF5、KF6 的线圈电路中分别串入 QA4、QA3、QA2 的动断触点，在四台电动机正常工作时，三个时间继电器的线圈是断电的。

在 QA4 的线圈电路中设置停止按钮，该按钮用复合按钮，其常开触点接在 KF4 的线圈电路中，并用 KF4 的瞬时动作的动合触点自保。KF4 的延时断开的动合触点串接在 QA3 的线圈电路中；KF4 的延时闭合的动合触点串接在 KF5 的线圈电路中，并且用 KF5 的瞬时动作的动合触点自保。KF5 的延时断开的动断触点串接在 QA2 的线圈电路中；KF5 的延时闭合的动合触点串接在 KF6 的线圈电路中，并用 KF6 的瞬时动作的动合触点自保。KF6 的延时断开的动断触点与热继电器的常闭触点串联。

为防止当 QA4 断电，与 KF3 线圈串联的 QA4 的动断触点闭合，KF4 的延时断开的动断触点断开前，KF3 线圈通电，MA4 又重新启动，需要与 KF3 的线圈串接一个 KF4 的瞬时动作的动断触点。同样，与 KF2 的线圈串接一个 KF5 的瞬时动断触点；与 KF1 的线圈串接一个 KF6 的瞬时动作的动断触点。

根据多级输送带控制电气电路原理图（图 2.4.1）可知，其控制原理为：合上电源开关 QA，按下 SF1。停止时，按下 SF2 即可实现停止工作。

2. PLC 控制系统设计的原则、内容和步骤

（1）PLC 控制系统设计的原则。

① 最大限度地满足生产机械或生产流程对电器控制的要求。

② 在满足控制系统要求的前提下，力求使系统简单、经济、操作和维护方便。

③ 保证控制系统的安全、可靠。

（2）PLC 控制系统设计的内容。

PLC 控制系统设计的内容为系统设计及程序设计。

① 选择用户输入设备、输出设备，以及由输出设备驱动的控制对象。

② 选择 PLC 的种类、型号和 I/O 点数。

③ 分配 I/O 点，绘制电气连接图，考虑必要的安全保护措施。

④ 设计控制程序。

⑤ 系统试运行及现场调试。

（3）PLC 控制系统设计的步骤。

① 深入了解控制对象及控制要求。

② 正确选择 PLC 来保证控制系统的技术和经济性能指标。

③ 选择控制方案，编制程序。

④ PLC 进行模拟调试和现场调试。

⑤ 系统交付前，要根据调试的最终结果，整理出完整的技术文件。

3. 比较指令和传送指令的编程方法和功能分析

（1）比较指令。

比较指令 CMP（Compare）是将源操作数的内容进行比较，将比较结果送到目的操作数中。指令格式如下：

FNC10 (D)CMP(P)	S1	S2	D

使用说明：

① 两个源操作数可以是 K、H、KnX、KnY、KnM、KnS、T、C、D、V、Z；目的操作数可以是 Y、M、S。

② 两个源操作数比较时，将比较结果放入 3 个连续的目的操作数继电器中。当 X000 常开触点断开时，不执行 CMP 比较指令，M0、M1、M2 保持不变；当 X000 常开触点闭合时，执行 CMP 指令。若计数器 C10 的当前计数值小于 100 次时，M0=1；若计数器 C10 的当前计数值等于 100 次时，M1=1；若计数器 C10 的当前计数值大于 100 次时，M2=1，如图 2.4.3 所示。

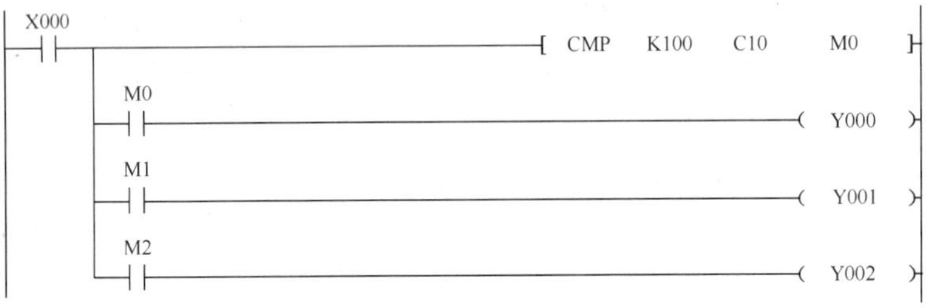

图 2.4.3　比较指令

③ 若要清除比较结果，需使用 RST 指令。

例 2.4.1　在某生产包装线上每来一个产品时，机械手将其放入包装箱中，当包装箱中放了 50 个产品时，工人将包装箱打包好，并放好新的包装箱，机械手继续将产品放入下一个包装箱中，试用应用指令实现该功能。

分析：采用比较指令可以实现该功能。假设每来一个产品，由 X000 产生一个脉冲信号，计数器进行加 1 计数，当计数器当前值小于 50 时，机械手工作，即 Y000 有效。若当前值等于 50 时，工人放好新的包装箱，即 Y001 有效，并且将计数器的值复位，为下次包装做好准备。延时一定的时间后才允许计数。为保证在停电恢复后，能正确计数，应使用停电保持型计数器，程序编写如图 2.4.4 所示。

梯 形 图	指 令 表
	0 LD X000 1 CMP K50 C100 M0 8 MPS 9 AND M0 10 OUT Y000 11 MPP 12 AND M1 13 OUT Y001 14 RST C100 16 END

图 2.4.4　例 2.4.1 图

（2）传送指令。

传送指令 MOV（Move）将源操作数传送到指定目标。指令格式如下：

FNC12 (D)MOV(P)	S	D

使用说明：

① 源操作数【S】可以是 K、H、KnX、KnY、KnM、KnS、T、C、D、V、Z；目的操作数【D】可以是 KnY、KnM、KnS、T、C、D、V、Z。

执行该指令时，PLC 自动将常数转换成二进制数。

源操作数为计数器时为 32 位操作数。

例 2.4.2　用 3 个数字拨码开关分别连接在 PLC 的 X000～X003、X010～X017 输入端上，根据这 3 个数字拨码读入的数字结合为 3 位 BCD 码，以驱动输出线圈 Y。

分析：由于驱动输出线圈 Y 不需要数制转换，可直接使用 BCD 码，因此要用 M8168。读数字拨码值用 MOV 指令；结合为 3 位 BCD 码，需使用 SMOV 指令。通过 SMOV 指令结合为 3 位 BCD 码值后，再使用 MOV 指令来驱动输出线圈 Y。输出线圈 Y 可采用组合元件单元组的方式进行表达，K4Y0 表示由 Y017～Y010 和 Y007～Y000 共 16 个输入继电器的 4 个位元组件。假如 D2 读入的数字拨码为 16H，D1 读入的数字拨码为 5H，组合以后的 3 位 BCD 码为 165H，即 Y010、Y006、Y005、Y002、Y000、驱动线圈输出 NO。编写程序如图 2.4.5 所示。

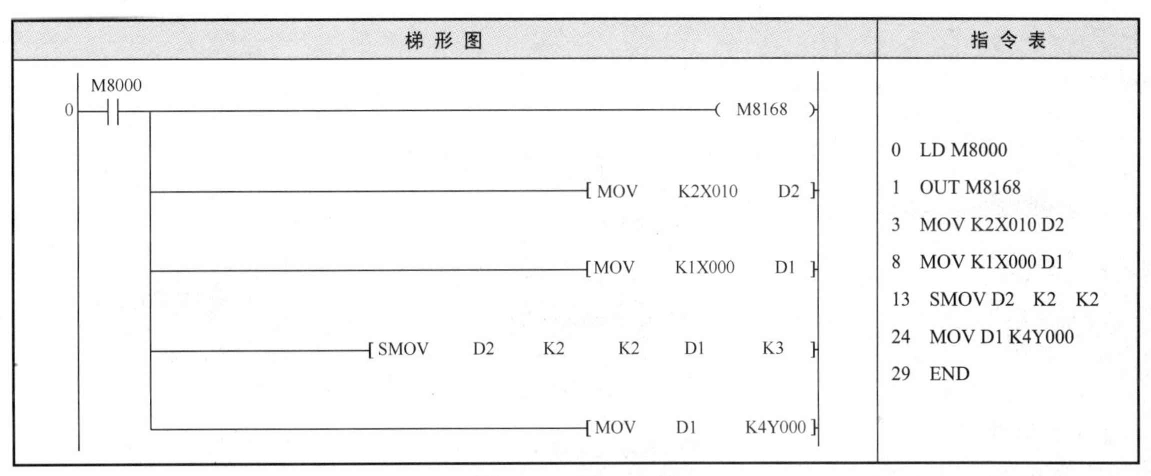

图 2.4.5　例 2.4.2 图

4. PLC 断电数据保持的设置方法

（1）通用辅助继电器（M0～M499）。它们没有断电保护功能，但根据需要可能通过程序设定，将通用继电器（M0～M499）变为断电保持辅助继电器。

（2）断电保持辅助继电器（M500～M3071）。FX2N 系列 PLC 有 M500～M3071 共 2572 个断电保持辅助继电器。它与普通辅助继电器不同的是具有断电保持功能，即能记忆电源中断瞬间的状态，并在重新通电后再现其状态。它之所以能在电源通电时保持其原有的状态，是因为电源中断时，它们用 PLC 中的锂电池保持自身映像寄存器中的内容。

【项目实施步骤】

1. 制定项目实施步骤

根据多级输送带控制要求，如图 2.4.6 所示。

2. 根据控制要求确定输入/输出设备

根据控制要求，启动按钮 SF1 和停止按钮 SF2 为输入设备，共两个输入点。电动机 MA1 接触器 QA1、电动机 MA2 接触器 QA2、电动机 MA3 接触器 QA3、电动机 MA4 接触器 QA4 为输出设备，共四个输出点。

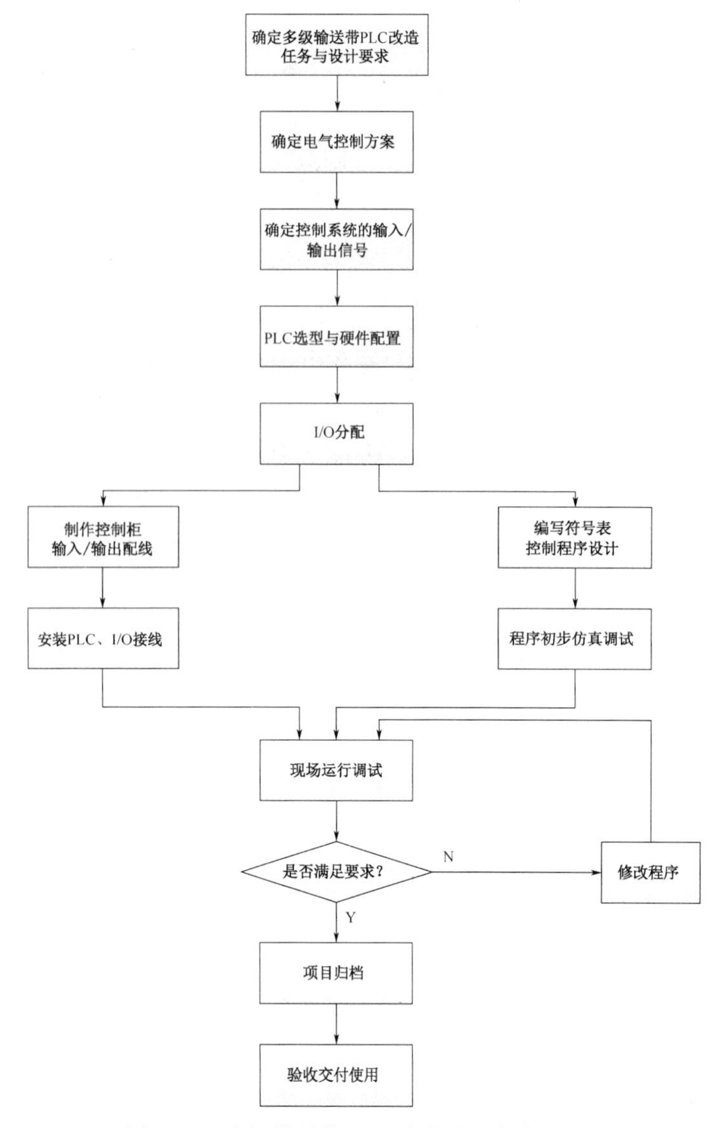

图 2.4.6　多级输送带 PLC 改造项目实施流程图

3. PLC 选型及 I/O 分配

根据输入和输出点数的数量，选用三菱 FX2N 系列的 PLC，其型号为 FX2N-16MR，PLC 输入/输出地址分配表见表 2.4.4。

表 2.4.4　多级输送带 PLC 地址分配表

输入设备			输出设备		
序号	现场输入信号	地址	序号	现场输出信号	地址
1	启动按钮 SF1	X000	1	电动机 MA1 接触器 QA1	Y000
2	停止按钮 SF2	X001	2	电动机 MA2 接触器 QA2	Y001
			3	电动机 MA3 接触器 QA3	Y002
			4	电动机 MA4 接触器 QA4	Y003

4. 电气控制柜接线

根据多级输送带电气控制原理图，对多级输送带进行改造时，主回路保持不变，控制电路功能由 PLC 完成。因此，PLC 改造多级输送带控制电路电气原理图如图 2.4.7 所示，依据此电气原理图和其他相应图纸完成电气控制柜的接线和调试。

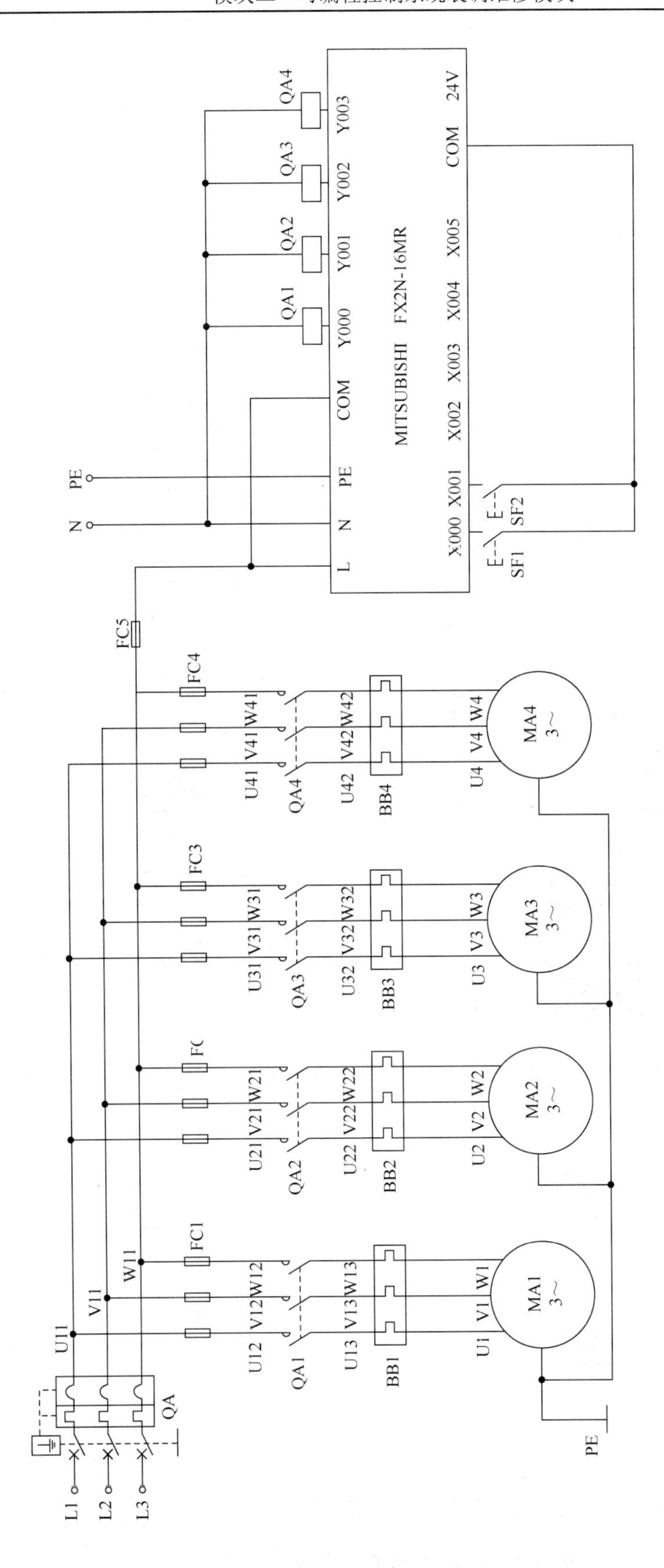

图2.4.7　PLC改造多级输送带控制电路电气原理图

5. 根据电气控制线路编写梯形图程序

根据多级输送带的控制要求和I/O接线情况，设计梯形图程序，如图2.4.8所示，该程序反映了原继电器—接触器控制电路中的逻辑要求。

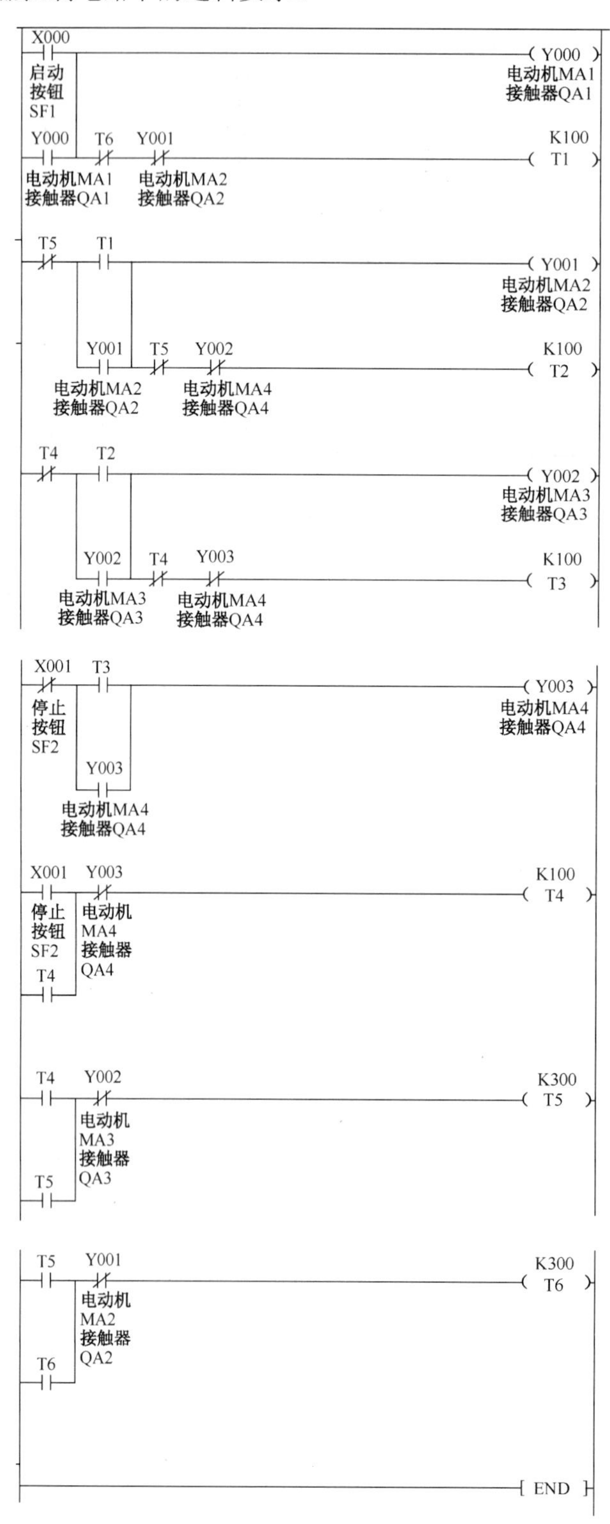

图2.4.8 多级输送带PLC改造后的程序

6. 实物调试

采用与多级输送带控制电路一致的按钮、接触器和 PLC 等元件组成在实验室模拟控制系统，检验检测元件的可靠性及 PLC 的实际负载能力。

7. 现场调试

多级输送带控制装置在现场改造安装完成后，进行现场软、硬件联合调试。

8. 验收交付使用

最后对改造后的多级输送带控制装置的所有安全措施（接地、保护和互锁等）进行检查，即可投入系统的试运行。试运行一切正常后，再把程序固化到 EEPROM 中去，验收交付用户使用。

【知识拓展】

<模拟电动机故障>

1. 任务描述

如图 2.4.2 所示，传送系统中有 4 条皮带运送机，用 4 台电动机分别带动，起动时先起动最末一条皮带机，经 5s 延时，再依次起动其他皮带机。停止时先停止最前一条皮带机，带运料完毕后，再依次停止其他皮带机。当某条皮带发生故障时，按下皮带故障按钮，该皮带机及其在它之前启动的皮带机立即停止，而该皮带机以后的皮带机待运完后才停止，如 MA2 故障时，MA1、MA2 立即停止，过 5s 后 MA3 停止，再过 5s 后 MA4 停止。

2. PLC 的 I/O 接线图

PLC 的 I/O 接线图如图 2.4.9 所示。

3. I/O 地址分配（表 2.4.5）。

表 2.4.5　多级输送带 PLC 地址分配表

输入设备			输出设备		
序号	现场输入信号	地址	序号	现场输出信号	地址
1	启动按钮 SF1	X000	1	电动机 MA1 接触器 QA1	Y000
2	停止按钮 SF2	X005	2	电动机 MA2 接触器 QA2	Y001
3	第一条皮带机坏 SF3	X001	3	电动机 MA3 接触器 QA3	Y002
4	第二条皮带机坏 SF4	X002	4	电动机 MA4 接触器 QA4	Y003
5	第三条皮带机坏 SF5	X003			
6	第四条皮带机坏 SF6	X004			

4. 根据电气控制线路编写梯形图程序

根据多级输送带的控制要求和 I/O 接线情况，设计梯形图程序，如图 2.4.10 所示。

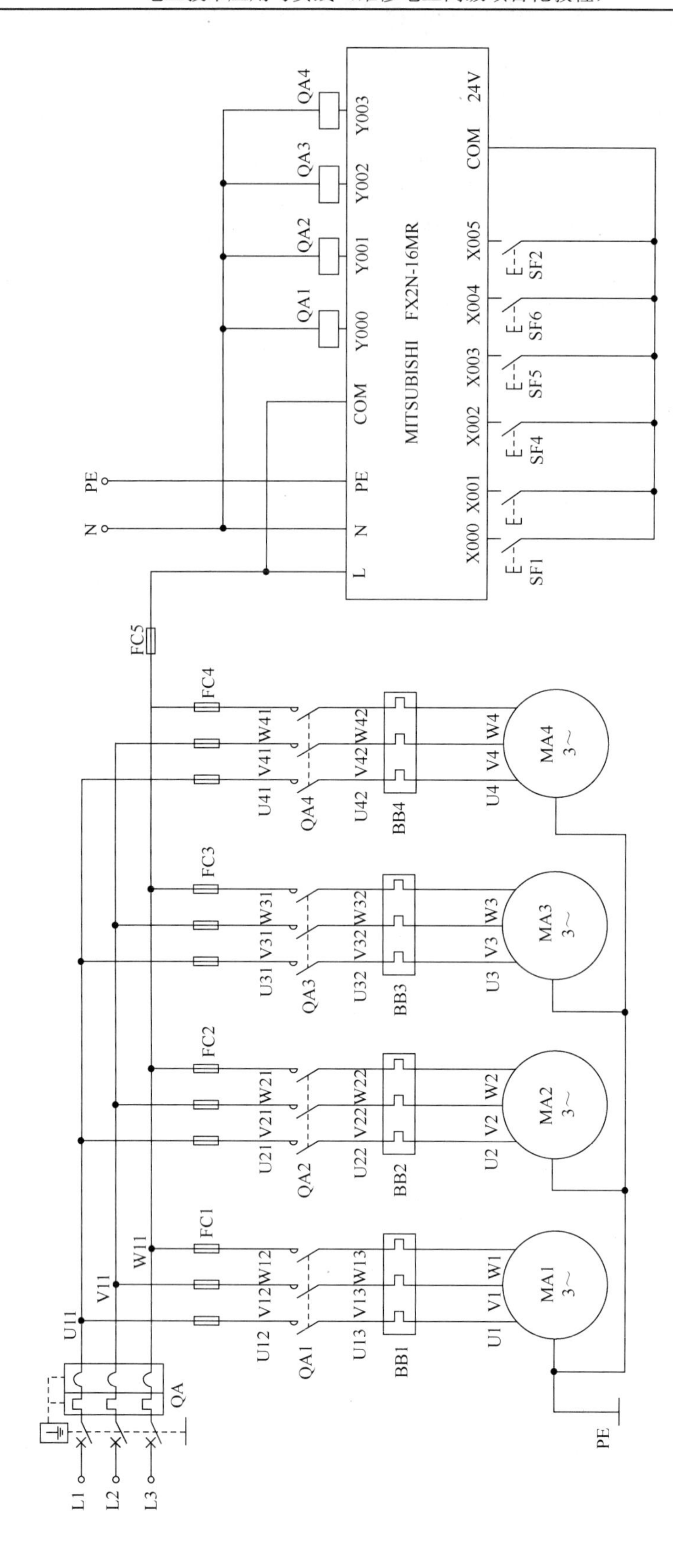

图2.4.9　带故障的PLC改造多级输送带控制电路电气原理图

```
0   X000(启动按钮) M1   X005(第四条皮带机坏,常闭)   [SET Y004] 电动机M4接触器
                                                   ( M1 )
5   M1                                             K50 ( T0 )
9   T0                                             [SET Y003] 电动机M3接触器
                                                   ( M2 )
12  M2                                             K50 ( T1 )
16  T1                                             [SET Y002] 电动机M2接触器
                                                   ( M3 )
19  M3                                             K50 ( T2 )
23  T2                                             [SET Y001] 电动机M1接触器
25  X005(第四条皮带机坏) M4   X000(启动按钮,常闭)   [RST Y001] 电动机M1接触器
                                                   ( M4 )
30  M4                                             K50 ( T3 )
34  T3                                             [RST T2]
                                                   ( M5 )
38  M5                                             K50 ( T4 )
42  T4                                             [RST Y003] 电动机M3接触器
                                                   ( M6 )
45  M6                                             K50 ( T5 )
```

图 2.4.10　模拟故障多级输送带 PLC 改造后的程序

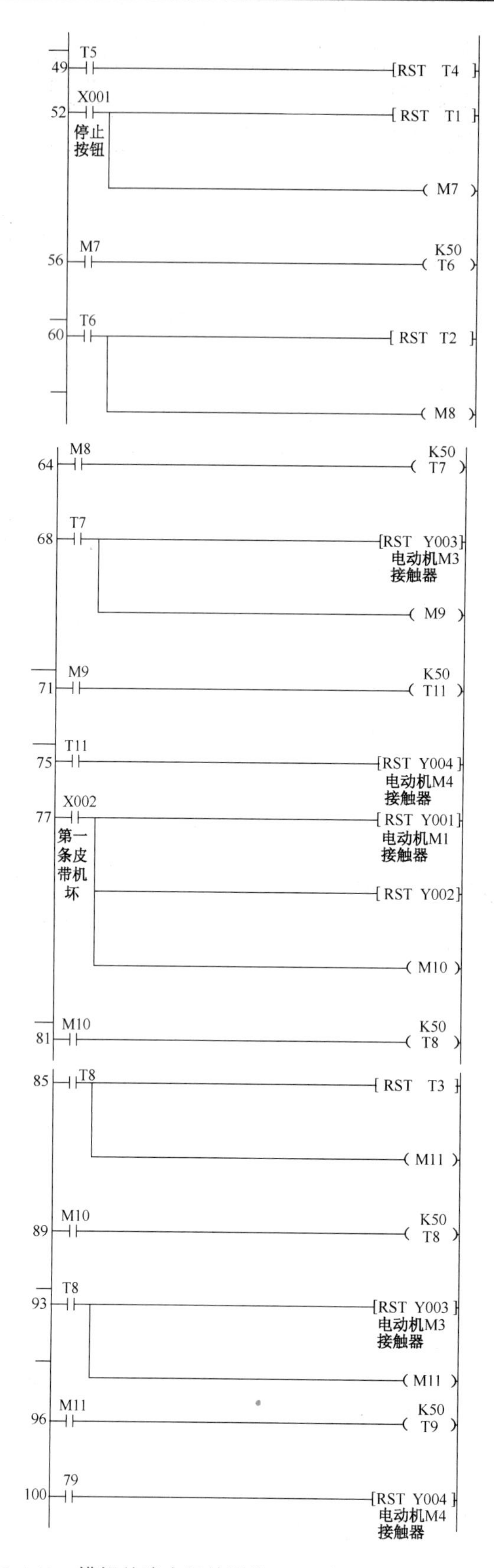

图 2.4.10 模拟故障多级输送带 PLC 改造后的程序（续）

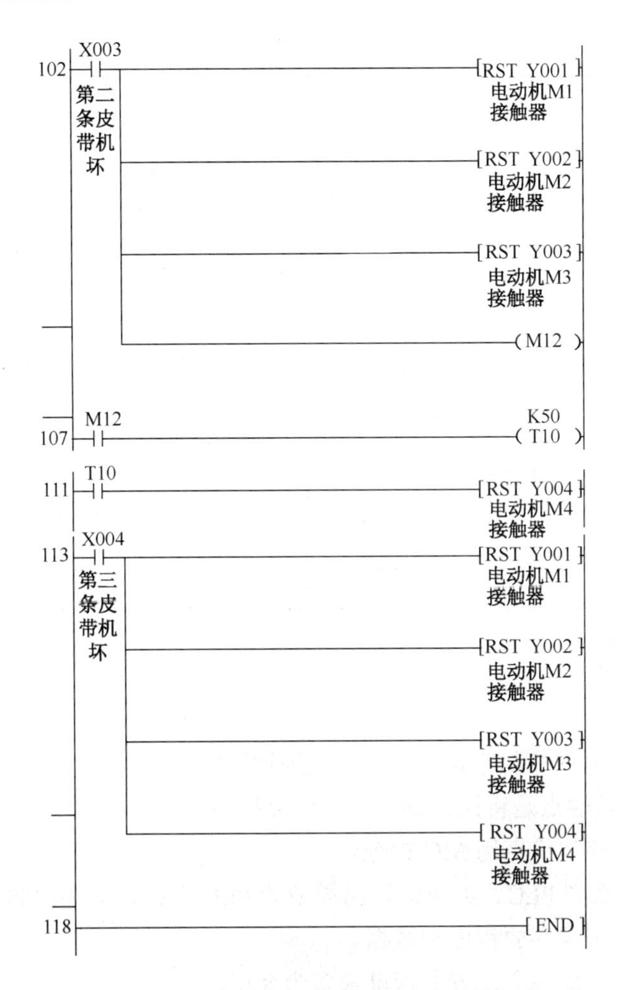

图 2.4.10　模拟故障多级输送带 PLC 改造后的程序（续）

【项目检查评价】

根据学习者完成情况进行评价，评分标准见表 2.4.6。

表 2.4.6　评分标准

序号	考核项目	考核要求	配分	评分标准	扣分	得分
1	绘制的 PLC 电气原理图	（1）正确绘图 （2）图形符号和文字符号符合国家标准 （3）正确回答相关问题	6	（1）原理错误，每处扣 2 分 （2）图形符号和文字符号不符合国家标准，每处扣 1 分 （3）回答问题错 1 道扣 2 分 （4）本项配分扣完为止		
2	工具的使用	（1）正确使用工具 （2）正确回答相关问题	6	（1）工具使用不正确，每次扣 2 分 （2）回答问题错 1 道扣 2 分 （3）本项配分扣完为止		
3	仪表的使用	（1）正确使用仪表 （2）正确回答相关问题	8	（1）仪表使用不正确，每次扣 2 分 （2）回答问题错 1 道扣 2 分 （3）本项配分扣完为止		

续表

序号	考 核 项 目	考 核 要 求	配分	评 分 标 准	扣分	得分
4	安全文明生产	（1）明确安全用电的主要内容 （2）操作过程中符合文明生产要求	5	（1）未经同意私自通电扣 5 分 （2）损坏设备扣 2 分 （3）损坏工具仪表扣 1 分 （4）发生轻微触电事故扣 5 分 （5）本项配分扣完为止		
5	连接	按照电气原理图正确连接电路	15	（1）不按图纸接线，每处扣 2 分 （2）元器件安装不牢靠，每处扣 2 分 （3）本项配分扣完为止		
6	试运行	（1）通电前检测设备、元件及电路 （2）通电试运行实现电路功能	10	（1）通电试运行发生短路事故和开路现象扣 10 分 （2）通电运行异常，每项扣 5 分 （3）本项配分扣完为止		
合计			50			

【理论试题精选】

一、判断题

1.（　　）PLC 可编程控制器是以并行方式进行工作的。

2.（　　）OR 比较触点是将比较触点作串联连接的指令。

3.（　　）主控电路块终点用 MC 指令。

4.（　　）FX2N 系列 PLC、继电器输出类型的 PLC 主机，能输出脉冲控制步进电机。

5.（　　）存储器用来存放程序和数据。

6.（　　）子程序可以嵌套，嵌套深度最多为 8 层。

7.（　　）PLC 在运行中突然断电，输出继电器和通用辅助继电器全部变为断开状态。

二、选择题

1．如图 2.4.11 所示的 FX2N 可编程序控制器控制电动机延时（　　）。

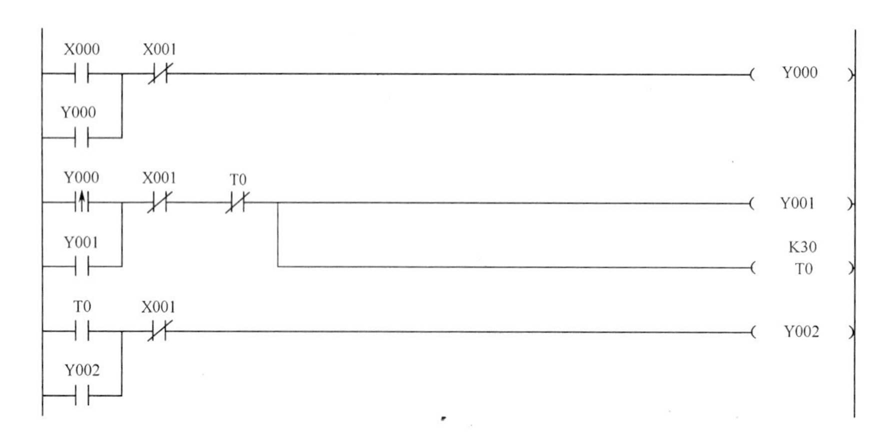

图 2.4.11　题二（1）图

A．1s　　B．2s　　C．3s　　D．4s

2．如图 2.4.12 所示的 FX2N 系列可编程序控制器程序，实现的功能是（　　）。

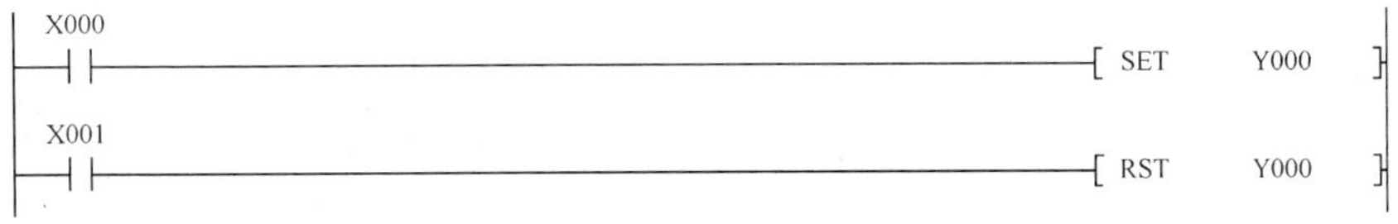

图 2.4.12　题二（2）图

A．X1 不起作用　　B．Y0 始终得电　C．Y0 不能得电　　D．等同于启保停

3．在如图 2.4.13 所示的 PLC 程序中，使用 RST 的目的是（　　）。

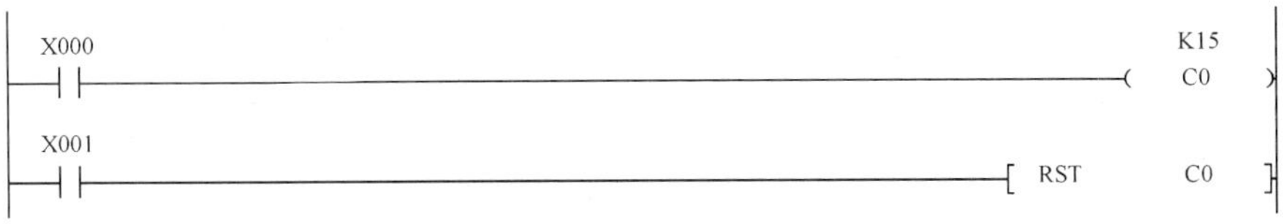

图 2.4.13　题二（3）图

A．停止计数　　B．暂停计数　　C．对 CO 复位　　D．以上都不是

4．PLC 输入模块的故障处理方法正确的是（　　）。

① 有输入信号但是输入模块指示灯不亮时，应检查是不是输入直流电的正负接反；② 若一个 LED 逻辑指示灯变暗，而且根据编程器件监视器处理器未识别输入，则输入模块可能存在故障；③ 指示灯不亮，万用表检查有电压，直接说明输入模块烧毁了；④ 出现输入故障时，首先检查 LED 电源灯是否响应现场元件（如按钮、行程开关等）

A．①②③　　B．②③④　　C．①②④　　D．①③④

5．以下不属于 PLC 与计算机连接方式的是（　　）。

A．RS232 通信线连接　　B．网络连接

C．任意连接　　D．RS485 通信连接

6．以下不属于 PLC 外围输入故障的是（　　）。

A．接近开关故障　　B．按钮开关短路

C．传感器故障　　D．继电器

7．无论更换输入模块还是更换输出模块，都要在 PLC（　　）情况下进行。

A．PUN 状态下　　B．PLC 通电　　C．断电状态下　　D．以上都不是

8．PLC 是在（　　）控制基础上发展起来的？

A．继电控制系统　　B．单片机　　C．工业电脑　　D．机器人

9．OUT 指令对于（　　）是不能使用的。

A．输入继电器　　B．输出继电器　　C．辅助继电器　　D．状态继电器

10．串联电路块并联连接时，分支的结束用（　　）指令。

A．AND/ADI　　B．OR/ORI　　C．ORB　　D．ANB

项目五　PLC 控制气动机械手搬运装置连接与调试

【项目目标】

通过完成本项目，使学习者能够达到维修电工（高级）证书相应的理论和技能的考核要求，具体要求见表 2.5.1。

表 2.5.1　维修电工（高级）考核要素细目表

相关知识考核要点	相关技能考核要求
1．步进指令的编程方法和功能分析 2．PLC 常见外围故障类型和处理方法 3．气动机械手搬运装置 PLC 程序的编写方法	1．能使用步进指令编写气动机械手控制程序 2．能够使用编程软件上传下载监视程序 3．能够排除可编程控制器外围的各种开关、传感器、执行机构、负载等外围设备的故障

【电气图形符号和文字符号】

在本项目中涉及的元器件的图形符号和文字符号见表 2.5.2。

表 2.5.2　元器件的图形符号和文字符号

序号	名　称	图形符号 GB/T4728—2005-2008	文字符号 GB/T20939-2007	备　注
1	自动复位的手动按钮开关 S00254		SF	GB/T4728.7—2008
2	磁控接近开关 S00360	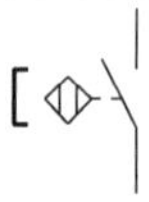	BG	依据 GB-T6988.1-2008 中新符号的创建方法创建
3	电感接近开关		BG	依据 GB-T6988.1-2008 中新符号的创建方法创建
4	光电接近开关	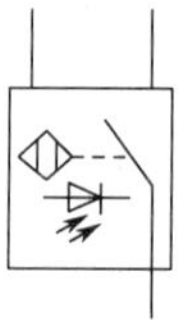	BG	依据 GB-T6988.1-2008 中新符号的创建方法创建
5	光纤接近开关	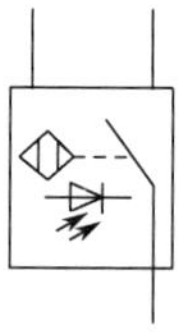	BG	依据 GB-T6988.1-2008 中新符号的创建方法创建

续表

序号	名　称	图形符号 GB/T4728—2005-2008	文字符号 GB/T20939-2007	备　注
6	继电器线圈 S00305		继电器 KF	GB/T4728.7—2008
7	熔断器 S00362		FC	GB/T4728.7—2008
8	灯 S00965		PG	GB/T4728.8—2008
9	接地 S00200			GB/T4728.3—2005
10	T 形连接 S00019			GB/T4728.3—2005
11	T 形连接 S00020			GB/T4728.3—2005
12	导线的双 T 形连接 S00021			GB/T4728.3—2005
13	导线的双 T 形连接 S00022			GB/T4728.3—2005

【项目任务描述】

现有一台机械手搬运装置，如图 2.5.1 所示，由安装在铝合金导轨式实训台上的供料单元、接料单元、搬运单元、入料单元和按钮指示灯模块 6 个单元组成。料仓中的料分为金属料、塑料白色料和塑料黑色料三种。三种料由供料单元无序地供应到接料单元，在接料单元分别装有光电传感器、电感传感器和光纤传感器，通过调节传感器的灵敏度分别可区分出金属料、塑料白色料和塑料黑色料。物料由搬运单元从接料平台搬运到入料口后，入料口光电传感器检测到物料后，相对应的物料指示灯点亮。

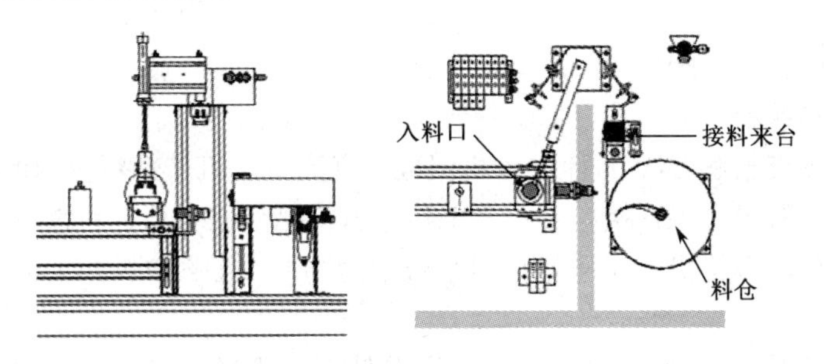

图 2.5.1　气动机械手搬运装置

【项目实施条件】

1. 工具、仪表及器材

项目实施过程中所需要的工具、仪表，见表 2.5.3。

表 2.5.3　装配用工具、仪表装配表

编号	工具名称	规　格	数　量	主要作用
1	内六角扳手	3、4、6mm 等	1 套	安装机架底脚螺丝用
2	一字起子	微型	1 把	安装联轴器用
3	一字起子	100mm	1 把	接线与安装用
4	一字起子	150mm	1 把	接线与安装用
5	十字起子	100mm	1 把	接线与安装用
6	十字起子	150mm	1 把	接线与安装用
7	尖嘴钳	150mm	1 把	安装与调整用
8	钢板尺	600mm	1 把	安装机架用
9	钢板尺	150mm	1 把	安装与调整用
10	直角尺	150mm	1 把	机架高度测量用
11	塞尺		1 把	检测间隙用
12	剥线钳	可选择	1 把	安装线路用
13	绘图工具	可选择	1 支	绘制电路原理图
14	万用表	可选择	1 个	检测电动机与电源用

2. 搬运装置

搬运装置中涉及的机械及气动元件明细表，见表 2.5.4。

表 2.5.4　搬运装置中涉及的机械及气动元件明细表

编号	器材名称	规　格	数量	备注
1	供料单元	料仓支架、直流电动机	1 套	
2	接料单元	接料平台、光电传感器、电感传感器、光纤传感器等	1 套	
3	搬运单元	机械手手爪、悬臂气动、旋转气缸、电磁阀组等	1 套	
4	入料单元	入料口支架、光电传感器	1 套	
5	按钮和指示灯模块		1 块	
6	PLC	可编程控制器（三菱） FX2N-32MR	1	

【知识链接】

1. PLC 控制气动机械手搬运装置工作原理

（1）供料单元与接料单元。

供料单元由料盘支架和 24V 直流电动机组成，直流电动机带动料盘内的 U 形拨杆转动，将物料从料盘内推到送料平台上。接料平台光电传感器检测到来料后，料盘直流电动机停止转动，进行三种物料的区分，等待机械手搬运接料平台上的物料，如图 2.5.2 所示。

（2）搬运单元。

整个搬运机构能完成四个自由度动作，手臂伸缩、手臂旋转、手爪上下、手爪紧松，如图 2.5.3 所示。

手爪提升气缸：提升气缸采用双向电控气阀控制，气缸伸出或缩回可任意定位。

磁性传感器：检测手爪提升气缸处于伸出或缩回位置（接线注意：棕色接“+”、蓝色接“−”）。

手爪：抓取物料由单向电控气阀控制，当单向电控气阀得电，手爪夹紧磁性传感器有信号输出，指示灯亮，单向电控气阀断电，手爪松开。

旋转气缸：机械手臂的正反转，由双向电控气阀控制。

接近传感器：机械手臂正转和反转到位后，接近传感器信号输出（接线注意：棕色接“+”、蓝色接“-”、黑色接输出）。

双杆气缸：机械手臂伸出、缩回，由双向电控气阀控制。气缸上装有两个磁性传感器，检测气缸伸出或缩回位置（接线注意：棕色接“+”、蓝色接“-”）。

缓冲器：旋转气缸高速正转和反转到位时，起缓冲减速作用。

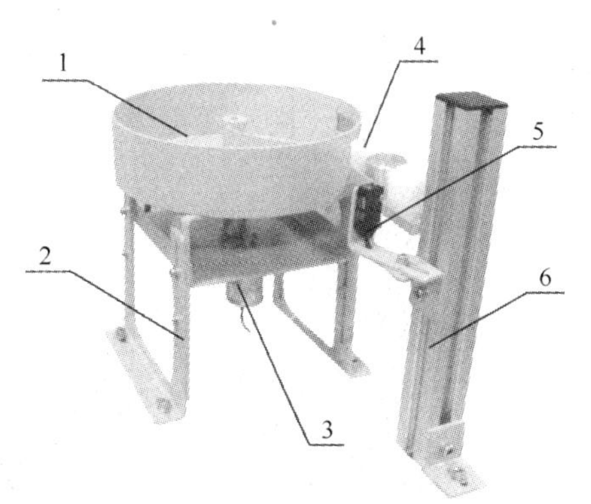

1—转盘；2—调节支架；3—直流电动机；4—物料；5—出料口传感器；6—物料检测支架

图 2.5.2　供料与接料单元实物图

（3）入料单元，如图 2.5.4 所示。

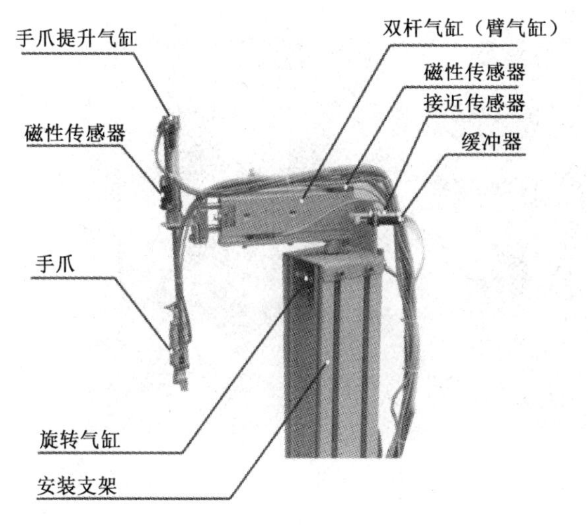

图 2.5.3　气动机械手各部件名称

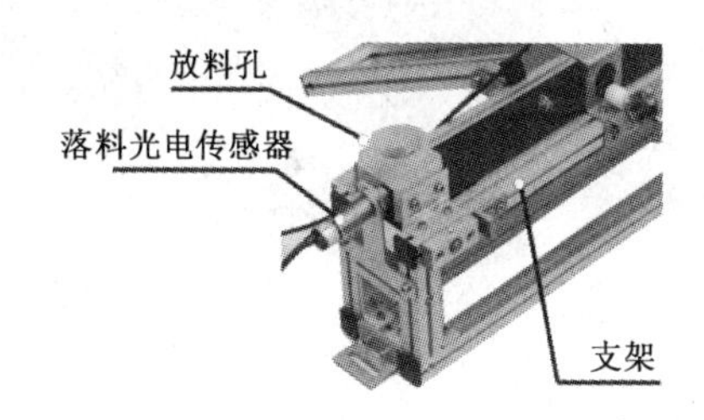

图 2.5.4　入料单元实物图

落料光电传感器：检测是否有物料到传送带上，并给 PLC 一个输入信号。

放料孔：物料落料位置定位。

（4）按钮及指示灯模块，如图 2.5.5 所示。

按钮与指示灯模块由指示灯、按钮、急停开关和蜂鸣器组成。按钮有启动按钮 SF1、停止按钮 SF2；物料指示灯有 PG1、PG2、PG3。

2. 步进指令的编程方法和功能分析

在顺序控制系统中，对于复杂顺序控制程序仅靠基本指令系统编程会感到很不方便，其梯形图复杂且不直观。三菱 FX 系列 PLC 为用户提供了顺序功能图（Sequential Function Chart，SFC）语言，用于编制复杂的顺序控制程序。

FX 系列 PLC 除了基本指令外，还有几条简单的步进指令，同时还有大量的状态继电器，这样就可以用类似于 SFC 语言的功能图方式编程。

（1）SFC 的组成。

SFC 是一种新颖的、按照工艺流程图进行编程的图形语言。其设计思想是将系统的一个工作周期划分为若干个顺序相连的阶段，这些阶段称为“步”（Step），并明确每一“步”所要执行的输出，“步”与“步”之间通过制定的条件进行转换，在程序中只需要通过正确连接进行“步”与“步”之间的转换，便可以完成系统的全部工作。

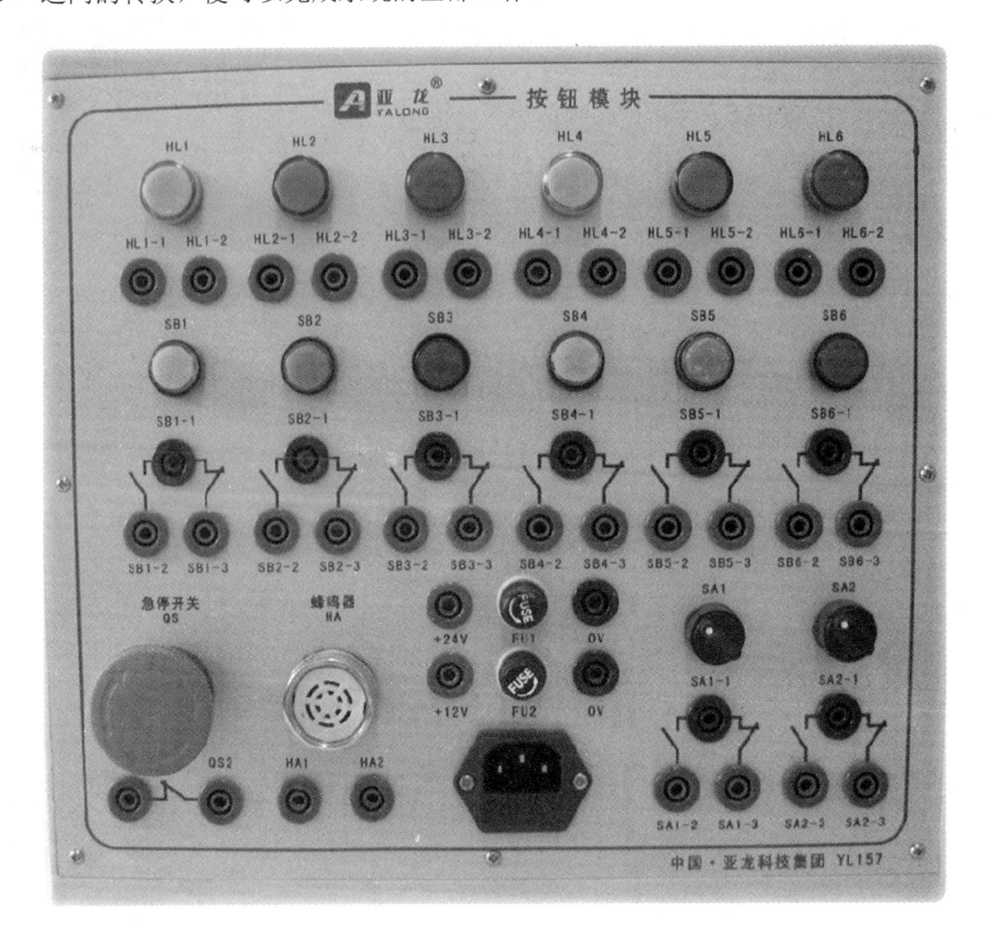

图 2.5.5　按钮与指示灯模块

SFC 程序与其他 PLC 程序在执行过程中的最大区别是：SFC 程序在知识程序过程中始终是处于工作状态的“步”（称为“有效状态”或“活动步”）才能进行逻辑处理与状态输出，而其他状态的步（称为“无效状态”或“非活动步”）的全部逻辑指令与输出状态均无效。因此，使用 SF“步”与“步”之间的转换条件，并通过简单的逻辑运算指令就可以完成程序的设计。

顺序功能图主要由步、有向连线、转换、转换条件和动作组成。在 SFC 中“步”又称为状态，它是指控制对象的某一特定的工作情况。为了区分不同状态，同时使得 PLC 能够控制这些状态，需要对每一次状态赋予一定的标记，这一标记称为“状态元件”。在三菱 FX 系列 PLC 中，状态元件通常用 S 来表示，对于不同类型的 PLC，允许使用的 S 元件的数量与性质有所不同，见表 2.5.5。

步主要分为初始步、活动步和非活动步。与系统的初始状态相对应的步称为初始步，初始步一般是系统等待启动命令的相对静止的状态。通常初始步用双线方框表示，每一个顺序功能图至少有一个初始步。当系统处于某一步所在的阶段时，该步处于活动状态，称为“活动步”。步处于活动状态时，相应的动作被执行。处于不活动状态的步称为非活动步，其相应的非存储型动作被停止执行。

表 2.5.5　三菱 FX 系列 PLC 中 S 元件一览表

PLC 型号	初始化用	回参考点	一般用	报警用	停电保持用
FX1S	S0～S9	S10～S19	S20～S127	-	S0～S127
FX1N	S0～S9	S10～S19	S20～S899	S900～S999	S10～S127
FX2N	S0～S9	S10～S19	S20～S899	S900～S999	S500～S899
FX3U	S0～S9	S10～S19	S20～S4095	-	S500～S899

所谓转换条件是指用于改变 PLC 状态的控制信号。不同状态间的转换条件可以不同也可以相同，当转换条件各不相同时，SFC 程序每次只能选择其中一种工作状态（称为选择分支）。当若干个状态的转换条件完全相同时，SFC 程序每次可以选择多个状态同时工作（称为并行分支）。只有满足条件的状态，才能进行逻辑处理与输出，因此，转换条件是 SFC 程序选择工作状态的开关。

有向线就是状态间的连接线，它决定了状态的转换方向与转换途径。在 SFC 程序中的状态一般需要两条以上的有向连接线进行连接，其中一条为输入线，表示转换到本状态的上一级“源状态”，另一条为输出线，表示本状态执行转换时的下一级“目标状态”。在 SFC 程序设计中，对于自上而下的正常转换方向，其连接线一般不需标记箭头，但是对于自下而上的转换或是其他方向的转换，必须以箭头表明转换方向。

步的活动状态的进展是由转换实现来完成的，并与控制过程的发展相对应。转换用有向线上与有向线垂直的短画线来表示，转换将相邻两步分隔开。

用来改变 PLC 工作状态的控制信号称为转换条件，在 SFC 程序中，转换条件通过有向连线垂直的短横线进行标记，并在短横线旁边标上相应的控制信号地址。

可以将一个控制系统划分为施控系统和被控系统，对于被控系统，动作时某一步所要完成的操作多于施控系统，在某一步中要向被控系统发出某些“指令”，这些命令也称为动作。

（2）SFC 的结构。

在 SFC 程序中，由于控制要求或设计思路不同，使得步与步之间的连接形式也不同，从而形成了 SFC 程序的 3 种不同结构形式：①单序列；②选择序列；③并行序列。3 种序列结构如图 2.5.6 所示。

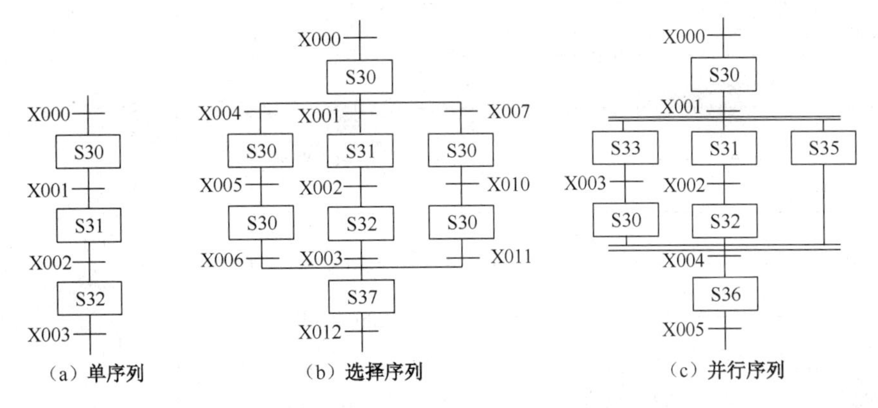

图 2.5.6　SFC 的 3 种序列结构图

（3）步进指令。

步进梯形图与 SFC 程序的实质完全相同，只是它们的表示形式不同而已。在三菱 FX 系列 PLC 中，有 STL、RET 等指令可进行绘制步进梯形图。

步进梯形图指令 STL 为步进开始指令，与母线直接相连，表示步进顺控开始。RET 为步进结束指令，表示步进顺控结束，用于状态流程结束返回主程序。利用这两条指令，可以很方便地编制顺序梯形图程序。

使用说明：

① 每个状态继电器具有驱动相关负载、指定转移条件和转移目标 3 种功能。

② STL 触点与母线相连接，使用该指令后，相当于母线右移到 STL 触点右侧，并延续到下一条 STL 指令或者出现 RET 指令位置。同时该指令使得新的状态置位，原状态复位。

③ 与 STL 指令相连接的起始触点必须使用 LD、LDI 指令编程。

④ STL 触点和继电器的触点功能相似，在 STL 触点接通时，该状态下的程序执行；STL 触点断开时，一个扫描周期后该状态下的程序不再执行，直到跳转到下一个状态。

⑤ STL 和 RET 是一对指令，在多个 STL 指令后必须加上 RET 指令，表示该步进顺控过程结束，并且后移母线返回到主程序母线。RET 指令可以多次使用。

⑥ 在步进顺控程序中使用定时器时，不同状态内可以重复使用同一编号的定时器，但相邻状态不可使用。

⑦ 在 STL 触点后不可直接使用 MPS、MRD、MPP 堆栈操作指令，只有在 LD 或 LDI 指令后才可以使用。

⑧ 在步进梯形图中，OUT 指令和 SET 指令对 STL 指令后的状态（ S ）具有相同的功能，都会将原状态复位。但在 STL 中分离状态（非相连状态）的转移必须使用 OUT 指令。

⑨ 在中断程序和子程序中，不能使用 STL、RET 指令，而在 STL 指令中尽量不使用跳转指令。

例 2.5.1 使用步进顺控指令设计 1 个由 Y000 输出一个周期为 2s 的矩形波。

分析：周期为 2s 的矩形波就是每半个周期的时间为 1s，使用步进顺控指令实现这一功能时，首次扫描使辅助继电器 M8002 接通，状态继电器 S0 初始化，然后 S30 有效，激活状态 1，将 Y000 置位输出。延时 1s 后，T0 置位，S30 切换到状态 2，切换使状态 1 停止，激活状态 2，将 Y000 复位输出，延时 1s 后，T1 置位，S0 重新启动输出。顺序控制程序编写，如图 2.5.7 所示。

梯 形 图

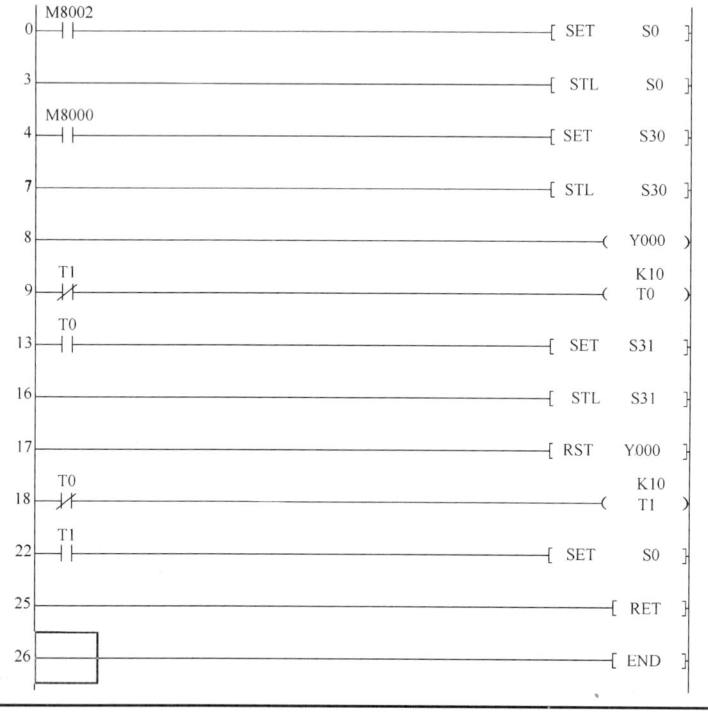

```
0   M8002 ─┤├─────────────[ SET  S0 ]
3   ──────────────────────[ STL  S0 ]
4   M8000 ─┤├─────────────[ SET  S30 ]
7   ──────────────────────[ STL  S30 ]
8   ──────────────────────( Y000 )
9   T1 ─┤/├───────────────( T0  K10 )
13  T0 ─┤├────────────────[ SET  S31 ]
16  ──────────────────────[ STL  S31 ]
17  ──────────────────────[ RST  Y000 ]
18  T0 ─┤/├───────────────( T1  K10 )
22  T1 ─┤├────────────────[ SET  S0 ]
25  ──────────────────────[ RET ]
26  ──────────────────────[ END ]
```

指 令 表

0	LD	M8002	
1	SET	S0	
3	STL	S0	
4	LD	M8000	
5	SET	S30	
7	STL	S30	
8	OUT	Y000	
9	LDI	T1	
10	OUT	T0	K10
13	LD	T0	
14	SET	S31	
16	STL	S31	
17	RST	Y000	
18	LDI	T0	
19	OUT	T1	K10
22	LD	T1	
23	SET	S0	
25	RET		
26	END		

图 2.5.7 例 2.5.1 图

3. 传感器的工作原理

（1）磁性开关。

机械手所使用的气缸都是带磁性开关的气缸。这些气缸的缸筒采用导磁性弱、隔磁性强的材料，如硬铝、不锈钢等。在非磁性体的活塞上安装一个永久磁铁的磁环，这样就提供了一个反映气缸活塞位置的磁场。而安装在气缸外侧的磁性开关则是用来检测气缸活塞位置，即检测活塞的运动行程的。

有触点式的磁性开关用舌簧开关作磁场检测元件。舌簧开关成型于合成树脂块内，并且一般还有动作指示灯、过电压保护电路也塑封在内。如图 2.5.8 所示为带磁性开关气缸的工作原理图。当气缸中随活塞移动的磁环靠近开关时，舌簧开关的两根簧片被磁化而相互吸引，触点闭合；当磁环移开开关后，簧片失磁，触点断开。触点闭合或断开时发出电控信号，在 PLC 的自动控制中，可以利用该信号判断推料及顶料缸的运动状态或所处的位置，以确定工件是否被推出或气缸是否返回。

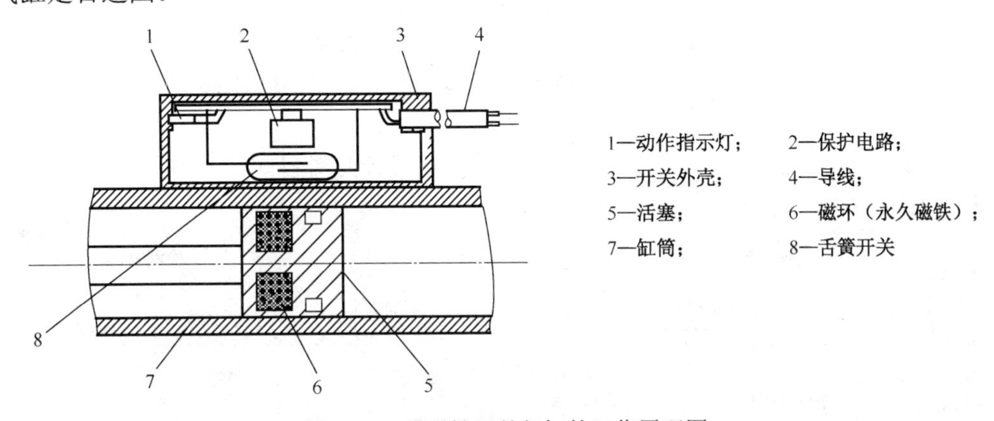

图 2.5.8　带磁性开关气缸的工作原理图

在磁性开关上设置的 LED 显示用于显示其信号状态，供调试时使用。磁性开关动作时，输出信号“1”，LED 亮；磁性开关不动作时，输出信号“0”，LED 不亮。

磁性开关的安装位置可以调整，调整方法是松开它的紧定螺栓，让磁性开关顺着气缸滑动，到达指定位置后，再旋紧紧定螺栓。

磁性开关有蓝色和棕色 2 根引出线，使用时蓝色引出线应连接到 PLC 输入公共端，棕色引出线应连接到 PLC 输入端。磁性开关的内部电路如图 2.5.9 所示的虚线框内的部分。

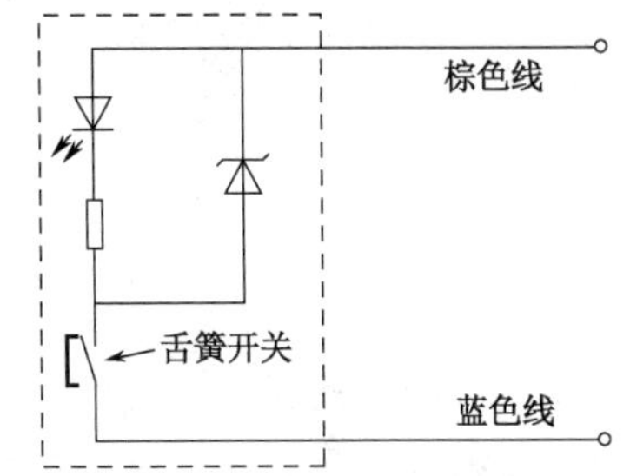

图 2.5.9　磁性开关内部电路

（2）电感式接近开关。

电感式接近开关是利用电涡流效应制造的传感器。电涡流效应是指，当金属物体处于一个交变的磁场中，在金属内部会产生交变的电涡流，该涡流又会反作用于产生它的磁场这样一种物理效应。如果这个交变的磁场是由一个电感线圈产生的，则这个电感线圈中的电流就会发生变化，用于平衡涡流产生的磁场。

利用这一原理，以高频振荡器（LC 振荡器）中的电感线圈作为检测元件，当被测金属物体接近电感线圈时产生了涡流效应，引起振荡器振幅或频率的变化，由传感器的信号调理电路（包括检波、放大、整形、输出等电路）将该变化转换成开关量输出，从而达到检测目的。电感式接近传感器工作原理框图如图 2.5.10 所示。

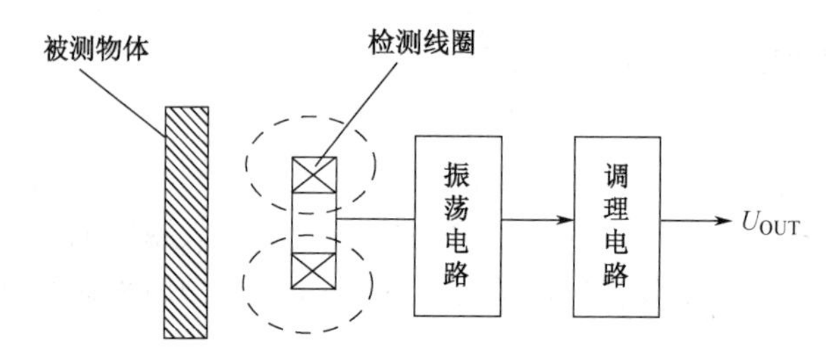

图 2.5.10　电感式传感器原理框图

（3）漫射式光电接近开关。

① 光电式接近开关。

“光电传感器”是利用光的各种性质，检测物体的有无和表面状态的变化等的传感器。其中输出形式以开关量的传感器为光电式接近开关。

光电式接近开关主要由光发射器和光接收器构成。如果光发射器发射的光线因检测物体不同而被遮掩或反射，到达光接收器的量将会发生变化。光接收器的敏感元件将检测出这种变化，并转换为电信号，进行输出。大多使用可视光（主要为红色，也用绿色、蓝色来判断颜色）和红外光。

按照接收器接收光的方式的不同，光电式接近开关可分为对射式、反射式和漫射式 3 种，如图 2.5.11 所示。

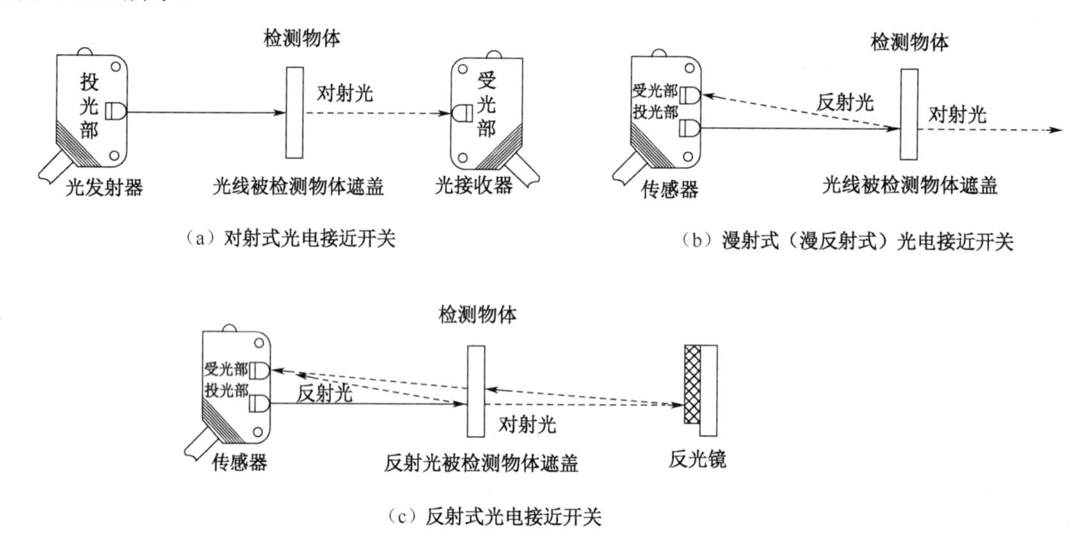

图 2.5.11　光电式接近开关

（2）漫射式光电开关。

漫射式光电开关是利用光照射到被测物体上后反射回来的光线而工作的，由于物体反射的光线为漫射光，故称为漫射式光电接近开关。它的光发射器与光接收器处于同一侧位置，且为一体化结构。在工作时，光发射器始终发射检测光，若接近开关前方一定距离内没有物体，则没有光被反射到接收器，接近开关处于常态而不动作；反之，若接近开关的前方一定距离内出现物体，只要反射回来的光强度足够，则接收器接收到足够的漫射光就会使接近开关动作而改变输出的状态。如图 2.5.11（b）所示为漫射式光电接近开关的工作原理示意图。

供料单元中，用来检测工件不足或工件有无的漫射式光电接近开关选用神视（OMRON）公司的 CX-441 或 E3Z-L61 型放大器内置型光电开关（细小光束型，NPN 型晶体管集电极开路输出）。该光电开关的外形和顶端面上的调节旋钮和显示灯，如图 2.5.12 所示。

图中动作选择开关的功能是选择受光动作（Light） 或遮光动作 （Drag）模式。即当此开关按顺时针方向充分旋转时（L 侧），则进入检测 ON 模式；当此开关按逆时针方向充分旋转时（D 侧），则进入检测 OFF 模式。

距离设定旋钮是 5 回转调节器，调整距离时注意逐步轻微旋转，否则若充分旋转，距离调节器会空转。调整的方法是，首先按逆时针方向将距离调节器充分旋到最小检测距离（E3Z-L61 约 20mm），然后根据要求距离放置检测物体，按顺时针方向逐步旋转距离调节器，找到传感器进入检测条件的点；拉开检测物体距离，按顺时针方向进一步旋转距离调节器，找到传感器再次进入检测状态，一旦进入，向后旋转距离调节器直到传感器回到非检测状态的点。两点之间的中点为稳定检测物体的最佳位置。

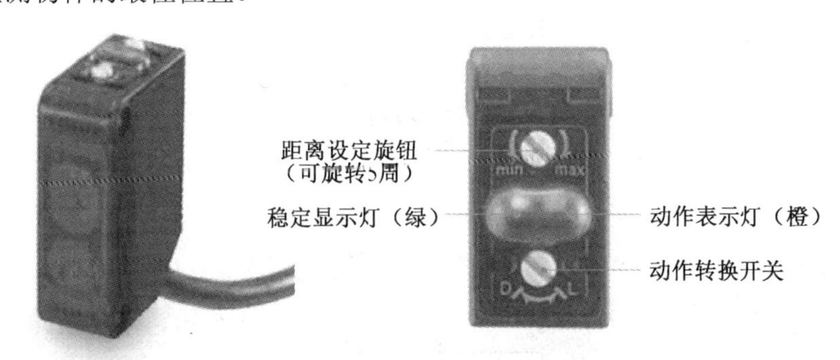

（a）E3Z-L型光电开关外形　　（b）调节旋钮和显示灯

图 2.5.12　CX-441（E3Z-L61）光电开关的外形和调节旋钮、显示灯

如图 2.5.13 所示为该光电开关的内部电路原理框图。

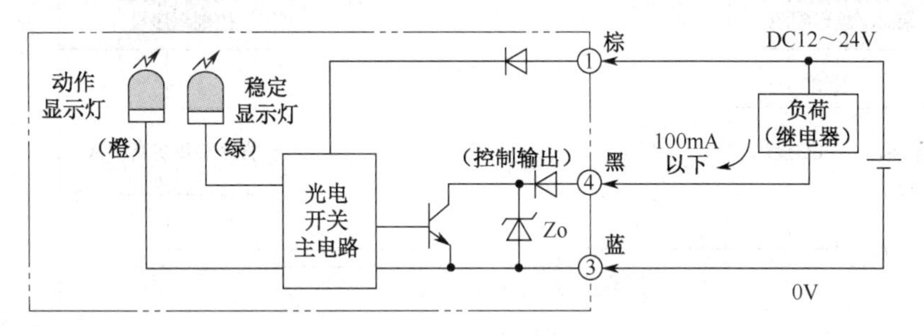

图 2.5.13　CX-441（E3Z-L61）光电开关电路原理图

用来检测物料台上有无物料的光电开关是一个圆柱形漫射式光电接近开关，工作时向上发出光线，从而透过小孔检测是否有工件存在，该光电开关选用 SICK 公司的 MHT15-N2317 型，其外形如图 2.5.14 所示。

图 2.5.14　MHT15-N2317 光电开关外形

【项目实施步骤】

根据气动机械手搬运装置控制要求，制定项目实施步骤，如图 2.5.15 所示。

1. 根据控制要求确定输入/输出设备

根据控制要求，起动按钮 SF1 和停止按钮 SF2、悬臂气缸前限位传感器和悬臂气缸后限位传感器、悬臂气缸下限位和上限位传感器、旋转气缸左限位和右限位传感器、手爪夹紧限位传感器、接料平台光电传感器、接料平台电感传感器和接料平台光纤传感器、入料口光电传感器分别为输入设备。送料直流电机，手指夹紧和松开，旋转气缸左转和右转，悬臂伸出和缩回，手臂上升和下降，黄色指示灯代表金属物料、绿色指示灯代表白色物料和红色指示灯分别为输出设备。

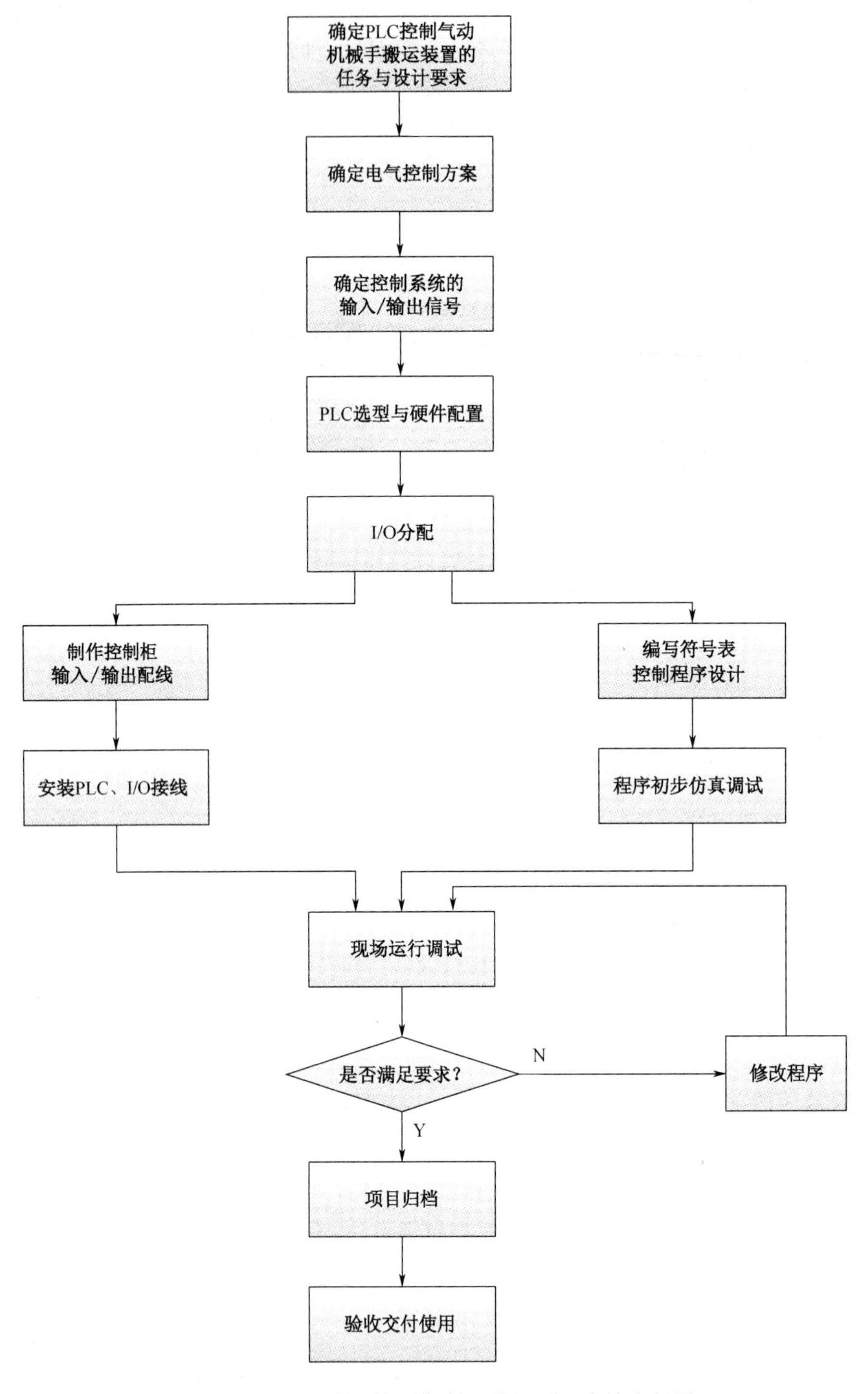

图 2.5.15　PLC 控制气动机械手搬运项目实施流程图

2. PLC选型及I/O分配

根据输入和输出点数的数量，选用三菱 FX2N 系列的 PLC，其型号为 FX2N-32MR，PLC 输入/输出地址分配表见表 2.5.6。

表 2.5.6　星—三角降压起动 PLC 地址分配表

输入设备			输出设备		
序号	现场输入信号	地址	序号	现场输出信号	地址
1	启动按钮 SF1	X000	1	送料直流电机	Y000
2	停止按钮 SF2	X001	2	手指夹紧	Y001
3	悬臂气缸前限位传感器	X002	3	手指松开	Y002
4	悬臂气缸后限位传感器	X003	4	旋转气缸左转	Y003
5	手臂气缸下限位传感器	X004	5	旋转气缸右转	Y004
6	手臂气缸上限位传感器	X005	6	悬臂伸出	Y005
7	旋转气缸左限位传感器	X006	7	悬臂缩回	Y006
8	旋转气缸右限位传感器	X007	8	手臂上升	Y007
9	手爪气缸夹紧限位传感器	X010	9	手臂下降	Y010
10	接料平台光电传感器	X11	10	黄灯代表金属物料	Y011
11	接料平台电感传感器	X12	11	绿灯代表白色物料	Y012
12	接料平台光纤传感器	X13	12	红灯代表黑色物料	Y013
13	入料口光电传感器	X14			

3. 根据气动系统图连接气路

气动系统图如图 2.5.16 所示。

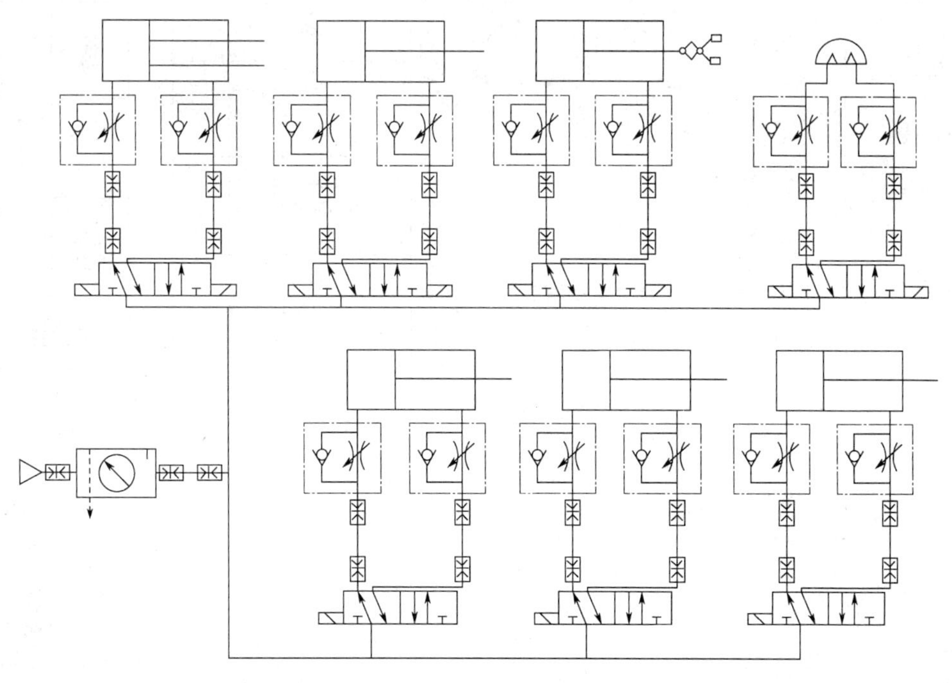

图 2.5.16　气动系统图

4. 电气控制柜接线

PLC 控制气动机械手搬运装置电气原理图如图 2.5.17 所示，依据此电气原理图和其他相应图纸完成电气控制柜的接线和调试。

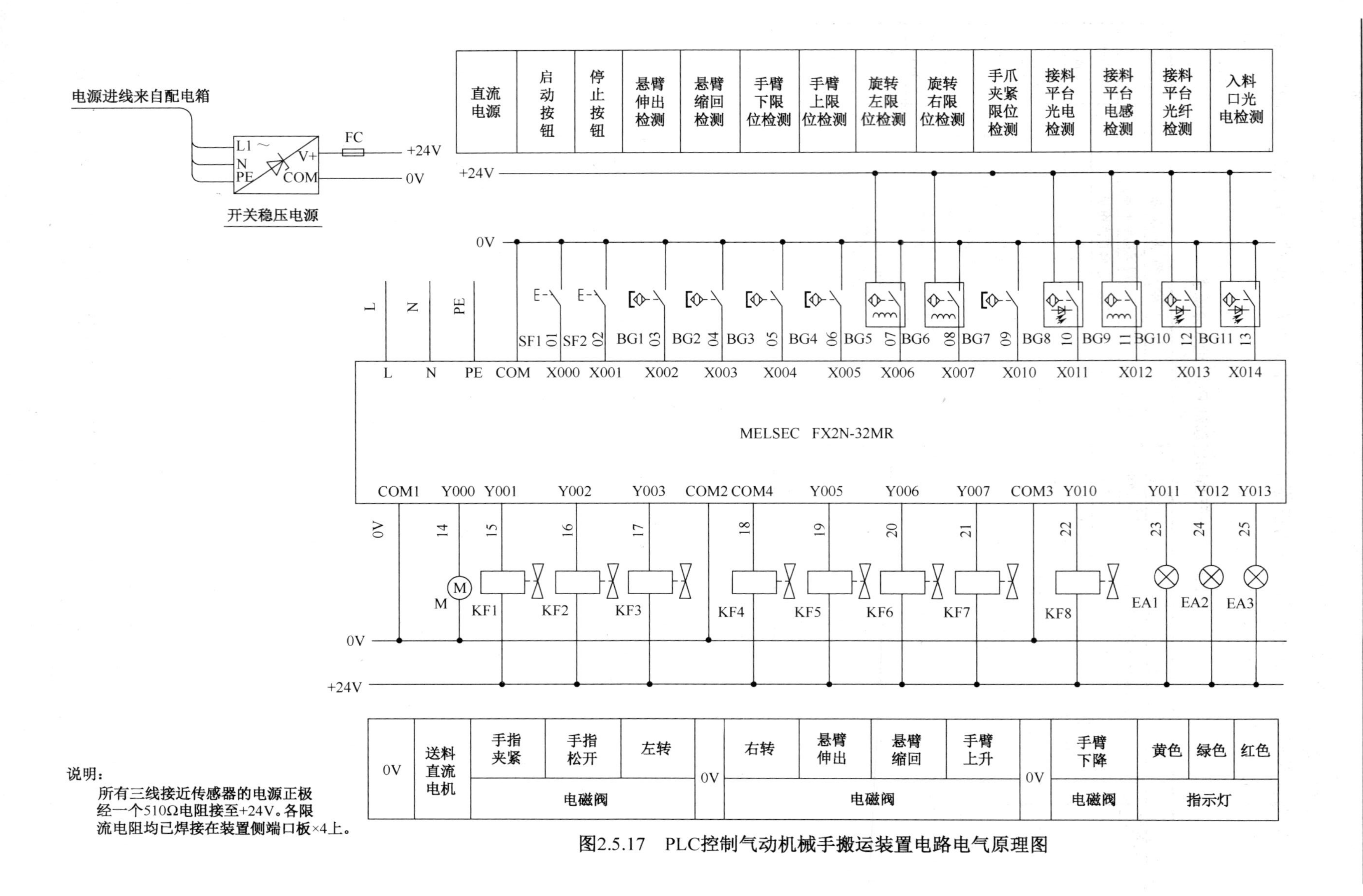

说明：
所有三线接近传感器的电源正极经一个510Ω电阻接至+24V。各限流电阻均已焊接在装置侧端口板×4上。

图2.5.17 PLC控制气动机械手搬运装置电路电气原理图

5. 根据电气控制线路编写梯形图程序

根据 PLC 控制气动机械手搬运装置要求和 I/O 接线情况，设计梯形图程序，如图 2.5.18 所示。

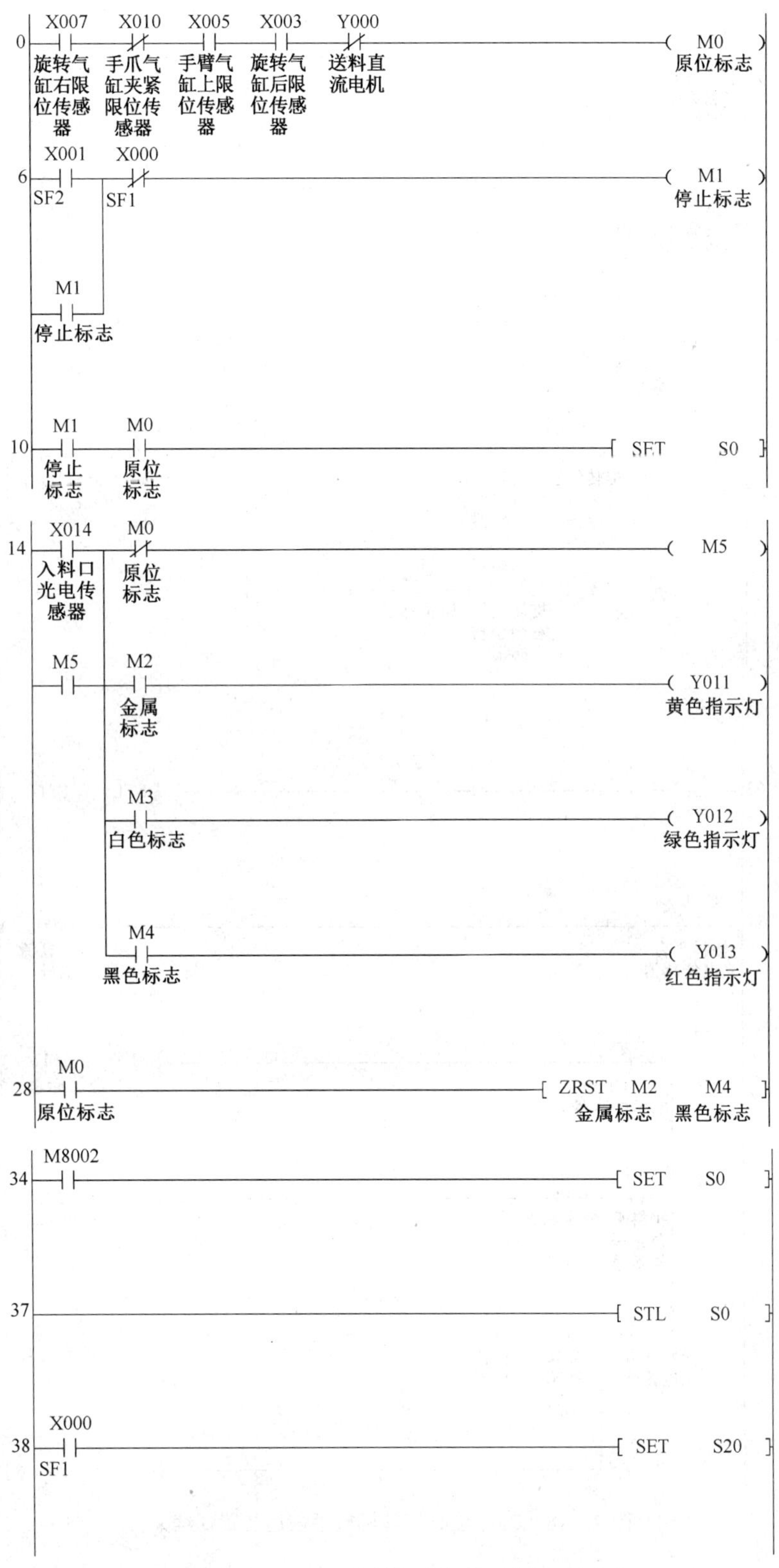

图 2.5.18　PLC 控制气动机械手搬运装置

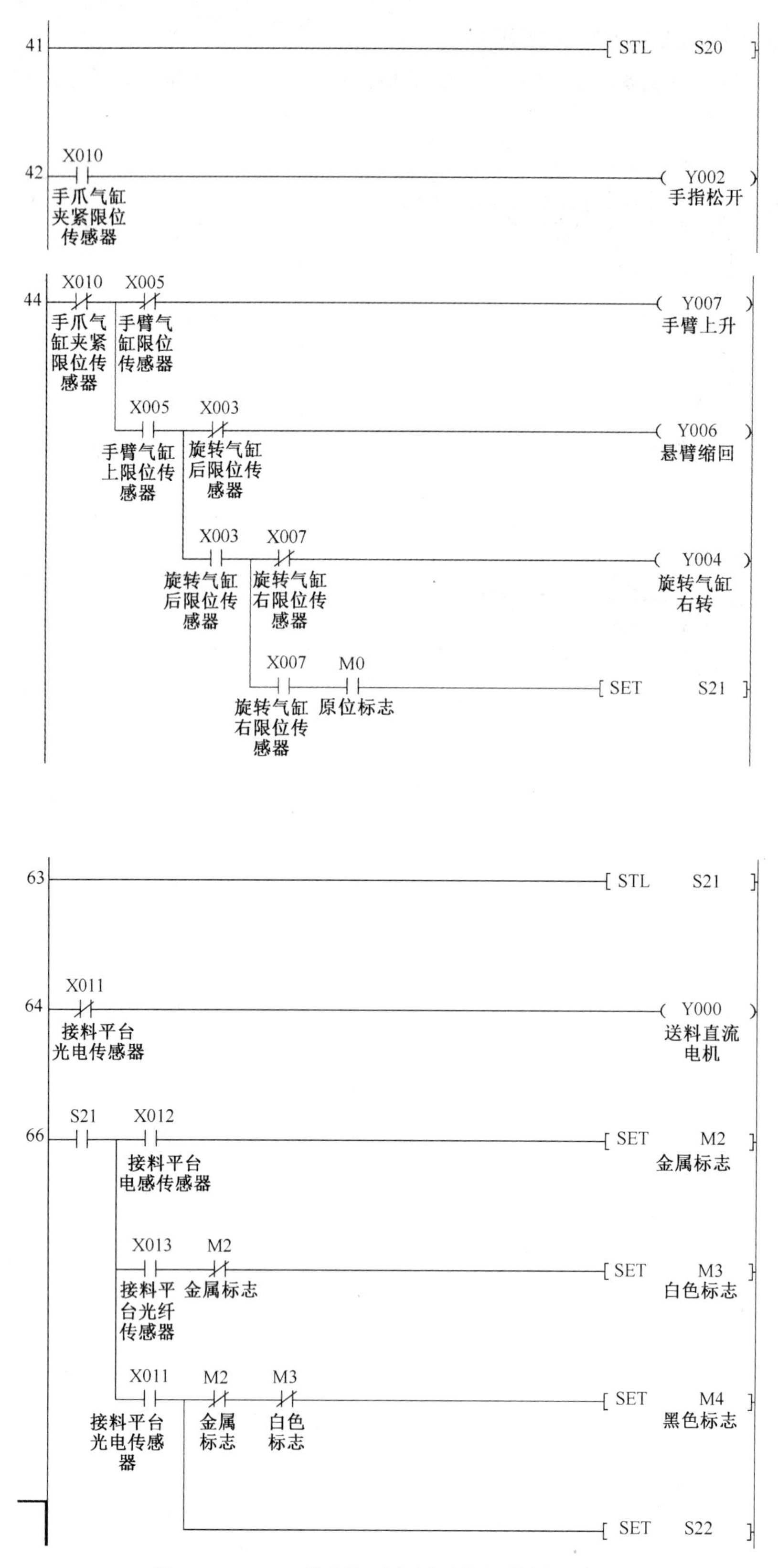

图 2.5.18　PLC 控制气动机械手搬运装置（续）

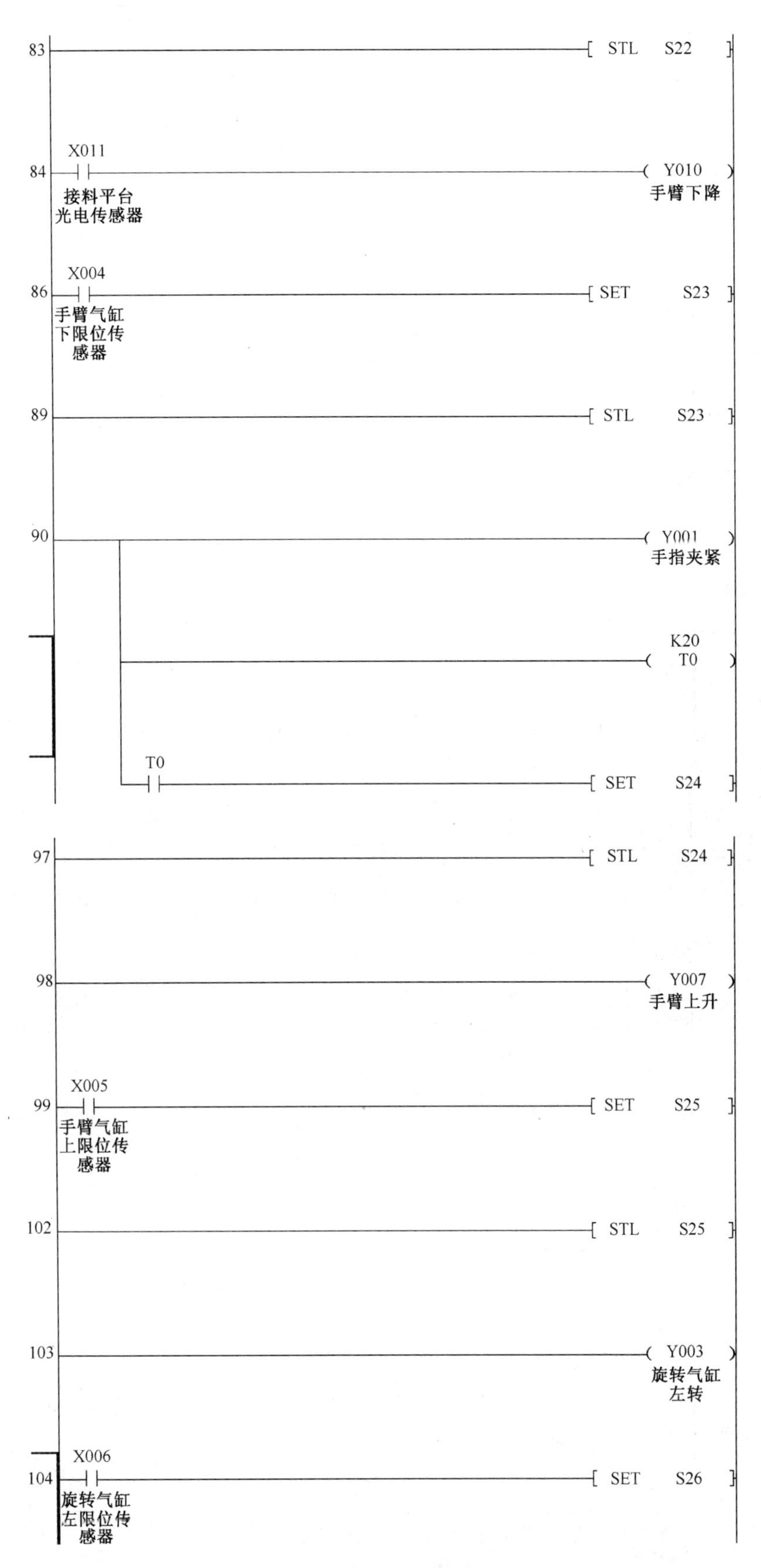

图 2.5.18　PLC 控制气动机械手搬运装置（续）

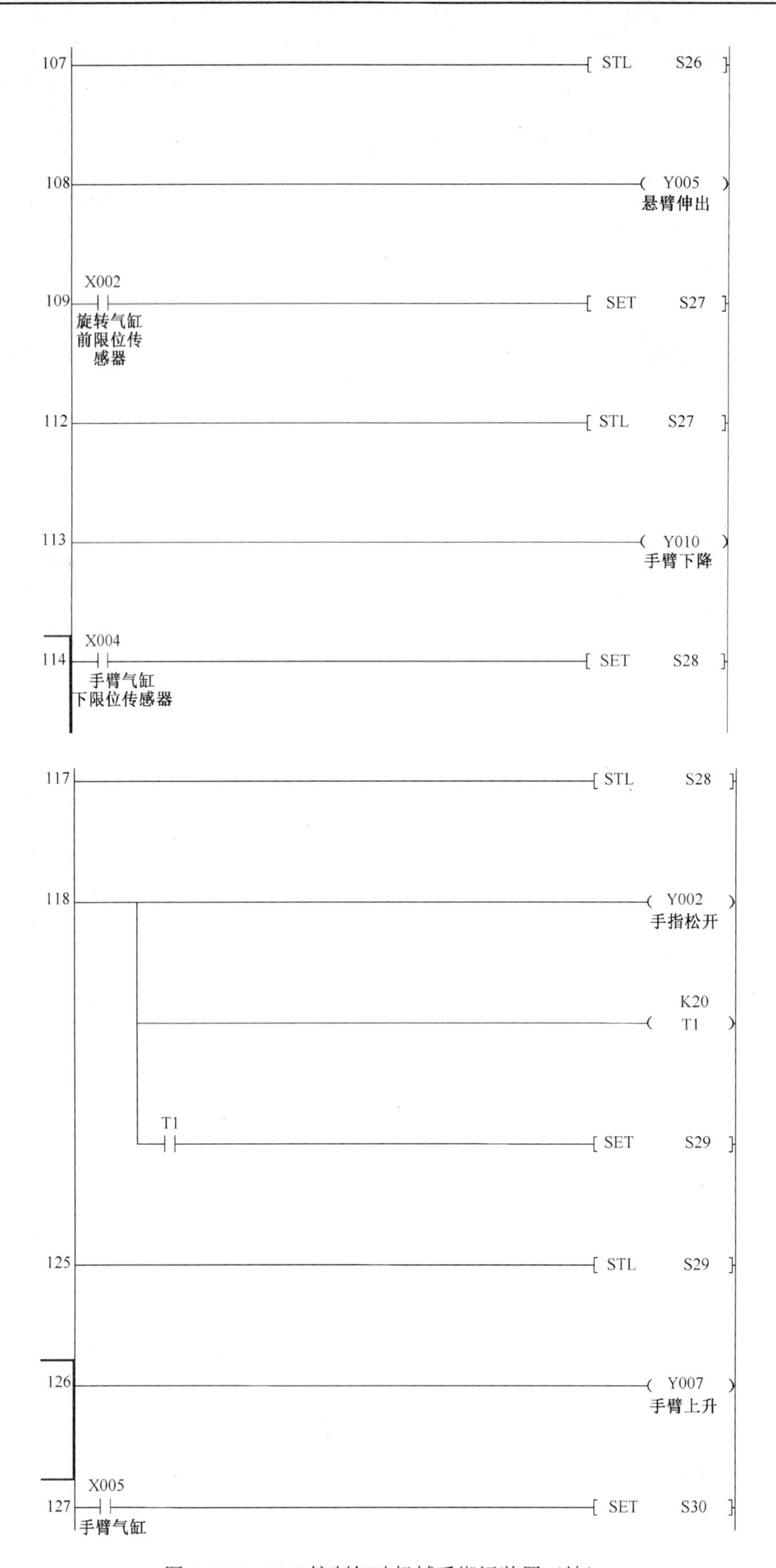

图 2.5.18　PLC 控制气动机械手搬运装置（续）

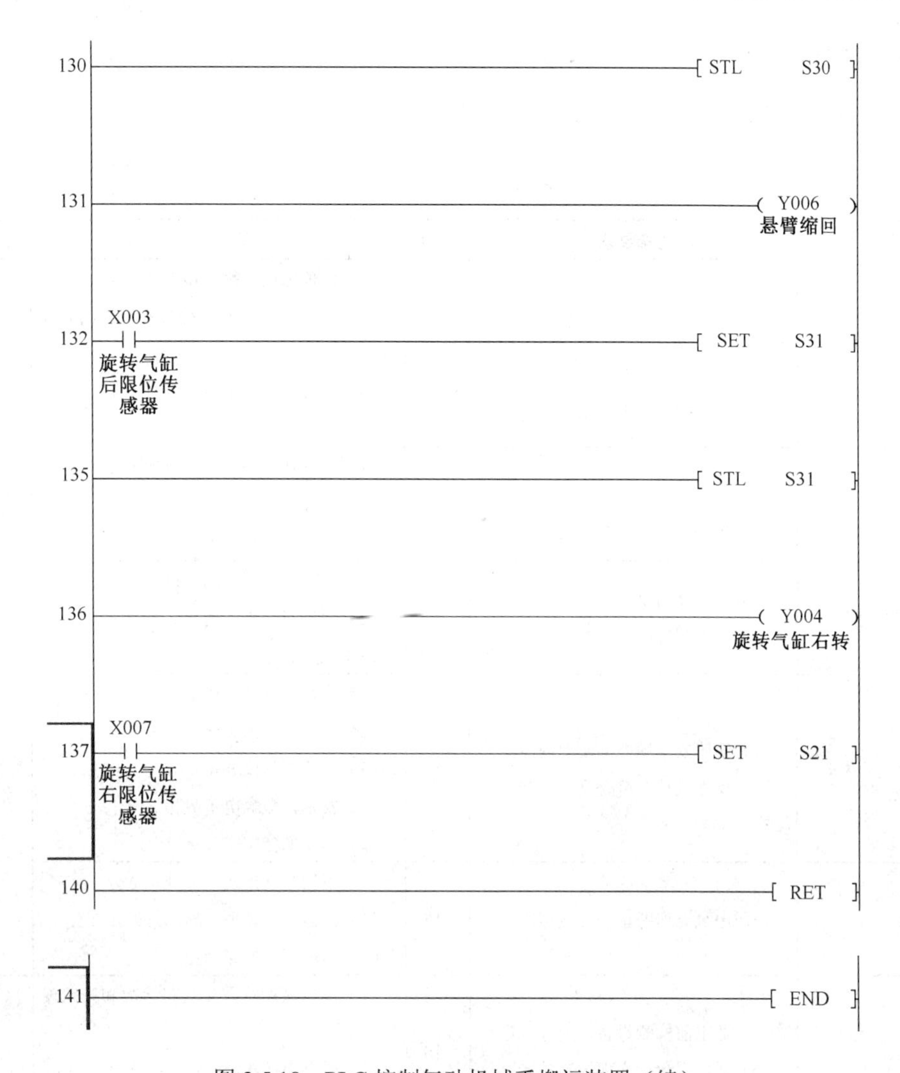

图 2.5.18　PLC 控制气动机械手搬运装置（续）

6. 实物调试

采用与 PLC 控制气动机械手装置电路一致的按钮、指示灯和 PLC 等元件组成在实验室模拟控制系统，检验检测元件的可靠性及 PLC 的实际负载能力。

7. 验收交付使用

最后对 PLC 控制气动机械手装置的所有安全措施（接地、保护和互锁等）进行检查，即可投入系统的试运行。试运行一切正常后，再把程序固化到 EEPROM 中去，验收交付用户使用。

【知识拓展】

PLC 常见外围故障的类型及处理方法

PLC 的外围故障出现的概率占 PLC 控制系统总故障的 80%以上，PLC 的外围线路由现场输入信号（如按钮、选择开关、接近开关以及继电器输出触点或模数转换器转换的模拟量等）和现场输出信号（电磁阀、继电器、接触器和电动机等），以及导线和端子等组成。接线松动、元器件损坏、机械故障、干扰等均可引起外围电路故障，外围故障有可能使 PLC 的程序不能正常执行，如输入信号出现故障。

处理外围故障时，要认真仔细，替换的元器件要选用性能可靠和安全系数高的优质器件。

【项目检查评价】

根据学习者完成情况进行评价，评分标准见表 2.5.7。

表 2.5.7 评分标准

序号	考核项目	考核要求	配分	评分标准	扣分	得分
1	绘制的 PLC 电气原理图	（1）正确绘图 （2）图形符号和文字符号符合国家标准 （3）正确回答相关问题	6	（1）原理错误，每处扣 2 分 （2）图形符号和文字符号不符合国家标准，每处扣 1 分 （3）回答问题错 1 道扣 2 分 （4）本项配分扣完为止		
2	工具的使用	（1）正确使用工具 （2）正确回答相关问题	6	（1）工具使用不正确，每次扣 2 分 （2）回答问题错 1 道扣 2 分 （3）本项配分扣完为止		
3	仪表的使用	（1）正确使用仪表 （2）正确回答相关问题	8	（1）仪表使用不正确，每次扣 2 分 （2）回答问题错 1 道扣 2 分 （3）本项配分扣完为止		
4	安全文明生产	（1）明确安全用电的主要内容 （2）操作过程中符合文明生产要求	5	（1）未经同意私自通电扣 5 分 （2）损坏设备扣 2 分 （3）损坏工具仪表扣 1 分 （4）发生轻微触电事故扣 5 分 （5）本项配分扣完为止		
5	连接	按照电气原理图正确连接电路	15	（1）不按图纸接线，每处扣 2 分 （2）元器件安装不牢靠，每处扣 2 分 （3）本项配分扣完为止		
6	试运行	（1）通电前检测设备、元件及电路 （2）通电试运行实现电路功能	10	（1）通电试运行发生短路事故和开路现象扣 10 分 （2）通电运行异常，每项扣 5 分 （3）本项配分扣完为止		
合计			50			

【理论试题精选】

一、判断题

1．（　　）PLC 由 STOP 到 RUN 的瞬间接通一个扫描周期的特殊辅助继电器是 M8000。
2．（　　）使用 STL 指令编写梯形图允许双线圈输出。
3．（　　）输入继电器编号 X 采用十进制。
4．（　　）输出继电器 Y 在梯形图中可出现触点和线圈，触点可使用无数次。
5．（　　）SET 和 RST 指令同时出现时，RST 优先执行。
6．（　　）每个定时器都有常开触点和常闭触点，这些触点可使用无限次。
7．（　　）RET 指令称为“步进返回”指令，其功能是返回原来左母线位置。

二、选择题

1．END 指令是整个程序的结束，而 FEND 指令是表示（　　）的结束。
A．语句　　B．子程序　　C．主程序　　D．主程序和子程序

2．在使用比较指令编程时，要清除比较结果，可用 ZRST 或（　　）指令。

A．RET　　B．END　　C．RST　　D．SET

3．可产生 1s 方波振荡时钟信号的特殊辅助继电器是（　　）。

A．M8002　　B．M8013　　C．M8034　　D．M8012

4．SET 和 RST 指令都具有（　　）功能。

A．循环　　B．自锁　　C．过载保护　　D．复位

5．由于交替输出指令在执行每个扫描周期输出状态翻转一次，因此采用脉冲执行方式，即在指令后缀加（　　）

A．L　　B．P　　C．F　　D．R

6．与系统的初始状态相对应的步为初始步，每个功能图至少有（　　）个初始步。

A．1　　B．3　　C．2　　D．5

7．常开触点与左母线连接时使用（　　）指令。

A．AND　　B．LD　　C．OR　　D．ANB

8．功能指令中的 CJ 是（　　）指令。

A．主控　　B．跳转　　C．中断　　D．与

9．FX2N 的输出继电器最多可达（　　）点。

A．64　　B．128　　C．256　　D．512

模块三　交流传动系统装调维修模块

项目一　自动化生产线分拣单元安装与调试

【项目目标】

通过完成本项目，使学习者能够达到维修电工（高级）证书相应的理论和技能的考核要求，具体要求见表3.1.1。

表3.1.1　维修电工（高级）考核要素细目表

相关知识考核要点	相关技能考核要求
1．交流变频调速系统组成及原理 2．交流变频器应用知识 3．变频器调速系统常见故障及解决方法	1．能读懂交流传动系统原理图，分析系统组成及各部分的作用 2．能分析交流传动系统中各控制单元的工作原理及整个系统的工作原理 3．能对交流变频器调速系统进行安装、接线、调试、运行和测量 4．能分析并排除变频器、软起动器外围主电路的故障

【电气图形符号和文字符号】

在本项目中涉及的元器件的图形符号和文字符号见表3.1.2。

表3.1.2　元器件的图形符号和文字符号

序号	名　称	图形符号 GB/T4728—2005-2008	文字符号 GB/T20939-2007	备　注
1	三相鼠笼式感应电动机 S00836	M 3～	MA	GB/T4728.6—2008
2	三菱变频器FR-E740 （多段速控制使用）	R/L1 S/L2 T/L3 PE STF STR **变频器** FR-E740 RH RM RL SD U V W PE	TA	依据 GB-T6988.1-2008中新符号的创建方法创建

续表

序号	名　称	图形符号 GB/T4728—2005-2008	文字符号 GB/T20939-2007	备　注
3	三菱变频器 FR-E740 （模拟量控制使用）	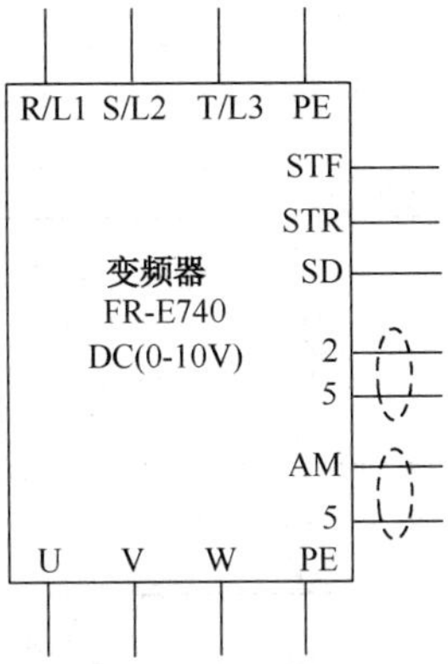 R/L1 S/L2 T/L3 PE STF STR 变频器 SD FR-E740 DC(0-10V) 2 5 AM 5 U V W PE	TA	依据 GB-T6988.1-2008 中新符号的创建方法创建
4	开关电源	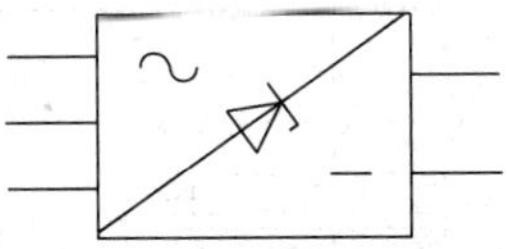		JB/T 2739-2008
5	光电编码器	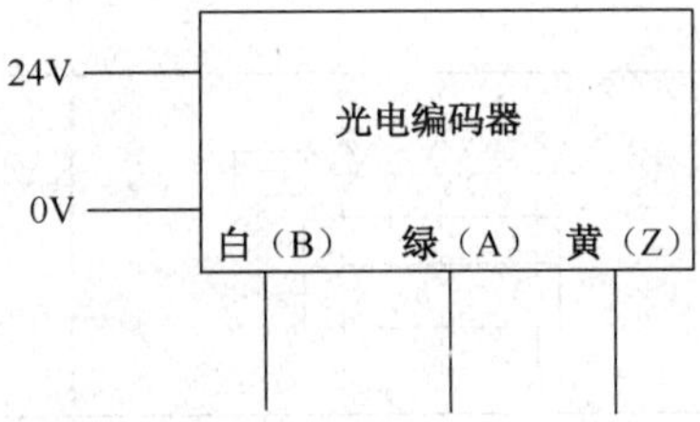 24V 光电编码器 0V 白（B）　绿（A）　黄（Z）	BG	依据 GB-T6988.1-2008 中新符号的创建方法创建
6	磁性开关 S00360	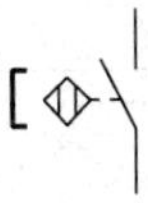	BG	GB/T4728.7—2008
7	电感式接近开关		BG	依据 GB-T6988.1-2008 中新符号的创建方法创建
8	光电式接近开关 光纤式接近开关	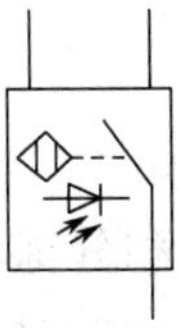	BG	依据 GB-T6988.1-2008 中新符号的创建方法创建
9	自动复位的手动按钮开关 S00254	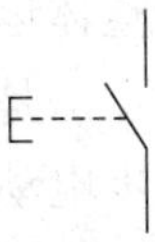	SF	GB/T4728.7—2008

续表

序号	名　称	图形符号 GB/T4728—2005-2008	文字符号 GB/T20939-2007	备　注
10	无自动复位的手动旋转开关 S00256		SF	GB/T4728.7—2008
11	熔断器 S00362		FC	GB/T4728.7—2008
12	灯 S00965		PG	GB/T4728.8—2008
13	接地 S00200		PE	GB/T4728.3—2005
14	断路器		QA	JB/T 2739-2008
15	三相带漏电保护的断路器		QA	JB/T 2739-2008
16	T 形连接 S00019			GB/T4728.3—2005
17	T 形连接 S00020			GB/T4728.3—2005
18	导线的双 T 形连接 S00021			GB/T4728.3—2005
19	导线的双 T 形连接 S00022			GB/T4728.3—2005

【项目任务描述】

现有一条自动化生产线型号为 YL335B，如图 3.1.1 所示，由安装在铝合金导轨式实训台上的供料单元、加工单元、装配单元、输送单元和分拣单元 5 个单元组成，其中，每一工作单元都可自成一个独立的系统，同时也都是一个机电一体化的系统。各个单元的执行机构基本上以气动执行机构为主，但输送单元的机械手装置整体运动则采取伺服电机驱动、精密定位的位置控制，该驱动系统具有长行程、多定位点的特点，是一个典型的一维位置控制系统。分拣单元的传送带驱动则采用了通用变频器驱动三相异步电动机的交流传动装置。其中供料单元、加工单元和装配单元已经完成了相应的安装与调试，而本次任务主要是完成分拣单元的安装与调试，分拣单元的整体结构如图 3.1.2 所示，具体的控制要求如下：

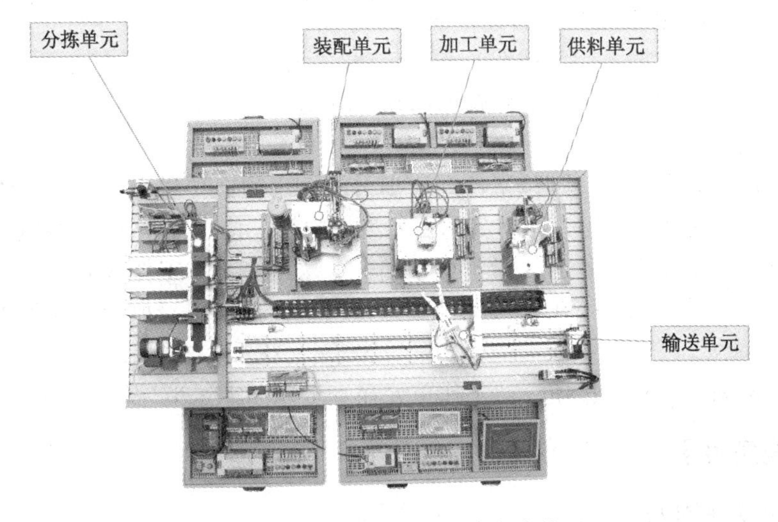

图 3.1.1　YL-335B 自动化生产线外观

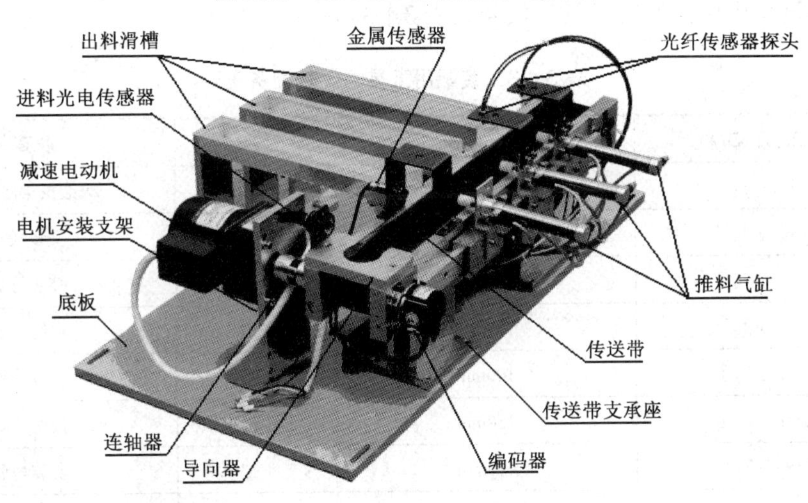

图 3.1.2　分拣单元整体结构图

（1）设备的工作目标是完成对白色芯金属工件、白色芯塑料工件和黑色芯的金属或塑料工件进行分拣，各种工件形状如图 3.1.3 所示。为了在分拣时准确推出工件，要求使用旋转编码器作定位检测。并且工件材料和芯体颜色属性应在推料气缸前的适当位置被检测出来。

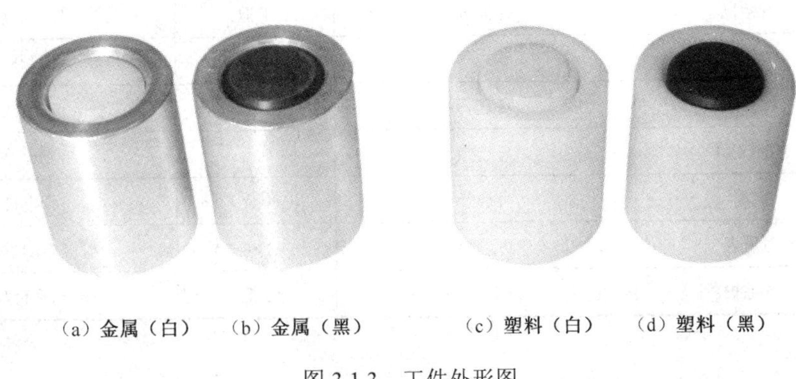

（a）金属（白）　（b）金属（黑）　（c）塑料（白）　（d）塑料（黑）

图 3.1.3　工件外形图

（2）设备上电和气源接通后，若工作单元的三个气缸均处于缩回位置，则“正常工作”指示灯 HL1 常亮，表示设备准备好。否则，该指示灯以 1Hz 频率闪烁。

（3）若设备准备好，按下起动按钮，系统起动，“设备运行”指示灯 HL2 常亮。当传送带入料口人工放下已装配的工件时，变频器即起动，驱动传动电动机以频率固定为 30Hz 的速度，把工件带往分拣区。

如果工件为白色芯金属件，则该工件到达 1 号滑槽中间，传送带停止，工件被推到 1 号槽中；如果工件为白色芯塑料，则该工件到达 2 号滑槽中间，传送带停止，工件被推到 2 号槽中；如果工件为黑色芯，则该工件到达 3 号滑槽中间，传送带停止，工件被推到 3 号槽中。工件被推出滑槽后，该工作单元的一个工作周期结束。仅当工件被推出滑槽后，才能再次向传送带下料。

如果在运行期间按下停止按钮，该工作单元在本工作周期结束后停止运行。

【项目实施条件】

1．工具、仪表及器材

项目实施过程中所需要的工具、仪表见表 3.1.3。

表 3.1.3　装配用工具、仪表配备表

编号	工具名称	规格	数量	主要作用
1	内六扳手	3、4、6mm 等	1 套	安装机架底脚螺丝用
2	一字起子	微型	1 把	安装联轴器用
3	一字起子	100mm	1 把	接线与安装用
4	一字起子	150mm	1 把	接线与安装用
5	十字起子	100mm	1 把	接线与安装用
6	十字起子	150mm	1 把	接线与安装用
7	尖嘴钳	150mm	1 把	安装与调整用
8	活动扳手	200mm	2 把	安装警示灯用
9	钢直尺	600mm	1 把	安装机架用
10	钢直尺	150mm	1 把	安装与调整用
11	水平尺	300mm	1 把	传送皮带水平检测用
12	直角尺	150mm	1 把	机架高度测量用
13	塞尺		1 把	检测间隙用
14	剥线钳	可选择	1 把	安装线路用
15	绘图工具	可选择	1 套	绘制电路原理图
16	电笔	可选择	1 支	带电检测用
17	万用表	可选择	1 个	检测电动机与电源用
18	软毛扫	中号	1 把	清扫平台与工位用

2．分拣单元

分拣单元中涉及的机械及电气元件见表 3.1.4。

表 3.1.4　分拣单元中涉及的机械及电气元件明细表

编　号	器 材 名 称	规　　格	数　量
1	传送带机构	电机支架、皮带和联轴器等	1套
2	三相交流异步电动机动力单元	三相交流异步电动机	1套
3	分拣气动组件	含3个推料气缸、电磁阀组等	1套
4	传感器检测单元	光电传感器、电感传感器、光纤传感器等	1套
5	反馈和定位机构	旋转编码器等	1套
6	变频器	三菱变频器 FR-E740	1
7	可编程控制器	三菱可编程控制器 FX2N-48MR	1

3. 清扫安装平台

安装前，应确认平台已放置平稳，平台内的窄槽内没有遗留的螺母或其他配件，然后用软毛扫将平台清扫干净。

【知识链接】

<分拣单元组成>

分拣单元是 YL-335B 中的最末单元，完成对上一单元送来的已加工、装配的工件进行分拣。使不同颜色的工件从不同的料槽分流的功能。当输送站送来的工件放到传送带上并被入料口光电传感器检测到时，即起动变频器，工件开始送入分拣区进行分拣。

分拣单元主要结构组成为：传送和分拣机构、传动带驱动机构、变频器模块、电磁阀组、接线端口、PLC 模块、按钮/指示灯模块及底板等。

1. 传送和分拣机构

传送和分拣机构主要由传送带、出料滑槽、推料（分拣）气缸、漫射式光电传感器、光纤传感器、磁感应接近式传感器组成。传送已经加工、装配好的工件，由光纤传感器检测到并进行分拣。

传送带是把机械手输送过来加工好的工件进行传输，输送至分拣区。导向器是用纠偏机械手输送过来的工件。三条物料槽分别用于存放加工好的黑色、白色或金属工件。

传送和分拣的工作原理：当输送站送来的工件放到传送带上并被入料口漫射式光电传感器检测到时，将信号传输给 PLC，通过 PLC 的程序起动变频器，电机运转驱动传送带工作，把工件带进分拣区，如果进入分拣区工件为白芯金属工件，则检测白芯金属工件的光纤传感器和金属传感器动作，作为 1 号槽推料气缸起动信号，将白芯金属工件推到 1 号槽里，如果进入分拣区工件为白芯塑料工件，则检测白色物料的光纤传感器动作，作为 2 号槽推料气缸起动信号，将白芯塑料工件推到 2 号槽里，如果进入分拣区工件为黑色，则分拣区光纤传感器和金属传感器均不动作，物料到达 3 号槽中间位置停止，3 号槽推料气缸起动，将黑料推到 3 号槽里，工作结束。

2. 传动带驱动机构

传动带驱动机构如图 3.1.4 所示。采用的三相减速电机，用于拖动传送带，从而输送物料。它主要由电机支架、电动机、联轴器等组成。

三相电机是传动机构的主要部分，电动机转速的快慢由变频器来控制，其作用是带传送带从而输送物料。电机支架用于固定电动机。联轴器用于把电动机的轴和输送带主动轮的轴连接起来，从而组成一个传动机构。

3. 电磁阀组和气动控制回路

分拣单元的电磁阀组使用了三个有二位五通的带手控开关的单电控电磁阀，它们安装在汇流板上。这三个阀分别对金属、白料和黑料推动气缸的气路进行控制，以改变各自的动作状态。

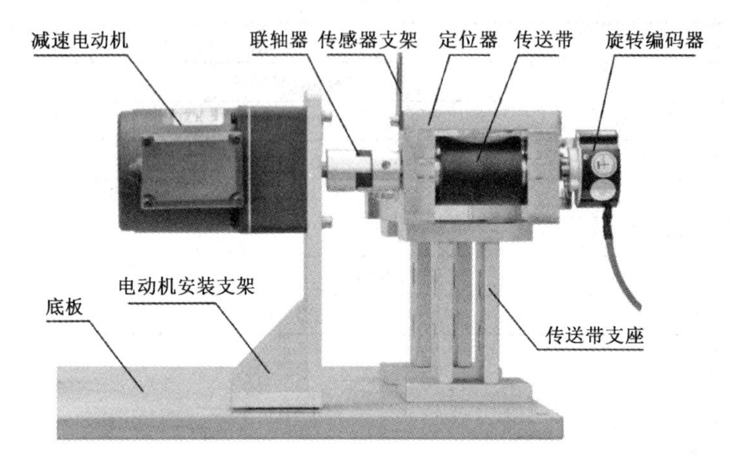

图 3.1.4　传动机构

本单元气动控制回路的工作原理如图 3.1.5 所示。图中 1A、2A 和 3A 分别为分拣一气缸、分拣二气缸和分拣三气缸。1B1、2B1 和 3B1 分别为安装在各分拣气缸的前极限工作位置的磁感应接近开关。1Y1、2Y1 和 3Y1 分别为控制 3 个分拣气缸电磁阀的电磁控制端。

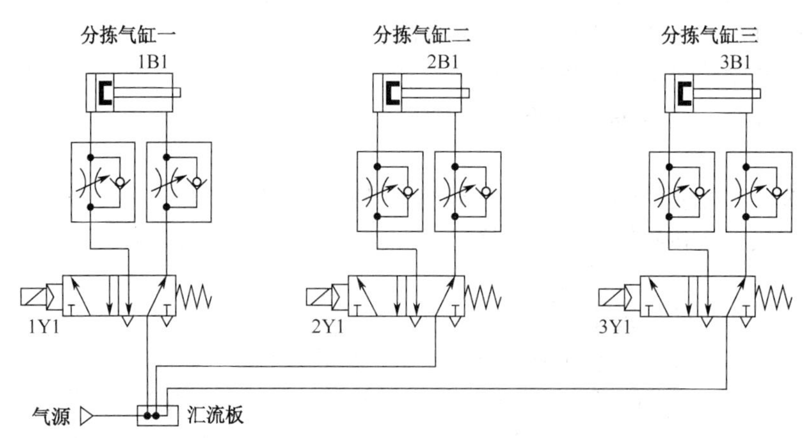

图 3.1.5　分拣单元气动控制回路工作原理图

<旋转编码器>

旋转编码器是通过光电转换，将输出至轴上的机械、几何位移量转换成脉冲或数字信号的传感器，主要用于速度或位置（角度）的检测。典型的旋转编码器是由光栅盘和光电检测装置组成。光栅盘是在一定直径的圆板上等分地开通若干个长方形狭缝。由于光电码盘与电动机同轴，电动机旋转时，光栅盘与电动机同速旋转，经发光二极管等电子元件组成的检测装置检测输出若干脉冲信号，其原理示意图如图 3.1.6 所示；通过计算每秒旋转编码器输出脉冲的个数，就能反映当前电动机的转速。

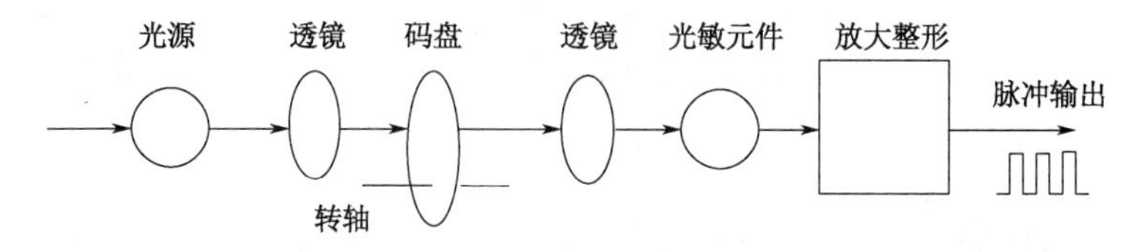

图 3.1.6　旋转编码器原理示意图

根据产生脉冲的方式的不同，旋转编码器可以分为增量式、绝对式以及复合式三大类。分拣单元上常采用的是增量式旋转编码器。

增量式编码器是直接利用光电转换原理输出三组方波脉冲 A、B 和 Z 相；A、B 两组脉冲相位差 90º，用于辨向：当 A 相脉冲超前 B 相时为正转方向，而当 B 相脉冲超前 A 相时则为反转方向。Z 相为每转一个脉冲，用于基准点定位，如图 3.1.7 所示。

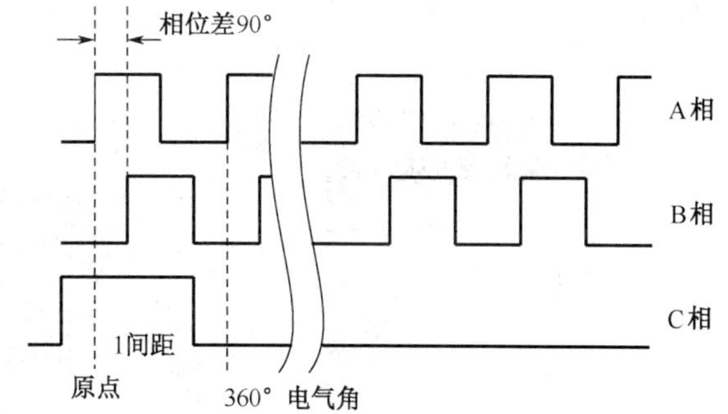

图 3.1.7　增量式编码器输出三组方波脉冲

YL-335B 分拣单元使用了这种具有 A、B 两相 90º 相位差的通用型旋转编码器，用于计算工件在传送带上的位置。编码器直接连接到传送带主动轴上。该旋转编码器的三相脉冲采用 NPN 型集电极开路输出，分辨率为 500 线，工作电源为 DC12～24V。本工作单元没有使用 Z 相脉冲，A、B 两相输出端直接连接到 PLC（FX2N-32MR）的高速计数器输入端。

计算工件在传送带上的位置时，需确定每两个脉冲之间的距离即脉冲当量。分拣单元主动轴的直径为 d=43mm，则减速电机每旋转一周，皮带上工件移动距离 $L=\pi\cdot d=3.14\times 43=$ 136.35 mm。故脉冲当量 μ 为 $\mu=L/500\approx 0.273$ mm。按如图 3.1.8 所示的安装尺寸，当工件从下料口中心线移至传感器中心时，旋转编码器约发出 430 个脉冲；移至第一个推杆中心点时，约发出 614 个脉冲；移至第二个推杆中心点时，约发出 963 个脉冲；移至第二个推杆中心点时，约发出 1284 个脉冲。

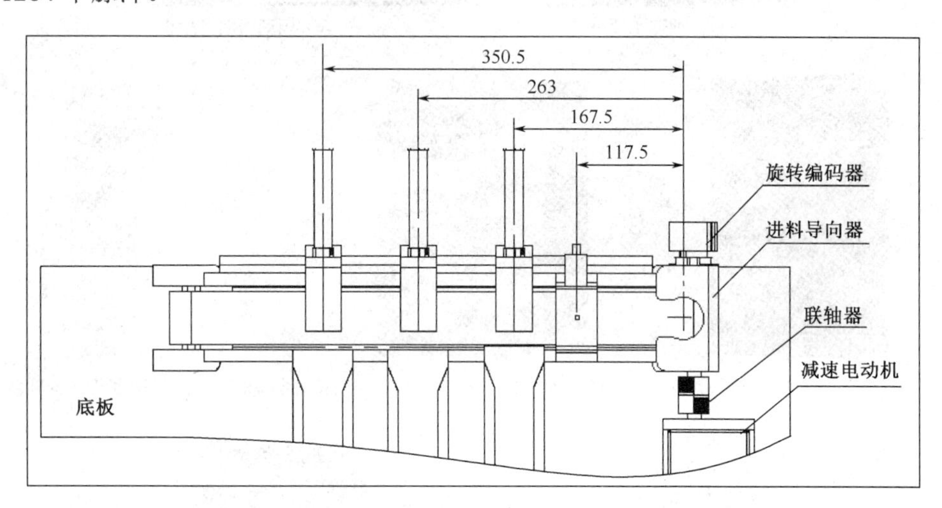

图 3.1.8　传送带位置计算用图

应该指出的是，上述脉冲当量的计算只是理论上的。实际上各种误差因素不可避免，如传送带主动轴直径（包括皮带厚度）的测量误差，传送带的安装偏差、张紧度，分拣单元整体在工作台面上定位偏差等，都将影响理论计算值。因此理论计算值只能作为估算值。脉冲当量的误差所引起的累计误差会随着工件在传送带上运动距离的增大而迅速增加，甚至达到不可容忍的地步。因而在分拣单元安装调试时，除了要仔细调整以尽量减少安装偏差外，尚需现场测试脉冲当量值。

<三菱 FR-E740 变频器使用方法>

变频器是一种利用电力半导体器件的通断作用将工频电源变换为另一频率电能的控制装

置。在交流异步电动机的诸多调速方法中，变频调速的性能最好，调速范围大，静态稳定性好，运行效率高。而采用通用变频器对笼式异步电动机进行调速控制，由于使用方便、可靠性高，并且经济效益显著，得到了广泛应用。其型号有多种，常见的变频器的外形如图 3.1.9 所示。

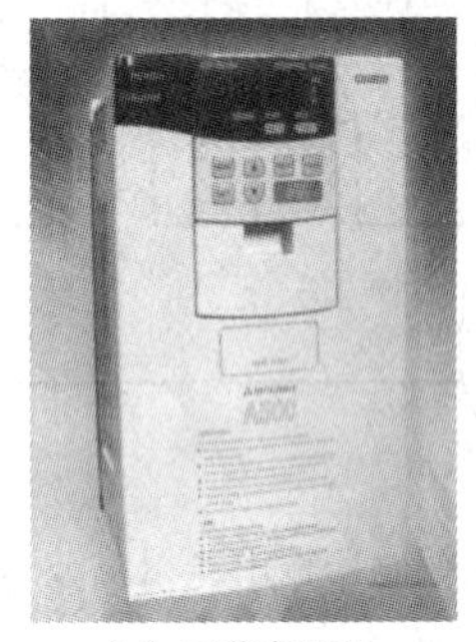

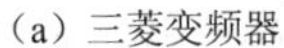
（a）三菱变频器

（b）松下变频器

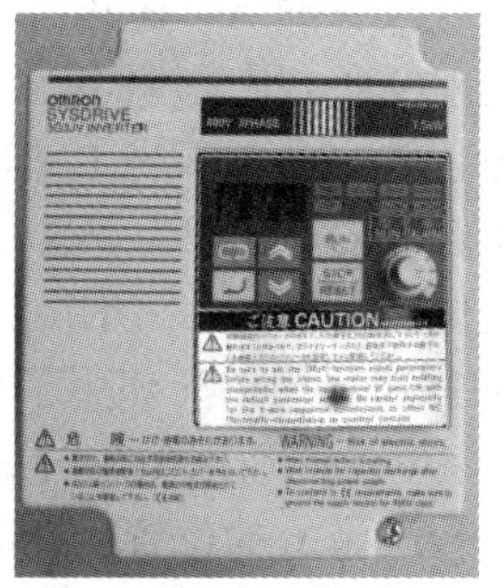

（c）欧姆龙变频器

（d）西门子变频器

（e）国产伟创变频器

（f）国产米兰变频器

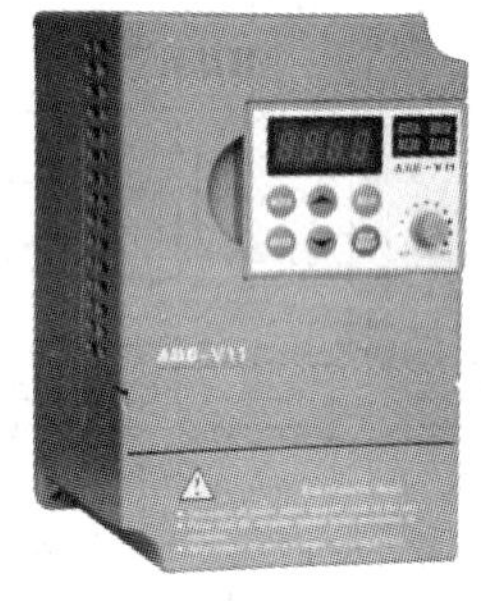

（g）国产安川变频器

（h）国产德玛环保空调专用变频器

（i）国产德玛变频器

（j）施耐德变频器

图 3.1.9　常见的变频器外形

1. 三菱变频器 FR-E740 接线方法

在 YL-335B 自动化生产线设备中，变频器选用三菱 FR-E700 系列变频器中的 FR-E740-0.75K-CHT 形变频器，该变频器额定电压等级为三相 400V，适用电机容量为 0.75kW 及以下的电动机。FR-E700 系列变频器的外观和型号的定义如图 3.1.10 所示。FR-E700 系列变频器是 FR-E500 系列变频器的升级产品，是一种小型、高性能的变频器。

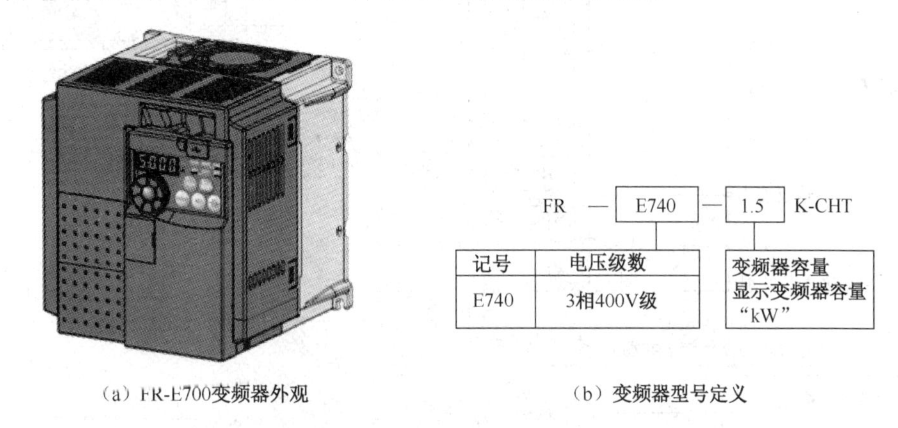

（a）FR-E700变频器外观　　（b）变频器型号定义

图 3.1.10　FR-E700 系列变频器

FR-E740 系列变频器主电路的通用接线如图 3.1.11 所示。

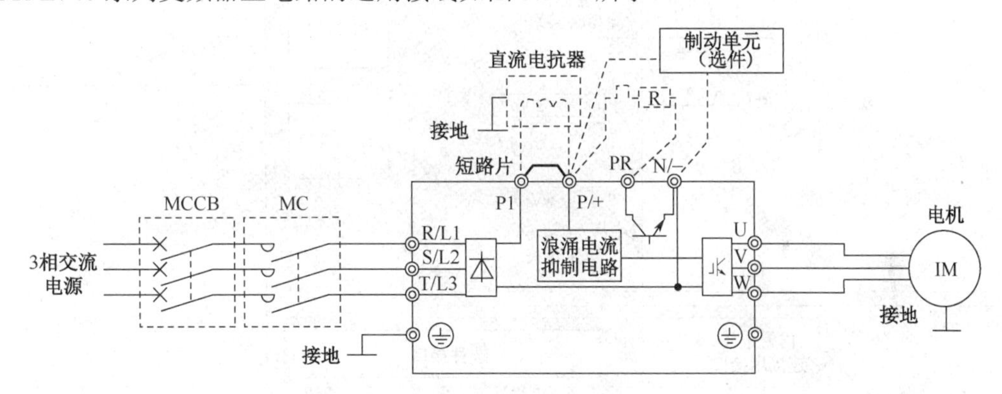

图 3.1.11　FR-E740 系列变频器主电路的通用接线

图中有关说明如下：

① 端子 P1、P/+之间用以连接直流电抗器，不须连接时，两端子间短路。

② P/+与 PR 之间用以连接制动电阻器，P/+与 N/−之间用以连接制动单元选件。YL-335B 设备均未使用，故用虚线画出。

③ 交流接触器 MC 用作变频器安全保护的目的，注意不要通过此交流接触器来起动或停止变频器，否则可能降低变频器寿命。在 YL-335B 系统中，没有使用这个交流接触器。

④ 进行主电路接线时，应确保输入、输出端不能接错，即电源线必须连接至 R/L1、S/L2、T/L3，绝对不能接 U、V、W，否则会损坏变频器。

FR-E740 系列变频器控制电路的接线如图 3.1.12 所示。控制电路端子分为控制输入、频率设定（模拟量输入）、继电器输出（异常输出）、集电极开路输出（状态检测）和模拟电压输出等 5 部分区域，各端子的功能可通过调整相关参数的值进行变更，在出厂初始值的情况下，各控制电路端子的功能说明见表 3.1.5～表 3.1.7。

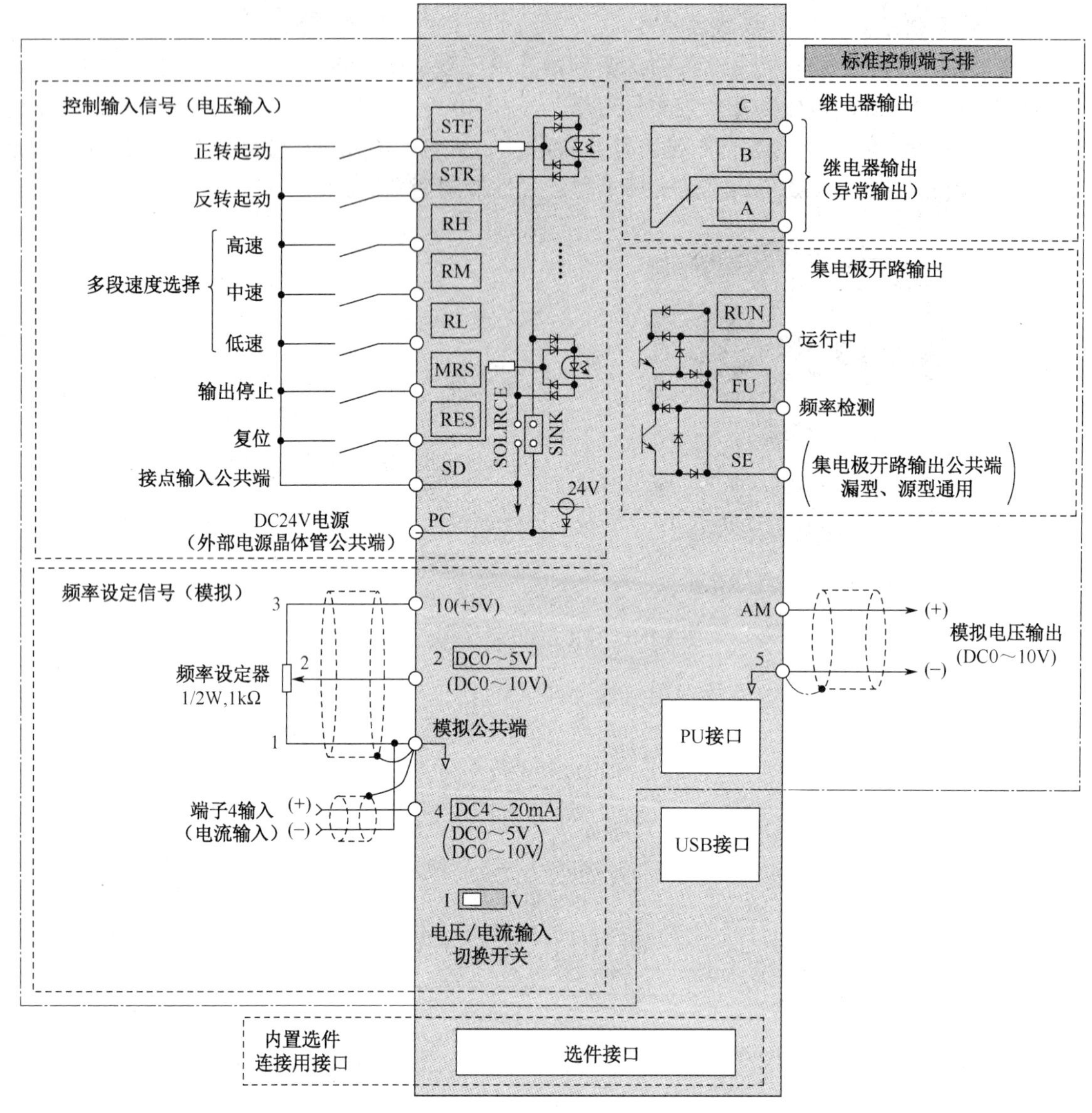

图 3.1.12　FR-E700 变频器控制电路接线图

表 3.1.5　控制电路输入端子的功能说明

种类	端子编号	端 子 名 称	端子功能说明	
接点输入	STF	正转起动	STF 信号 ON 时为正转、OFF 时为停	STF、STR 信号同时 ON 时变成停止指令
	STR	反转起动	STR 信号 ON 时为反转、OFF 时为停止指令	
	RH RM RL	多段速度选择	用 RH、RM 和 RL 信号的组合可以选择多段速度	
	MRS	输出停止	MRS 信号 ON （20ms 或以上）时，变频器输出停止 用电磁制动器停止电机时用于断开变频器的输出	
	RES	复位	用于解除保护电路动作时的报警输出。使 RES 信号处于 ON 状态 0.1s 或以上，然后断开 初始设定为始终可进行复位。但进行了 Pr.75 的设定后，仅在变频器报警发生时可进行复位。复位时间约为 1s	

续表

种类	端子编号	端子名称	端子功能说明
接点输入	SD	接点输入公共端（漏型）（初始设定）	接点输入端子（漏型逻辑）的公共端子
		外部晶体管公共端（源型）	源型逻辑时，连接晶体管输出（即集电极开路输出），如可编程控制器（PLC），将晶体管输出用的外部电源公共端接到该端子上，可以防止因漏电引起的误动作
		DC 24V 电源公共端	DC 24V 0.1A 电源（端子 PC）的公共输出端子 与端子 5 及端子 SE 绝缘
	PC	外部晶体管公共端（漏型）（初始设定）	漏型逻辑时，当连接晶体管输出（即集电极开路输出），如可编程控制器（PLC），将晶体管输出用的外部电源公共端接到该端子，可以防止因漏电引起的误动作
		接点输入公共端（源型）	接点输入端子（源型逻辑）的公共端子
		DC 24V 电源	可作为 DC 24V、0.1A 的电源使用
频率设定	10	频率设定用电源	作为外接频率设定（速度设定）用电位器的电源使用（按照 Pr.73 模拟量输入选择）
	2	频率设定（电压）	如果输入 DC 0～5V（或 0～10V），在 5V（10V）时为最大输出频率，输入/输出成正比。通过 Pr.73 进行 DC 0～5V（初始设定）和 DC 0～10V 输入的切换操作
	4	频率设定（电流）	若输入 DC 4～20mA（或 0～5V，0～10V），在 20mA 时为最大输出频率，输入输出成正比。只有 AU 信号为 ON 时端子 4 的输入信号才会有效（端子 2 的输入将无效）。通过 Pr.267 进行 4～20mA（初始设定）和 DC 0～5V、DC 0～10V 输入的切换操作 电压输入（0～5V/0～10V）时，请将电压/电流输入切换开关切换至“V”
	5	频率设定公共端	频率设定信号（端子 2 或 4）及端子 AM 的公共端子。请勿接大地

表 3.1.6　控制电路接点输出端子的功能说明

<table>
<tr><th>种类</th><th>端子记号</th><th>端子名称</th><th colspan="2">端子功能说明</th></tr>
<tr><td>继电器</td><td>A、B、C</td><td>继电器输出（异常输出）</td><td colspan="2">指示变频器因保护功能动作时输出停止的 1c 接点输出。异常时：B-C 间不导通（A-C 间导通），正常时：B-C 间导通（A-C 间不导通）</td></tr>
<tr><td rowspan="3">集电极开路</td><td>RUN</td><td>变频器正在运行</td><td colspan="2">变频器输出频率大于或等于起动频率（初始值 0.5Hz）时为低电平，已停止或正在直流制动时为高电平</td></tr>
<tr><td>FU</td><td>频率检测</td><td colspan="2">输出频率大于或等于任意设定的检测频率时为低电平，未达到时为高电平</td></tr>
<tr><td>SE</td><td>集电极开路、输出公共端</td><td colspan="2">端子 RUN、FU 的公共端子</td></tr>
<tr><td>模拟</td><td>AM</td><td>模拟电压输出</td><td>可以从多种监视项目中选一种作为输出。变频器复位中不被输出。输出信号与监视项目的大小成比例</td><td>输出项目：输出频率（初始设定）</td></tr>
</table>

表 3.1.7　控制电路网络接口的功能说明

种类	端子记号	端子名称	端子功能说明
RS-485	——	PU 接口	通过 PU 接口，可进行 RS-485 通信 •标准规格：EIA-485 （RS-485） •传输方式：多站点通信 •通信速率：4800～38400bps •总长距离：500m
USB	——	USB 接口	与个人电脑通过 USB 连接后，可以实现 FR Configurator 的操作 •接口：USB1.1 标准 •传输速度：12Mbps •连接器：USB 迷你-B 连接器（插座：迷你-B 型）

2. 三菱变频器 FR-E740 的参数设置方法

（1）FR-E700 系列的操作面板。

使用变频器之前，首先要熟悉它的面板显示和键盘操作单元（或称控制单元），并且按使用现场的要求合理设置参数。FR-E700 系列变频器的参数设置，通常利用固定在其上的操作面板（不能拆下）实现，也可以使用连接到变频器 PU 接口的参数单元（FR-PU07）实现。使用操作面板可以进行运行方式、频率的设定，运行指令监视，参数设定，错误表示等，其操作面板如图 3.1.13 所示，其上半部为面板显示器，下半部为 M 旋钮和各种按键。它们的具体功能分别见表 3.1.8 和表 3.1.9。

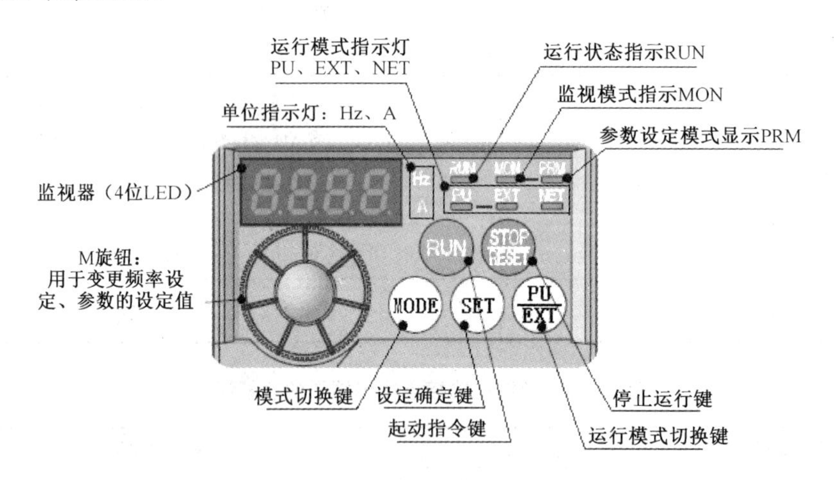

图 3.1.13　FR-E700 的操作面板

表 3.1.8　旋钮、按键功能

旋钮和按键	功　能
M 旋钮（三菱变频器旋钮）	旋动该旋钮用于变更频率设定、参数的设定值。按下该旋钮可显示以下内容： • 监视模式时的设定频率 • 校正时的当前设定值 • 报警历史模式时的顺序
模式切换键 MODE	用于切换各设定模式，和运行模式切换键同时按下也可以用来切换运行模式，长按此键（2s）可以锁定操作

续表

旋钮和按键	功　能
设定确定键 SET	各设定的确定 此外，当运行中按此键，则监视器出现以下显示： 运行频率 → 输出电流 → 输出电压 →（返回运行频率）
运行模式切换键 PU/EXT	用于切换 PU/外部运行模式 使用外部运行模式（通过另接的频率设定电位器和起动信号起动的运行）时按此键，使表示运行模式的 EXT 处于亮灯状态 切换至组合模式时，可同时按 MODE 键 0.5s，或者变更参数 Pr.79
起动指令键 RUN	在 PU 模式下，按此键起动运行 通过 Pr.40 的设定，可以选择旋转方向
停止运行键 STOP/RESET	在 PU 模式下，按此键停止运转 保护功能（严重故障）生效时，也可以进行报警复位

表 3.1.9　运行状态显示

显示	功　能
运行模式显示	**PU**：PU 运行模式时亮灯 **EXT**：外部运行模式时亮灯 **NET**：网络运行模式时亮灯
监视器（4 位 LED）	显示频率、参数编号等
监视数据单位显示	**Hz**：显示频率时亮灯；**A**：显示电流时亮灯 （显示电压时熄灯，显示设定频率监视时闪烁）
运行状态显示 RUN	（1）当变频器动作中亮灯或者闪烁；其中 · 亮灯——正转运行中 · 缓慢闪烁（1.4s 循环）——反转运行中 （2）下列情况下出现快速闪烁（0.2s 循环） · 按键或输入起动指令都无法运行时 · 有起动指令，但频率指令在起动频率以下时 · 输入了 MRS 信号时
参数设定模式显示 PRM	参数设定模式时亮灯
监视器显示 MON	监视模式时亮灯

（2）变频器的运行模式。

运行模式是指对输入到变频器的起动指令和设定频率的命令来源的指定。由表 3.1.8 和表 3.1.9 可见，在变频器不同的运行模式下，各种按键、M 旋钮的功能各异。

使用控制电路端子、在外部设置电位器和开关来进行操作的是“外部运行模式”，使用操作面板或参数单元输入起动指令、设定频率为“PU 运行模式”，通过 PU 接口进行 RS-485 通信或使用通信选件为“网络运行模式（NET 运行模式）”。在进行变频器操作以前，必须了解其各种运行模式，才能进行各项操作。

FR-E700 系列变频器通过参数 Pr.79 的值来指定变频器的运行模式，设定值范围为 0、1、2、3、4、6、7；这 7 种运行模式的内容以及相关 LED 指示灯的状态见表 3.1.10。

表 3.1.10　运行模式选择（Pr.79）

<table>
<tr><th>设定值</th><th colspan="2">内　容</th><th>LED 显示状态（▭：灭灯 ▭：亮灯）</th></tr>
<tr><td>0</td><td colspan="2">外部/PU 切换模式，通过 PU/EXT 键可切换 PU 与外部运行模式
注意：接通电源时为外部运行模式</td><td>外部运行模式：PU 运行模式：EXT PU</td></tr>
<tr><td>1</td><td colspan="2">固定为 PU 运行模式</td><td>PU</td></tr>
<tr><td>2</td><td colspan="2">固定为外部运行模式
可以在外部、网络运行模式间切换运行</td><td>外部运行模式：EXT
网络运行模式：NET</td></tr>
<tr><td rowspan="3">3</td><td colspan="2">外部/PU 组合运行模式 1</td><td rowspan="6">PU EXT</td></tr>
<tr><td>频率指令</td><td>起动指令</td></tr>
<tr><td>用操作面板设定或用参数单元设定，或外部信号输入（多段速设定，端子 4～5 间（AU 信号 ON 时有效））</td><td>外部信号输入（端子 STF、STR）</td></tr>
<tr><td rowspan="3">4</td><td colspan="2">外部/PU 组合运行模式 2</td></tr>
<tr><td>频率指令</td><td>起动指令</td></tr>
<tr><td>外部信号输入（端子 2、4、JOG、多段速选择等）</td><td>通过操作面板的 RUN 键、或通过参数单元的 FWD、REV 键来输入</td></tr>
<tr><td>6</td><td colspan="2">切换模式
可以在保持运行状态的同时，进行 PU 运行、外部运行、网络运行的切换</td><td>PU 运行模式：PU
外部运行模式：EXT
网络运行模式：NET</td></tr>
<tr><td>7</td><td colspan="2">外部运行模式（PU 运行互锁）
X12 信号为 ON 时，可切换到 PU 运行模式（外部运行中输出停止）
X12 信号为 OFF 时，禁止切换到 PU 运行模式</td><td>PU 运行模式：PU
外部运行模式：EXT</td></tr>
</table>

变频器出厂时，参数 **Pr.79** 设定值为 0。当停止运行时用户可以根据实际需要修改其设定值。

修改 **Pr.79** 设定值的一种方法是：按 **MODE** 键使变频器进入参数设定模式；旋动 **M** 旋钮，选择参数 **Pr.79**，用 **SET** 键确定之；然后再旋动 **M** 旋钮选择合适的设定值，用 **SET** 键确定之；两次按 **MODE** 键后，变频器的运行模式将变更为设定的模式。

如图 3.1.14 所示为设定参数 **Pr.79** 的一个例子。该例子把变频器从固定外部运行模式变更为组合运行模式 1。

（3）参数的设定。

变频器参数的出厂设定值被设置为完成简单的变速运行。如需按照负载和操作要求设定参数，则应进入参数设定模式，先选定参数号，然后设置其参数值。设定参数分两种情况，一种是停机 **STOP** 方式下重新设定参数，这时可设定所有参数；另一种是在运行时设定，这时只允许设定部分参数，但是可以核对所有参数号及参数。如图 3.1.15 所示为参数设定过程的一个例子，若当前运行模式为外部/**PU** 切换模式（**Pr.79**=0），所完成的操作是把参数 **Pr.1**（上限频率）从出厂设定值 120.0Hz 变更为 50.0Hz。

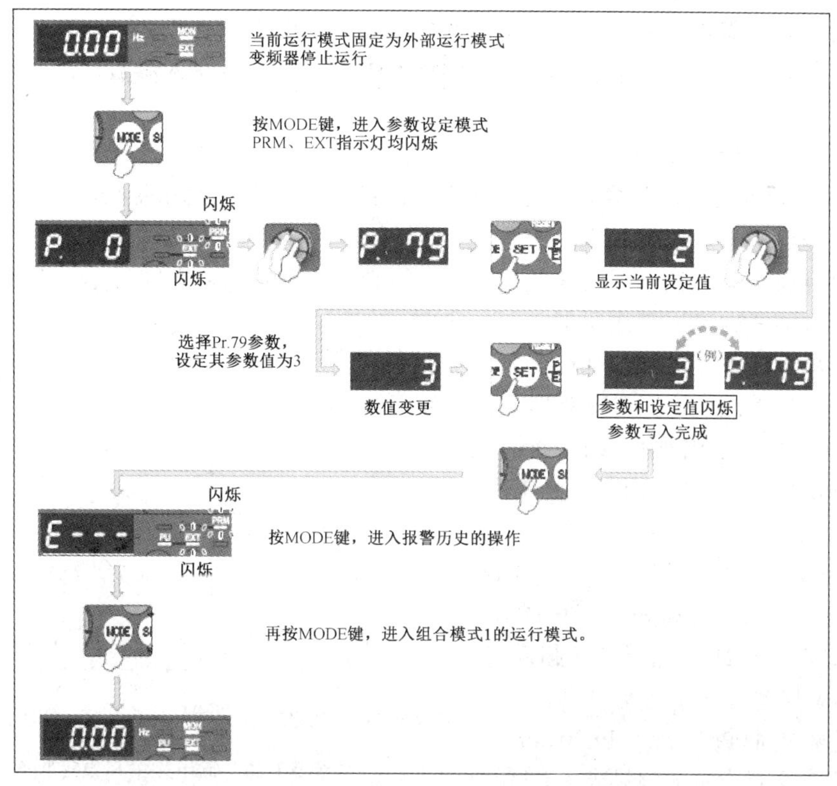

图 3.1.14　变频器的运行模式变更例子

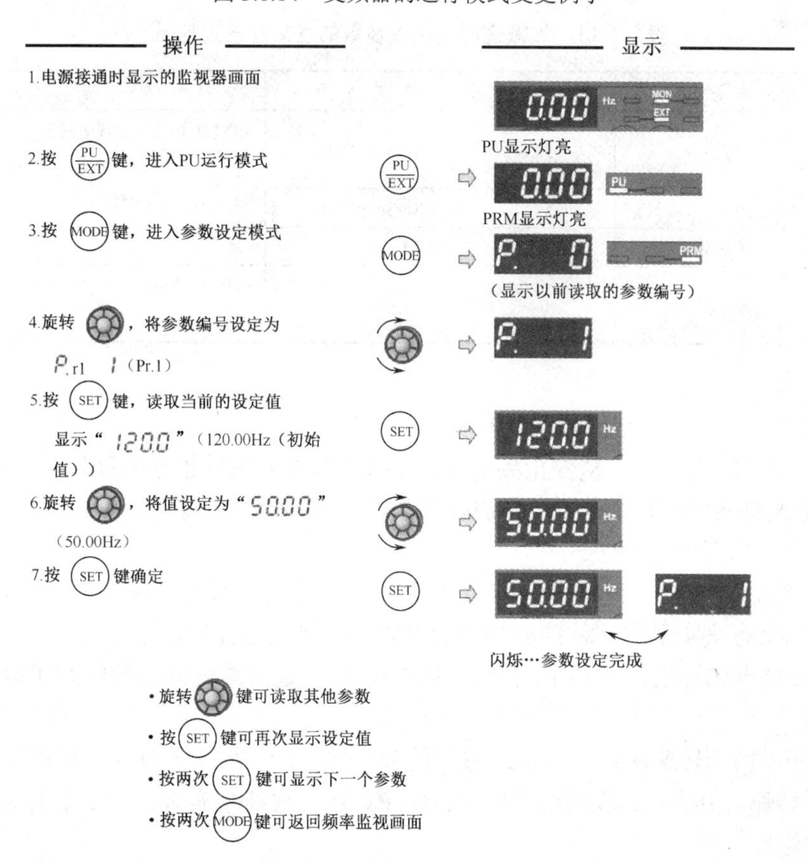

图 3.1.15　变更参数的设定值示例

在参数设定时，需要先切换到 **PU** 模式下，再进入参数设定模式，与如图 3.1.14 所示的方法有所不同。实际上，在任一运行模式下，按 **MODE** 键，都可以进入参数设定，但只能设定部分参数。

3. 变频器的常用参数设置

FR-E700 变频器有几百个参数，实际使用时，只需根据使用现场的要求设定部分参数，其余按出厂设定即可。一些常用参数，则是应该熟悉的。

下面根据分拣单元工艺过程对变频器的要求，介绍一些常用参数的设定。关于参数设定更详细的说明请参阅 FR-E700 使用手册。

（1）输出频率的限制（Pr.1、Pr.2、Pr.18）。

为了限制电机的速度，应对变频器的输出频率加以限制。用 **Pr.1**“上限频率”和 **Pr.2**“下限频率”来设定，可将输出频率的上、下限位。

当在 120Hz 以上运行时，用参数 **Pr.18**“高速上限频率”设定高速输出频率的上限。

Pr.1 与 **Pr.2** 出厂设定范围为 0～120Hz，出厂设定值分别为 120Hz 和 0Hz。**Pr.18** 出厂设定范围为 120～400Hz。输出频率和设定值的关系如图 3.1.16 所示。

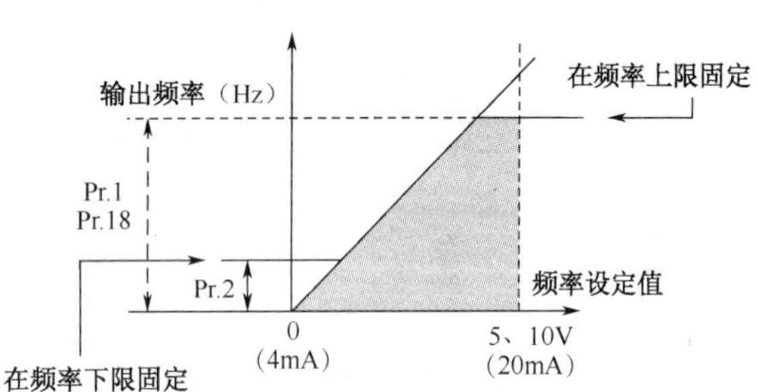

图 3.1.16　输出频率与设定频率关系

（2）加减速时间（Pr.7、Pr.8、Pr.20、Pr.21）。

各参数的意义及设定范围见表 3.1.11。

表 3.1.11　加减速时间相关参数的意义及设定范围

参 数 号	参 数 意 义	出厂设定	设 定 范 围	备　　注
Pr.7	加速时间	5s	0～3600/360s	根据 Pr.21 加减速时间单位的设定值进行设定。初始值的设定范围为“0～3600s”、设定单位为“0.1s”
Pr.8	减速时间	5s	0～3600/360s	
Pr.20	加/减速基准频率	50Hz	1～400Hz	
Pr.21	加/减速时间单位	0	0/1	0: 0～3600s；单位：0.1s 1: 0～360s；单位：0.01s

设定说明：

① 用 Pr.20 为加/减速的基准频率，在我国为 50Hz。

② Pr.7 加速时间用于设定从停止到 Pr.20 加减速基准频率的加速时间。

③ Pr.8 减速时间用于设定从 Pr.20 加减速基准频率到停止的减速时间。

（3）多段速运行模式的操作。

变频器在外部操作模式或组合操作模式 2 下，变频器可以通过外接的开关器件的组合通断改变输入端子的状态来实现。这种控制频率的方式称为多段速控制功能。

FR-E740 变频器的速度控制端子是 RH、RM 和 RL。通过这些开关的组合可以实现 3 段、7 段的控制。

转速的切换：由于转速的挡位是按二进制的顺序排列的，故三个输入端可以组合成 3～7 挡（0 状态不计）转速。其中，3 段速由 RH、RM、RL 单个通断来实现。7 段速由 RH、RM、RL 通断的组合来实现。

7 段速的各自运行频率则由参数 Pr.4～Pr.6（设置前 3 段速的频率）、Pr.24～Pr.27（设置第 4～

7 段速的频率）。对应的控制端状态及参数关系如图 3.1.17 所示。

参数号	出厂设定	设定范围	备注
4	50Hz	0～400Hz	
5	30Hz	0～400Hz	
6	10Hz	0～400Hz	
24～27	9999	0～400Hz，9999	9999：未选择

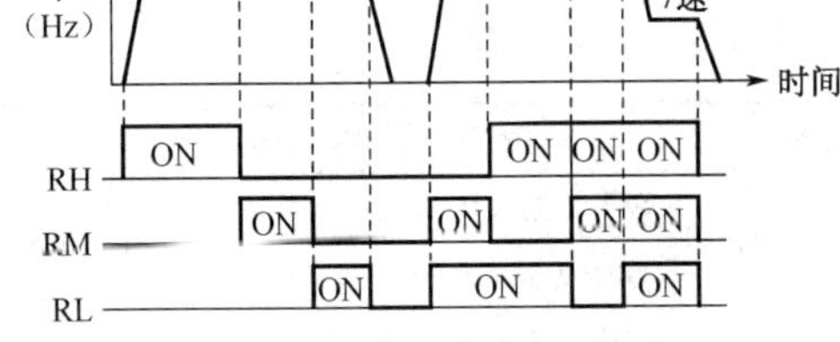

图 3.1.17　多段速控制对应的控制端状态及参数关系

多段速度设定在 PU 运行和外部运行中都可以设定。运行期间参数值也能被改变。

3 速设定的场合（Pr.24～Pr.27 设定为 9999），2 速以上同时被选择时，低速信号的设定频率优先。

最后指出，如果把参数 Pr.183 设置为 8，将 RMS 端子的功能转换成多速段控制端 REX，就可以用 RH、RM、RL 和 REX（由）通断的组合来实现 15 段速。详细的说明请参阅 FR-E700 使用手册。

（4）通过模拟量输入（端子 2、4）设定频率。

分拣单元变频器的频率设定，除了用 PLC 输出端子控制多段速度设定外，也有连续设定频率的需求。例如，在变频器安装和接线完成进行运行试验时，常常用调速电位器连接到变频器的模拟量输入信号端，进行连续调速试验。此外，在触摸屏上指定变频器的频率，则此频率也应该是连续可调的。需要注意的是，如果要用模拟量输入（端子 2、4）设定频率，则 RH、RM、RL 端子应断开，否则多段速度设定优先。

① 模拟量输入信号端子的选择。

FR-E700 系列变频器提供 2 个模拟量输入信号端子（端子 2、4）用作连续变化的频率设定。在出厂设定情况下，只能使用端子 2，端子 4 无效。

要使端子 4 有效，需要在各接点输入端子 STF、STR、…、RES 之中选择一个，将其功能定义为 AU 信号输入。则当这个端子与 SD 端短接时，AU 信号为 ON，端子 4 变为有效，端子 2 变为无效。

例如，选择 RES 端子用作 AU 信号输入，则设置参数 Pr.184 ＝“4”，在 RES 端子与 SD 端之间连接一个开关，当此开关断开时，AU 信号为 OFF，端子 2 有效；反之，当此开关接通时，AU 信号为 ON，端子 4 有效。

② 模拟量信号的输入规格。

如果使用端子 2，模拟量信号可为 0～5V 或 0～10V 的电压信号，用参数 Pr.73 指定，其出厂设定值为 1，指定为 0～5V 的输入规格，并且不能可逆运行。参数 Pr.73 参数的取值范围为 0、1、10、11，具体内容见表 3.1.12。

如果使用端子 4，模拟量信号可为电压输入（0～5V、0～10V）或电流输入（4～20mA 初始值），用参数 Pr.267 和电压/电流输入切换开关设定，并且要输入与设定相符的模拟量信号。Pr.267 取值范围为 0、1、2，具体内容见表 3.1.12。

必须注意的是，若发生切换开关与输入信号不匹配的错误（如开关设定为电流输入 I，但端子输入却为电压信号；或反之）时，会导致外部输入设备或变频器故障。

对于频率设定信号(DC 0～5V、0～10V 或 4～20mA)的相应输出频率的大小可用参数 Pr.125（对端子 2）或 Pr.126（对端子 4）设定，用于确定输入增益（最大）的频率。它们的出厂设定值均为 50Hz，设定范围为 0～400Hz。

表 3.1.12　模拟量输入选择（Pr.73、Pr.267）

<table>
<tr><th>参数编号</th><th>名　称</th><th>初始值</th><th>设定范围</th><th colspan="2">内　容</th></tr>
<tr><td rowspan="4">73</td><td rowspan="4">模拟量输入选择</td><td rowspan="4">1</td><td>0</td><td>端子 2 输入 0～10V</td><td rowspan="2">无可逆运行</td></tr>
<tr><td>1</td><td>端子 2 输入 0～5V</td></tr>
<tr><td>10</td><td>端子 2 输入 0～10V</td><td rowspan="2">有可逆运行</td></tr>
<tr><td>11</td><td>端子 2 输入 0～5V</td></tr>
<tr><td rowspan="4">267</td><td rowspan="4">端子 4 输入选择</td><td rowspan="4">0</td><td rowspan="2">0</td><td>电压/电流输入
切换开关</td><td>内容</td></tr>
<tr><td>I　V</td><td>端子 4 输入 4～20mA</td></tr>
<tr><td>1</td><td rowspan="2">I　V</td><td>端子 4 输入 0～5V</td></tr>
<tr><td>2</td><td>端子 4 输入 0～10V</td></tr>
</table>

注：电压输入时，输入电阻为 10kΩ±1kΩ、最大容许电压为 DC 20V；

电流输入时，输入电阻为 233Ω±5Ω、最大容许电流为 30mA。

（5）参数清除。

如果用户在参数调试过程中遇到问题，并且希望重新开始调试，可用参数清除操作方法实现。即在 PU 运行模式下，设定 Pr.CL 参数清除、ALLC 参数全部清除均为“1”，可使参数恢复为初始值。但如果设定 Pr.77 参数写入选择＝“1”，则无法清除。

参数清除操作，需要在参数设定模式下，用 M 旋钮选择参数编号为 Pr.CL 和 ALLC，把它们的值均置为 1，操作步骤如图 3.1.18 所示。

<PLC 中高速计数器使用方法>

1. FX2N 型 PLC 的高速计数器

高速计数器是 PLC 的编程软元件，相对于普通计数器，高速计数器用于频率高于机内扫描频率的机外脉冲计数，由于计数信号频率高，计数以中断方式进行，计数器的当前值等于设定值时，计数器的输出接点立即工作。

FX2N 型 PLC 内置有 21 点高速计数器 C235～C255，每一个高速计数器都规定了其功能和占用的输入点。

（1）高速计数器的功能分配如下。

C235～C245 共 11 个高速计数器用作一相一计数输入的高速计数，即每一计数器占用 1 点高速计数输入点，计数方向可以是增序或者减序计数，取决于对应的特殊辅助继电器 M8×××的状态。例如，C245 占用 X002 作为高速计数输入点，当对应的特殊辅助继电器 M8245 被置位时，作增序计数。C245 还占用 X003 和 X007 分别作为该计数器的外部复位和置位输入端。

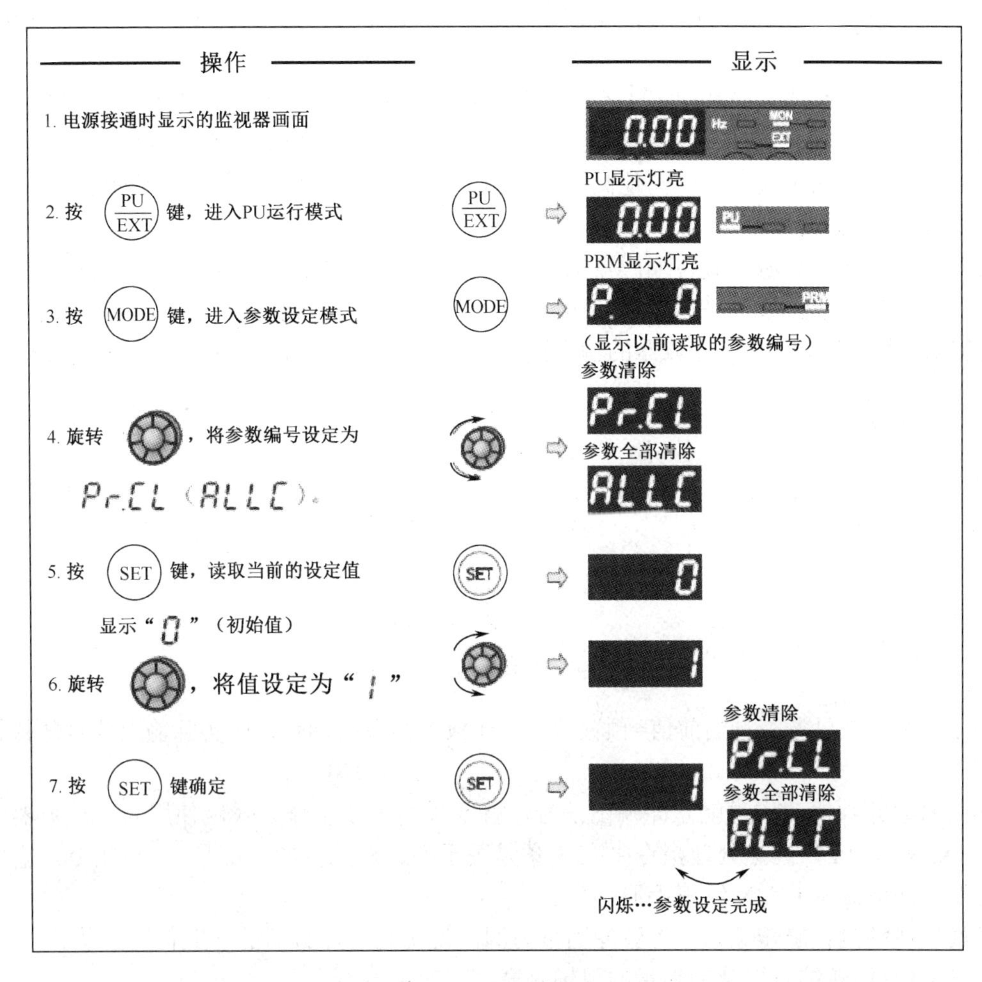

图 3.1.18　参数全部清除的操作示意

C246～C250 共 5 个高速计数器用作一相二计数输入的高速计数，即每一计数器占用 2 点高速计数输入，其中 1 点为增计数输入，另一点为减计数输入。例如，C250 占用 X003 作为增计数输入，占用 X004 作为减计数输入，另外占用 X005 作为外部复位输入端，占用 X007 作为外部置位输入端。同样，计数器的计数方向也可以通过编程对应的特殊辅助继电器 M8×××状态指定。

C251～C255 共 5 个高速计数器用作二相二计数输入的高速计数，即每一计数器占用 2 点高速计数输入，其中 1 点为 A 相计数输入，另 1 点为与 A 相相位差 90º 的 B 相计数输入。C251～C255 的功能和占用的输入点见表 3.1.13。

表 3.1.13　高速计数器 C251～C255 的功能和占用的输入点

	X000	X001	X002	X003	X004	X005	X006	X007
C251	A	B						
C252	A	B	R					
C253				A	B	R		
C254	A	B	R				S	
C255				A	B	R		S

如前所述，分拣单元所使用的是具有 A、B 两相 90º 相位差的通用型旋转编码器，且 Z 相脉冲信号没有使用，可选用高速计数器 C251。这时编码器的 A、B 两相脉冲输出应连接到 X000 和 X001 点。

（2）每一个高速计数器都规定了不同的输入点，但所有的高速计数器的输入点都在 X000～X007 范围内，并且这些输入点不能重复使用。例如，使用了 C251，因为 X000、X001 被占用，所以规定为占用这两个输入点的其他高速计数器，如 C252、C254 等都不能使用。

2. 高速计数器的编程

如果外部高速计数源（旋转编码器输出）已经连接到 PLC 的输入端，那么在程序中就可直接使用相对应的高速计数器进行计数。例如，在图 3.1.19 中，设定 C255 的设置值为 100，当 C255 的当前值等于 100 时，计数器的输出接点立即工作，从而控制相应的输出 Y010 ON。

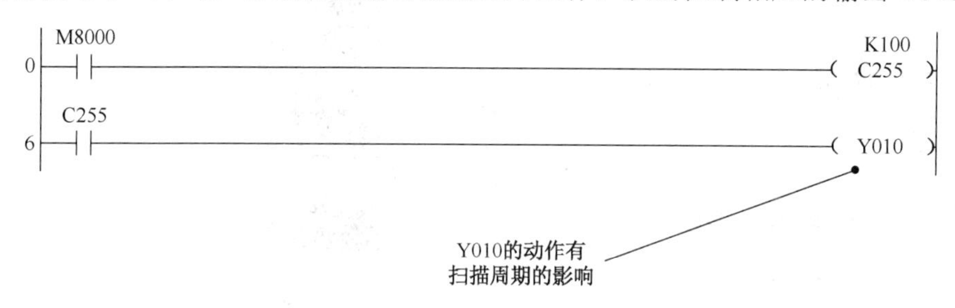

图 3.1.19　高速计数器的编程示例

由于中断方式计数，且当前值=预置值时，计数器会及时动作，但实际输出信号却依赖于扫描周期。

如果希望计数器动作时就立即输出信号，就要采用中断工作方式，使用高速计数器的专用指令，FX2N 型 PLC 高速处理指令中有 3 条是关于高速计数器的，都是 32 位指令。它们的具体的使用方法请参考 FX2N 编程手册。

下面以现场测试旋转编码器的脉冲当量为例，说明高速计数器的一般使用方法。

例 3.1.1　旋转编码器脉冲当量的现场测试。

前面已经指出，根据传送带主动轴直径计算旋转编码器的脉冲当量，其结果只是一个估算值。在分拣单元安装调试时，除了要仔细调整、尽量减少安装偏差外，尚须现场测试脉冲当量值。一种测试方法的步骤如下。

（1）分拣单元安装调试时，必须仔细调整电动机与主动轴联轴的同心度和传送皮带的张紧度。调节张紧度的两个调节螺栓应平衡调节，避免皮带运行时跑偏。传送带张紧度以电动机在输入频率为 1Hz 时能顺利起动，低于 1Hz 时难以起动为宜。测试时可把变频器设置为 Pr.79 =1，Pr.3 =0 Hz，Pr.161 =1；这样就能在操作机板进行起动/停止操作，并且把 M 旋钮作为电位器使用，进行频率调节。

（2）安装调整结束后，变频器参数设置为：

Pr.79 = 2（固定的外部运行模式），Pr.4=25Hz（高速段运行频率设定值）。

（3）编写如图 3.1.20 所示的程序，编译后传送到 PLC。

（4）运行 PLC 程序，并置于监控方式。在传送带进料口中心处放下工件后，按起动按钮起动运行。工件被传送到一段较长的距离后，按下停止按钮停止运行。观察监控界面上 C251 的读数，将此值填写到表 3.1.14 的“高速计数脉冲数”一栏中。然后在传送带上测量工件移动的距离，把测量值填写到表中“工件移动距离”一栏中；把监控界面上观察到的高速计数脉冲值，填写到“高速计数脉冲数”一栏中，则脉冲当量 μ 计算值=工件移动距离/高速计数脉冲数，填写到相应栏目中。

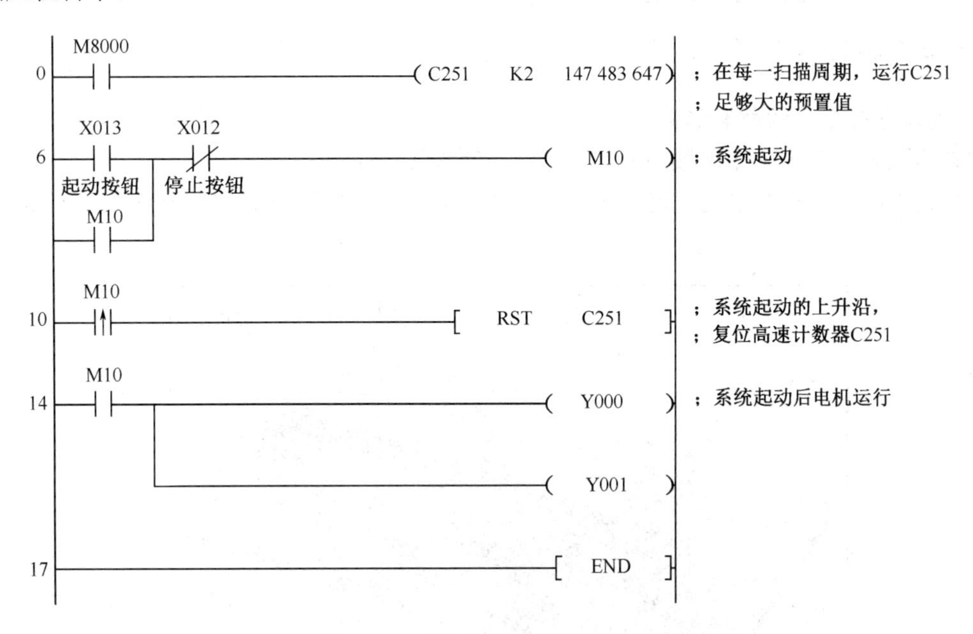

图 3.1.20　脉冲当量现场测试程序

表 3.1.14　脉冲当量现场测试数据

内容 序号	工件移动距离（测量值）	高速计数脉冲数（测试值）	脉冲当量 μ（计算值）
第一次	357.8	1391	0.2571
第二次	358	1392	0.2571
第三次	360.5	1394	0.2586

（5）重新把工件放到进料口中心处，按下起动按钮即进行第二次测试。进行三次测试后，求出脉冲当量M的平均值为：$M=（M_1+M_2+M_3）/ 3=0.2576$。

按如图 3.1.20 所示的安装尺寸重新计算旋转编码器到各位置应发出的脉冲数：当工件从下料口中心线移至传感器中心时，旋转编码器发出 456 个脉冲；移至第一个推杆中心点时，发出 650 个脉冲；移至第二个推杆中心点时，约发出 1021 个脉冲；移至第三个推杆中心点时，约发出 1361 个脉冲。

在本项工作任务中，编程高速计数器的目的，是根据 C251 当前值确定工件位置的，与存储到指定的变量存储器的特定位置数据进行比较，以确定程序的流向。特定位置考虑如下。

● 工件属性判别位置应稍后于进料口到传感器中心位置，故取脉冲数为 470，存储在 D110 单元中（双整数）。

● 从位置 1 推出的工件，停车位置应稍前于进料口到推杆 1 位置，取脉冲数为 600，存储在 D114 单元中。

● 从位置 2 推出的工件，停车位置应稍前于进料口到推杆 2 位置，取脉冲数为 970，存储在 D118 单元中。

● 从位置 3 推出的工件，停车位置应稍前于进料口到推杆 3 位置，取脉冲数为 1325，存储在 D122 单元中。

注意：特定位置数据均从进料口开始计算，因此，每当待分拣工件下料到进料口，电机开始起动时，必须对 C251 的当前值进行一次复位（清零）操作。

【项目实施步骤】

1. 完成分拣单元的所有机械部件的安装

安装步骤可以分为 4 个阶段进行，具体安装步骤如下：

（1）完成传送机构的组装，装配传送带装置及其支座，然后将其安装到底板上，如图 3.1.21 所示。

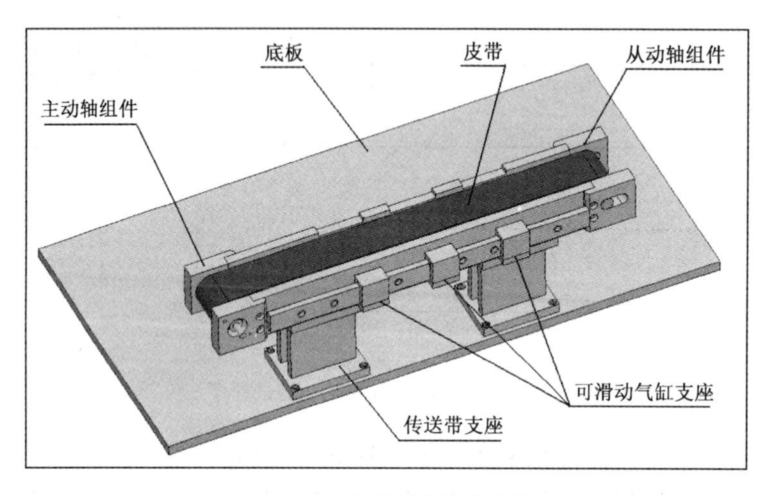

图 3.1.21 传送机构组件安装

（2）完成驱动电机组件装配，进一步装配联轴器，把驱动电机组件与传送机构相连接并固定在底板上，如图 3.1.22 所示。

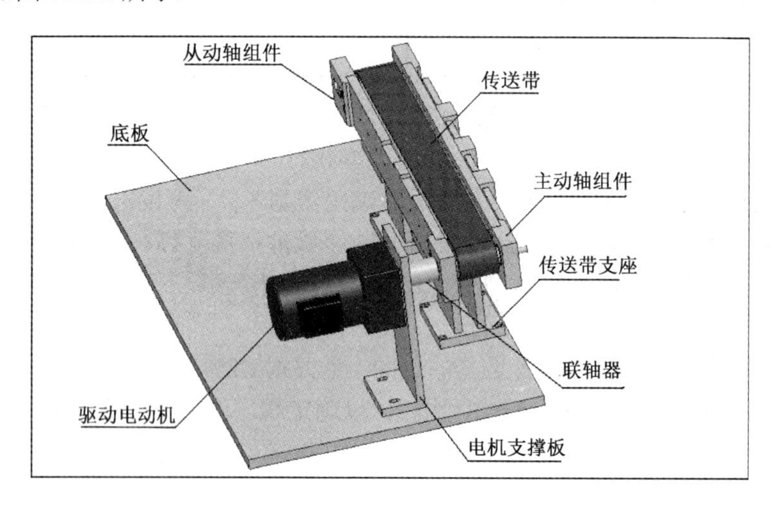

图 3.1.22 驱动电机组件安装

（3）继续完成推料气缸支架、推料气缸、传感器支架、出料槽及支撑板等装配，如图 3.1.23 所示。

（4）最后完成各传感器、电磁阀组件、装置侧接线端口等装配。

（5）传送带安装的注意事项。

① 皮带托板与传送带两侧板的固定位置应调整好，以免皮带安装后凹入侧板表面，造成推料被卡住的现象。

② 主动轴和从动轴的安装位置不能错，主动轴和从动轴的安装板的位置不能相互调换。

③ 皮带的张紧度应调整适中。

④ 要保证主动轴和从动轴的平行。

⑤ 为了使传动部分平稳可靠，噪声减小，特使用滚动轴承为动力回转件，但滚动轴承及其安装配合零件均为精密结构件，对其拆装需一定的技能和专用的工具，建议不要自行拆卸。

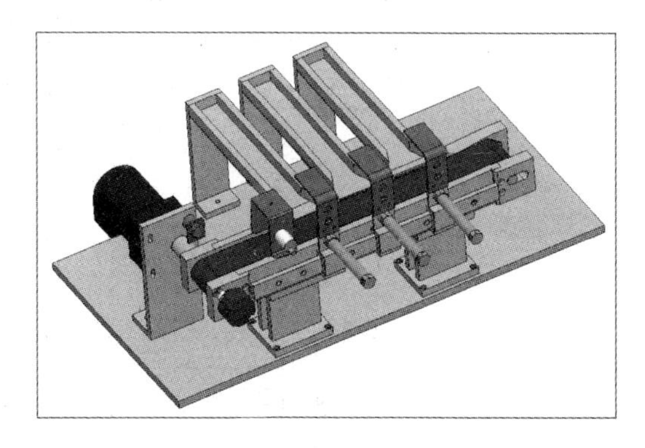

图 3.1.23　机械部件安装完成时的效果图

2. PLC 的 I/O 接线

根据工作任务要求，分拣单元机械安装效果如图 3.1.24 所示。

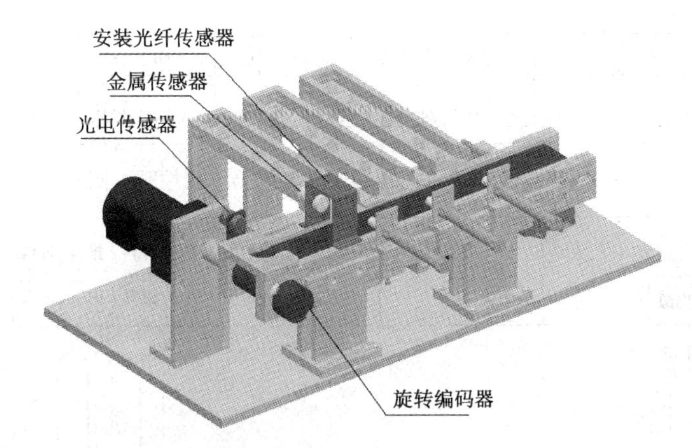

图 3.1.24　分拣单元机械安装效果图

分拣单元装置侧的接线端口信号端子的分配见表 3.1.15，装置侧的接线图如图 3.1.25 和图 3.1.26 所示。由于用于判别工件材料和芯体颜色属性的传感器只需安装在传感器支架上的电感式传感器和一个光纤传感器，故光纤传感器 2 可不使用。按照表 3.1.15、图 3.1.25 和图 3.1.26 完成分拣单元装置侧的接线。

表 3.1.15　分拣单元装置侧的接线端口信号端子的分配

输入端口中间层			输出端口中间层		
端子号	设备符号	信号线	端子号	设备符号	信号线
2	DECODE	旋转编码器 B 相	2	KF1	推杆 1 电磁阀
3		旋转编码器 A 相	3	KF2	推杆 2 电磁阀
4		旋转编码器 Z 相	4	KF3	推杆 3 电磁阀
5	BG1	进料口工件检测			
6	BG2	电感式传感器			
7	BG3	光纤传感器			
8					
9	BG4	推杆 1 推出到位			
10	BG5	推杆 2 推出到位			
11	BG6	推杆 3 推出到位			
12#～17#端子没有连接			5#～14#端子没有连接		

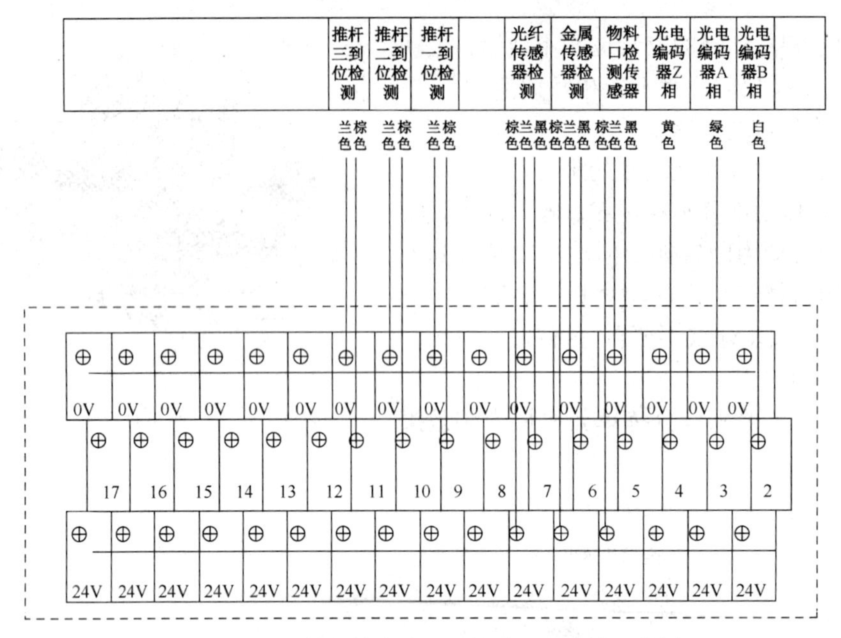

图 3.1.25　PLC 输入接线端子（传感器、磁性开关侧）

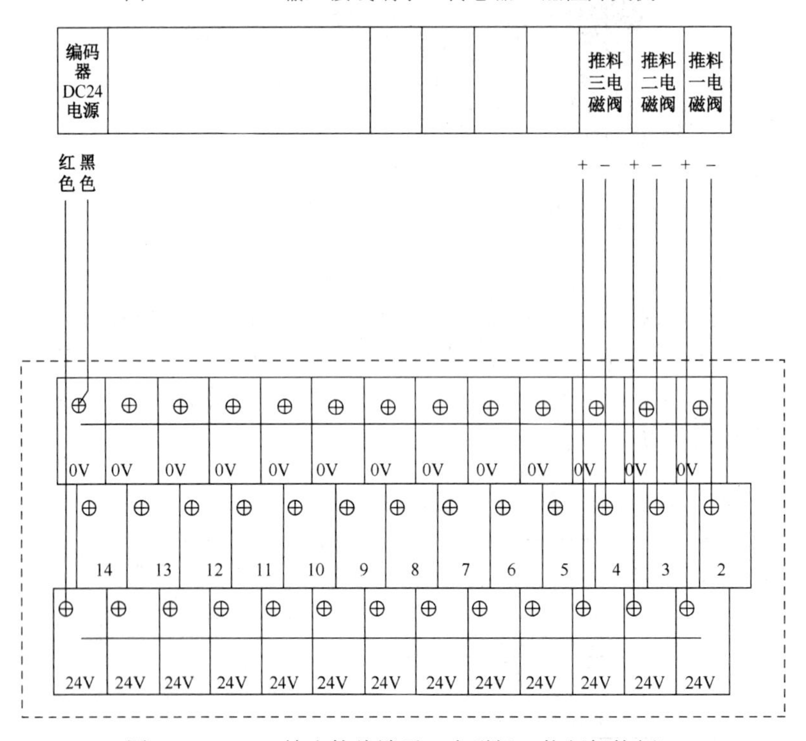

图 3.1.26　PLC 输出接线端子（电磁阀、执行机构侧）

分拣单元 PLC 选用三菱 FX2N-32MR 主单元，共 16 点输入和 16 点继电器输出。由于工作任务中规定电动机的运行频率固定为 30Hz，可以只连接一个变频器的速度控制端子，如“RH”端，设定参数 Pr.79 =2（固定为外部运行模式），同时须设定 Pr.4 =30Hz。这样，当 FR-E740 的端子“STF”和“RH”为 ON 时，电机起动并以固定频率为 30Hz 的速度正向运转。

PLC 的 I/O 信号表见表 3.1.16，I/O 接线原理图如图 3.1.27 所示。PLC 侧的输入/输出端子接线图如图 3.1.28 和图 3.1.29 所示，按照表 3.1.16 和如图 3.1.27～图 3.1.29 所示完成分拣单元 PLC 侧的接线。

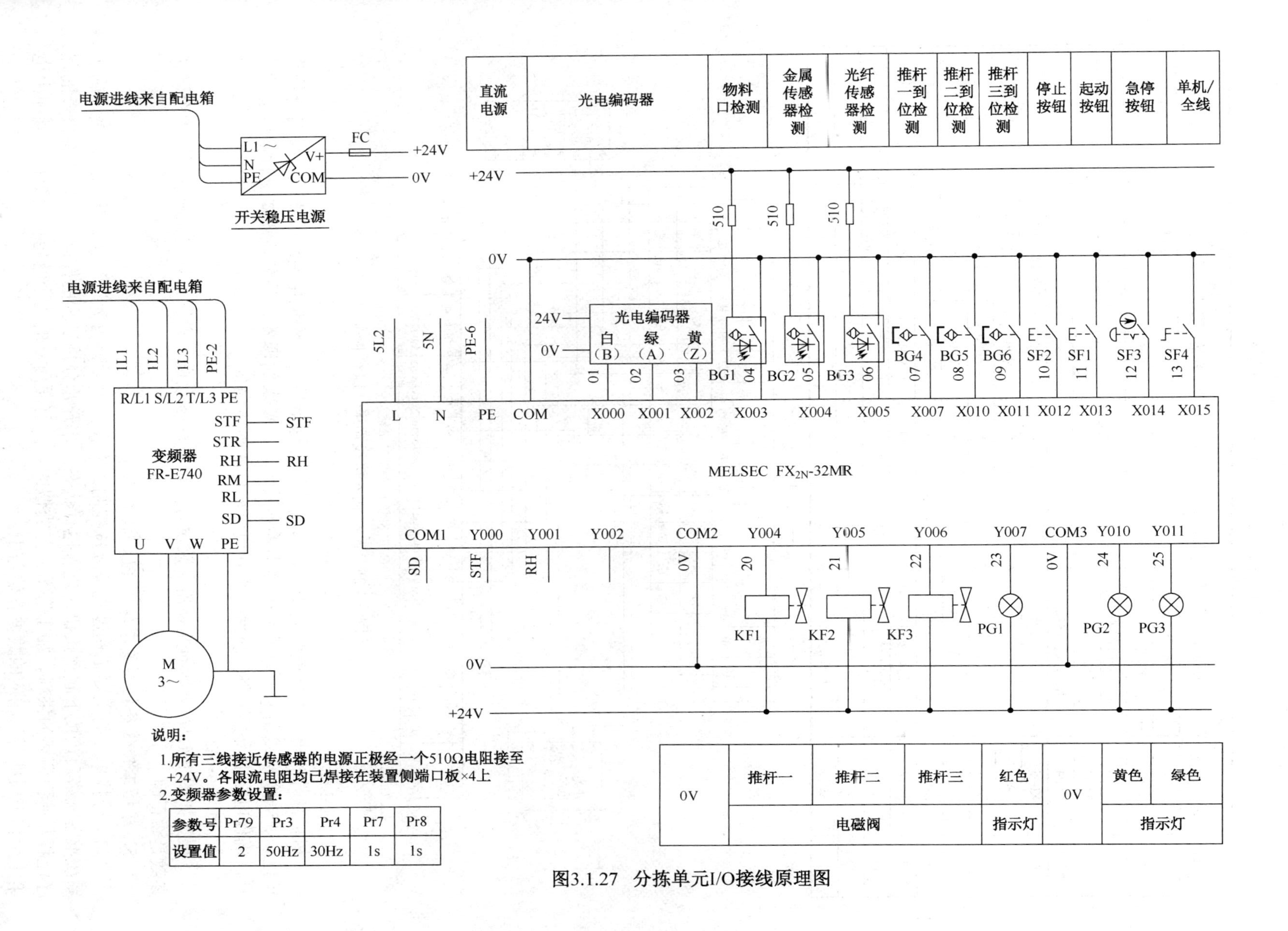

参数号	Pr79	Pr3	Pr4	Pr7	Pr8
设置值	2	50Hz	30Hz	1s	1s

图3.1.27　分拣单元I/O接线原理图

表 3.1.16　分拣单元 PLC 的 I/O 信号表

输入信号				输出信号			
序号	PLC 输入点	信号名称	信号来源	序号	PLC 输出点	信号名称	信号输出目标
1	X000	旋转编码器 B 相	装置侧	1	Y000	STF	变频器
2	X001	旋转编码器 A 相		2	Y001	RH	变频器
3	X002	旋转编码器 Z 相		3			
4	X003	进料口工件检测		4			
5	X004	电感式传感器		5			
6	X005	光纤传感器		6	Y004	推杆 1 电磁阀	
7	X006			7	Y005	推杆 2 电磁阀	
8	X007	推杆 1 推出到位		8	Y006	推杆 3 电磁阀	
9	X010	推杆 2 推出到位		9	Y007	EA1	按钮/指示灯模块
10	X011	推杆 3 推出到位		10	Y010	EA2	
11	X012	起动按钮	按钮/指示灯模块	11	Y011	EA3	
12	X013	停止按钮					
13	X014	急停按钮					
14	X015	单站/全线					

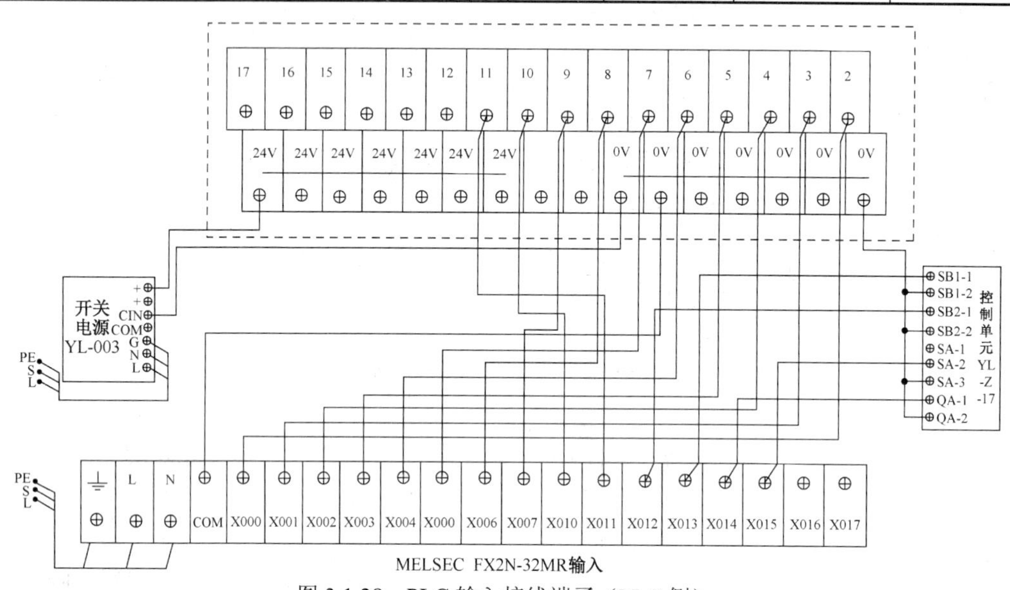

图 3.1.28　PLC 输入接线端子（PLC 侧）

3. 通电检查

机械部件和电气部件安装完毕后，一定要进行通电检查，保证电路连接正确，没有外露铜丝过长、一个接线端子上超过两个接头等不满足工艺要求的现象；另外，还要进行通电前的检测，确保电路中没有短路的现象，否则通电后可能损坏设备。

4. 进行参数设置

根据如图 3.1.27 所示的变频器参数设置表格中的参数进行设置，设置完成后再次检查确认参数是否正确。

5. 根据工作任务控制要求编写 PLC 控制程序

（1）分拣单元的主要工作过程是分拣控制。应在上电后，首先进行初始状态的检查，确认系统准备就绪后，按下起动按钮，进入运行状态，才开始分拣过程的控制。初始状态检查的程序流程与前面所述的供料、加工等单元是类似的。但前面所述的几个特定位置数据，须在上电第 1 个扫描周期写到相应的数据存储器中。

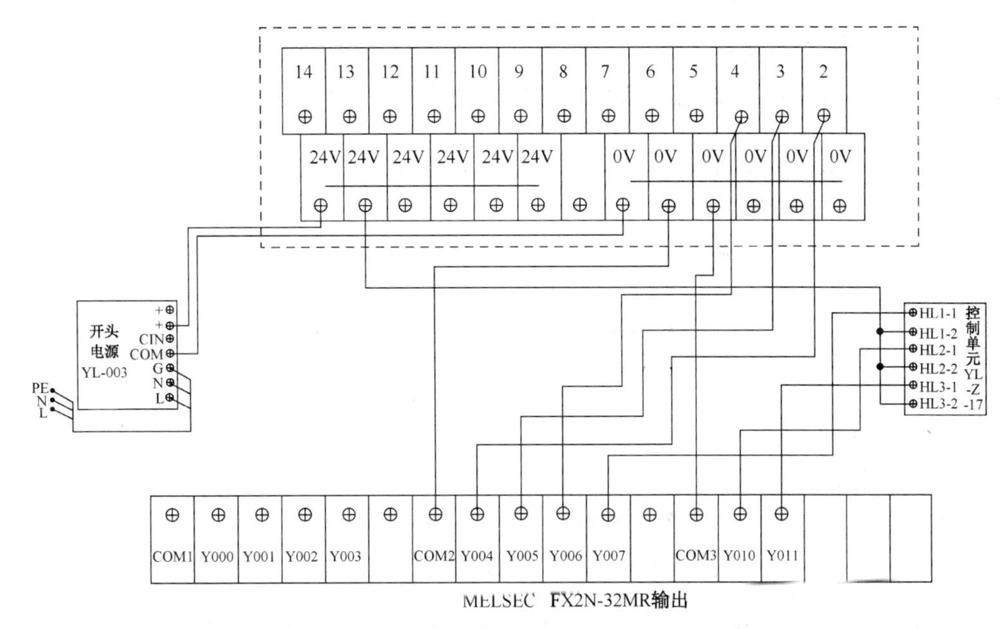

图 3.1.29　PLC 输出接线端子（PLC 侧）

系统进入运行状态后，应随时检查是否有停止按钮按下。若停止指令已经发出，则应系统完成一个工作周期回到初始步时，复位运行状态和初始步使系统停止。

这一部分程序的编制，请读者自行完成。

（2）分拣过程是一个步进顺控程序，编程思路如下。

① 当检测到待分拣工件下料到进料口后，复位高速计数器 C251，并以固定频率起动变频器驱动电机运转。

② 当工件经过安装传感器支架上的光纤探头和电感式传感器时，根据 2 个传感器动作与否，判别工件的属性，决定程序的流向。

C251 当前值与传感器位置值的比较可采用触点比较指令实现。完成上述功能的梯形图如图 3.1.30 和图 3.1.31 所示。

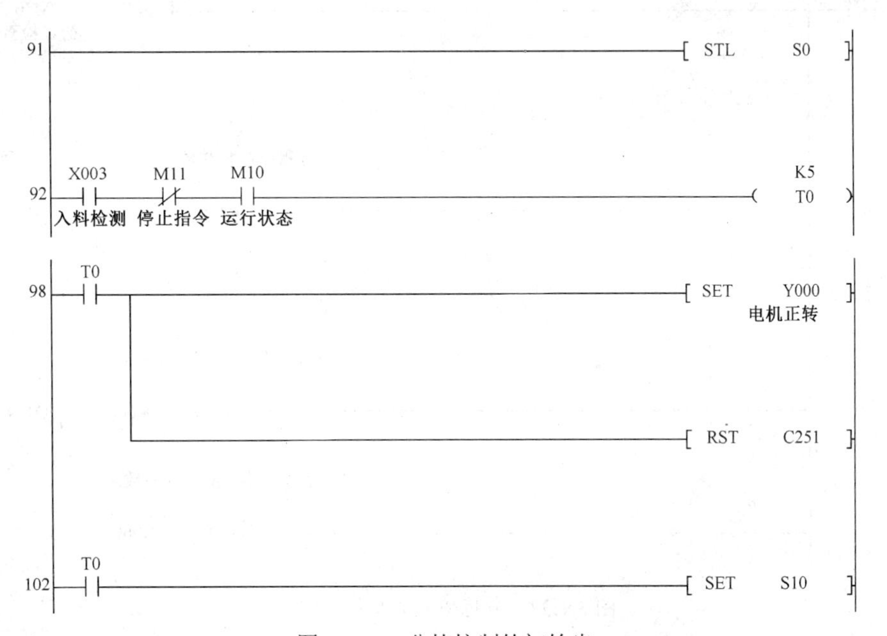

图 3.1.30　分拣控制的初始步

③ 根据工件属性和分拣任务要求，在相应的推料气缸位置把工件推出。推料气缸返回后，步进顺控子程序返回初始步。这部分程序的编制，也请读者自行完成。

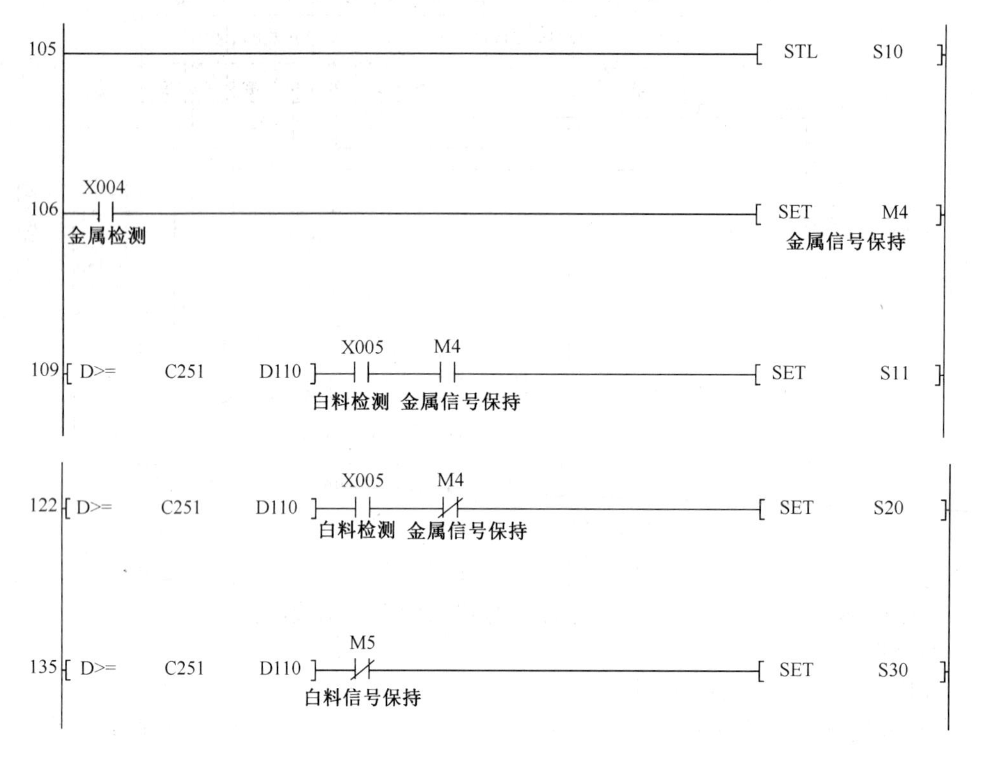

图 3.1.31 在传感器位置判别工件属性

（3）分拣单元的完整程序。

分拣单元的完整程序如图 3.1.32 所示。

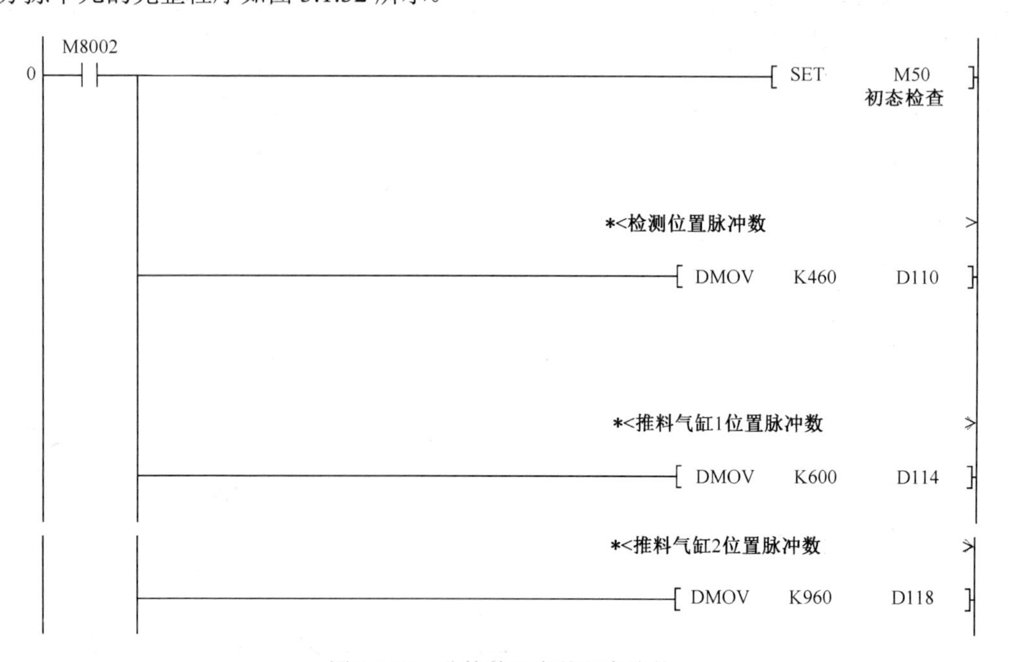

图 3.1.32 分拣单元完整程序清单

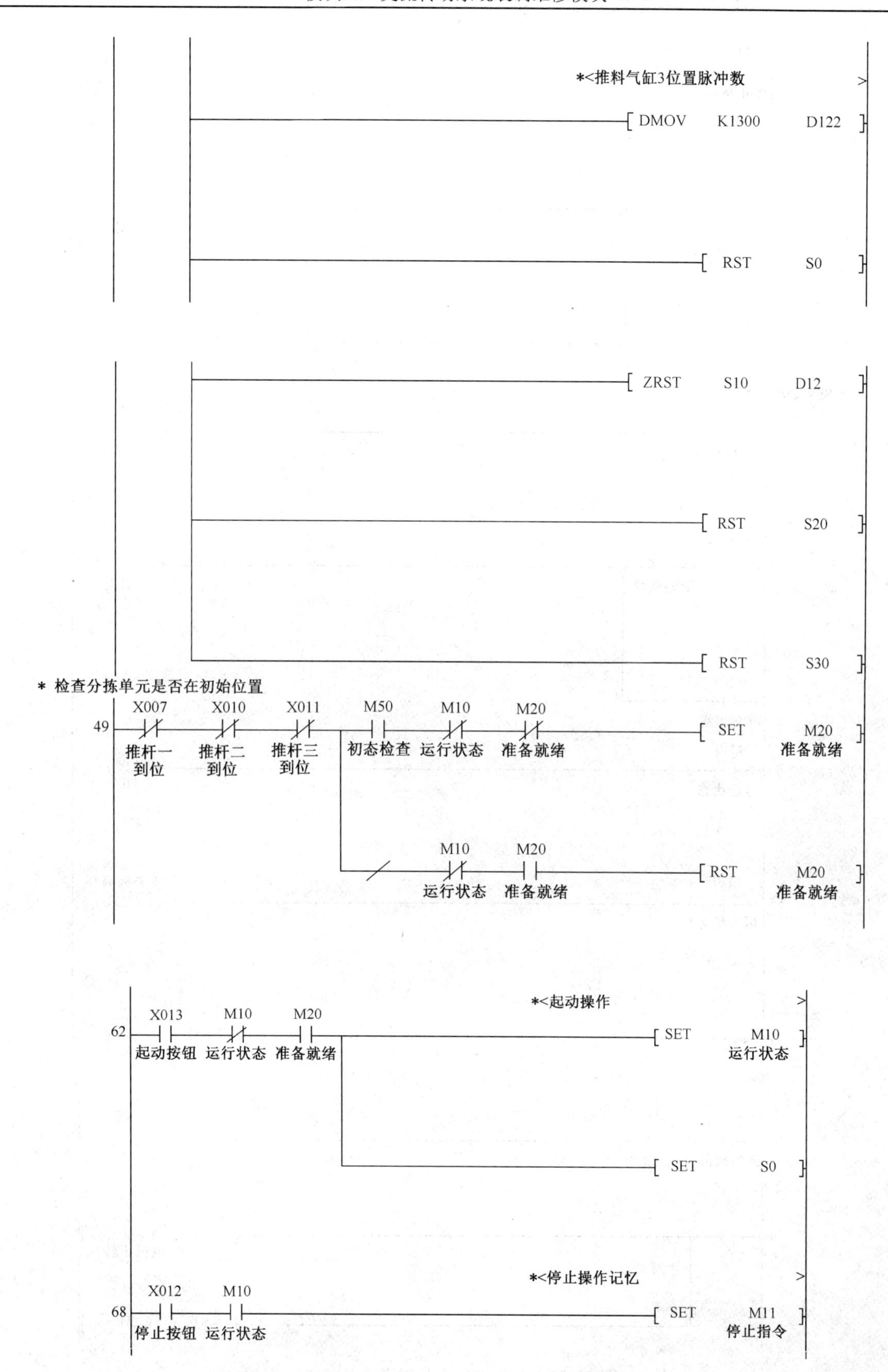

图 3.1.32　分拣单元完整程序清单（续）

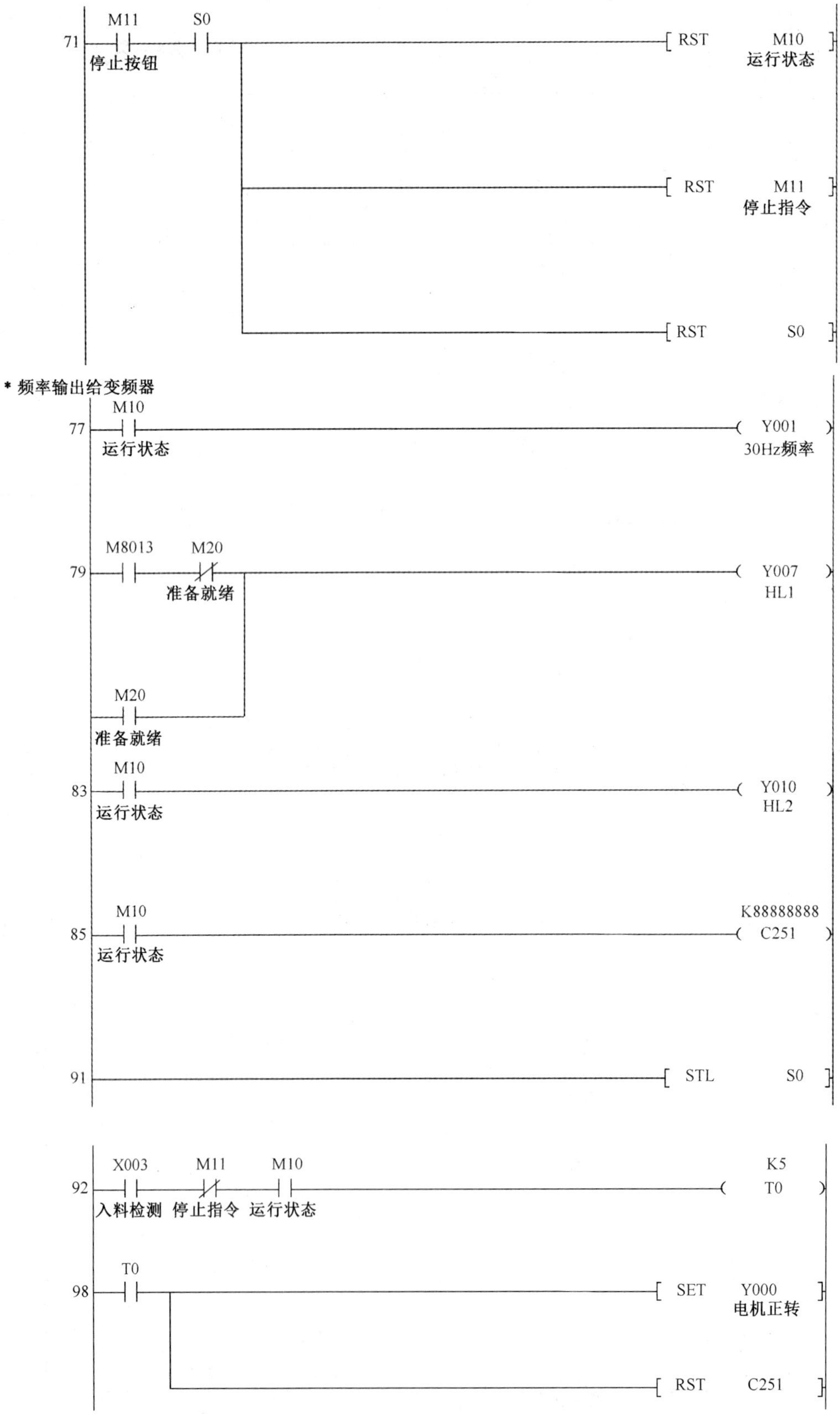

71 M11 停止按钮 —— S0 —— [RST M10 运行状态]
—— [RST M11 停止指令]
—— [RST S0]

* 频率输出给变频器

77 M10 运行状态 —— (Y001 30Hz频率)

79 M8013 —— M20 准备就绪（常闭） —— (Y007 HL1)
M20 准备就绪（并联）

83 M10 运行状态 —— (Y010 HL2)

85 M10 运行状态 —— (C251 K88888888)

91 —— [STL S0]

92 X003 入料检测 —— M11 停止指令（常闭） —— M10 运行状态 —— (T0 K5)

98 T0 —— [SET Y000 电机正转]
—— [RST C251]

图 3.1.32 分拣单元完整程序清单（续）

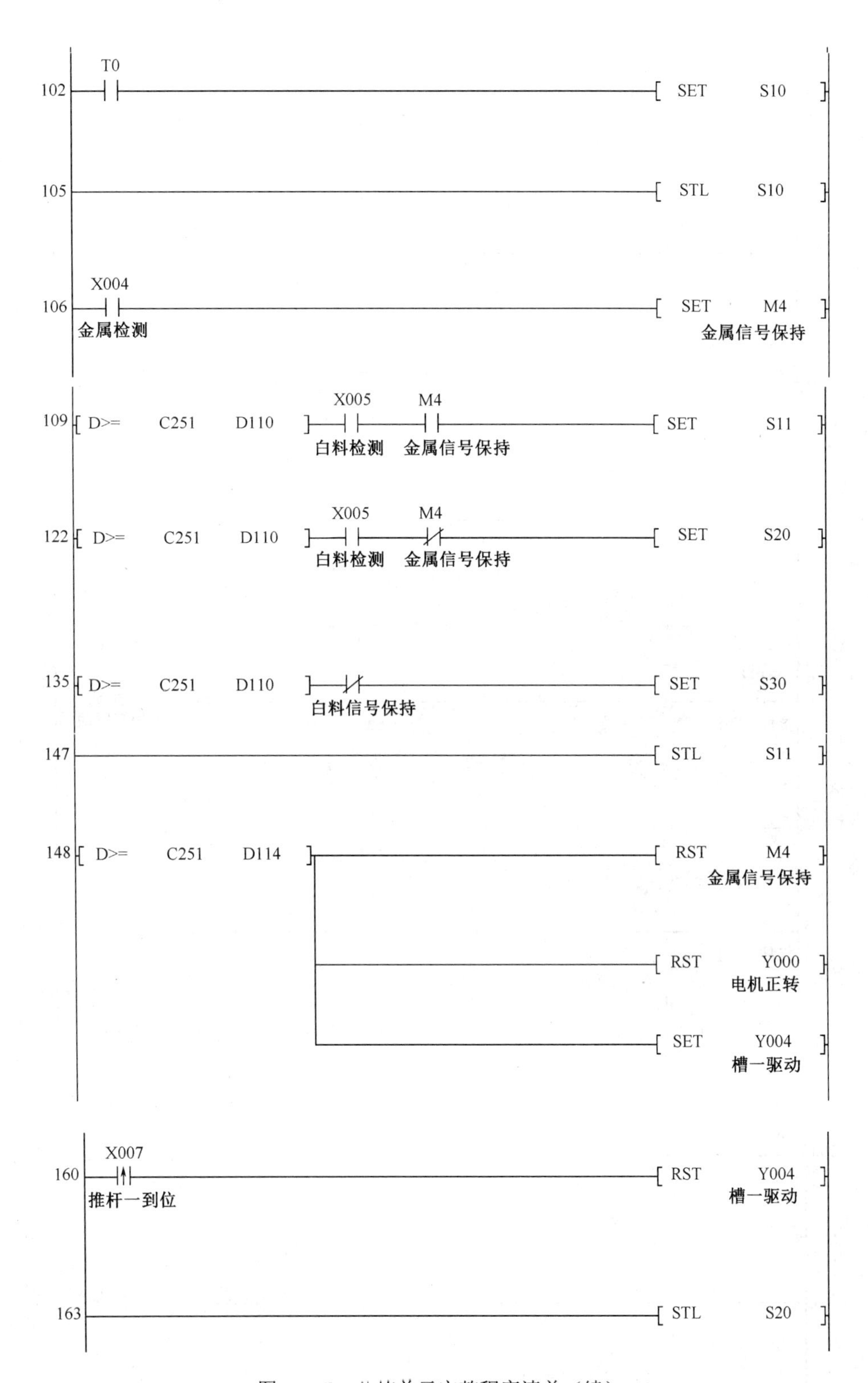

图 3.1.32　分拣单元完整程序清单（续）

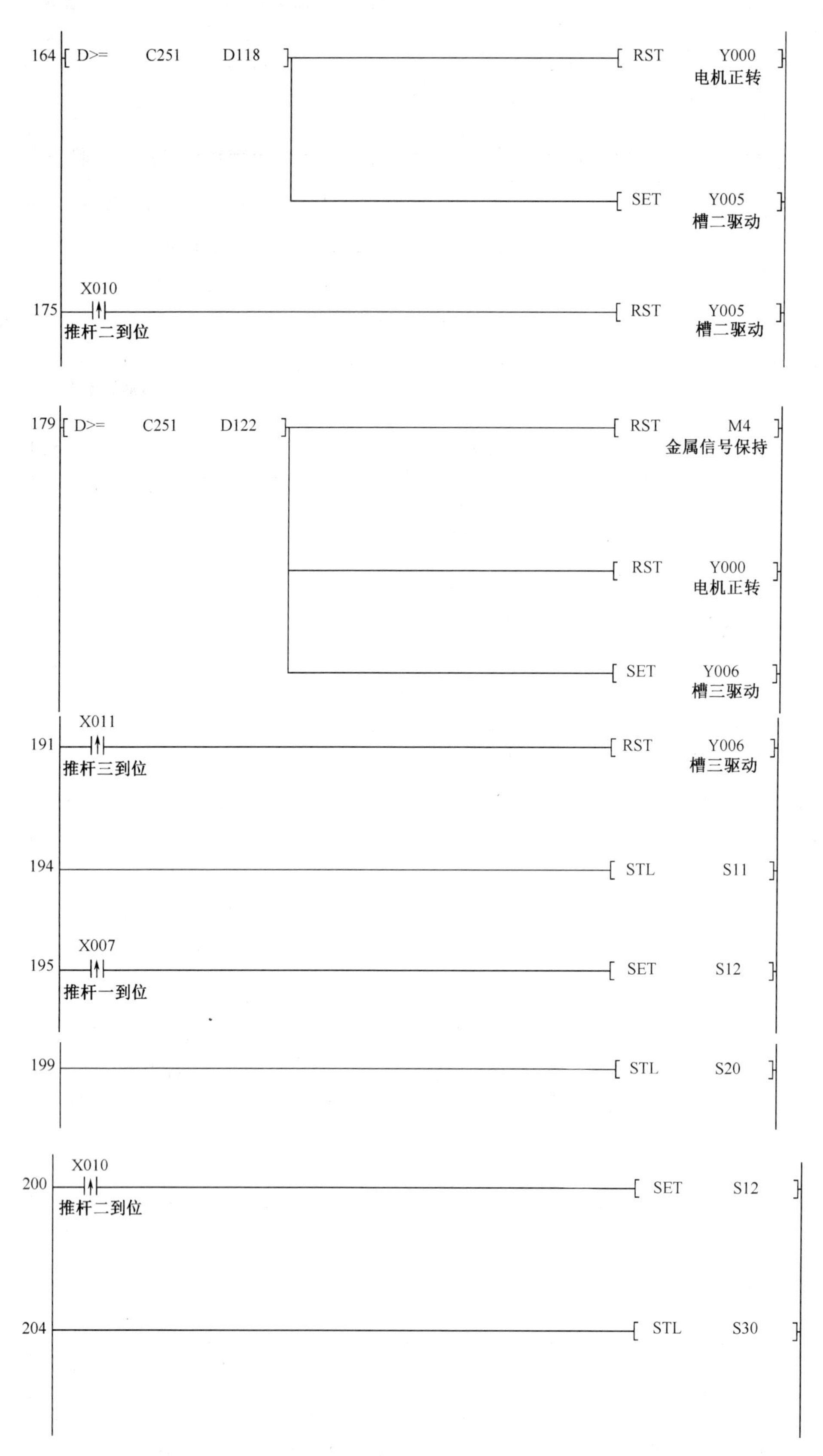

图 3.1.32　分拣单元完整程序清单（续）

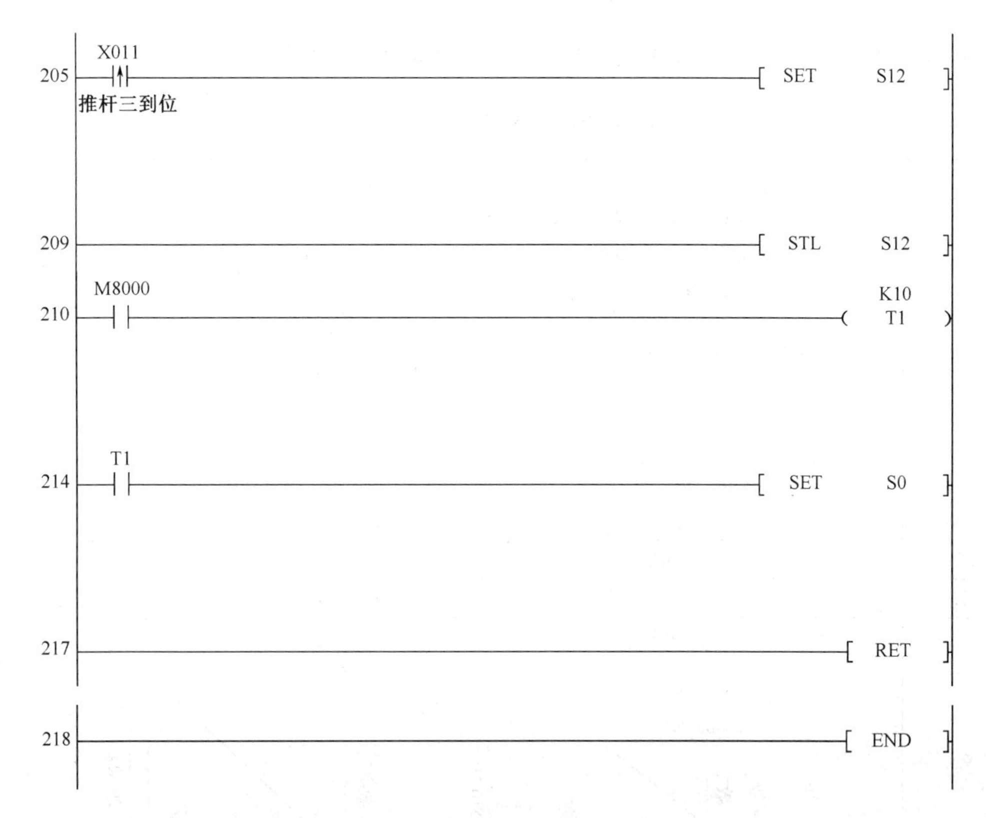

图 3.1.32　分拣单元完整程序清单（续）

6. 程序调试

将编写好的分拣单元程序进行模拟仿真调试，调试没有问题后将程序下载到分拣单元的PLC中进行试运行，直至完成任务要求中的所有功能。

7. 验收交付使用

最后对分拣单元的所有安全措施（接地、保护和互锁等）进行检查，即可投入生产线的试运行。试运行一切正常后，验收交付使用。

【知识拓展】

<三菱变频器 FR-E740 模拟量控制方法>

为了实现变频器输出频率连续调整的目的，分拣单元 PLC 连接了特殊功能模拟量模块 FX0N-3A。起停由外部端子来控制。因此在上述工作任务的基础上，变频器的参数要作相应的调整，要调整的参数设置见表 3.1.17。

表 3.1.17　变频器参数设置

参数号	参 数 名 称	默认值	设置值	设置值含义
Pr.73	模拟量输入选择	1	0	0～10V
Pr.79	运行模式选择	0	2	外部运行模式固定

1. 特殊功能模块 FX0N-3A 的主要性能

FX0N-3A 是具有两路输入通道和一路输出通道，最大分辨率为 8 位的模拟量 I/O 模块，模拟量输入和输出方式均可以选择电压或电流，取决于用户接线方式。

FX0N-3A 输入通道主要性能见表 3.1.18，输出通道主要性能见表 3.1.19。

表 3.1.18　FX0N-3A 输入通道主要性能表

	电压输入	电流输入
模拟输入范围	在出厂时，已为 0～10VDC 输入选择了 0～250 范围 如果把 FX0N-3A 用于电流输入或非 0～10V 的电压输入，则需要重新调整偏置和增益 模块不允许两个通道有不同的输入特性	
	0～10V，0～5V DC，输入电阻为 200kΩ 注意：输入电压低于-0.5V 或高于 15V 可能损坏模块	4～20mA，输入电阻为 250Ω 注意：输入电流低于-2 mA 或高于 60 mA 可能损坏模块
数字分辨率	8 位	
最小输入信号分辨率	40mV：0～10V/0～250 依据输入特性而变	64μA: 4～20mA/0～250 依据输入特性而变
总精度	±0.1V	±0.16 mA
处理时间	TO 指令处理时间 2＋FROM 指令处理时间	
输入特点	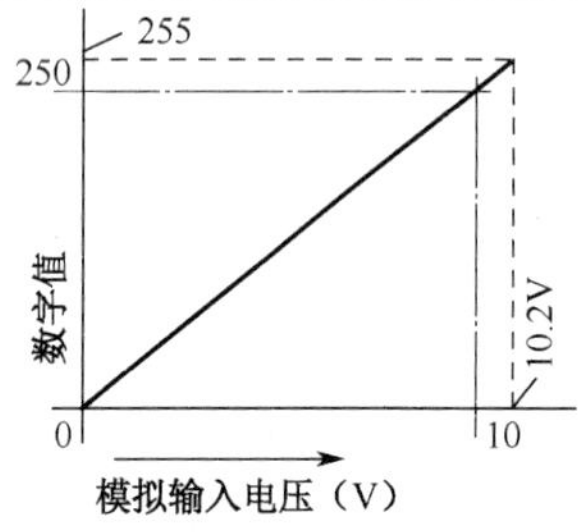 255　250　数字值　10.2V　0　10　模拟输入电压（V）	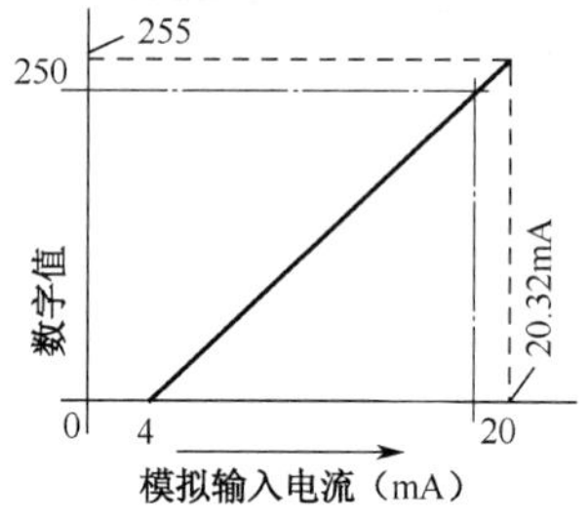 255　250　数字值　20.32mA　0　4　20　模拟输入电流（mA）

表 3.1.19　FX0N-3A 输出通道主要性能表

	电压输出	电流输出
模拟输出范围	在出厂时，已为 0～10VDC 输出选择了 0～250 范围 如果把 FX0N-3A 用于电流输出或非 0～10V 的电压输出，则需要重新调整偏置和增益	
	0～10V，0～5V DC，外部负载为：1kΩ 至 1MΩ	4～20mA，外部负载：500Ω 或更小
数字分辨率	8 位	
最小输出信号分辨率	40mV：0～10V/0～250 依据输入特性而变	64μA: 4～20mA/0～250 依据输入特性而变
总精度	±0.1V	±0.16 mA
处理时间	TO 指令处理时间×3	
输出特点	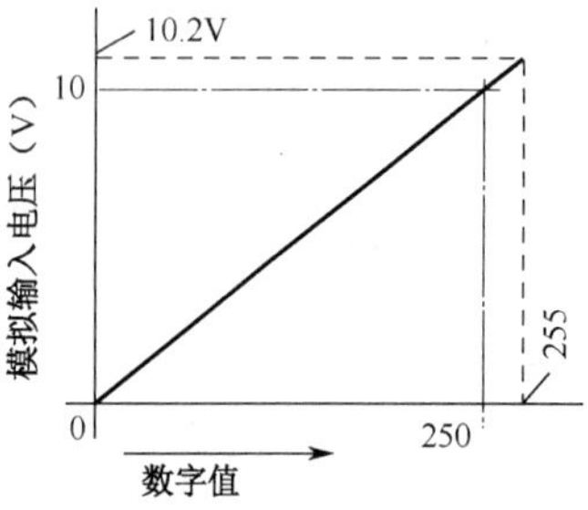 10.2V　10　模拟输入电压（V）　255　0　250　数字值	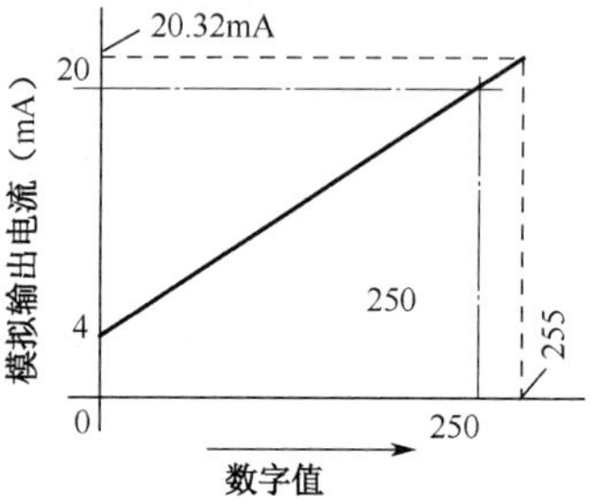 20.32mA　20　模拟输出电流（mA）　4　250　255　0　250　数字值

使用 FX0N-3A 时尚需注意如下三点。

① 模块的电源来自 PLC 主单元的内部电路，其中模拟电路电源要求为 DC 24V±10%，

90mA，数字电路电源要求为 DC 5V 30mA。

② 模拟和数字电路之间光电耦合器隔离，但模拟通道之间无隔离。

③ 在扩展母线上占用 8 个 I/O 点（输入或输出）。

2. 接线

模拟输入和输出的接线原理图分别如图 3.1.33 和图 3.1.34 所示。接线时要注意，使用电流输入时，端子[V_{in}]与[I_{in}]应短接；反之，使用电流输出时，不要短接[V_{OUT}]和[I_{OUT}]端子。

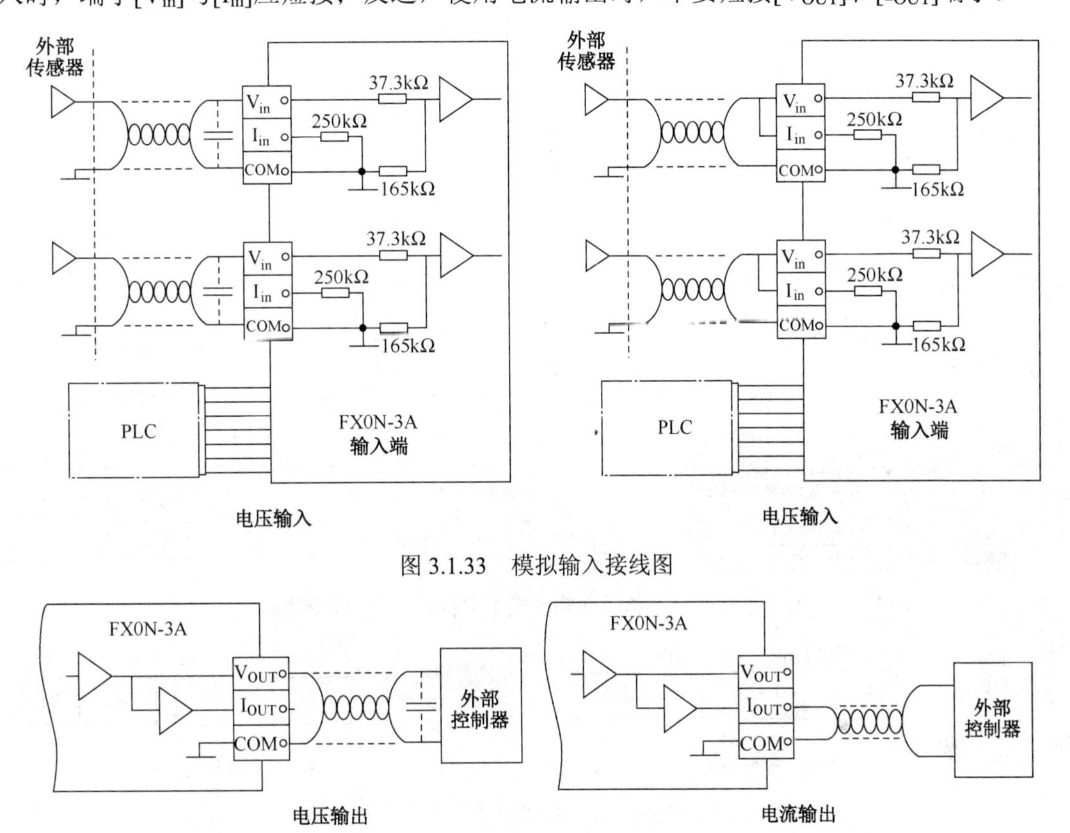

图 3.1.33　模拟输入接线图

图 3.1.34　模拟输出接线图

如果电压输入/输出方面出现较大的电压波动或有过多的电噪声，要在相应图中的位置并联一个约 25V、0.1～0.47μF 的电容。

分拣单元变频器模拟量控制的电气原理图如图 3.1.35 所示。

3. 编程与控制

可以使用特殊功能模块读指令 FROM（FNC78）和写指令 TO（FNC79）读写 FX0N-3A 模块，实现模拟量的输入和输出。

FROM 指令用于从特殊功能模块缓冲存储器（BFM）中读入数据，如图 3.1.36（a）所示。这条语句是将模块号为 m1 的特殊功能模块内，从缓冲存储器（BFM）号为 m2 开始的 n 个数据读入 PLC，并存放在从 D 开始的 n 个数据寄存器中。

TO 指令用于从 PLC 向特殊功能模块缓冲存储器（BFM）中写入数据，如图 3.1.36（b）所示。这条语句是将 PLC 中从[S•]元件开始的 n 个字的数据，写到特殊功能模块 m1 中编号为 m2 开始的缓冲存储器（BFM）中。

模块号是指从 PLC 最近的开始，按 No.0→No.1→No.2……顺序连接，模块号用于以

FROM/TO 指令指定那个模块工作。

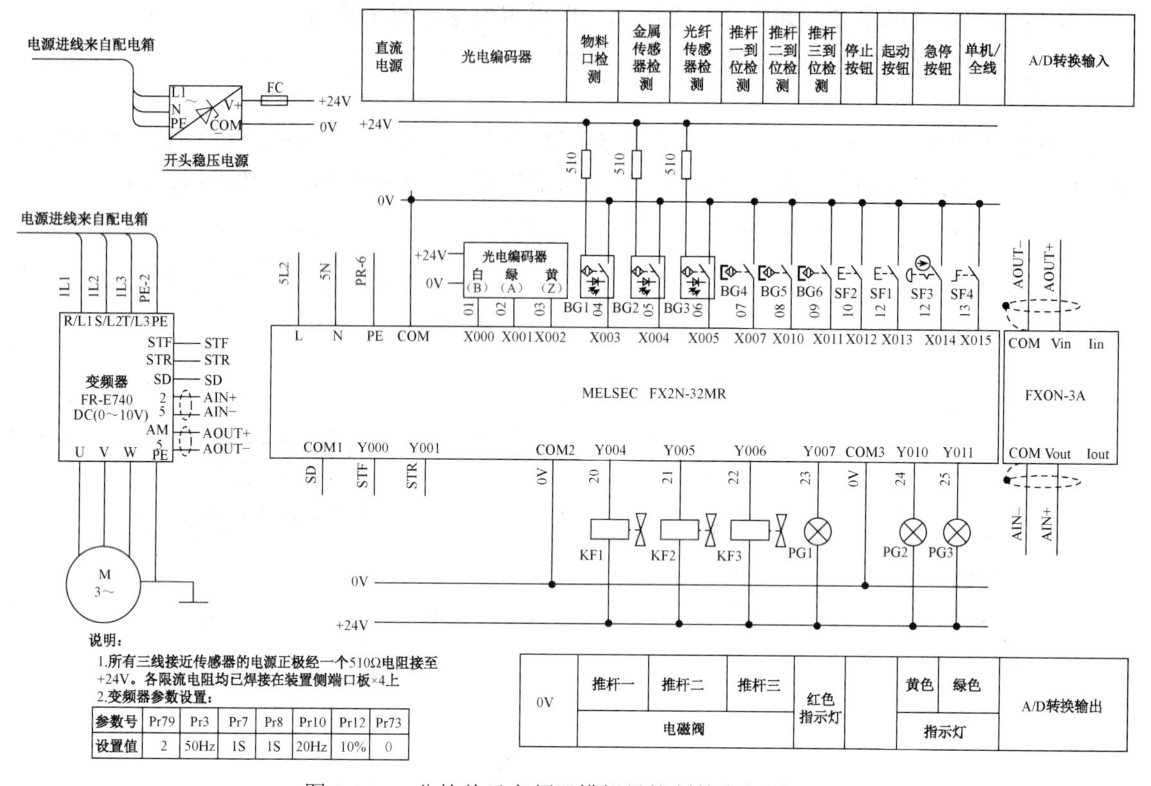

图 3.1.35　分拣单元变频器模拟量控制的电气原理图

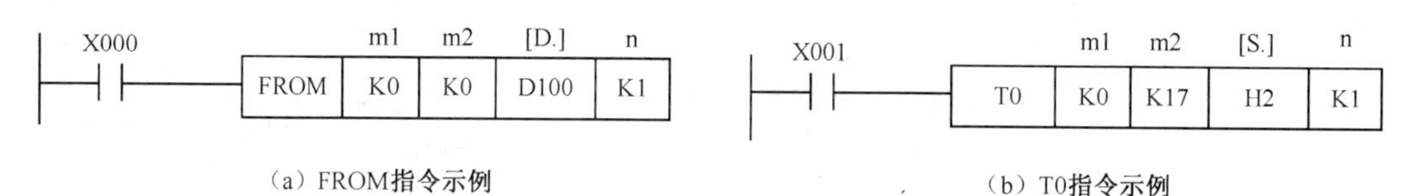

（a）FROM指令示例　　（b）T0指令示例

图 3.1.36　特殊功能模块读和写指令

特殊功能模块是通过缓冲存储器（BFM）与 PLC 交换信息的，FX0N-3A 共有 32 通道的 16 位缓冲寄存器（BFM），见表 3.1.20。

表 3.1.20　FX0N-3A 的缓冲寄存器（BFM）分配

通道号	b15-b8	b7	b6	B5	b4	b3	b2	b1	b0
#0	保留	当前输入通道的 A/D 转换值（以 8 位二进制数表示）							
#16		当前 D/A 输出通道的设置值							
#17							D/A 转换起动	A/D 转换起动	A/D 通道选择
#1～#15 #18～#31	保留								

其中#17 通道位含义：

b0=0，选择模拟输入通道 1；b0=1，选择模拟输入通道 2。

b1 从 0 到 1，A/D 转换起动。

b2 从 1 到 0，D/A 转换起动。

如图 3.1.37 所示为实现 D/A 转换的编程示例，如图 3.1.38 所示为实现 A/D 转换的编程示例。

例 3.1.1　写入模块号为 0 的 FX0N-3A 模块，D2 是其 D/A 转换值。

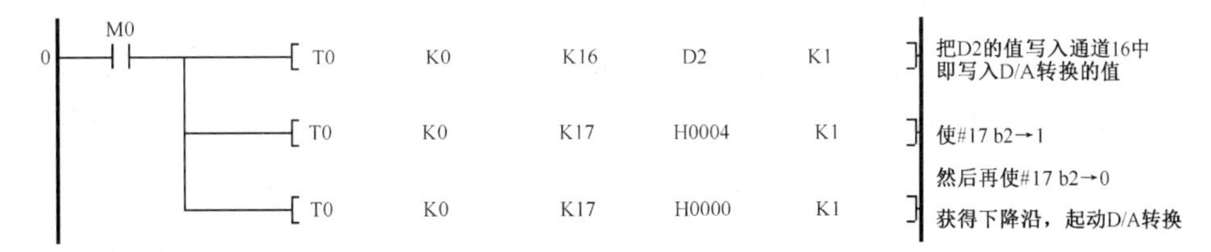

图 3.1.37　D/A 转换编程示例

例 3.1.2　读取模块号为 0 的 FX0N-3A 模块，其通道 1 的 A/D 转换值保存到 D0，通道 2 的 A/D 转换值保存到 D1。

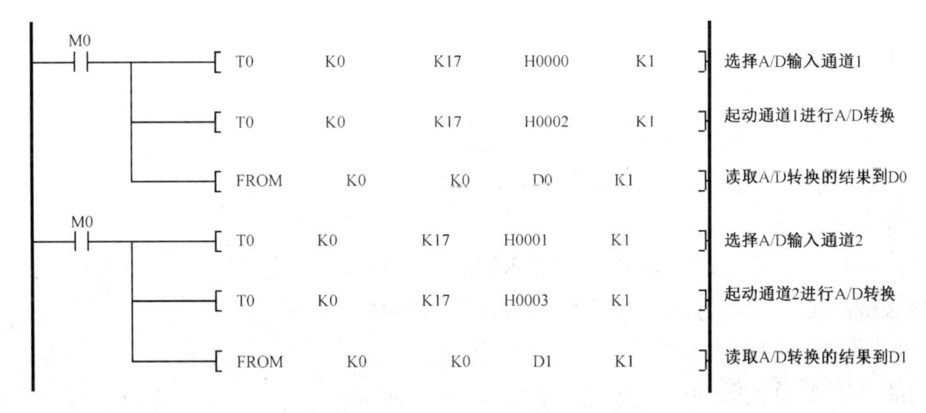

图 3.1.38　A/D 转换编程示例

分拣站变频器速度调节部分的程序如图 3.1.39 所示。

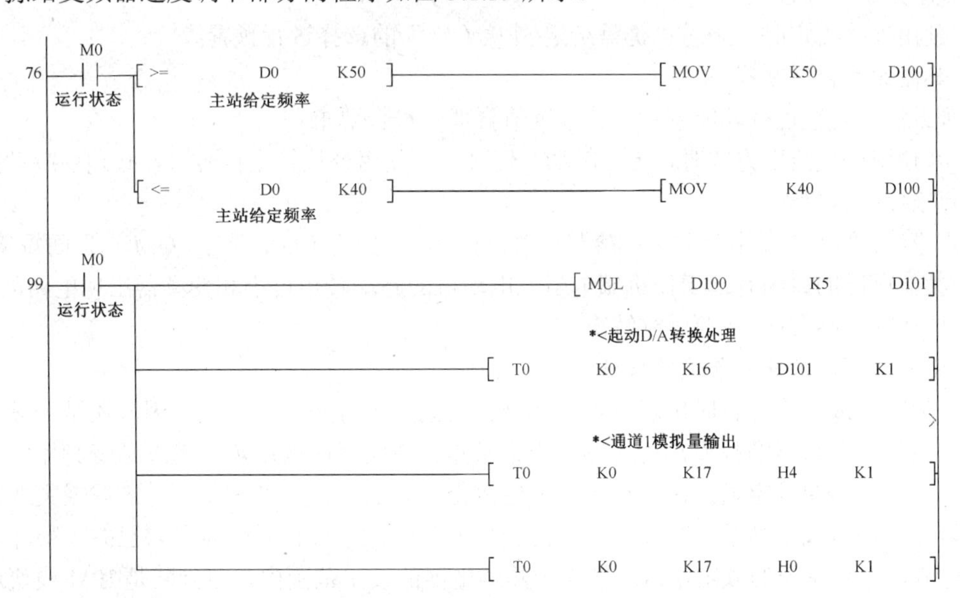

图 3.1.39　模拟量处理输出程序

<变频器的故障处理方法>

1. 变频器的硬件故障的处理方法

（1）过电流跳闸的原因及处理。

① 重新起动时，一升速就跳闸。这是过电流十分严重的表现，主要原因有如下 4 点。

a．负载侧短路。

b．工作机械卡阻。

c．逆变管损坏。

d．电动机的起动转矩过小，拖动系统转不起来。

② 重新起动时，并不立即跳闸，而是在运行（包括升速和降速运行）过程中跳闸。可能的原因有如下 4 点。

a．升速时间设定太短。

b．降速时间设定太短。

c．转矩补偿设定较大，引起低频时空载电流过大。

d．电子热继电器整定不当，动作电流设定得太小，引起误动作。

（2）过电压的原因及处理。

① 电源电压过高。

② 降速时间设定太短。

③ 降速过程中，再生制动的放电单元工作不理想。

（3）欠电压跳闸，可能的原因有如下 3 点。

① 电源电压过低。处理方法：检查电源电压，调整电压至正常。

② 电源缺相。处理方法：检查电源是否缺相，调整电压至正常。

③ 整流桥故障。处理方法：检查整流器件是否损坏，更换整流器件。

（4）电动机不转的原因及处理。

① 功能预置不当。例如：

a．上限频率与最高频率或基本频率与最高频率设定矛盾，最高频率的预置值必须大于上限频率和基本频率的预置值。

b．使用外接给定时，未对“键盘给定/外接给定”的选择进行预置。

c．其他的不合理预置。

处理方法：重新进行功能预置，使预置值合理，符合要求。

② 在使用外接给定方式时，无“起动”信号。当使用外接给定信号时，必须由起动按钮或其他触点来控制其起动。

处理方法：如不需要由起动按钮或其他触点控制时，应将 RUN 端与 COM 端之间短接起来。

③ 其他可能的原因有：工作机械卡阻、电动机的起动转矩过小和变频器出现电路故障。

处理方法：针对具体问题进行解决。

2．变频器调速系统主电路的故障分析与处理

（1）加减速或正常运行时出现过电流跳闸。首先应区分是由于负载原因，还是变频器原因引起的。假如是变频器的故障，可通过历史记录查询在跳闸时的电流，超过了变频器的额定电流或电子热继电器的设定值，而三相电压和电流是平衡的，则应考虑是否有过载或突变，如电动机堵转等。在负载惯性较大时，可适当延长加速时间，此过程对变频器自己并无损坏。若跳闸时的电流，在变频器的额定电流或在电子热继电器的设定范围内，可判断是 IPM 模块或相关部分发生故障。如模块未坏，则是驱动电路出了故障。假如减速时 IPM 模块过流或变频器对地短路跳闸，一般是逆变器的上半桥的模块或其驱动电路故障；而加速时 IPM 模块过流，则是下半桥的模块或其驱动电路部分故障。发生这些故障的原因，多是由于外部灰尘进入变频器内部或环境潮湿引起的。

（2）过载。主要原因有如下 3 点。

① 机械负载过重。主要原因是变频器负载过大，加减速时间、运行周期时间太短；V/F 特

性的电压太高；变频器功率太小。

② 三相电压不平衡。主要原因是某相的运行电流过大，导致过载跳闸。

③ 误动作。变频器内部的电流检测部分发生故障，检测出的电流信号偏大，导致过载跳闸。

【项目检查评价】

根据学习者完成情况进行评价，评分标准见表 3.1.21。

表 3.1.21　评分标准

序号	考核项目	考核要求	配分	评分标准	扣分	得分
1	机械部件装配机工艺	驱动电机或联轴器安装及调整正确；传送带安装无打滑现象，运行时皮带无抖动；推出工件顺畅，无卡住现象；无紧固件松动现象	15	（1）驱动电机或联轴器安装及调整不正确，每处扣2分 （2）传送带安装：有无打滑现象，运行时皮带有无抖动，工件传送有无偏移过大现象，每处扣3分 （3）推出工件是否顺畅，有无卡住现象，每处扣2分 （4）有无紧固件松动现象，每处扣1分		
2	气路连接及工艺	气路连接正确，无漏气现象，气缸节流阀调整正确，气管按工艺进行绑扎符合要求	15	（1）气路连接未完成或有错，每处扣2分 （2）气路连接有漏气现象，每处扣1分 （3）气缸节流阀调整不当，每处扣1分 （4）气管没有绑扎或气路连接凌乱，外观不整洁美观扣2分		
3	电路连接及工艺	变频器交流电机正确接地，端子连接符合规范，电路绑扎符合专业技术规范	15	（1）变频器、交流电机没有接地，每处扣2分 （2）端子连接，插针压接不牢或超过2根导线，每处扣2分，端子连接处没有线号，每处扣2分 （3）电路接线没有绑扎或电路接线凌乱，每处扣2分		
4	电气原理图绘制	电气原理图中图形符合和文字符号符合国家标准，符合设备工作原理要求	15	（1）制图草率，徒手画图扣8分 （2）电路图符号不规范，每处扣1分，最多扣4分 （3）不能实现要求的功能、可能造成设备或元件损坏，漏画元件，每1处扣1分，最多扣6分 （4）变频器漏画的接地保护等，每处扣1分 （5）提供的设计图纸缺少变频器参数设置表，每处扣1分，表格数据不符合要求，每处扣1分		
5	分拣单元控制功能	变频器参数设置正确 变频器起动及运行符合要求 按照控制要求正确分拣工件 工件推出精度符合要求 指示灯亮灭状态符合要求	30	（1）变频器参数设置不正确，每处扣2分 （2）变频器起动及运行符合要求，每处扣2分 （3）不能正确分拣工件，每处扣2分 （4）工件推出精度不符合要求，每处扣1分 （5）指示灯亮灭状态不符合要求，每处扣2分		
6	职业素养与安全意识	现场操作安全保护符合安全操作规程 工具摆放、包装物品、导线线头等的处理符合职业岗位的要求	10	（1）未经同意私自通电扣5分 （2）损坏设备扣5分 （3）损坏工具仪表扣2分 （4）工具码放不整齐扣2分 （5）导线线头处理不符合要求扣2分 （6）包装物品处理不符合要求扣2分 （7）工位不整洁扣3分		
合计			100			

【理论试题精选】

一、判断题

1.（　　）电动机与变频器的安全接地必须符合电力法规，接地电阻小于4Ω。

2．（　　）轻载起动时变频器跳闸的原因是变频器输出电流过大引起的。

3．（　　）当出现变频器参数设置故障时，可根据故障代码或说明书进行修改，也可恢复出厂值，重新设置。

4．（　　） 合理设定与选择保护功能，可使变频调速系统长期安全、可靠地使用，减少故障发生。保护功能可分软件保护和硬件保护两大类。硬件保护可用软件保护来代替。

5．（　　）当变频器发生故障而又无故障显示时，不能再冒然通电，以免引起更大的损坏。

6．（　　）变频器起动困难时应加大其容量。

7．（　　）变频器的网络控制可分为数据通信、远程调试和网络控制三个方面。

二、选择题

1．变频器连接同步电动机或连接几台电动机时，变频器必须在（　　）特性下工作。

A．恒磁通调速　　B．调压调速　　C．低功率调速　　D．变阻调速

2．在负载不变的情况下，变频器出现过电流故障，原因可能是（　　）

A．负载过重　　B．电源电压不稳

C．转矩提升功能设置不当　　D．斜坡时间设置过长

3．设置变频器的电动机参数时，要与电动机的铭牌数据（　　）。

A．完全一致　　B．基本一致　　C．可以不一致　　D．根据控制要求变更

4．变频器一上电就发生过电流故障报警并跳闸。此故障原因不可能是（　　）。

A．变频器主电路有电路故障　　B．电动机有短路故障

C．安装时有短路问题　　D．电动机设置参数问题

5．变频器过载故障的原因可能是（　　）。

A．加速时间设置太短、电网电压太高

B．加速时间设置太短、电网电压太低

C．加速时间设置太长、电网电压太高

D．加速时间设置太长、电网电压太低

6．频率给定方式有面板给定、外部开关量给定、外部模拟量给定、通信方式给定等。变频器通信口的主要作用是（　　）。

A．起动命令信号，频率给定信号输入

B．频率给定信号，电动机参数修改

C．频率给定信号，显示参数

D．所有参数设定

7．变频器网络控制的主要内容是（　　）。

A．起停控制、转向控制、显示控制

B．起停控制、转向控制、电动机参数控制

C．频率控制、显示控制

D．频率控制、起停控制、转向控制

8．一台大功率电动机，变频调速运行在低速段时，电动机过热。此故障的原因可能是（　　）。

A．电动机参数设置不正确　　B．*U*/*f* 比设置不正确

C．电动机功率小　　D．低速时电动机自身散热不能满足要求

项目二　自动化生产线输送单元安装与调试

【项目目标】

通过完成本项目，使学习者能够达到维修电工（高级）证书相应的理论和技能的考核要求，具体要求见表 3.2.1。

表 3.2.1　维修电工（高级）考核要素细目表

相关知识考核要点	相关技能考核要求
1．步进电动机及步进电机驱动系统的应用知识 2．步进电动机驱动器系统常见故障及维修方法 3．伺服电动机及步进电机驱动系统的应用知识 4．伺服电动机驱动器系统常见故障及维修方法	1．能分析步进电机和伺服电机驱动系统中各控制单元的工作原理及整个系统的工作原理 2．能对步进电动机和伺服电机驱动系统进行安装、接线、调试、运行 3．能分析并排除步进电动机和伺服电机驱动器主电路的故障

【电气图形符号和文字符号】

在本项目中涉及的元器件的图形符号和文字符号见表 3.2.2。

表 3.2.2　元器件的图形符号和文字符号

序号	名　称	图形符号 GB/T4728—2005-2008	文字符号 GB/T20939-2007	备　注
1	带位置编码器的三相交流伺服电动机	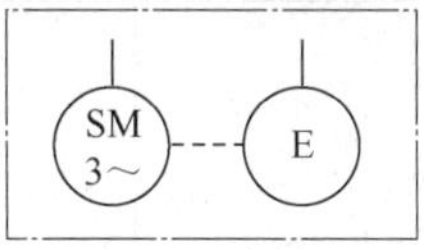 SM 3～ E	MM	JB/T 2739-2008
2	伺服驱动器 松下 MINAS A5	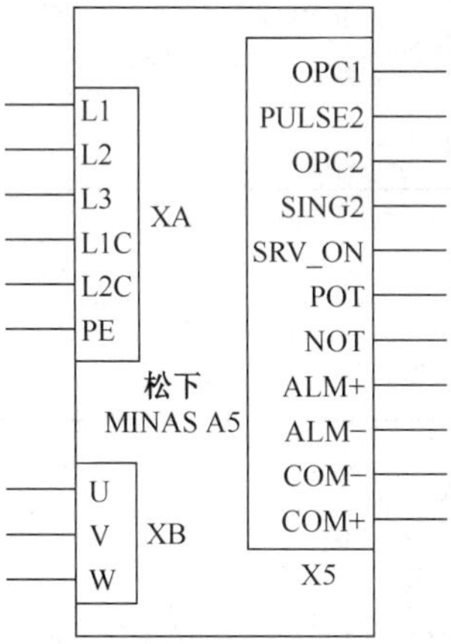 L1 L2 L3 L1C L2C PE XA 松下 MINAS A5 U V W XB OPC1 PULSE2 OPC2 SING2 SRV_ON POT NOT ALM+ ALM− COM− COM+ X5 伺服驱动器		依据 GB-T6988.1-2008 中新符号的创建方法创建
3	开关电源	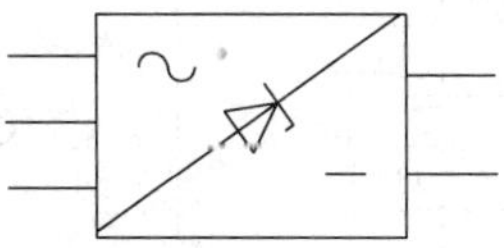 ～ —		JB/T 2739-2008

续表

序号	名　称	图形符号 GB/T4728—2005-2008	文字符号 GB/T20939-2007	备　注
4	磁性开关 S00360	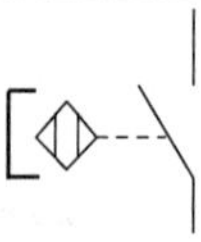	BG	GB/T4728.7—2008
5	电感式接近开关	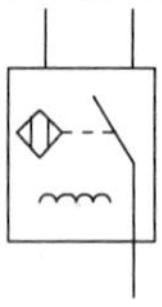	BG	依据 GB-T6988.1-2008 中新符号的创建方法创建
6	光电式接近开关 光纤式接近开关	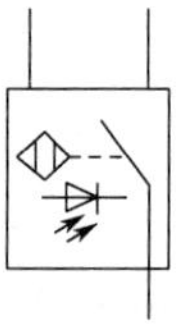	BG	依据 GB-T6988.1-2008 中新符号的创建方法创建
7	应急制动开关 S00258	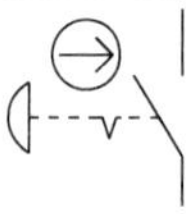	SF	GB/T4728.7—2008
8	自动复位的手动按钮开关 S00254	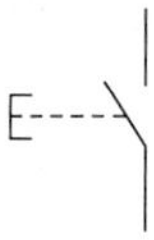	SF	GB/T4728.7—2008
9	无自动复位的手动旋转开关 S00256		SF	GB/T4728.7—2008
10	熔断器 S00362	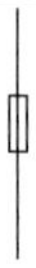	FC	GB/T4728.7—2008
11	灯 S00965		PG	GB/T4728.8—2008
12	接地 S00200		PE	GB/T4728.3—2005
13	断路器	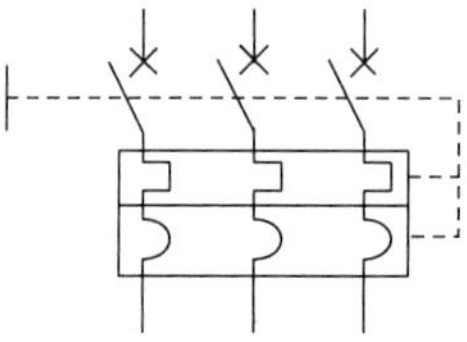	QA	JB/T 2739-2008
14	三相带漏电保护的断路器	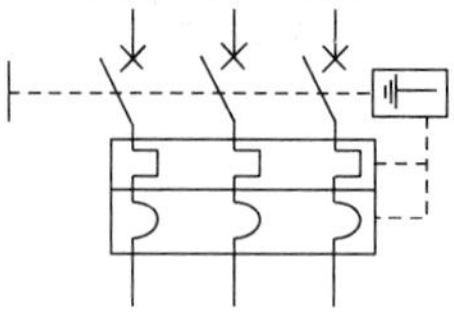	QA	JB/T 2739-2008

续表

序号	名　称	图形符号 GB/T4728—2005-2008	文字符号 GB/T20939-2007	备　注
15	T 形连接 S00019			GB/T4728.3—2005
16	T 形连接 S00020			GB/T4728.3—2005
17	导线的双 T 形连接 S00021			GB/T4728.3—2005
18	导线的双 T 形连接 S00022			GB/T4728.3—2005

【项目任务描述】

现有一条自动化生产线型号为 YL335B，如图 3.2.1 所示，由安装在铝合金导轨式实训台上的供料单元、加工单元、装配单元、输送单元和分拣单元 5 个单元组成，其中，每一工作单元都可自成一个独立的系统，同时也都是一个机电一体化的系统。各个单元的执行机构基本上以气动执行机构为主，但输送单元的机械手装置整体运动则采取伺服电机驱动、精密定位的位置控制。该驱动系统具有长行程、多定位点的特点，是一个典型的一维位置控制系统。分拣单元的传送带驱动则采用了通用变频器驱动三相异步电动机的交流传动装置。其中供料单元、加工单元、装配单元和分拣单元已经完成了相应的安装与调试，而本次任务主要是完成输送单元的安装与调试，输送单元装配后的外观图、组装图、抓取机械手装配效果图分别如图 3.2.2～图 3.2.4 所示，具体的控制要求如下。

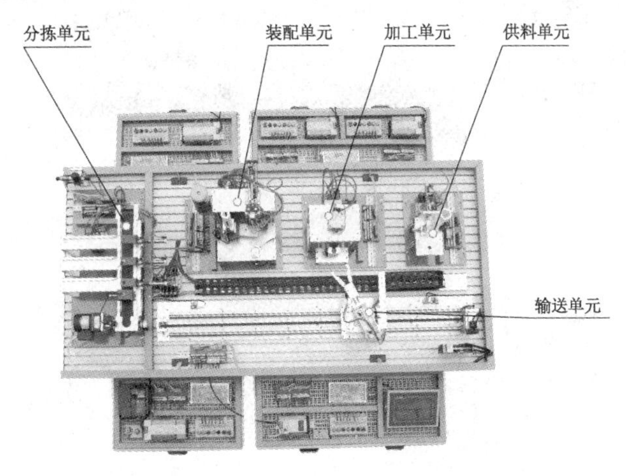

图 3.2.1　YL-335B 自动化生产线外观

1. 执行复位操作

输送单元在通电后，按下复位按钮 SB_1，使抓取机械手装置回到原点位置。在复位过程中，“正常工作”指示灯 HL_1 以 1Hz 的频率闪烁。

当抓取机械手装置回到原点位置，且输送单元各个气缸满足初始位置的要求，则复位完成，“正常工作”指示灯 HL_1 常亮。按下起动按钮 SB_2，设备起动，“设备运行”指示灯 HL_2 也常亮，开始功能测试过程。

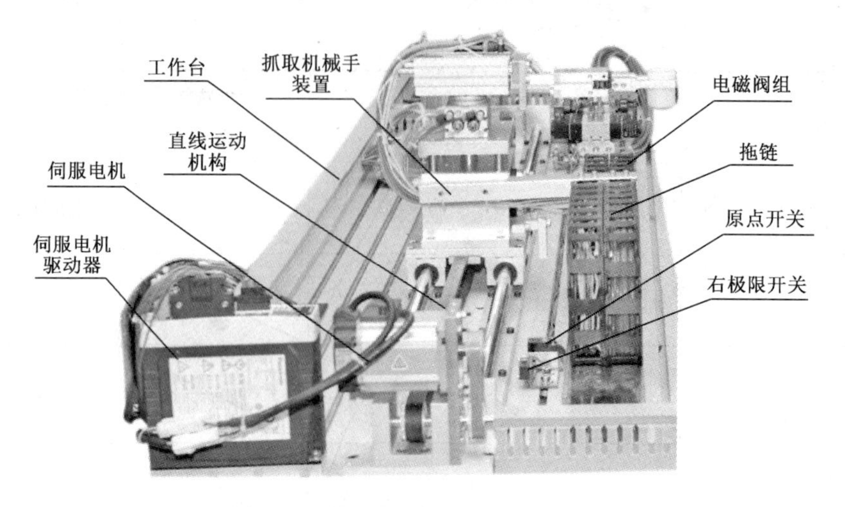

图 3.2.2　输送单元装置侧部分外观图

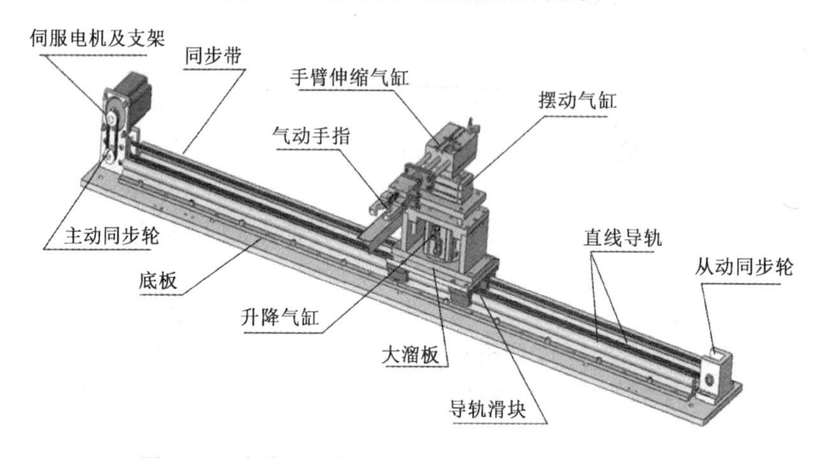

图 3.2.3　直线运动传动组件和抓取机械手装置组装图

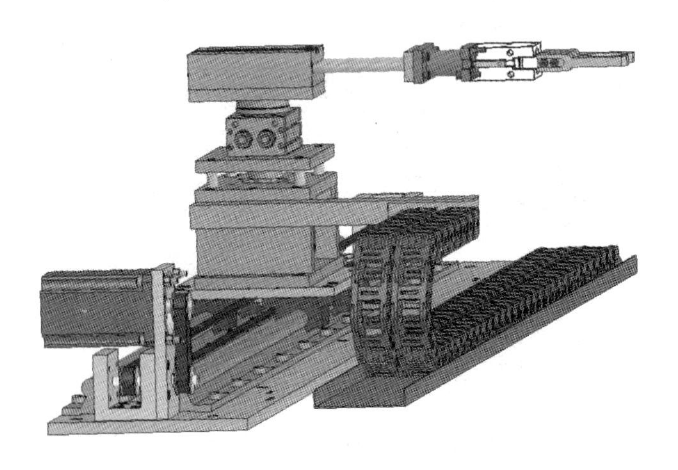

图 3.2.4　抓取机械手装置及驱动装置的装配效果图

2. 正常功能测试

（1）抓取机械手装置从供料站出料台抓取工件，抓取的顺序是：手臂伸出→手爪夹紧抓取工件→提升台上升→手臂缩回。

（2）抓取动作完成后，伺服电机驱动机械手装置向加工站移动，移动速度不小于 300mm/s。

（3）机械手装置移动到加工站物料台的正前方后，即把工件放到加工站物料台上。抓取机械手装置在加工站放下工件的顺序是：手臂伸出→提升台下降→手爪松开放下工件→手臂缩回。

（4）放下工件动作完成 2s 后，抓取机械手装置执行抓取加工站工件的操作。抓取的顺序与供料站抓取工件的顺序相同。

（5）抓取动作完成后，伺服电机驱动机械手装置移动到装配站物料台的正前方。然后把工件放到装配站物料台上。其动作顺序与加工站放下工件的顺序相同。

（6）放下工件动作完成 2s 后，抓取机械手装置执行抓取装配站工件的操作。抓取的顺序与供料站抓取工件的顺序相同。

（7）机械手手臂缩回后，摆台逆时针旋转 90°，伺服电机驱动机械手装置从装配站向分拣站运送工件，到达分拣站传送带上方入料口后把工件放下，动作顺序与加工站放下工件的顺序相同。

（8）放下工件动作完成后，机械手手臂缩回，然后执行返回原点的操作。伺服电机驱动机械手装置以 400mm/s 的速度返回，返回 900mm 后，摆台顺时针旋转 90°，然后以 100mm/s 的速度低速返回原点停止。

当抓取机械手装置返回原点后，一个测试周期结束。当供料单元的出料台上放置了工件时，再按一次起动按钮 SB_2，开始新一轮的测试。

3. 非正常运行的功能测试

若在工作过程中按下急停按钮 QS，则系统立即停止运行。在急停复位后，应从急停前的断点开始继续运行。但是若急停按钮按下时，输送站机械手装置正在向某一目标点移动，则急停复位后输送站机械手装置应首先返回原点位置，然后再向原目标点运动。

在急停状态，绿色指示灯 HL_2 以 1Hz 的频率闪烁，直到急停复位后恢复正常运行时，HL_2 恢复常亮。

【项目实施条件】

1. 工具、仪表及器材

项目实施过程中所需要的工具、仪表见表 3.2.3。

表 3.2.3　装配用工具、仪表配备表

编　号	工具名称	规　格	数量	主要作用
1	内六扳手	3、4、6mm 等	1 套	安装机架底脚螺丝用
2	一字起子	微型	1 把	安装联轴器用
3	一字起子	100mm	1 把	接线与安装用
4	一字起子	150mm	1 把	接线与安装用
5	十字起子	100mm	1 把	接线与安装用
6	十字起子	150mm	1 把	接线与安装用
7	尖嘴钳	150mm	1 把	安装与调整用
8	活动扳手	200mm	2 把	安装警示灯用
9	钢直尺	600mm	1 把	安装机架用
10	钢直尺	150mm	1 把	安装与调整用
11	水平尺	300mm	1 把	传送皮带水平检测用
12	直角尺	150mm	1 把	机架高度测量用
13	塞尺		1 把	检测间隙用
14	剥线钳	可选择	1 把	安装线路用

续表

编　号	工具名称	规　格	数　量	主要作用
15	绘图工具	可选择	1套	绘制电路原理图
16	电笔	可选择	1支	带电检测用
17	万用表	可选择	1个	检测电动机与电源用
18	软毛扫	中号	1把	清扫平台与工位用

2. 输送单元

输送单元中涉及的机械及电气元件明细表见表3.2.4。

表3.2.4　输送单元中涉及的机械及电气元件明细表

编　号	器材名称	构　成	数　量
1	抓取机械手装置	具体由气动手爪、伸缩气缸、回转气缸和提升气缸等组成	1套
2	直线运动传动组件	传动组件由直线导轨底板，伺服电机及伺服驱动器，同步轮，同步带，直线导轨，滑动溜板，拖链和原点接近开关，左、右极限开关组成	1套
3	伺服驱动模块	伺服电机、伺服驱动器、同步带和同步轮等组成	1套
4	接线端口	装置侧输入、输出接线端口和PLC侧输入、输出接线端口	1套
5	按钮/指示灯模块	由3个指示灯、2个按钮、1个转换开关和1个急停开关构成	1套
7	可编程控制器	三菱可编程控制器FX1N-40MT	1台

3. 清扫安装平台

安装前，应确认平台已放置平稳，平台内的窄槽内没有遗留的螺母或其他配件，然后用软毛扫将平台清扫干净。

【知识链接】

<输送单元的组成>

输送单元由抓取机械手装置、直线运动传动组件、拖链装置、PLC模块和接线端口以及按钮/指示灯模块等部件组成。

1. 抓取机械手装置

抓取机械手装置是一个能实现三自由度运动（即升降、伸缩、气动手指夹紧/松开和沿垂直轴旋转的四维运动）的工作单元，该装置整体安装在直线运动传动组件的滑动溜板上，在传动组件带动下整体作直线往复运动，定位到其他各工作单元的物料台，然后完成抓取和放下工件的功能。如图3.2.5所示为该装置实物图。

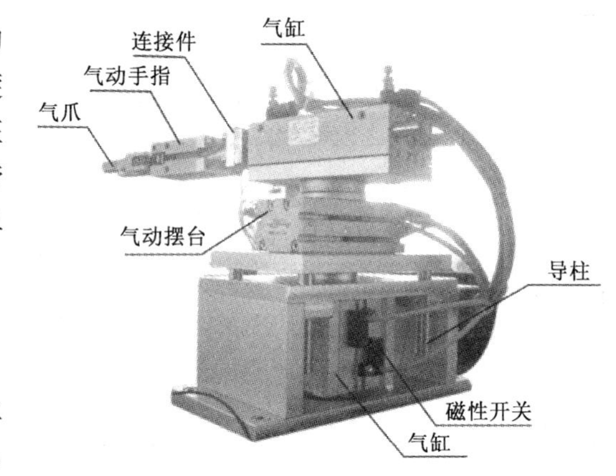

图3.2.5　抓取机械手装置

具体构成如下：

（1）气动手爪。用于在各个工作站物料台上抓取/放下工件。由一个二位五通双向电控阀控制。

（2）伸缩气缸。用于驱动手臂伸出缩回。由一个二位五通单向电控阀控制。

（3）回转气缸。用于驱动手臂正反向90°旋转，由一个二位五通双向电控阀控制。

（4）提升气缸。用于驱动整个机械手提升与下降。由一个二位五通单向电控阀控制。

2. 直线运动传动组件

直线运动传动组件用以拖动抓取机械手装置作往复直线运动，完成精确定位的功能。如图 3.2.6 所示为该组件的俯视图。

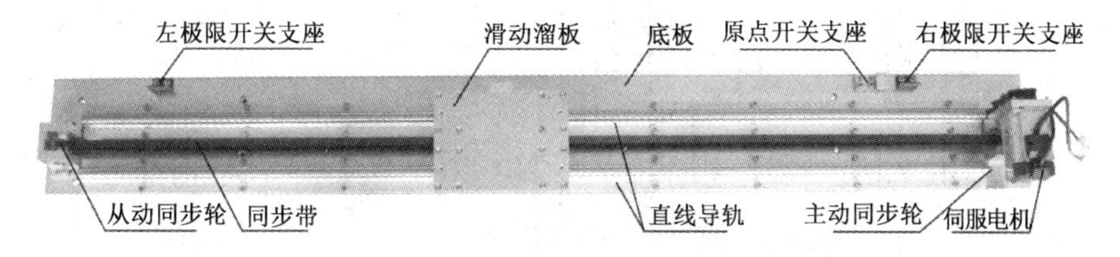

图 3.2.6　直线运动传动组件图

如图 3.2.7 所示为直线运动传动组件和抓取机械手装置组装起来的示意图。

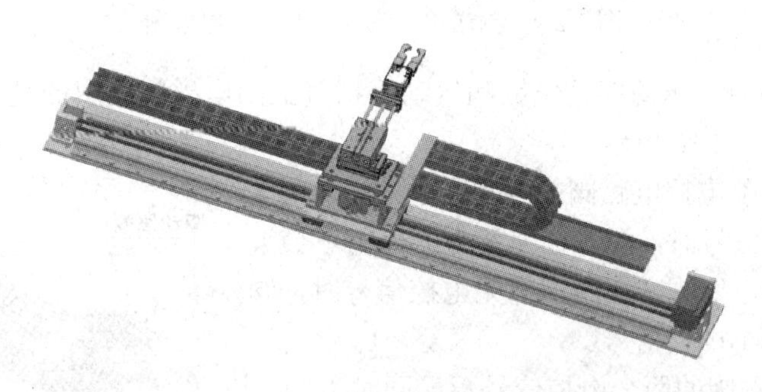

图 3.2.7　伺服电机传动和机械手装置

传动组件由直线导轨底板、伺服电机及伺服驱动器、同步轮、同步带、直线导轨、滑动溜板、拖链和原点接近开关、左、右极限开关组成。

伺服电机由伺服电机驱动器驱动，通过同步轮和同步带带动滑动溜板沿直线导轨作往复直线运动。从而带动固定在滑动溜板上的抓取机械手装置作往复直线运动。同步轮齿距为 5mm，共 12 个齿，即旋转一周搬运机械手位移 60mm。

抓取机械手装置上所有气管和导线沿拖链铺设，进入线槽后分别连接到电磁阀组和接线端口上。

原点接近开关和左、右极限开关安装在直线导轨底板上，如图 3.2.8 所示。

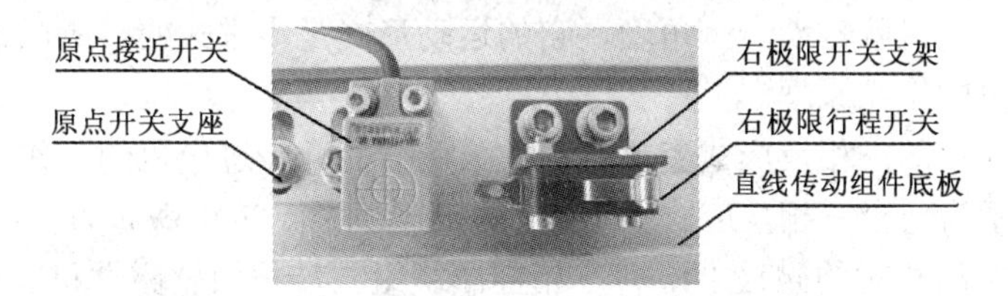

图 3.2.8　原点开关和右极限开关

原点接近开关是一个无触点的电感式接近传感器，用来提供直线运动的起始点信号。

左、右极限开关均是有触点的微动开关，用来提供越程故障时的保护信号：当滑动溜板在运动中越过左或右极限位置时，极限开关会动作，从而向系统发出越程故障信号。

4. 气动控制回路

输送单元的抓取机械手装置上的所有气缸连接的气管沿拖链敷设，插接到电磁阀组上，其气动控制回路如图 3.2.9 所示。

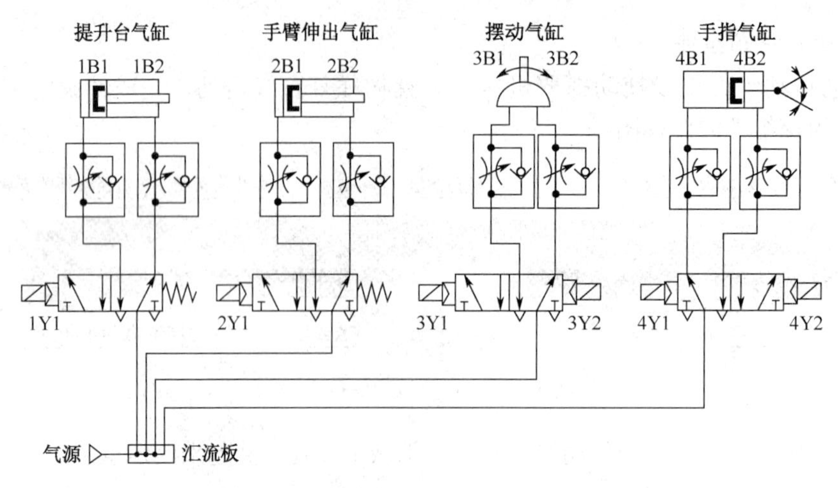

图 3.2.9　输送单元气动控制回路原理图

在气动控制回路中，驱动摆动气缸和气动手指气缸的电磁阀采用的是二位五通双电控电磁阀，电磁阀外形如图 3.2.10 所示。

双电控电磁阀与单电控电磁阀的区别在于，对于单电控电磁阀，在无电控信号时，阀芯在弹簧力的作用下会被复位，而对于双电控电磁阀，在两端都无电控信号时，阀芯的位置取决于前一个电控信号。

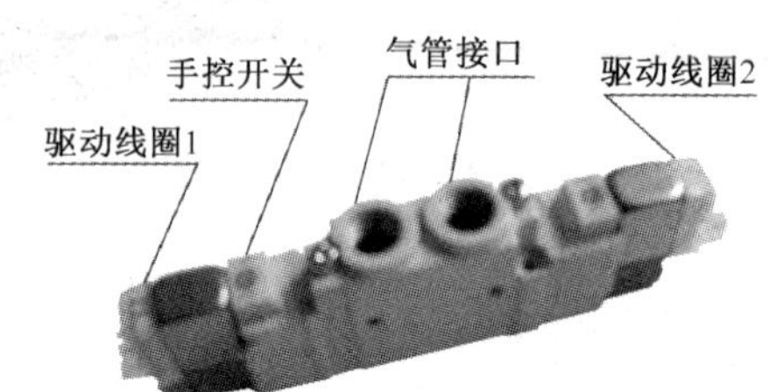

图 3.2.10　双电控气阀示意图

注意：双电控电磁阀的两个电控信号不能同时为“1”，即在控制过程中不允许两个线圈同时得电，否则，可能会造成电磁线圈烧毁，当然，在这种情况下阀芯的位置是不确定的。

<步进电机及步进驱动器>

输送单元中，驱动抓取机械手装置沿直线导轨作往复运动的动力源，可以是步进电机，也可以是伺服电机，根据控制要求而定。由于所选用的步进电机和伺服电机的安装孔大小及孔距相同，更换十分容易。

1. 步进电动机简介

步进电动机是将电脉冲信号转换为相应的角位移或直线位移的一种特殊执行电动机。每输入一个电脉冲信号，电机就转动一个角度，它的运动形式是步进式的，所以称为步进电动机。

（1）步进电动机的工作原理。

下面以一台最简单的三相反应式步进电动机为例，简介步进电机的工作原理。

如图 3.2.11 所示为一台三相反应式步进电动机的原理图。定子铁芯为凸极式，共有三对（六个）磁极，每两个空间相对的磁极上绕有一相控制绕组。转子用软磁性材料中制成，也是凸极结构，只有四个齿，齿宽等于定子的极宽。

当 A 相控制绕组通电，其余两相均不通电，电机内建立以定子 A 相极为轴线的磁场。由于磁通具有力图走磁阻最小路径的特点，使转子齿 1、3 的轴线与定子 A 相极轴线对齐，如图 3.2.11（a）所示。若 A 相控制绕组断电、B 相控制绕组通电时，转子在反应转矩的作用下，逆时针转过 30°，使转子齿 2、4 的轴线与定子 B 相极轴线对齐，即转子走了一步，如图 3.2.11（b）所示。若在断开 B 相，使 C 相控制绕组通电，转子逆时针方向又转过 30°，使转子齿 1、3 的轴线与定子 C 相极轴线对齐，如图 3.2.11（c）所示。如此按 A—B—C—A 的顺序轮流通电，转子就会一步一步地按逆时针方向转动。其转速取决于各相控制绕组通电与断电的频率，旋转方向取决于控制绕组轮流通电的顺序。若按 A—C—B—A 的顺序通电，则电动机按顺时针方向转动。

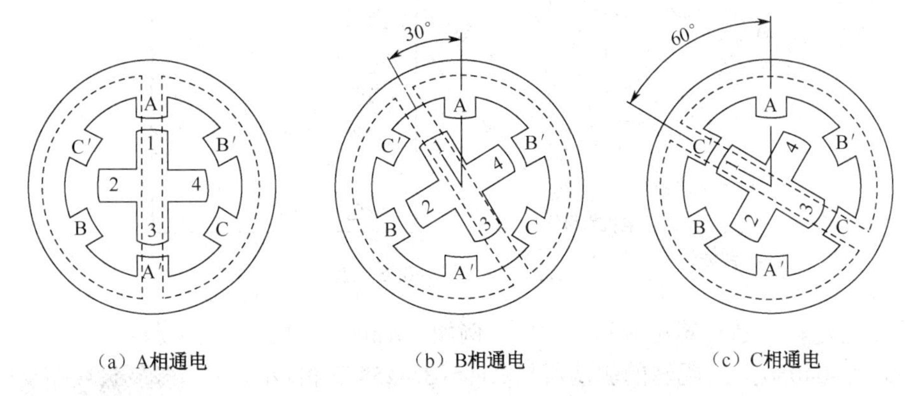

（a）A相通电　（b）B相通电　（c）C相通电

图 3.2.11　三相反应式步进电动机的原理图

上述通电方式称为三相单三拍。“三相”是指三相步进电动机；“单三拍”是指每次只有一相控制绕组通电；控制绕组每改变一次通电状态称为一拍，“三拍”是指改变三次通电状态为一个循环。把每一拍转子转过的角度称为步距角。三相单三拍运行时，步距角为 30°。显然，这个角度太大，不能付诸实用。

如果把控制绕组的通电方式改为 A→AB→B→BC→C→CA→A，即一相通电、接着二相通电间隔地轮流进行，完成一个循环需要经过六次改变通电状态，称为三相单、双六拍通电方式。当 A、B 两相绕组同时通电时，转子齿的位置应同时考虑到两对定子极的作用，只有 A 相极和 B 相极对转子齿所产生的磁拉力相平衡的中间位置，才是转子的平衡位置。这样，单、双六拍通电方式下转子平衡位置增加了一倍，步距角为 15°。

进一步减少步距角的措施是采用定子磁极带有小齿、转子齿数很多的结构，分析表明，这样结构的步进电动机，其步距角可以做得很小。一般地说，实际的步进电机产品，都采用这种方法实现步距角的细分。例如输送单元所选用的 Kinco 三相步进电机 3S57Q-04056，它的步距角是在整步方式下为 1.8°，半步方式下为 0.9°。

除了步距角外，步进电机还有例如保持转矩、阻尼转矩等技术参数，这些参数的物理意义请参阅有关步进电机的专门资料。3S57Q-04056 部分技术参数见表 3.2.5。

表 3.2.5　3S57Q-04056 部分技术参数

参数名称	步距角	相电流（A）	保持扭矩	阻尼扭矩	电机惯量
参数值	1.8°	5.8A	1.0N・m	0.04N・m	$0.3kg.cm^2$

（2）步进电机的使用，一是要注意正确安装，二是正确接线。

安装步进电机，必须严格按照产品说明的要求进行。步进电机是一种精密装置，安装时注意不要敲打它的轴端，千万不要拆卸电机。

不同的步进电机的接线有所不同，3S57Q-04056 接线图如图 3.2.12 所示，三相绕组的六根引出线，必须按头尾相连的原则连接成三角形。改变绕组的通电顺序就能改变步进电机的转动方向。

2. 步进电动机的驱动装置

步进电动机需要专门的驱动装置（驱动器）供电，驱动器和步进电动机是一个有机的整体，步进电动机的运行性能是电动机及其驱动器二者配合所反映的综合效果。

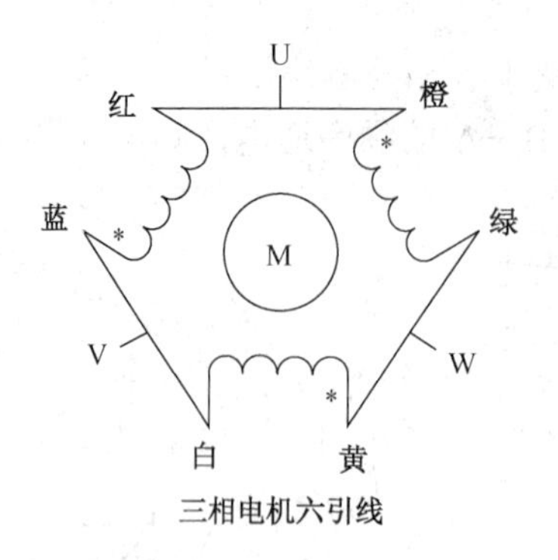

线色	电机线号
红色	U
橙色	
蓝色	V
白色	
黄色	W
绿色	

图 3.2.12　3S57Q-04056 的接线

每一台步进电机大都有其对应的驱动器，例如，Kinco 三相步进电机 3S57Q-04056 与之配套的驱动器是 Kinco 3M458 三相步进电机驱动器。如图 3.2.13 和图 3.2.14 所示分别是它的外观图和典型接线图。图中，驱动器可采用直流 24～40V 电源供电。YL-335B 中，该电源由输送单元专用的开关稳压电源（DC 24V 6A）供给。输出电流和输入信号规格为：

① 输出相电流为 3.0～5.8A，输出相电流通过拨动开关设定；驱动器采用自然风冷的冷却方式。

② 控制信号输入电流为 6～20mA，控制信号的输入电路采用光耦隔离。输送单元 PLC 输出公共端 Vcc 使用的是 DC 24V 电压，所使用的限流电阻 R_1 为 2kΩ。

图 3.2.13　Kinco 3M458 外观

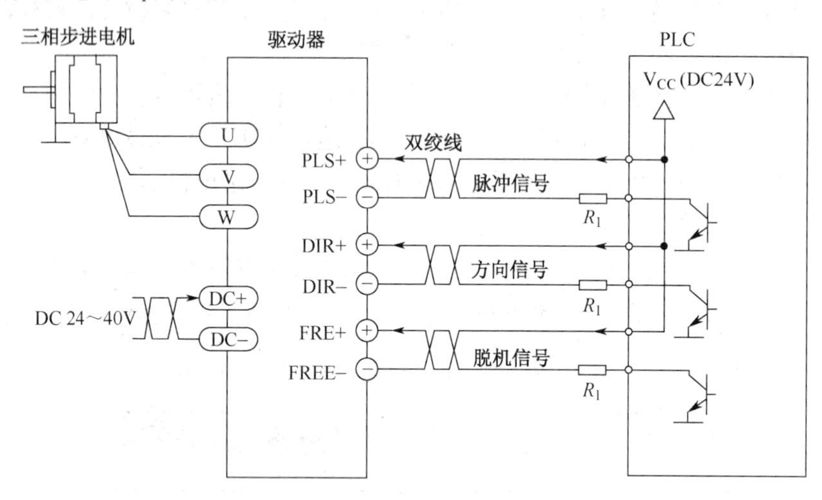

图 3.2.14　Kinco 3M458 的典型接线图

由图可见，步进电机驱动器的功能是接收来自控制器（PLC）的一定数量和频率脉冲信号以及电机旋转方向的信号，为步进电动机输出三相功率脉冲信号。

步进电机驱动器的组成包括脉冲分配器和脉冲放大器两部分，主要解决向步进电机的各相绕组分配输出脉冲和功率放大两个问题。

脉冲分配器是一个数字逻辑单元，它接收来自控制器的脉冲信号和转向信号，把脉冲信号按一定的逻辑关系分配到每一相脉冲放大器上，使步进电机按选定的运行方式工作。由于步进电机各相绕组是按一定的通电顺序并不断循环来实现步进功能的，因此脉冲分配器也称为环形分配器。实现这种分配功能的方法有多种，例如，可以由双稳态触发器和门电路组成，也可由可编程逻辑器件组成。

脉冲放大器是进行脉冲功率放大。因为从脉冲分配器能够输出的电流很小（毫安级），而步进电机工作时需要的电流较大，因此需要进行功率放大。此外，输出的脉冲波形、幅度、波形前沿陡度等因素对步进电机运行性能有重要的影响。3M458 驱动器采取如下一些措施，大大改善了步进电机运行性能。

- 内部驱动直流电压达 40V，能提供更好的高速性能。
- 具有电机静态锁紧状态下的自动半流功能，可大大降低电机的发热。而为调试方便，驱动器还有一对脱机信号输入线 FREE+和 FREE-（图 3.2.14），当这一信号为 ON 时，驱动器将断开输入到步进电机的电源回路。YL-335B 没有使用这一信号，目的是使步进电机在上电后，即使静止时也保持自动半流的锁紧状态。
- 3M458 驱动器采用交流伺服驱动原理，把直流电压通过脉宽调制技术变为三路阶梯式正弦波形电流，如图 3.2.15 所示。

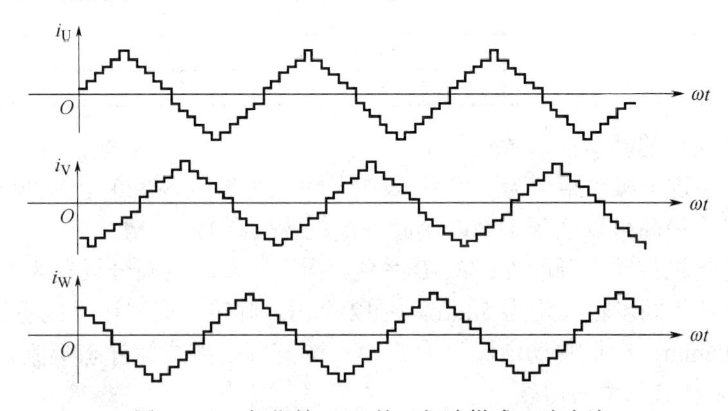

图 3.2.15　相位差 120° 的三相阶梯式正弦电流

阶梯式正弦波形电流按固定时序分别流过三路绕组，其每个阶梯对应电机转动一步。通过改变驱动器输出正弦电流的频率来改变电机转速，而输出的阶梯数确定了每步转过的角度，当角度越小的时候，那么其阶梯数就越多，即细分就越大，从理论上说此角度可以设得足够的小，所以细分数可以是很大。3M458 最高可达 10000 步/转的驱动细分功能，细分可以通过拨动开关设定。

细分驱动方式不仅可以减小步进电机的步距角，提高分辨率，而且可以减少或消除低频振动，使电机运行更加平稳均匀。

在 3M458 驱动器的侧面连接端子中间有一个红色的八位 DIP 功能设定开关，可以用来设定驱动器的工作方式和工作参数，包括细分设置、静态电流设置和运行电流设置。如图 3.2.16 所示为该 DIP 开关功能划分说明，表 3.2.6（a）和表 3.2.6（b）分别为细分设置表和电流设定表。

DIP开关的正视图

ON 1 2 3 4 5 6 7 8

开关序号	ON功能	OFF功能
DIP1～DIP3	细分设置用	细分设置用
DIP48	静态电流全流	静态电流全流
DIP5～DIP8	电流设置用	电流设置用

图 3.2.16　3M458　DIP 开关功能划分说明

表 3.2.6（a） 细分设置表

DIP_1	DIP_2	DIP_3	细分（步/转）
ON	ON	ON	400
ON	ON	OFF	500
ON	OFF	ON	600
ON	OFF	OFF	1000
OFF	ON	ON	2000
OFF	ON	OFF	4000
OFF	OFF	ON	5000
OFF	OFF	OFF	10000

表 3.2.6（b） 输出电流设置表

DIP_5	DIP_6	DIP_7	DIP_8	输出电流（V）
OFF	OFF	OFF	OFF	3.0
OFF	OFF	OFF	ON	4.0
OFF	OFF	ON	ON	4.6
OFF	ON	ON	ON	5.2
ON	ON	ON	ON	5.8

步进电机传动组件的基本技术数据如下：

3S57Q-04056 步进电机步距角为 1.8°，即在无细分的条件下 200 个脉冲电机转一圈（通过驱动器设置细分精度最高可以达到 10000 个脉冲电机转一圈）。

对于采用步进电机作动力源的 YL335-B 系统，出厂时驱动器细分设置为 10000 步/转。如前所述，直线运动组件的同步轮齿距为 5mm，共 12 个齿，旋转一周搬运机械手位移 60mm。即每步机械手位移 0.006mm；电机驱动电流设为 5.2A；静态锁定方式为静态半流。

3．使用步进电机应注意的问题

控制步进电动机运行时，应注意考虑在防止步进电机运行中失步的问题。

步进电动机失步包括丢步和越步。丢步时，转子前进的步数小于脉冲数，越步时，转子前进的步数多于脉冲数。丢步严重时，将使转子停留在一个位置上或围绕一个位置振动；越步严重时，设备将发生过冲。

使机械手返回原点的操作，常常会出现越步情况。当机械手装置回到原点时，原点开关动作，使指令输入 OFF。但如果到达原点前速度过高，惯性转矩将大于步进电机的保持转矩而使步进电机越步。因此回原点的操作应确保足够低速为宜；当步进电机驱动机械手装配高速运行时紧急停止，出现越步情况不可避免，因此急停复位后应采取先低速返回原点重新校准，再恢复原有操作的方法。（注：所谓保持扭矩是指电机各相绕组通额定电流，且处于静态锁定状态时，电机所能输出的最大转距，它是步进电机最主要参数之一）

由于电机绕组本身是感性负载，输入频率越高，励磁电流就越小。频率高，磁通量变化加剧，涡流损失加大。因此，输入频率增高，输出力矩降低。最高工作频率的输出力矩只能达到低频转矩的 40%～50%。进行高速定位控制时，如果指定频率过高，会出现丢步现象。

此外，如果机械部件调整不当，会使机械负载增大。步进电机不能过负载运行，哪怕是瞬间，都会造成失步，严重时停转或不规则原地反复振动。

<伺服电机及伺服驱动器>

现代高性能的伺服系统，大多数采用永磁交流伺服系统，其中包括永磁同步交流伺服电动机和全数字交流永磁同步伺服驱动器两部分。

1．交流伺服电机的工作原理

伺服电机内部的转子是永磁铁，驱动器控制的 U/V/W 三相电形成电磁场，转子在此磁场的作用下转动，同时电机自带的编码器反馈信号给驱动器，驱动器根据反馈值与目标值进行比较，调整转子转动的角度。伺服电机的精度决定于编码器的精度（线数）。

交流永磁同步伺服驱动器主要有伺服控制单元、功率驱动单元、通信接口单元、伺服电动机及相应的反馈检测器件组成，其中伺服控制单元包括位置控制器、速度控制器、转矩和电流控制器等。结构组成如图 3.2.17 所示。

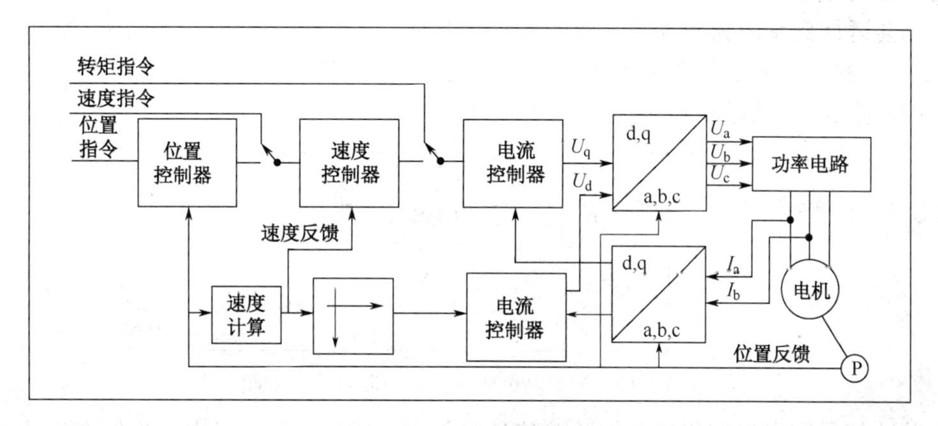

图 3.2.17　系统控制结构

伺服驱动器均采用数字信号处理器（DSP）作为控制核心，其优点是可以实现比较复杂的控制算法，实现数字化、网络化和智能化。功率器件普遍采用以智能功率模块（IPM）为核心设计的驱动电路，IPM 内部集成了驱动电路，同时具有过电压、过电流、过热、欠压等故障检测保护电路，在主回路中还加入软起动电路，以减小起动过程对驱动器的冲击。

功率驱动单元首先通过整流电路对输入的三相电或者市电进行整流，得到相应的直流电。再通过三相正弦 PWM 电压型逆变器变频来驱动三相永磁式同步交流伺服电机。

逆变部分（DC—AC）采用功率器件集成驱动电路、保护电路和功率开关于一体的智能功率模块（IPM），主要拓扑结构是采用了三相桥式电路，原理图如图 3.2.18 所示。利用了脉宽调制技术，即 PWM（Pulse Width Modulation），通过改变功率晶体管交替导通的时间来改变逆变器输出波形的频率，改变每半周期内晶体管的通断时间比，也就是说通过改变脉冲宽度来改变逆变器输出电压幅值的大小，以达到调节功率的目的。

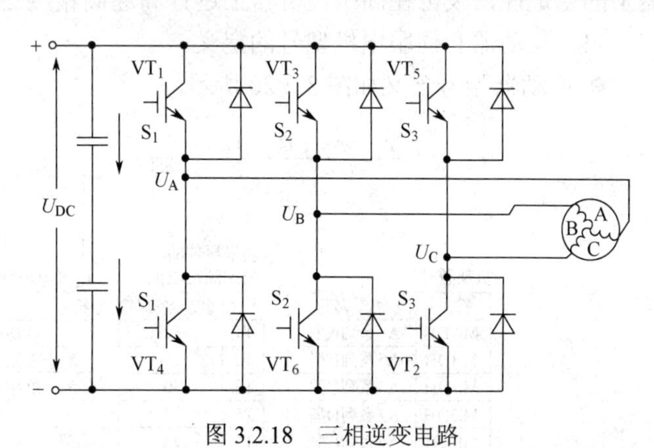

图 3.2.18　三相逆变电路

2．交流伺服系统的位置控制模式

如图 3.2.17 和图 3.2.18 所示说明如下两点：

（1）伺服驱动器输出到伺服电机的三相电压波形基本是正弦波（高次谐波被绕组电感滤除），而不是像步进电机那样是三相脉冲序列，即使从位置控制器输入的是脉冲信号。

（2）伺服系统用作定位控制时，位置指令输入到位置控制器、速度控制器输入端前面的电子开关切换到位置控制器输出端。同样，电流控制器输入端前面的电子开关切换到速度控制器输出端。因此，位置控制模式下的伺服系统是一个三闭环控制系统，两个内环分别是电流环和速度环。

由自动控制理论可知，这样的系统结构提高了系统的快速性、稳定性和抗干扰能力。在足够高的开环增益下，系统的稳态误差接近为零。这就是说，在稳态时，伺服电机以指令脉冲和反馈脉冲近似相等时的速度运行。反之，在达到稳态前，系统将在偏差信号作用下驱动电机加速或减速。若指令脉冲突然消失（如紧急停车时，PLC 立即停止向伺服驱动器发出驱动脉冲），伺服电机仍会运行到反馈脉冲数等于指令脉冲消失前的脉冲数才停止。

3. 位置控制模式下电子齿轮的概念

位置控制模式下，等效的单闭环系统方框图如图 3.2.19 所示。

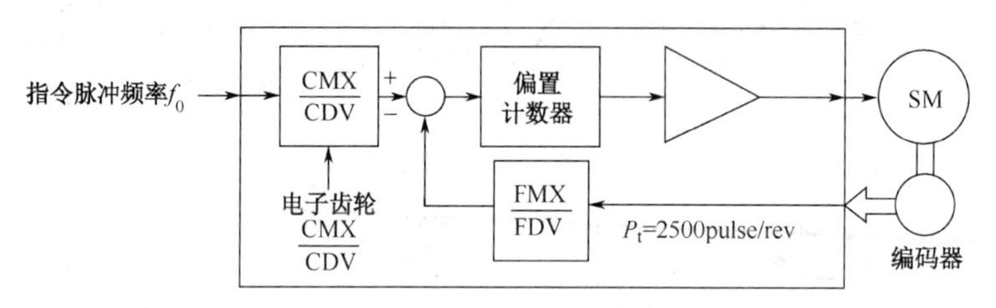

图 3.2.19 等效的单闭环位置控制系统方框图

指令脉冲信号和电机编码器反馈脉冲信号进入驱动器后，均通过电子齿轮变换才进行偏差计算。电子齿轮实际是一个分/倍频器，合理搭配它们的分/倍频值，可以灵活地设置指令脉冲的行程。

例如，YL-335B 所使用的松下 MINAS A4 系列 AC 伺服电机、驱动器，电机编码器反馈脉冲为 2500 pulse/rev。默认情况下，驱动器反馈脉冲电子齿轮分/倍频值为 4 倍频。如果希望指令脉冲为 6000 pulse/rev，那么就应把指令脉冲电子齿轮的分/倍频值设置为 10000/6000，从而实现 PLC 每输出 6000 个脉冲，伺服电机旋转一周，驱动机械手恰好移动 60mm 的整数倍关系。

4. 松下 MINAS A5 系列 AC 伺服电机、驱动器

AC 伺服电机和驱动器 MINAS A5 系列对原来的 A4 系列进行了性能升级，设定和调整极其简单；所配套的电机采用 20 位增量式编码器，且实现了低齿槽转矩化；提高了在低刚性机器上的稳定性，及可在高刚性机器上进行高速高精度运转，可应对各种机器的使用。

（1）驱动器和伺服电机型号的定义。

● 驱动器型号含义如图 3.2.20 所示。

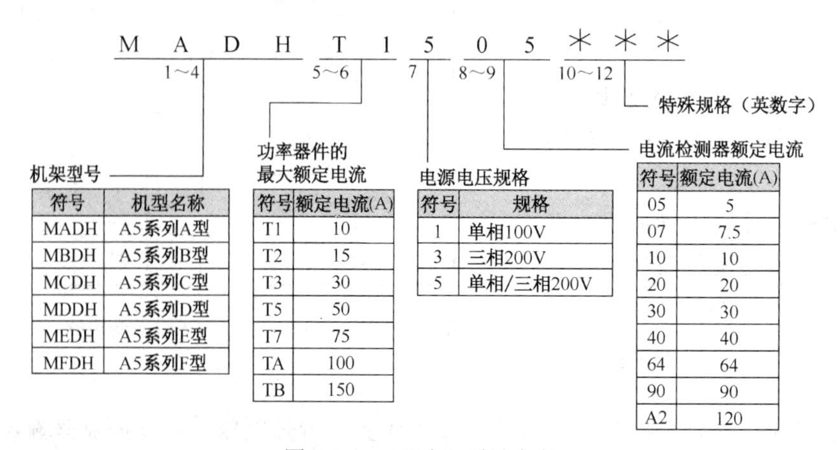

机架型号

符号	机型名称
MADH	A5系列A型
MBDH	A5系列B型
MCDH	A5系列C型
MDDH	A5系列D型
MEDH	A5系列E型
MFDH	A5系列F型

功率器件的最大额定电流

符号	额定电流(A)
T1	10
T2	15
T3	30
T5	50
T7	75
TA	100
TB	150

电源电压规格

符号	规格
1	单相100V
3	三相200V
5	单相/三相200V

电流检测器额定电流

符号	额定电流(A)
05	5
07	7.5
10	10
20	20
30	30
40	40
64	64
90	90
A2	120

图 3.2.20 驱动器型号含义

伺服电机型号含义如图 3.2.21 所示。

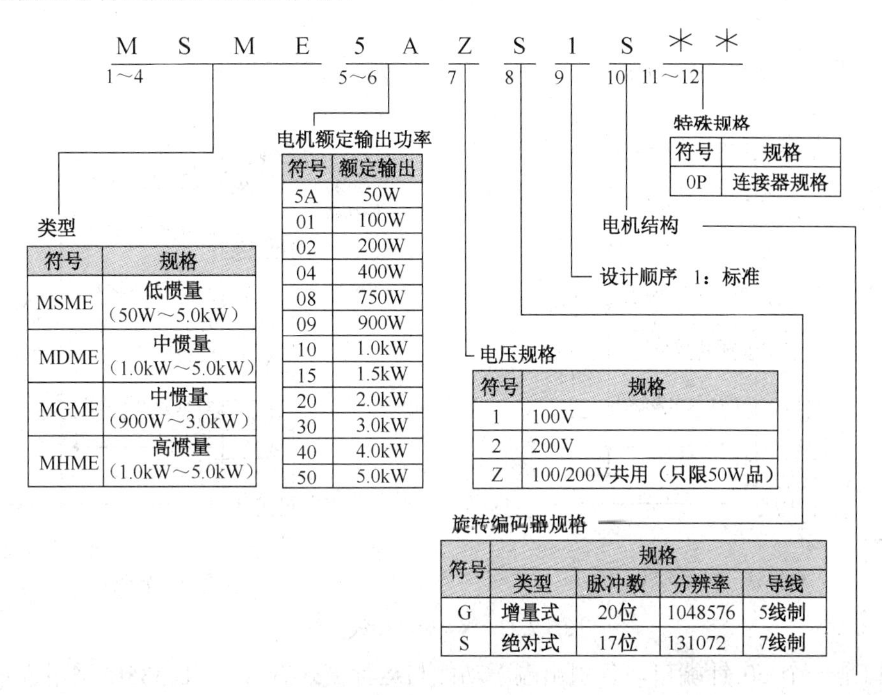

符号	规格
MSME	低惯量（50W～5.0kW）
MDME	中惯量（1.0kW～5.0kW）
MGME	中惯量（900W～3.0kW）
MHME	高惯量（1.0kW～5.0kW）

符号	额定输出
5A	50W
01	100W
02	200W
04	400W
08	750W
09	900W
10	1.0kW
15	1.5kW
20	2.0kW
30	3.0kW
40	4.0kW
50	5.0kW

符号	规格
0P	连接器规格

符号	规格
1	100V
2	200V
Z	100/200V共用（只限50W品）

符号	规格			
	类型	脉冲数	分辨率	导线
G	增量式	20位	1048576	5线制
S	绝对式	17位	131072	7线制

图 3.2.21　伺服电机型号含义

（2）驱动器接口和控制接线。

伺服驱动器接口如图 3.2.22 所示。

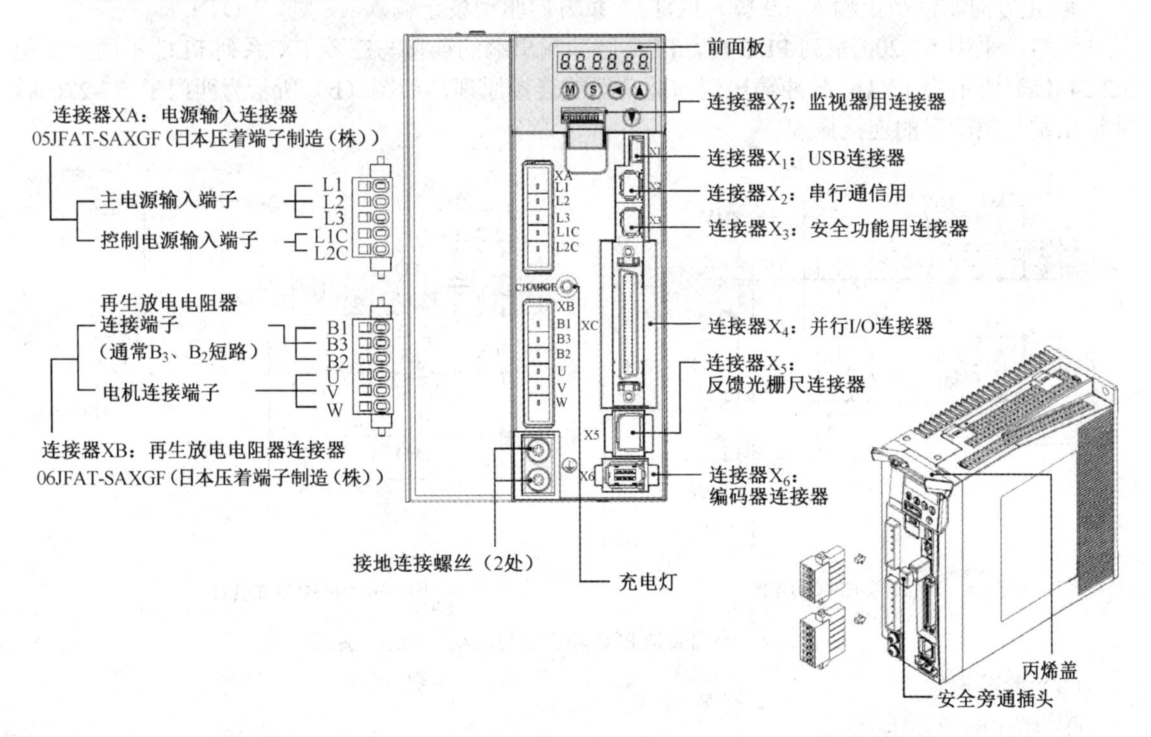

图 3.2.22　伺服驱动器接口

① 主电路接线：连接器 XA 包括主电源输入端子和控制电源输入端子，可独立；连接器

XB 的电机连接端子连接到伺服电机，固定接线，不可反接。（U 相红色、V 相白色、W 相黑色）；X_6 接口编码器反馈信号。

② X_4 端口：I/O 控制信号端口。YL-335B 接线如图 3.2.23 所示。

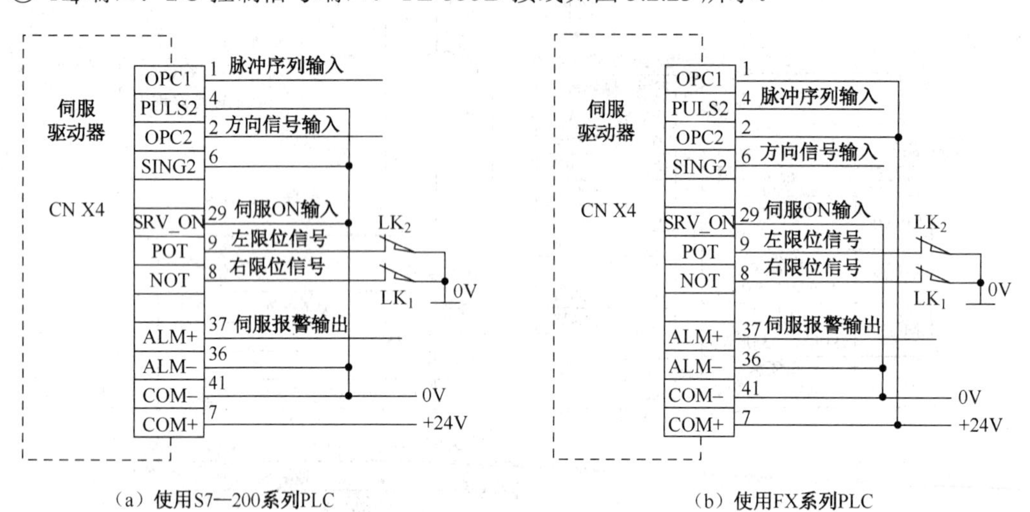

（a）使用S7—200系列PLC　　（b）使用FX系列PLC

图 3.2.23　X4 端口接线方法

X_4 端口是一个 50 针端口，各引出端子功能与运行模式有关。YL-335B 采用位置模式，并根据设备工作要求，只使用部分端子。此外，伺服 ON 输入（29 脚）、伺服警报输出-端（36 脚，ALM-端）均在接线插头内部连接到 COM-端（0V）。从接线插头引出的信号只有：

- 脉冲信号输入端（OPC1、PULS2、OPC2、SING2）
- 正方向驱动禁止输入（9 脚，POT），负方向驱动禁止输入（8 脚，NOT）

注意：采用 S7-200 系列 PLC 时，PLC 脉冲输出端的连接与三菱 FX 系列 PLC 不同，如图 3.2.24（a）所示为 FX1N 脉冲输出端与驱动器的连接原理，如图（b）所示为西门子 S7-226 脉冲输出端与驱动器的连接原理。

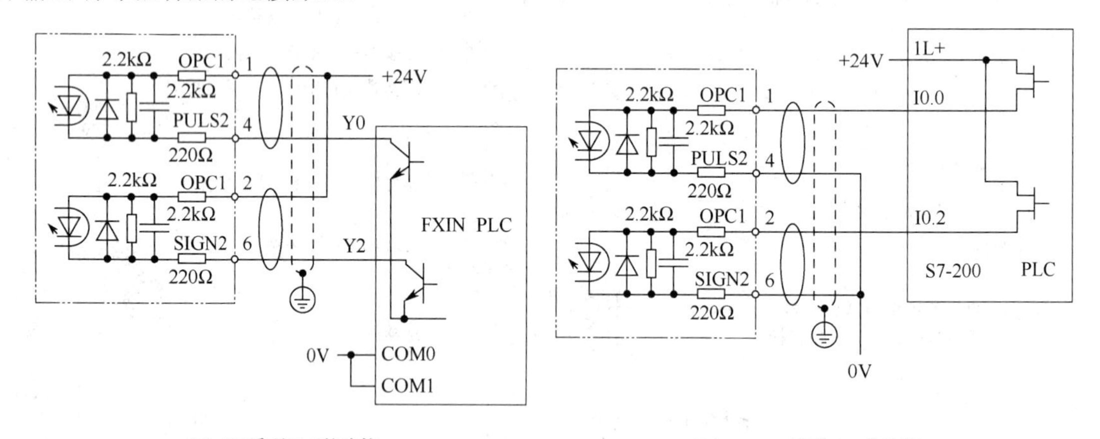

（a）FX系列PLC的连接　　（b）S7-200系列PLC的连接

图 3.2.24　不同类型 PLC 输出端与驱动器的连接原理

（3）参数设置。

① 操作面板使用。

② 参数设置。

A5 的参数分为 7 类，即：分类 0（基本设定）；分类 1（增益调整）；分类 2（振动抑制功能）；

分类 3（速度、转矩控制、全闭环控制）……输送单元实际上主要使用基本设定。A5 伺服参数设置具体的参数设置见表 3.2.7。

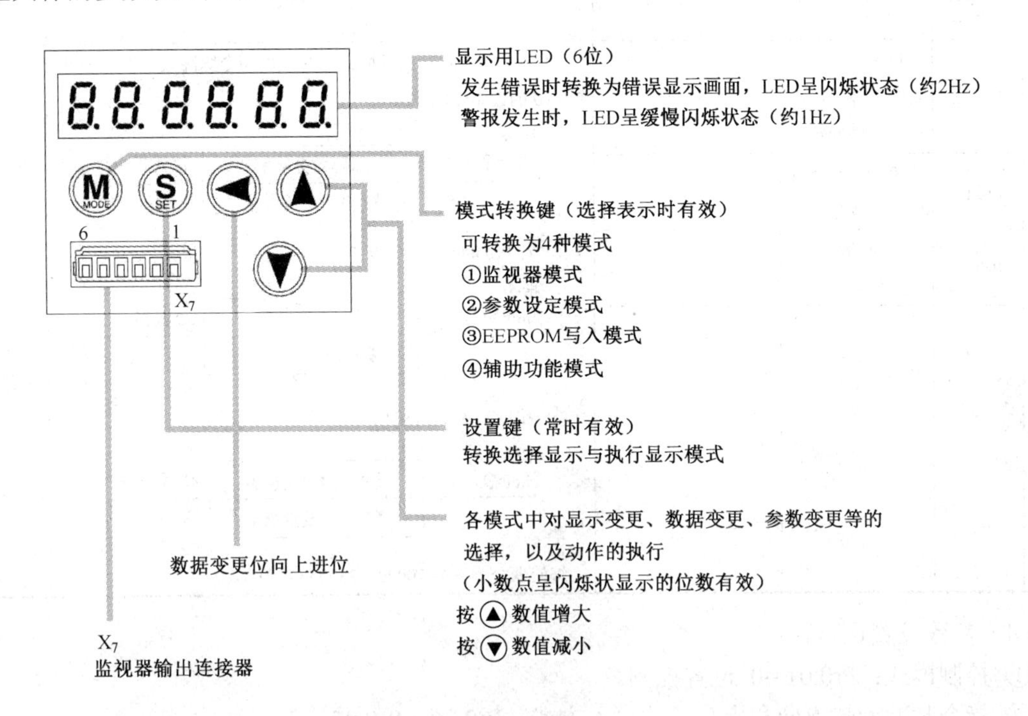

图 3.2.25　操作面板使用方法

表 3.2.7　伺服驱动器参数设置表格

序号	参数		设置值	功能和含义	初始值
	参数号	参数名称			
1	Pr5.28	LED 初始状态	1	显示电机转速	
2	Pr0.01	控制模式	0	位置控制（相关代码 P）	0
3	Pr5.04	行程限位禁止输入无效设置	2	当左或右限位动作，则会发生 Err38 行程限位禁止输入信号出错报警。设定为 1 时，POT、NOT 无效 设置此参数值必须在控制电源断电重新起动之后才能修改、写入成功	1
4	Pr0.04	惯量比	1678	实时自动增益调整有效时，实时推断惯量比，每 30min 保存在 EEPROM 中	
5	Pr0.02	实时自动增益设置	1	设定值为 0 时，实时自动调整功能无效；为 1 时是标准模式，实时自动调整有效，是重视稳定性的模式。不进行可变载荷，摩擦补偿也不使用	1
6	Pr0.03	实时自动增益的机械刚性选择	13	实时自动增益调整有效时的机械刚性设定。此参数值设得很大，响应越快，但变得容易产生振动	13
7	Pr0.06	指令脉冲旋转方向设置	三菱 PLC 设置为 0 西门子 PLC 设置为 1	指令脉冲 + 指令方向。设置此参数值必须在控制电源断电重新起动之后才能修改、写入成功	0
8	Pr0.07	指令脉冲输入方式	3	指令脉冲PULS + 指令方向SIGN　"L" 低电平　"H" 高电平	1

续表

序号	参数		设 置 值	功能和含义	初始值
	参数号	参数名称			
9	Pr0.08	设定相当于电机每旋转 1 次的指令脉冲数	6000	① 若 Pr0.08≠0，电机每旋转 1 次的指令脉冲数不受 Pr0.09、Pr0.10 的设定影响 指令脉冲输入 → 编码器分辨率 / 【Pr0.08设定值】 → 位置指令 ② 若 Pr0.08=0，Pr0.09=0 指令脉冲输入 → 编码器分辨率 / 【Pr0.10设定值】 → 位置指令 ③ 若 Pr0.08=0，Pr0.09≠0 指令脉冲输入 → 【Pr0.09设定值】 / 【Pr0.10设定值】 → 位置指令 编码器分辨率为 10000（2500p/r×4）	
10	Pr0.09	第 1 指令分频、倍频分子	0		
11	Pr0.10	指令脉冲分频、倍频分母	6000		

（4）参数设置说明。

① 控制模式：Pr0.01 =0 位置控制。

② 指令脉冲旋转方向和指令脉冲输入方式：Pr0.06、Pr0.07。

位置指令（脉冲列）对应 3 形态的输入：（a）2 相脉冲；（b）正向脉冲/负相脉冲（CW 和 CCW）；（c）脉冲列+符号。

● Pr0.07 规定了确定指令脉冲旋转方向的方式：两相正交脉冲（0 或 2）、CW 和 CCW（=1）或指令脉冲+指令方向（=3）。用 PLC 的高速脉冲输出驱动时，应选择 Pr0.07=3。

● 当 Pr0.06=0，Pr0.07=3，则指令方向信号 SING 为高电平（有电流输入）时，正向旋转。例如，当 PLC 编程使用定位控制指令驱动伺服系统时，需选择 Pr0.06=0。

● 当 Pr0.06=1，Pr0.07=3，则指令方向信号 SING 为低电平（无电流输入）时，正向旋转。例如，在 S7-226 编程使用脉冲输出指令驱动伺服系统时，需选择 Pr0.06=1。

③ 位置控制模式下电子齿轮的概念和电子齿轮参数。

位置控制模式下，等效的单闭环系统方框图，如图 3.2.26 所示。

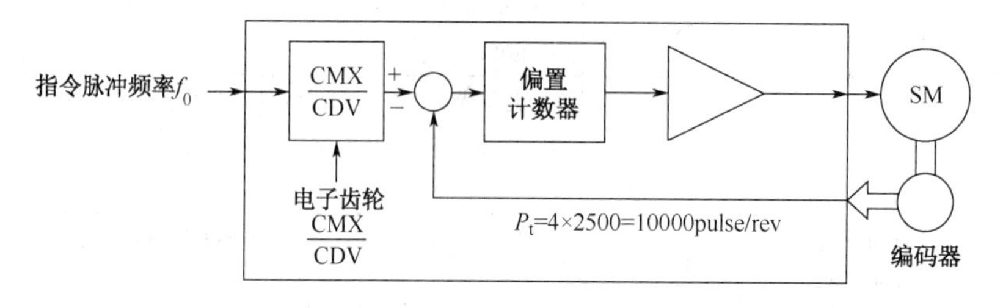

图 3.2.26 等效的单闭环系统方框图

带积分器的闭环控制系统稳态误差为零，即输入的指令脉冲数乘以电子齿轮比，将与编码器反馈的脉冲数相等。电子齿轮是一个分/倍频器，用以按需要改变指令脉冲数，使之与编码器反馈脉冲数匹配。

YL-335B 中，同步轮齿数=12，齿距=5mm，每转 60 mm，为便于编程计算，希望脉冲当量为 0.01 mm，即伺服电机转一圈，需要 PLC 发出 6000 个脉冲，故设定 Pr0.08=6000。

④ 保护参数：Pr5.04——行程限位禁止输入无效设置。

设定 Pr5.04=2，则当左或右限位动作，则会发生 Err38 行程限位禁止输入信号错误报警。

<FX1N 的脉冲输出功能及位控编程>

晶体管输出的 FX1N 系列 PLC CPU 单元支持高速脉冲输出功能，但仅限于 Y000 和 Y001 点。输出脉冲的频率最高可达 100kHz。

对输送单元伺服电机的控制主要是返回原点和定位控制。可以使用 FX1N 的脉冲输出指令 FNC57（PLSY）、带加减速的脉冲输出指令 FNC59（PLSR）、可变速脉冲输出指令 FNC157（PLSV）、原点回归指令 FNC156（ZRN）、相对位置控制指令 FNC158（DRVI）、绝对位置控制指令 FNC158（DRVA）来实现。这里只介绍后面三条指令，其他指令参考编程手册。

1. *原点回归指令* FNC156（ZRN）

当可编程控制器断电时会消失，因此上电时和初始运行时，必须执行原点回归，将机械动作的原点位置的数据事先写入。原点回归指令格式如图 3.2.27 所示。

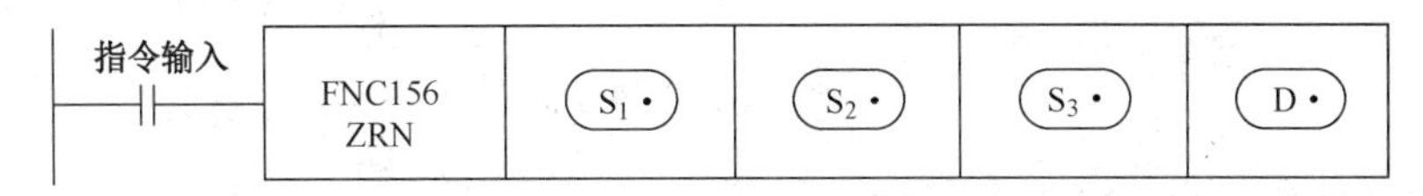

图 3.2.27　ZRN 的指令格式

（1）原点回归指令格式说明。

① (S_1·)：原点回归速度。

指定原点回归开始的速度。

[16 位指令]：10～32767（Hz）

[32 位指令]：10～100（kHz）

② (S_2·)：爬行速度。

指定近点信号（DOG）变为 ON 后的低速部分的速度。

③ (S_3·)：近点信号。

指定近点信号输入。

当指令输入继电器（X）以外的元件时，由于会受到可以编程控制器运算周期的影响，会引起原点位置的偏移增大。

④ (D·) 指定有脉冲输出的 Y 编号（仅限于 Y000 或 Y001）。

（2）原点回归动作顺序。

原点回归动作按照下述顺序进行。

① 驱动指令后，以原点回归速度(S_1·)开始移动。

● 当在原点回归过程中，指令驱动接点变 OFF 状态时，将不减速而停止。

● 指令驱动接点变为 OFF 后，在脉冲输出中监控（Y000：M8147，Y001：M8148）处于 ON 时，将不接受指令的再次驱动。

② 当近点信号（DOG）由 OFF 变为 ON 时，减速至爬运速度(S_2·)。

③ 当近点信号（DOG）由 ON 变为 OFF 时，在停止脉冲输出的同时，向当前值寄存器（Y000：[D8141，D8140]，Y001：[D8143，D8142]）中写入 0。另外，M8140（清零信号输出功能）ON 时，同时输出清零信号。随后，当执行完成标志（M8029）动作的同时，脉冲输出

中监控变为 OFF。

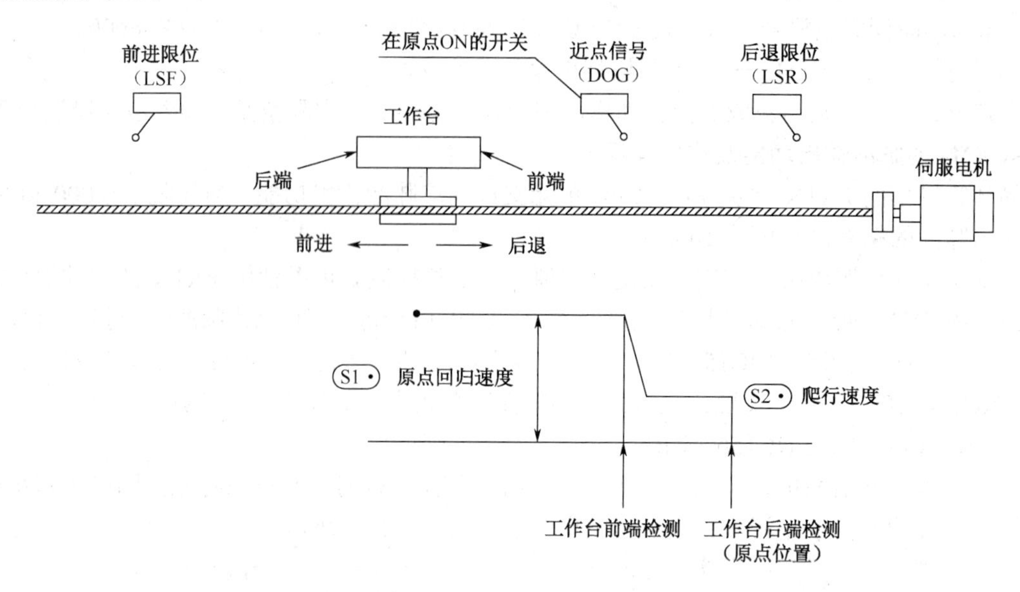

图 3.2.28　原点归零示意图

2. 相对位置控制指令 FNC158（DRVI）

以相对驱动方式执行单速位置控制的指令，指令格式如图 3.2.29 所示。

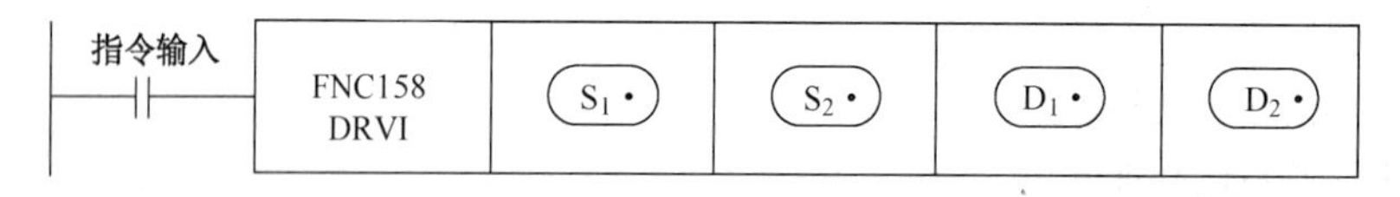

图 3.2.29　DRVI 的指令格式

指令格式说明：

① (S_1·)：输出脉冲数（相对指定）。

[16 位指令]：-32768～+32767。

[32 位指令]：-999999～+999999。

② (S_2·)：输出脉冲数。

[16 位指令]：10～32767（Hz）。

[32 位指令]：10～100（kHz）。

③ (D_1·)：脉冲输出起始地址。

仅能指令 Y000、Y001。

④ (D_2·)：旋转方向信号输出起始地。

根据(S_1·)的正负，按照以下方式动作。

[+（正）]→ON。

[-（负）]→OFF。

● 输出脉冲数指定(S_1·)，以对应下面的当前值寄存器作为相对位置。

向[Y000]输出时→[D8141（高位），D8140（低位）]（使用 32 位）。

向[Y001]输出时→[D8143（高位），D8142（低位）]（使用 32 位）。

反转时，当前值寄存器的数值减小。

● 旋转方向通过输出脉冲数(S_1·)的正负符号指令。

● 在指令执行过程中，即使改变操作性数的内容，也无法在当前运行中表现出来。只在下一次指令执行时才有效。

● 若在指令执行过程中，指令驱动的接点变为 OFF 时，将减速停止。此时执行完成标志 M8029 不动作。

● 指令驱动接点变为 OFF 后，在脉冲输出中标志（Y000:[M8147]，Y001:[M8148]）处于 ON 时，将不接受指令的再次驱动。

此外，在编程 **DRVI** 指令时还要注意各操作数的相互配合。

① 加减速时的变速级数固定在 10 级，故一次变速量是最高频率 1/10。因此设定最高频率时应考虑在步进电机不失步的范围内。

② 加减速时间至少不小于 **PLC** 的扫描时间最大值（**D8012** 值）的 10 倍，否则加减速各级时间不均等。（更具体的设定要求，请参阅 FX1N 编程手册）。

3. 绝对位置控制指令 FNC158（**DRVA**）

以绝对驱动方式执行单速位置控制的指令，指令格式如图 3.2.30 所示。

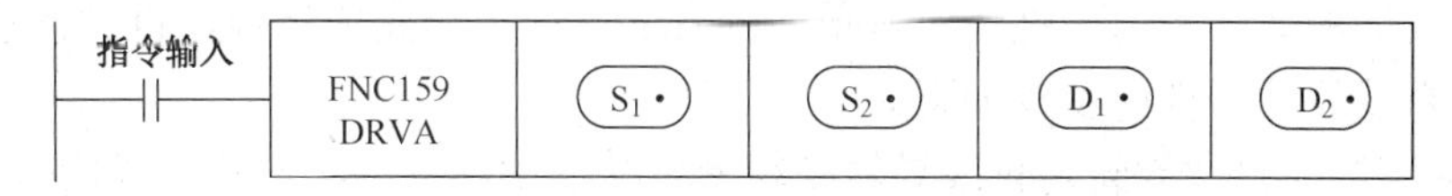

图 3.2.30　绝对位置控制指令

指令格式说明：

① S_1·：输出脉冲数（绝对指定）。

[16 位指令]：-32768～+32767。

[32 位指令]：-999999～+999999。

② S_2·：输出脉冲数。

[16 位指令]：10～32767（Hz）。

[32 位指令]：10～100（kHz）。

③ D_1·：脉冲输出起始地址。

仅能指令 Y000、Y001。

④ D_2·：旋转方向信号输出起始地。

根据S_1·和当前位置的差值，按照以下方式动作。

[+（正）]→ON。

[-（负）]→OFF。

● 目标位置指令S_1·，以对应下面的当前值寄存器作为绝对位置。

向[Y000]输出时→[D8141（高位），D8140（低位）]（使用 32 位）。

向[Y001]输出时→[D8143（高位），D8142（低位）]（使用 32 位）。

反转时，当前值寄存器的数值减小。

● 旋转方向通过输出脉冲数S_1·的正负符号指令。

● 在指令执行过程中，即使改变操作性数的内容，也无法在当前运行中表现出来。只在下一次指令执行时才有效。

● 若在指令执行过程中，指令驱动的接点变为 OFF 时，将减速停止。此时执行完成标志 M8029 不动作。

● 指令驱动接点变为 OFF 后，在脉冲输出中标志（Y000:[M8147],Y001:[M8148]）处于 ON

时，将不接受指令的再次驱动。

4. 与脉冲输出功能有关的主要特殊内部存储器

[D8141，D8140] 输出至 Y000 的脉冲总数。

[D8143，D8142] 输出至 Y001 的脉冲总数。

[D8136，D8137] 输出至 Y000 和 Y001 的脉冲总数。

[M8145] Y000 脉冲输出停止（立即停止）。

[M8146] Y001 脉冲输出停止（立即停止）。

[M8147] Y000 脉冲输出中监控。

[M8148] Y001 脉冲输出中监控。

各个数据寄存器内容可以利用“（D）MOV K0 D81××”执行清除。

【项目实施步骤】

1. 输送单元机械部件的安装

为了提高安装的速度和准确性，对本单元的安装同样遵循先成组件，再进行总装的原则。

（1）组装直线运动组件的步骤如下。

① 在底板上装配直线导轨。直线导轨是精密机械运动部件，其安装、调整都要遵循一定的方法和步骤，而且该单元中使用的导轨的长度较长，要快速准确地调整好两导轨的相互位置，使其运动平稳、受力均匀、运动噪声小。

② 装配大溜板、四个滑块组件。将大溜板与两直线导轨上的四个滑块的位置找准并进行固定，在拧紧固定螺栓的时候，应一边推动大溜板左右运动一边拧紧螺栓。直到滑动顺畅为止。

③ 连接同步带。将连接了四个滑块的大溜板从导轨的一端取出。由于用于滚动的钢球嵌在滑块的橡胶套内，一定要避免橡胶套受到破坏或用力太大致使钢球掉落。将两个同步带固定座安装在大溜板的反面，用于固定同步带的两端。

接下来分别将调整端同步轮安装支架组件、电机侧同步轮安装支架组件上的同步轮，套入同步带的两端，在此过程中应注意电机侧同步轮安装支架组件的安装方向、两组件的相对位置，并将同步带两端分别固定在各自的同步带固定座内，同时也要注意保持连接安装好后的同步带平顺一致。完成以上安装任务后，再将滑块套在柱形导轨上，套入时，一定不能损坏滑块内的滑动滚珠以及滚珠的保持架。

④ 同步轮安装支架组件装配。先将电机侧同步轮安装支架组件用螺栓固定在导轨安装底板上，再将调整端同步轮安装支架组件与底板连接，然后调整好同步带的张紧度，锁紧螺栓。

⑤ 伺服电机安装。将电机安装板固定在电机侧同步轮支架组件的相应位置，将电机与电机安装活动连接，并在主动轴、电机轴上分别套接同步轮，安装好同步带，调整电机位置，锁紧连接螺栓。最后安装左右限位以及原点传感器支架。

注意：在以上各构成零件中，轴承以及轴承座均为精密机械零部件，拆卸以及组装需要较熟练的技能和专用工具，因此，不可轻易对其进行拆卸或修配工作。完成装配的直线运动组件如图 3.2.31 所示。

（2）组装机械手装置。装配步骤如下。

① 提升机构组装如图 3.2.32 所示。

② 把气动摆台固定在组装好的提升机构上，然后在气动摆台上固定导杆气缸安装板，安装时注意要先找好导杆气缸安装板与气动摆台连接的原始位置，以便有足够的回转角度。

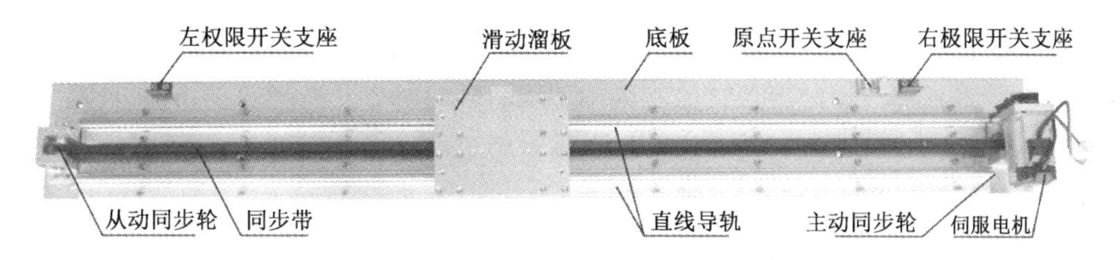

图 3.2.31　直线运动组件

③ 连接气动手指和导杆气缸，然后把导杆气缸固定到导杆气缸安装板上。完成抓取机械手装置的装配。

（3）把抓取机械手装置固定到直线运动组件的大溜板，如图 3.2.33 所示。最后，检查摆台上的导杆气缸、气动手指组件的回转位置是否满足在其余各工作站上抓取和放下工件的要求，进行适当的调整。

图 3.2.32　提升机构组装

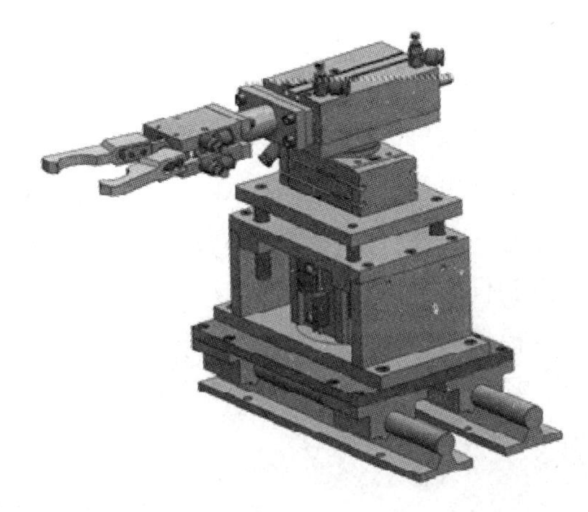

图 3.2.33　装配完成的抓取机械手装置

2. 气路连接和电气配线敷设

当抓取机械手装置作往复运动时，连接到机械手装置上的气管和电气连接线也随之运动。确保这些气管和电气连接线运动顺畅，不至在移动过程拉伤或脱落是安装过程中重要的一环。输送单元的气动系统图如图 3.2.34 所示。

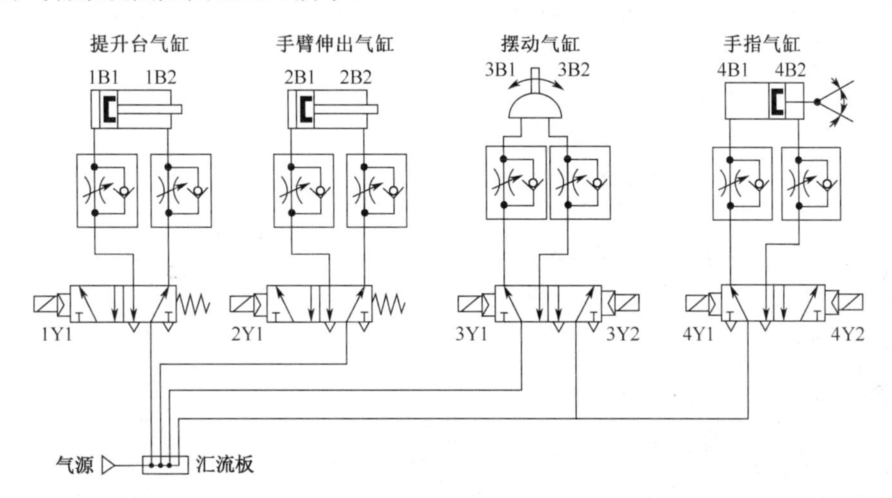

图 3.2.34　输送单元的气动系统图

根据输送单元的气动系统图进行气路连接，连接到机械手装置上的管线首先绑扎在拖链安装支架上，然后沿拖链敷设，进入管线线槽中。绑扎管线时要注意管线引出端到绑扎处保持足够长度，以免机构运动时被拉紧造成脱落。沿拖链敷设时注意管线间不要相互交叉。最终安装完成的输送单元的效果图如图 3.2.35 所示。

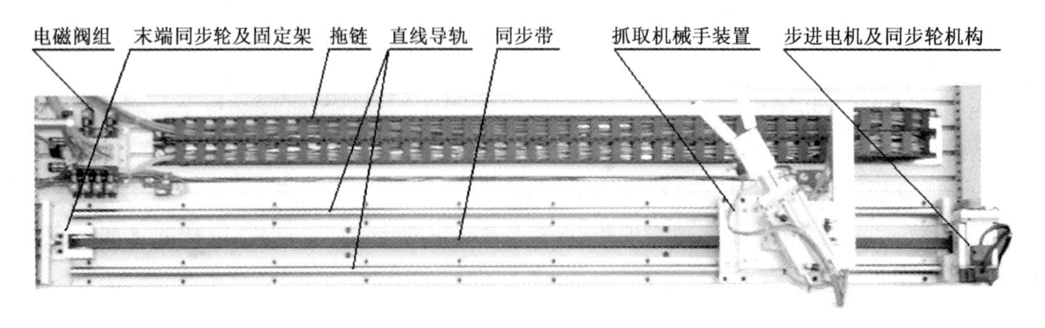

图 3.2.35　装配完成的输送单元装置侧

3. PLC 的 I/O 接线

输送单元所需的 I/O 点较多。其中，输入信号包括来自按钮/指示灯模块的按钮、开关等主令信号，各构件的传感器信号等；输出信号包括输出到抓取机械手装置各电磁阀的控制信号和输出到伺服电机驱动器的脉冲信号和驱动方向信号；此外尚须考虑在需要时输出信号到按钮/指示灯模块的指示灯，以显示本单元或系统的工作状态。

输送单元装置侧的接线端口信号端子的分配见表 3.2.8，装置侧的接线图如图 3.2.36 和图 3.2.37 所示。

表 3.2.8　输送单元装置侧的接线端口信号端子的分配

输入端口中间层			输出端口中间层		
端子号	设备符号	信号线	端子号	设备符号	信号线
2	BG1	原点传感器检测	2	PULSE2	脉冲
3	BG2	右限位保护	3		
4	BG3	左限位保护	4	SING2	方向
5	BG4	机械手抬升下限检测	5	KF1	抬升台上升电磁阀
6	BG5	机械手抬升上限检测	6	KF2-1	回转气缸左旋电磁阀
7	BG6	机械手旋转左限检测	7	KF2-2	回转气缸右旋电磁阀
8	BG7	机械手旋转右限检测	8	KF3	手爪伸出电磁阀
9	BG8	机械手伸出检测	9	KF4-1	手爪夹紧电磁阀
10	BG9	机械手缩回检测	10	KF4-2	手爪放松电磁阀
11	BG10	机械手夹紧检测	11		
12#～17#端子没有连接			11#～14#端子没有连接		

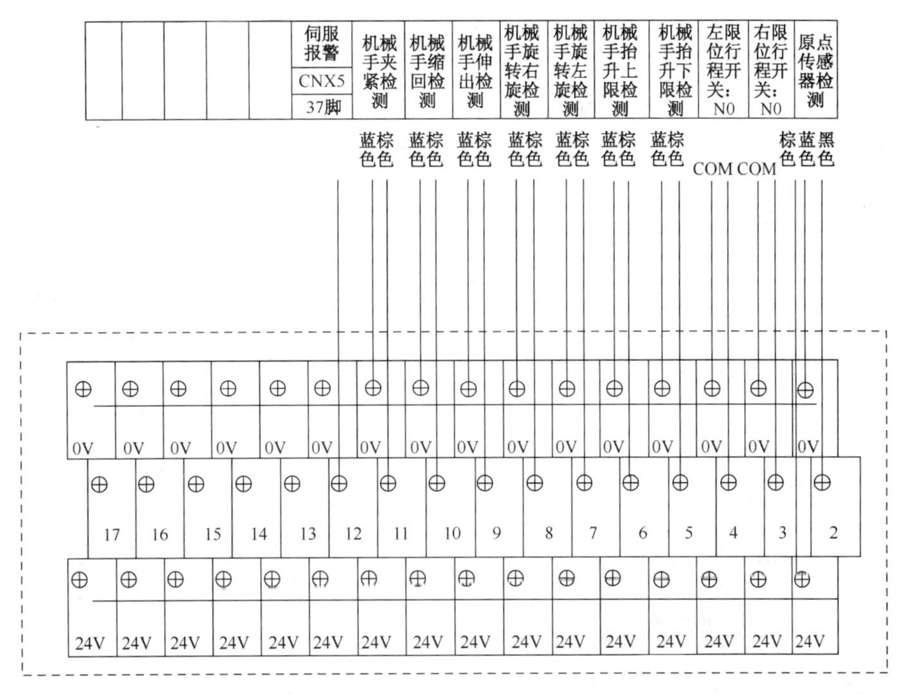

图 3.2.36　PLC 输入接线端子（传感器、磁性开关侧）

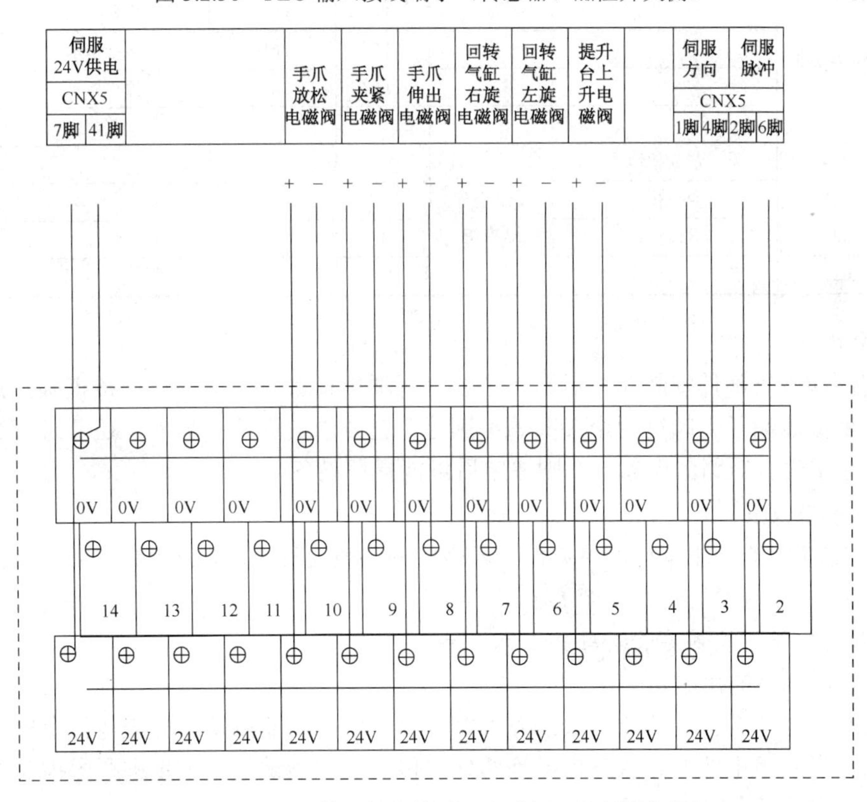

图 3.2.37　PLC 输出接线端子（电磁阀、执行机构侧）

由于需要输出驱动伺服电机的高速脉冲，PLC 应采用晶体管输出型。

基于上述考虑，选用三菱 FX1N-40MT PLC，共 24 点输入，16 点晶体管输出。表 3.2.9 示出了 PLC 的 I/O 信号表，I/O 接线原理图如图 3.2.38 所示。PLC 侧的输入输出端子接线图如图 3.2.39

和图 3.2.40 所示，按照表 3.2.9 和如图 3.2.38～图 3.2.40 所示完成分拣单单元 PLC 侧的接线。

表 3.2.9　输送单元 PLC 的　I/O 信号表

输入信号				输出信号			
序号	PLC 输入点	信号名称	信号来源	序号	PLC 输出点	信号名称	信号来源
1	X000	原点传感器检测	装置侧	1	Y000	脉冲	装置侧
2	X001	右限位保护		2	Y001		
3	X002	左限位保护		3	Y002	方向	
4	X003	机械手抬升下限检测		4	Y003	抬升台上升电磁阀	
5	X004	机械手抬升上限检测	装置侧	5	Y004	回转气缸左旋电磁阀	
6	X005	机械手旋转左限检测		6	Y005	回转气缸右旋电磁阀	
7	X006	机械手旋转右限检测		7	Y006	手爪伸出电磁阀	
8	X007	机械手伸出检测		8	Y007	手爪夹紧电磁阀	
9	X010	机械手缩回检测		9	Y010	手爪放松电磁阀	
10	X011	机械手夹紧检测		10	Y011		
11	X012	伺服报警		11	Y012		
12	X013～X023 未接线			12	Y013		
13				13	Y014		
14				14	Y015	报警指示	按钮/指示灯模块
15				15	Y016	运行指示	
16				16	Y017	停止指示	
17							
21	X024	起动按钮	按钮/指示灯模块				
22	X025	复位按钮					
23	X026	急停按钮					
24	X027	方式选择					

3．通电检查

机械部件和电气部件安装完毕后，一定要进行通电检查，保证电路连接正确，没有外露铜丝过长、一个接线端子上超过两个接头等不满足工艺要求的现象；另外，还要进行通电前的检测，确保电路中没有短路的现象，否则通电后可能损坏设备。

4．进入参数设置

根据表 3.2.7 中的伺服驱动器参数设置表格中的参数进行设置，设置完成后再次检查确认参数是否正确。

5．根据工作任务控制要求编写 PLC 控制程序

（1）主程序编写的思路。

从前面所述的传送工件功能测试任务可以看出，整个功能测试过程应包括上电后复位、传送功能测试、紧急停止处理和状态指示等部分，传送功能测试是一个步进顺序控制过程。在子程序中可采用步进指令驱动实现。

紧急停止处理过程也要编写一个子程序单独处理。急停按钮动作，输送站立即停止工作，急停复位后，如果之前机械手处于运行过程中，须让机械手首先返回原点，归零完成后，重新执行急停前的指令。为了实现上面的功能，需要主控指令配合（MC、MCR）。

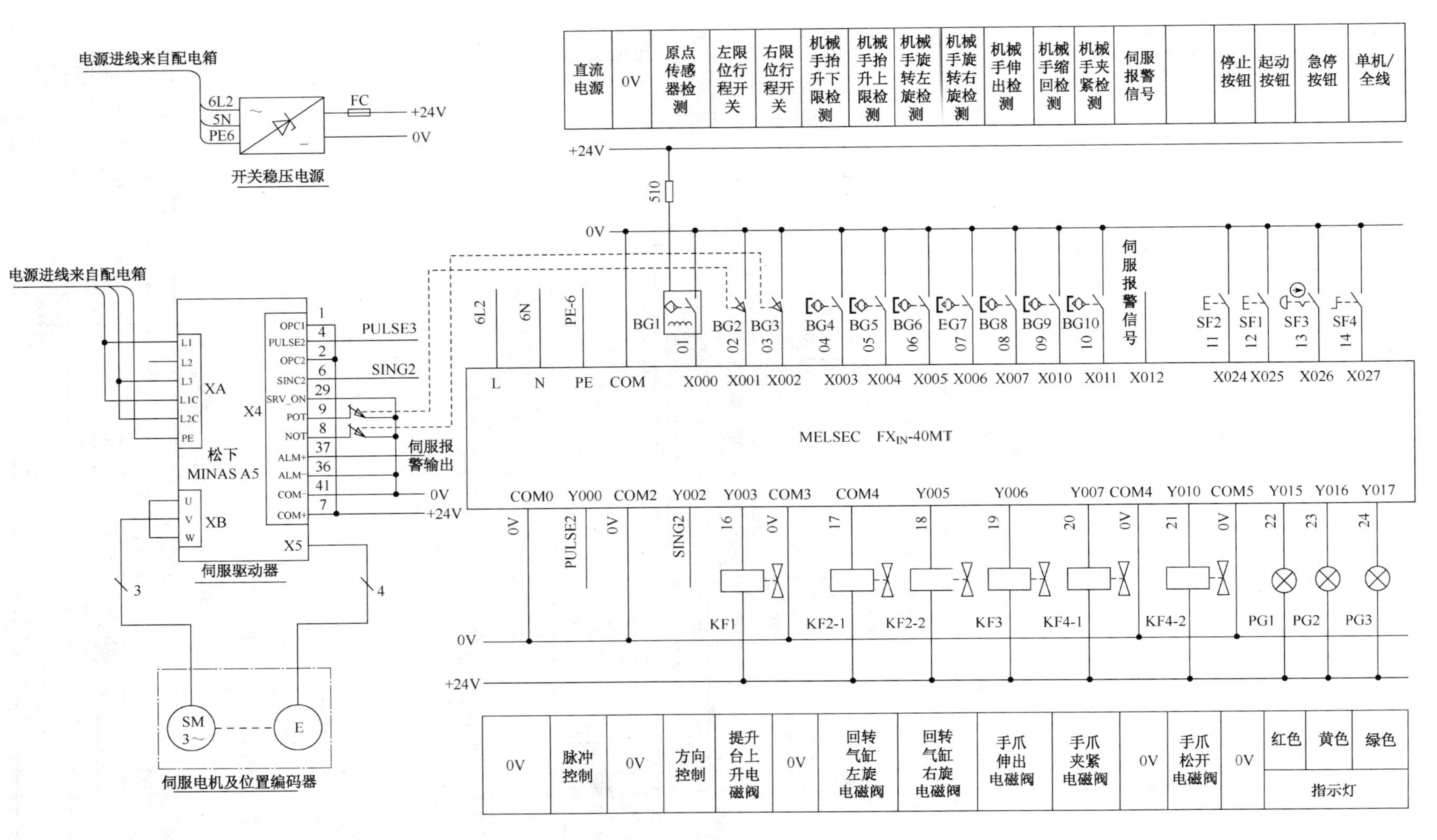

图3.2.38　输送单元I/O接线原理图

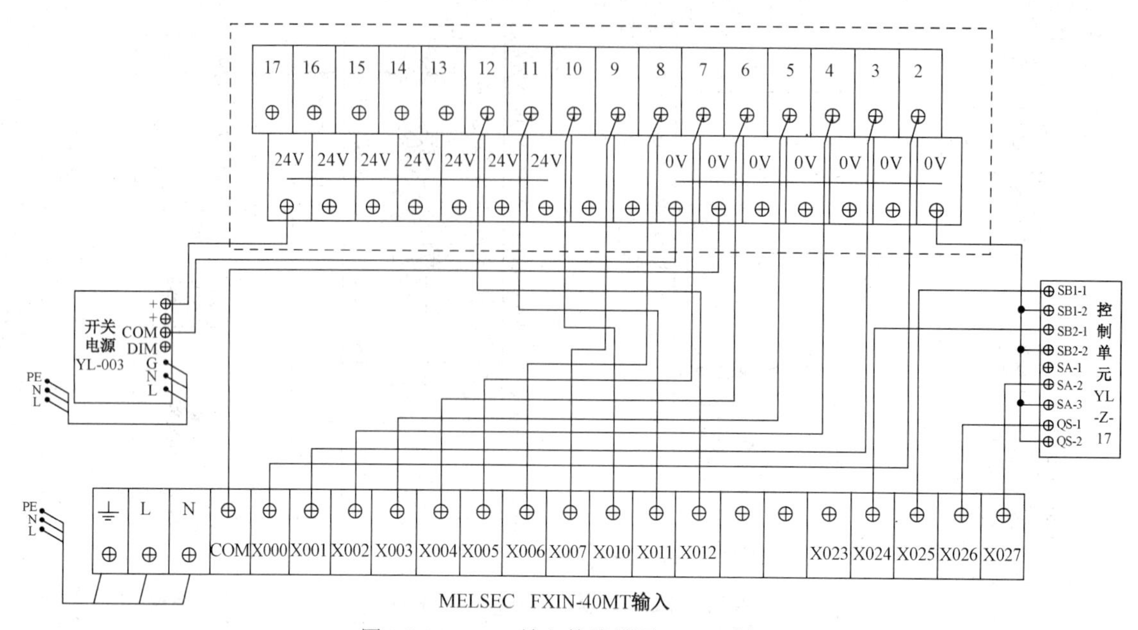

图 3.2.39 PLC 输入接线端子（PLC 侧）

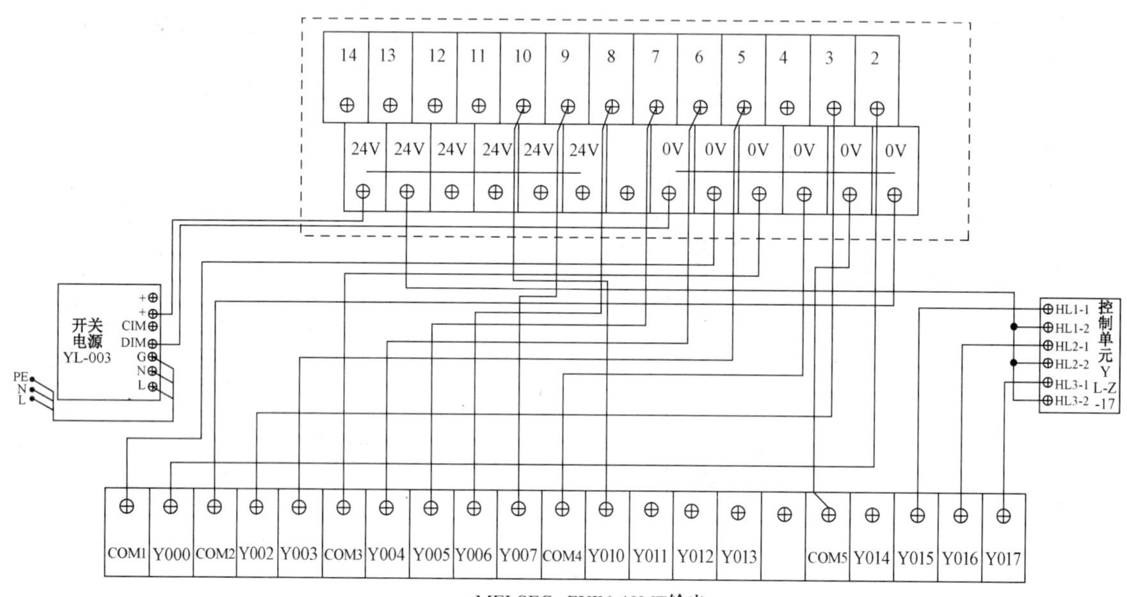

图 3.2.40 PLC 输出接线端子（PLC 侧）

输送单元程序控制的关键点是伺服电机的定位控制，本程序采用 FX1N 绝对位置控制指令来定位。因此需要知道各工位的绝对位置脉冲数。

表 3.2.10 列出了伺服电机运行的各工位绝对位置。

表 3.2.10 伺服电机运行的运动位置

序号	站 点	脉 冲 量	移 动 方 向
0	低速回零（ZRN）		
1	ZRN（零位）→供料站 22mm	2200	
2	供料站→加工站 430mm	43000	DIR
3	供料站→装配站 780mm	78000	DIR
4	供料站→分拣站 1040mm	104000	DIR

综上所述，主程序应包括上电初始化、复位过程（子程序）、准备就绪后投入运行等阶段。主程序清单如图 3.2.41～图 3.2.44 所示。

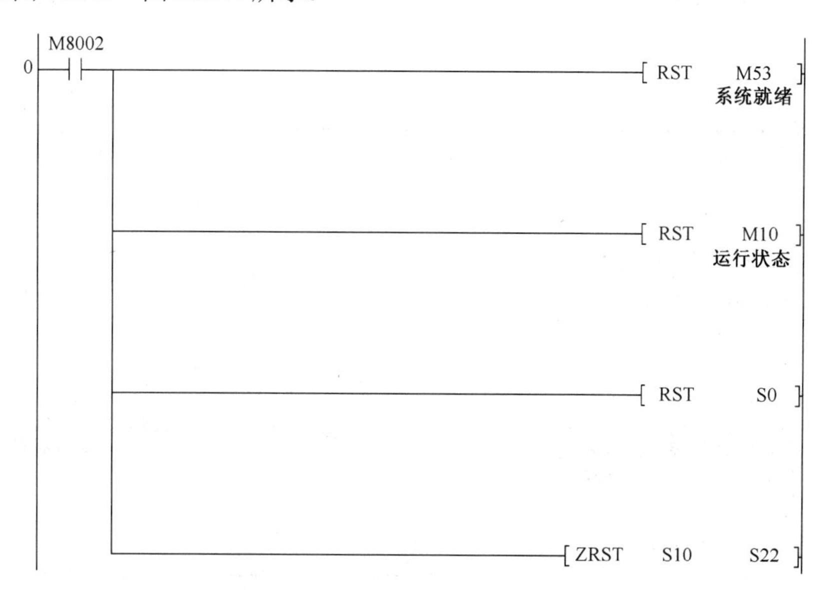

图 3.2.41　主程序梯形图（部分 1）

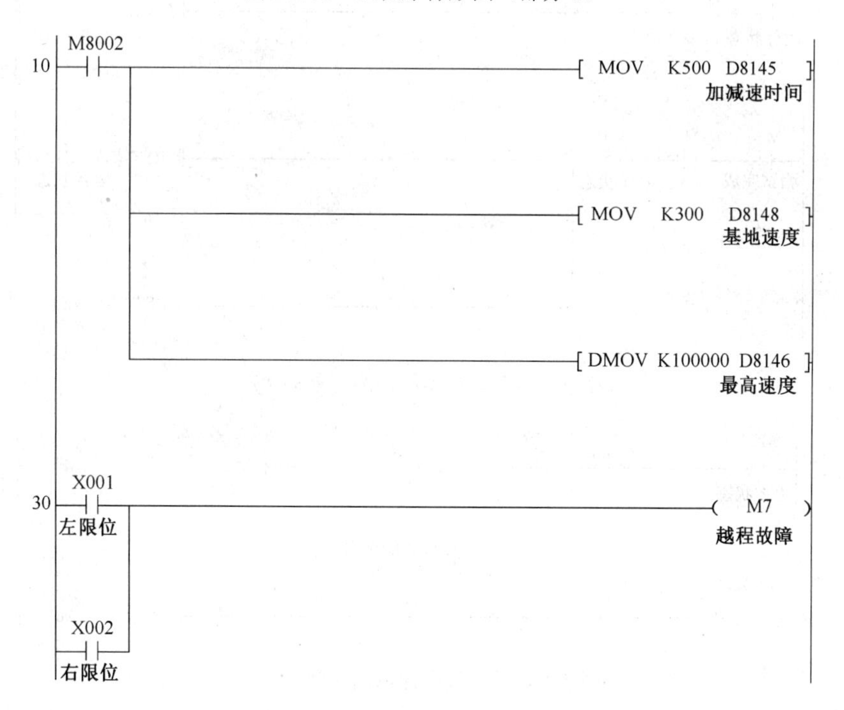

图 3.2.42　主程序梯形图（部分 2）

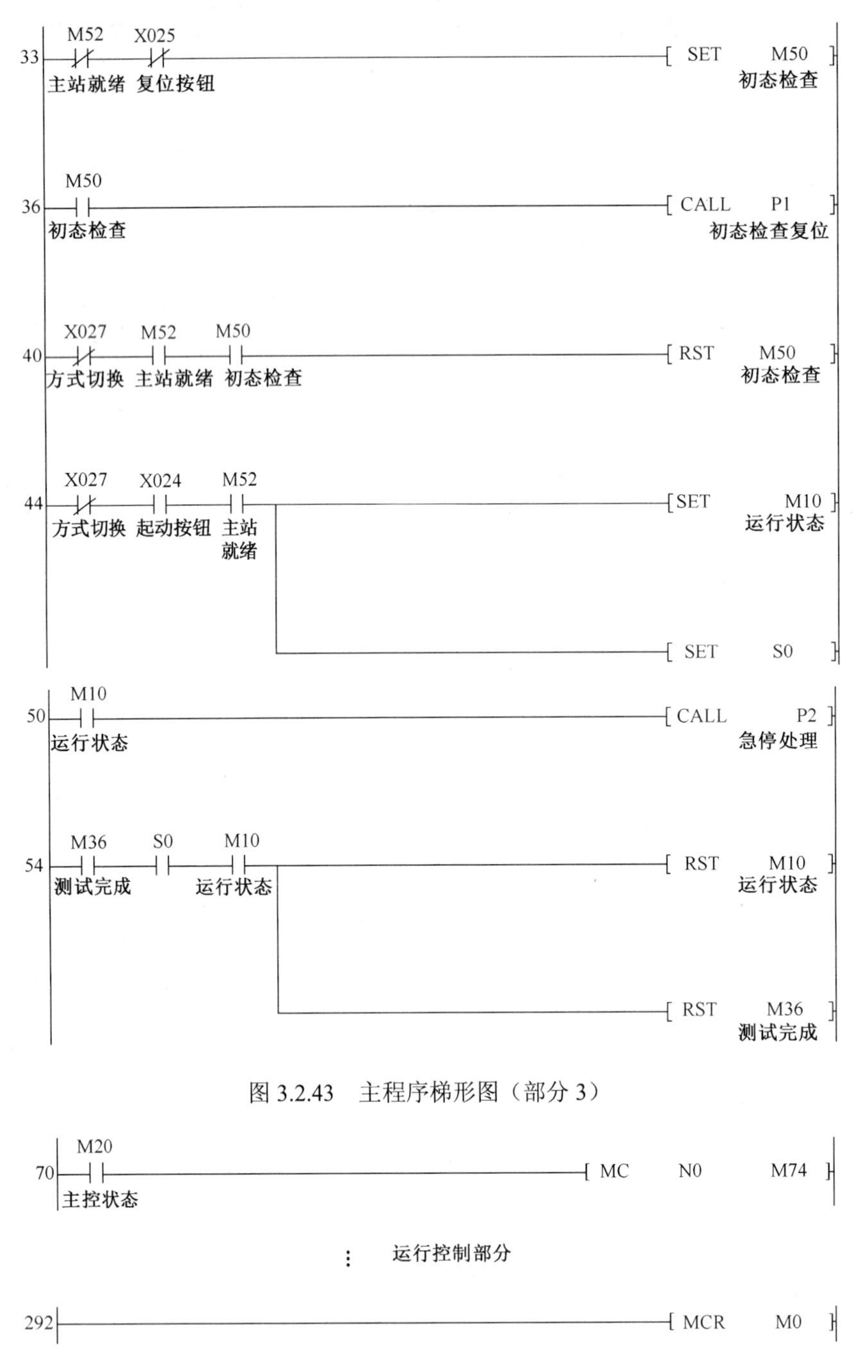

图 3.2.43 主程序梯形图（部分 3）

图 3.2.44 主程序梯形图（部分 4）

（2）初态检查复位子程序和回原点子程序。

系统上电且按下复位按钮后，就调用初态检查复位子程序，进入初始状态检查和复位操作阶段，目标是确定系统是否准备就绪，若未准备就绪，则系统不能起动进入运行状态。

该子程序的内容是检查各气动执行元件是否处在初始位置，抓取机械手装置是否在原点位置，如否则进行相应的复位操作，直至准备就绪。子程序中，除调用回原点子程序外，主要是完成简单的逻辑运算，这里就不再详述了。

抓取机械手装置返回原点的操作，在输送单元的整个工作过程中，都会频繁地进行。因此编写一个子程序供需要时调用是必要的。归零子程序调用如图 3.2.43 所示，归零子程序部分如图 3.2.45～图 3.2.48 所示。子程序调用结束后，需要加 SRET 返回。

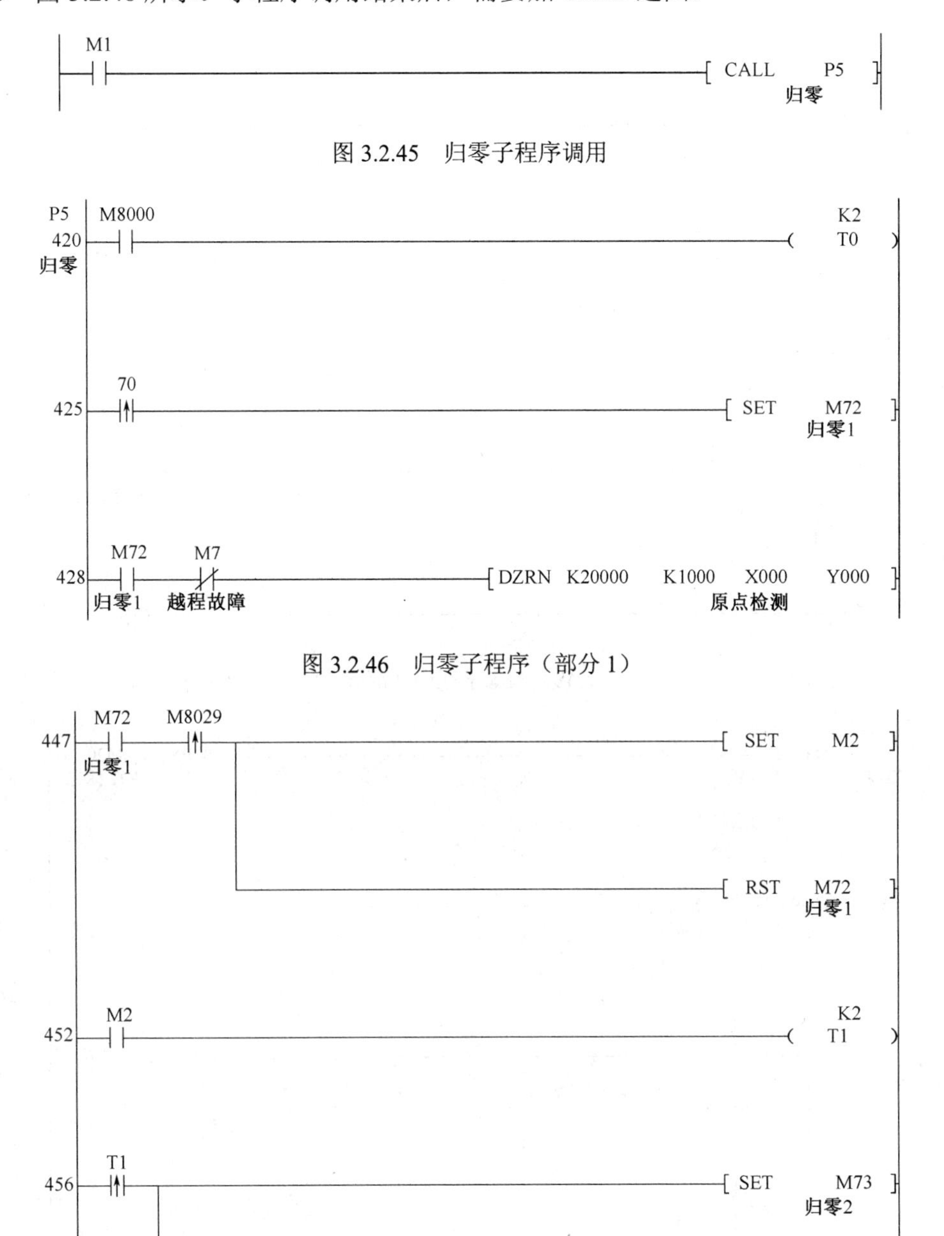

图 3.2.45　归零子程序调用

图 3.2.46　归零子程序（部分 1）

图 3.2.47　归零子程序（部分 2）

（3）急停处理子程序。

当系统进入运行状态后，在每一扫描周期都调用急停处理子程序。急停处理子程序梯形图如图 3.2.49 和图 3.2.50 所示。急停动作时，主控位 M20 置 1，主控制停止执行，急停复位后，分两种情况说明如下。

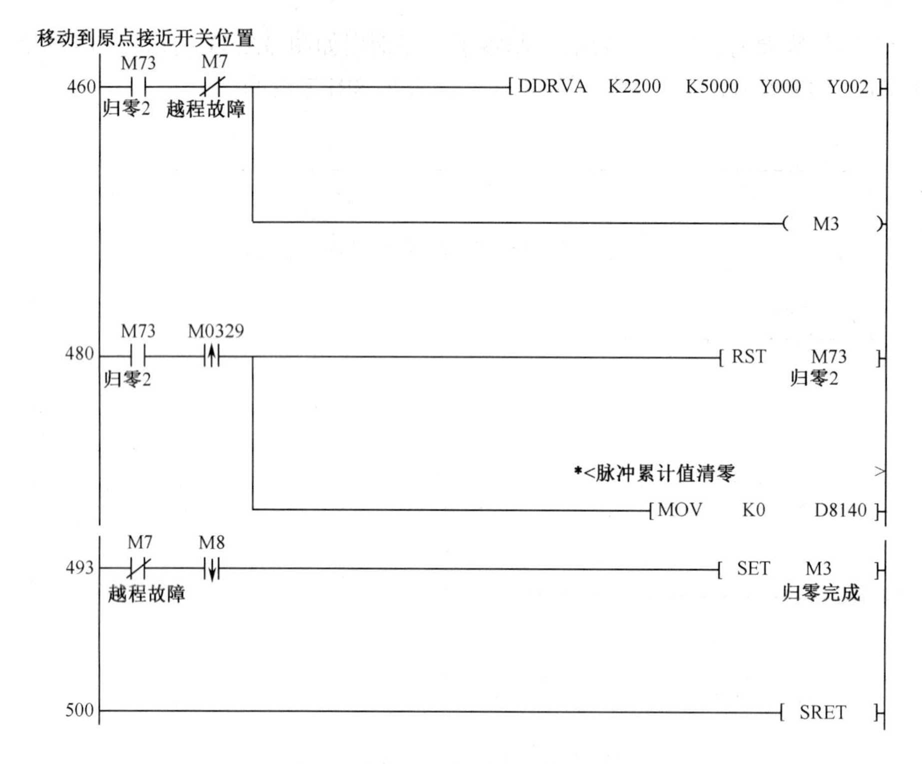

图 3.2.48　归零子程序（部分 3）

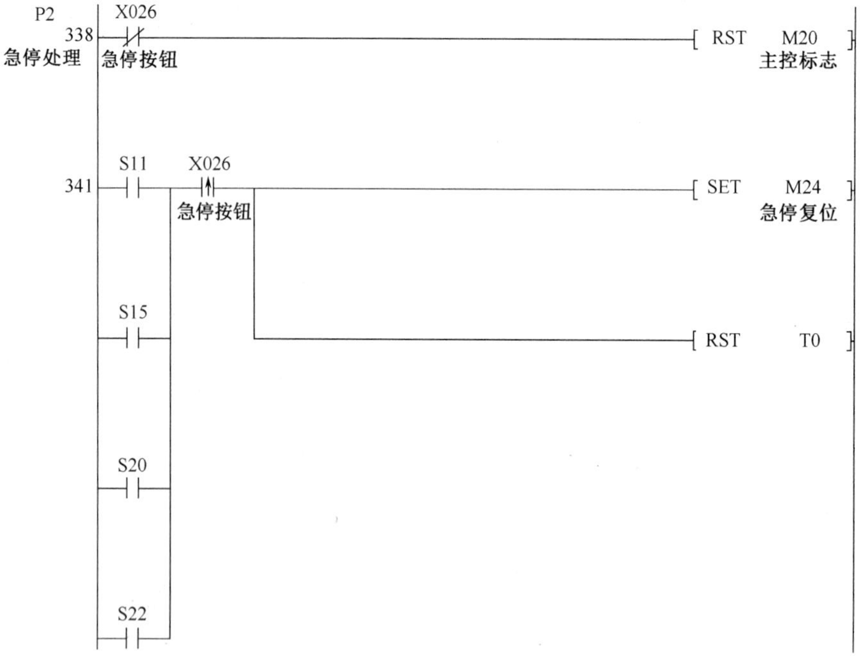

P2
338
急停处理
X026
急停按钮
RST M20
主控标志
341
S11
X026
急停按钮
SET M24
急停复位
S15
RST T0
S20
S22

图 3.2.49　急停程序（部分 1）

① 急停前抓取机械手没有运行时，传送功能测试过程继续运行。

② 若急停前抓取机械手正在前进中，（从供料往加工，或从加工往装配，或从装配往分拣），则当急停复位的上升沿到来时，需要起动使机械手低速回原点。到达原点后，传送功能测试过程继续运行。

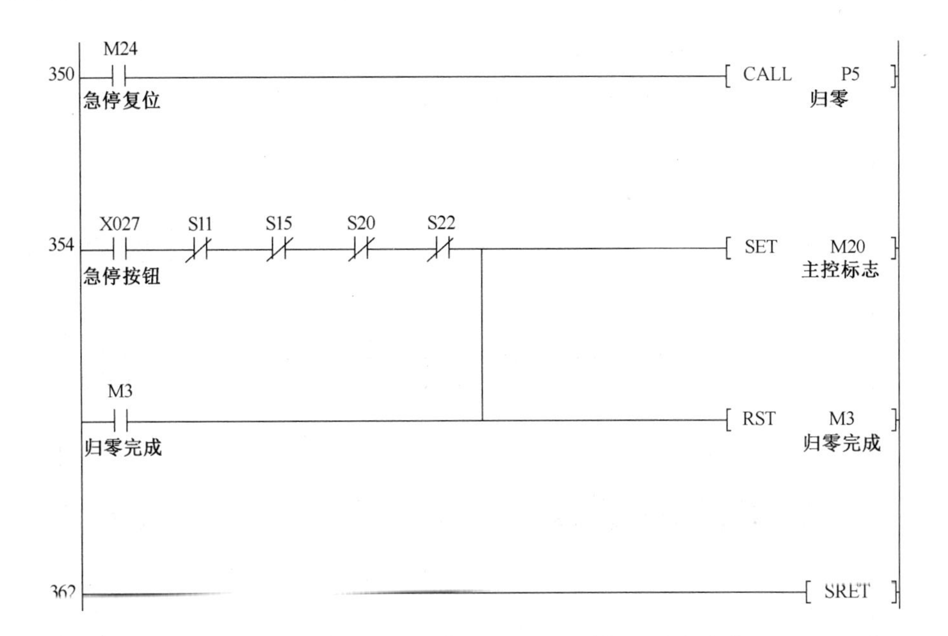

图 3.2.50　急停程序（部分 2）

（4）输送单元的完整程序，如图 3.2.51 所示。

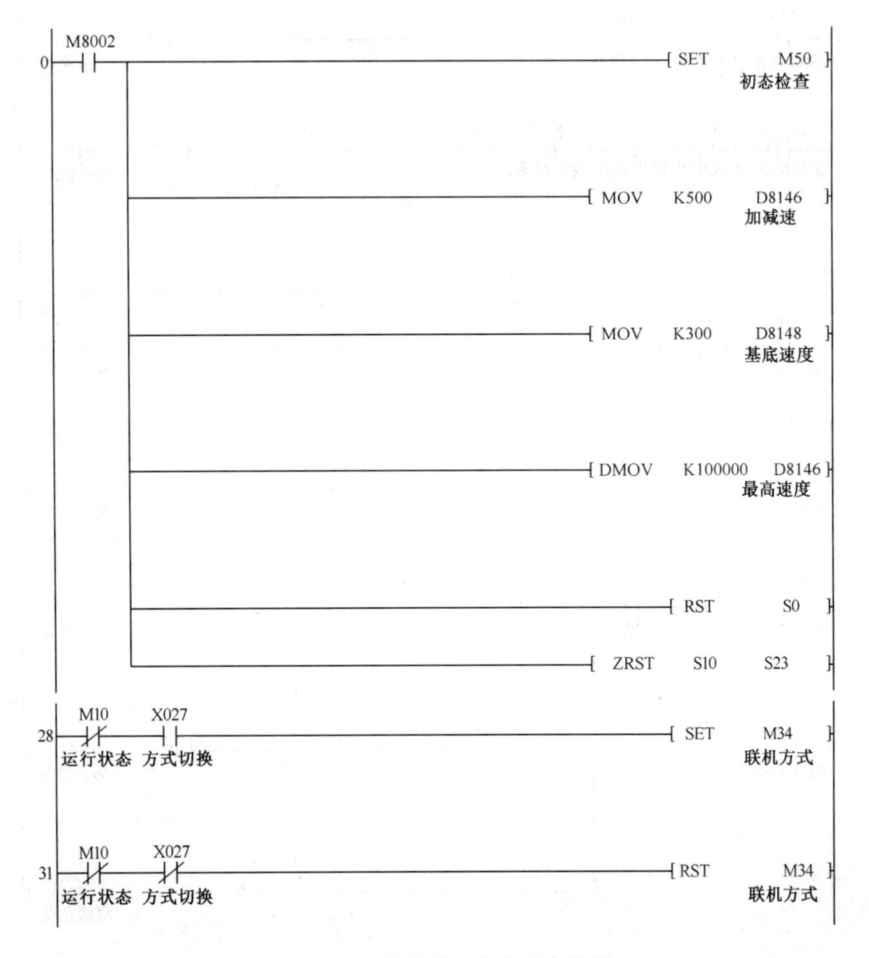

图 3.2.51　输送单元完整程序清单

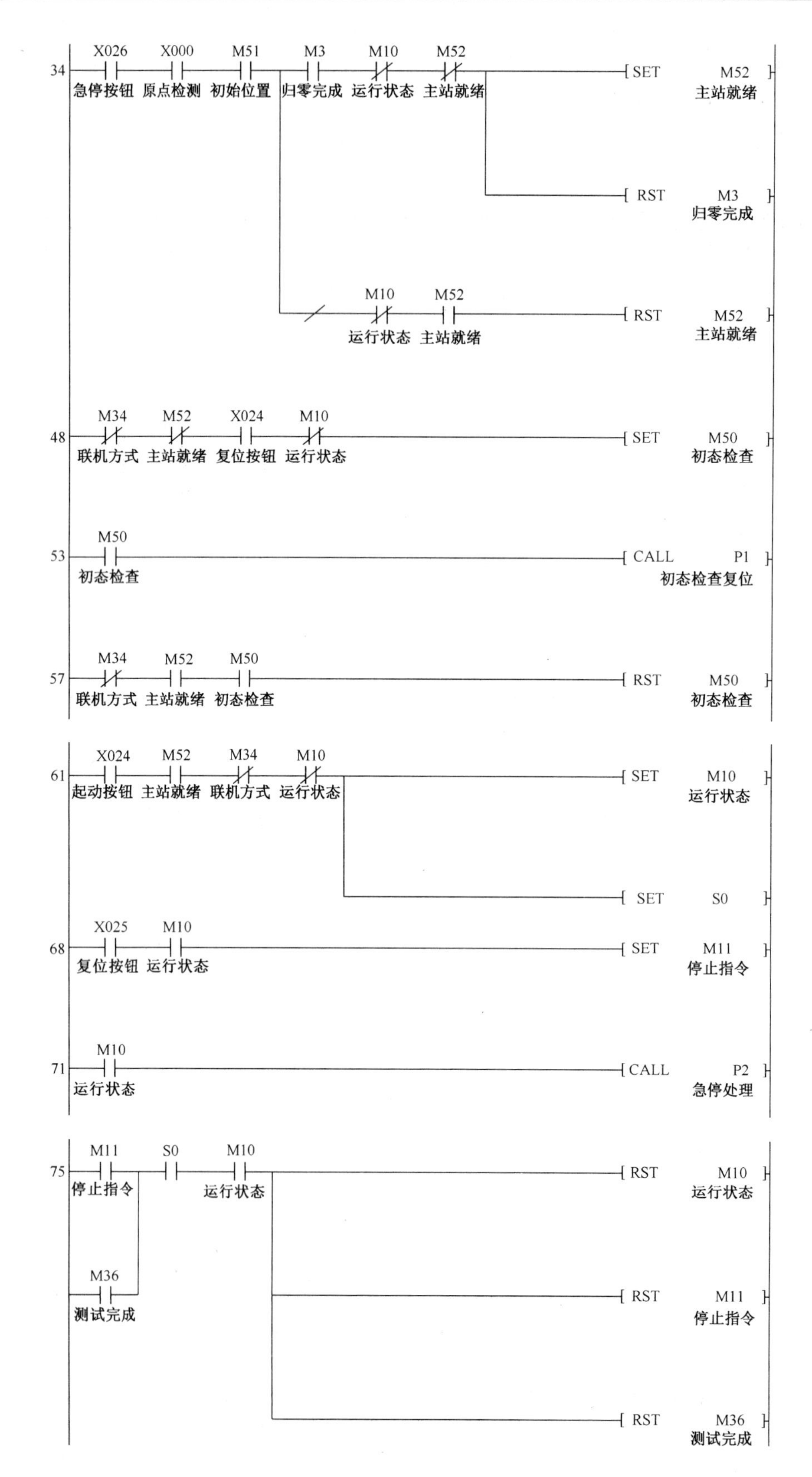

图 3.2.51　输送单元完整程序清单（续）

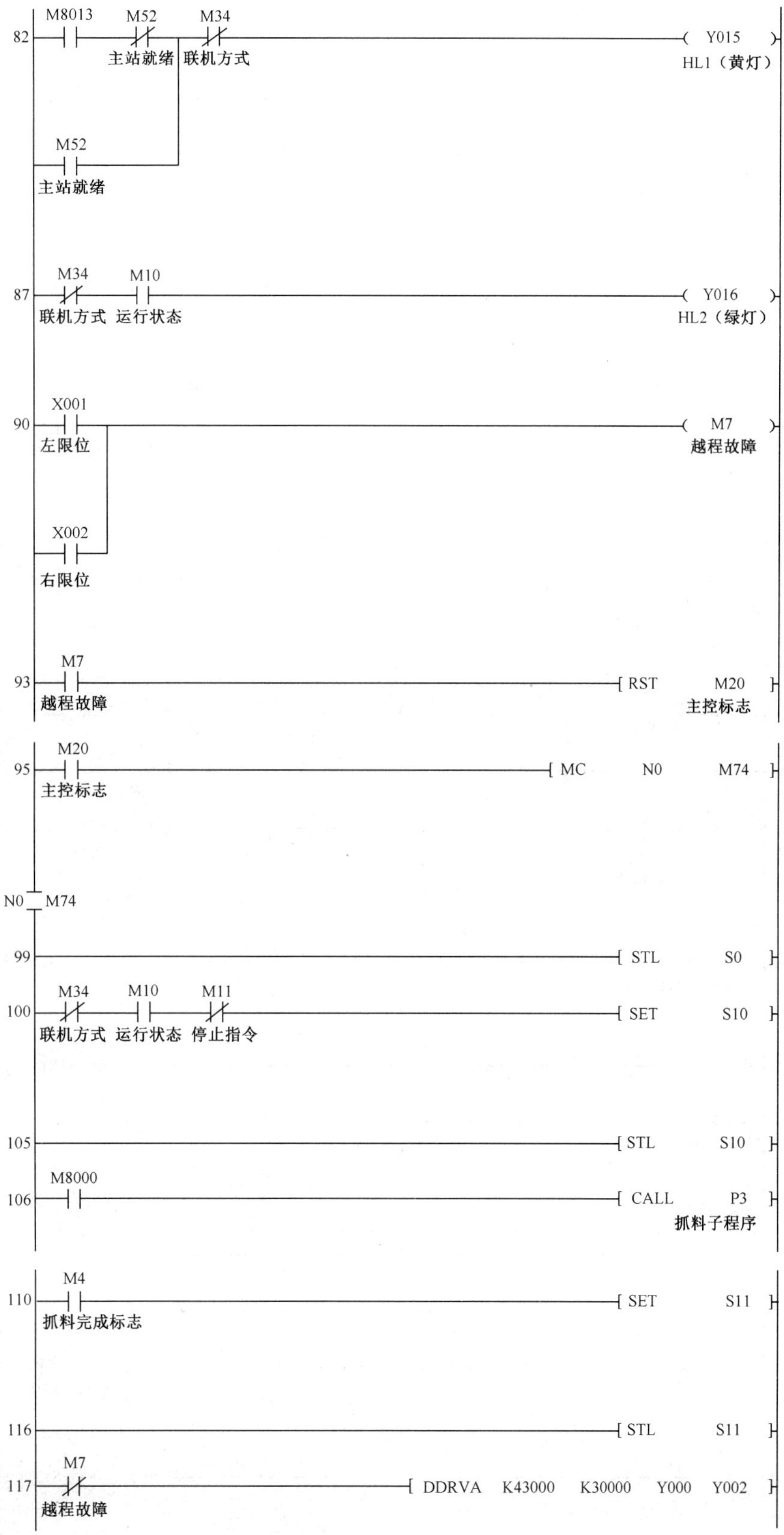

```
82  ─┤├ M8013 ──┤/├ M52 主站就绪 ──┤/├ M34 联机方式 ──────( Y015 ) HL1（黄灯）
     ─┤├ M52 主站就绪 ──┘

87  ─┤/├ M34 联机方式 ──┤├ M10 运行状态 ──────( Y016 ) HL2（绿灯）

90  ─┤├ X001 左限位 ──┬──────( M7 ) 越程故障
     ─┤├ X002 右限位 ──┘

93  ─┤├ M7 越程故障 ──────[ RST M20 ] 主控标志

95  ─┤├ M20 主控标志 ──────[ MC N0 M74 ]

N0 ═ M74

99  ──────[ STL S0 ]

100 ─┤/├ M34 联机方式 ──┤├ M10 运行状态 ──┤/├ M11 停止指令 ──────[ SET S10 ]

105 ──────[ STL S10 ]

106 ─┤├ M8000 ──────[ CALL P3 ] 抓料子程序

110 ─┤├ M4 抓料完成标志 ──────[ SET S11 ]

116 ──────[ STL S11 ]

117 ─┤/├ M7 越程故障 ──────[ DDRVA K43000 K30000 Y000 Y002 ]
```

图 3.2.51　输送单元完整程序清单（续）

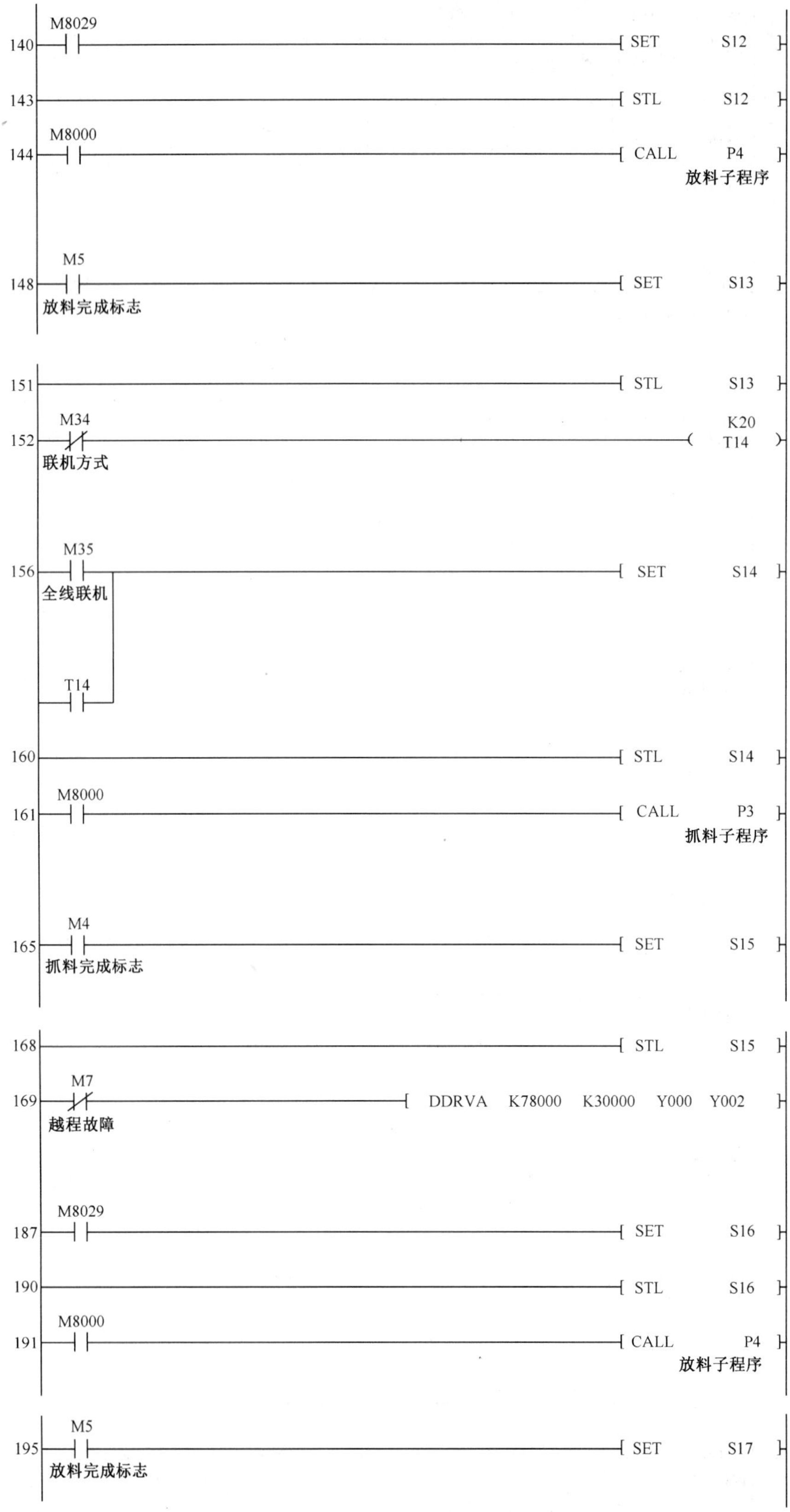

140 M8029 —[SET S12]

143 —[STL S12]

144 M8000 —[CALL P4] 放料子程序

148 M5 放料完成标志 —[SET S13]

151 —[STL S13]

152 M34（常闭）联机方式 —(T14 K20)

156 M35 全线联机 / T14 —[SET S14]

160 —[STL S14]

161 M8000 —[CALL P3] 抓料子程序

165 M4 抓料完成标志 —[SET S15]

168 —[STL S15]

169 M7（常闭）越程故障 —[DDRVA K78000 K30000 Y000 Y002]

187 M8029 —[SET S16]

190 —[STL S16]

191 M8000 —[CALL P4] 放料子程序

195 M5 放料完成标志 —[SET S17]

图 3.2.51　输送单元完整程序清单（续）

```
198 ──────────────────────────────[ STL    S17 ]
     M34                                    K20
199 ─┤/├──────────────────────────( T15        )
     联机方式

     T15
203 ─┤ ├──────────────────────────[ SET    S18 ]

206 ──────────────────────────────[ STL    S18 ]
     M8000
207 ─┤ ├──────────────────────────[ CALL   P3  ]
                                       抓料子程序
     M4
211 ─┤ ├──────────────────────────[ SET    S19 ]
     抓料完成标志

214 ──────────────────────────────[ STL    S19 ]
     M8000
215 ─┤ ├──────────────────────────[ SET    Y004 ]
                                       左旋电磁阀
     X005
217 ─┤ ├──────────────────────────[ RST    Y004 ]
     左旋到位                           左旋电磁阀
     X005
219 ─┤ ├──────────────────────────[ SET    S20 ]
     左旋到位

222 ──────────────────────────────[ STL    S20 ]
     M7
223 ─┤/├────────[ DDRVA  K104000  K30000  Y000  Y002 ]
     越程故障
     M8029
241 ─┤ ├──────────────────────────[ SET    S21 ]

244 ──────────────────────────────[ STL    S21 ]
     M8000
245 ─┤ ├──────────────────────────[ CALL   P4  ]
                                       放料子程序
     M5
249 ─┤ ├──────────────────────────[ SET    S22 ]
     放料完成标志
```

图 3.2.51　输送单元完整程序清单（续）

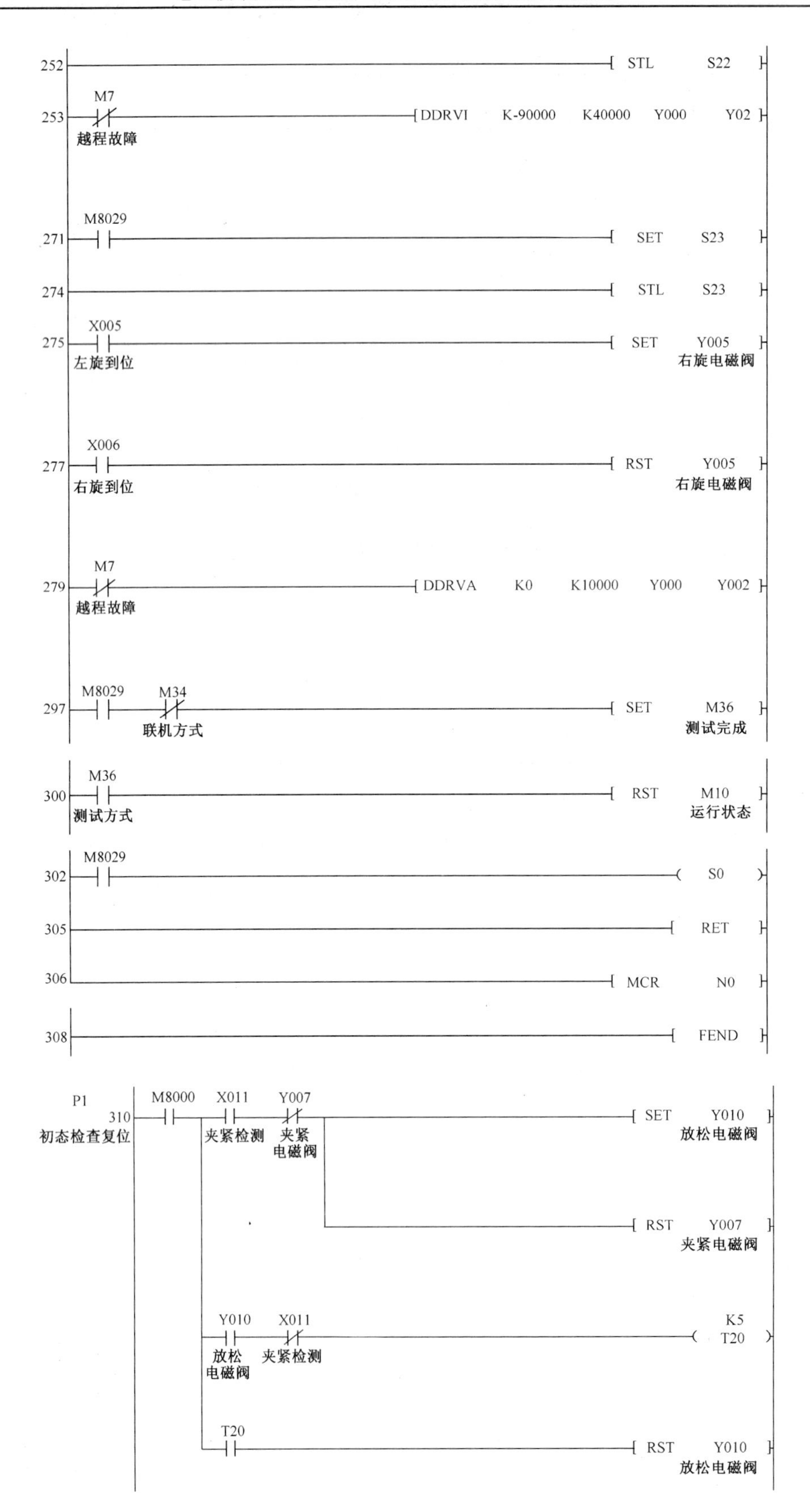

图 3.2.51 输送单元完整程序清单（续）

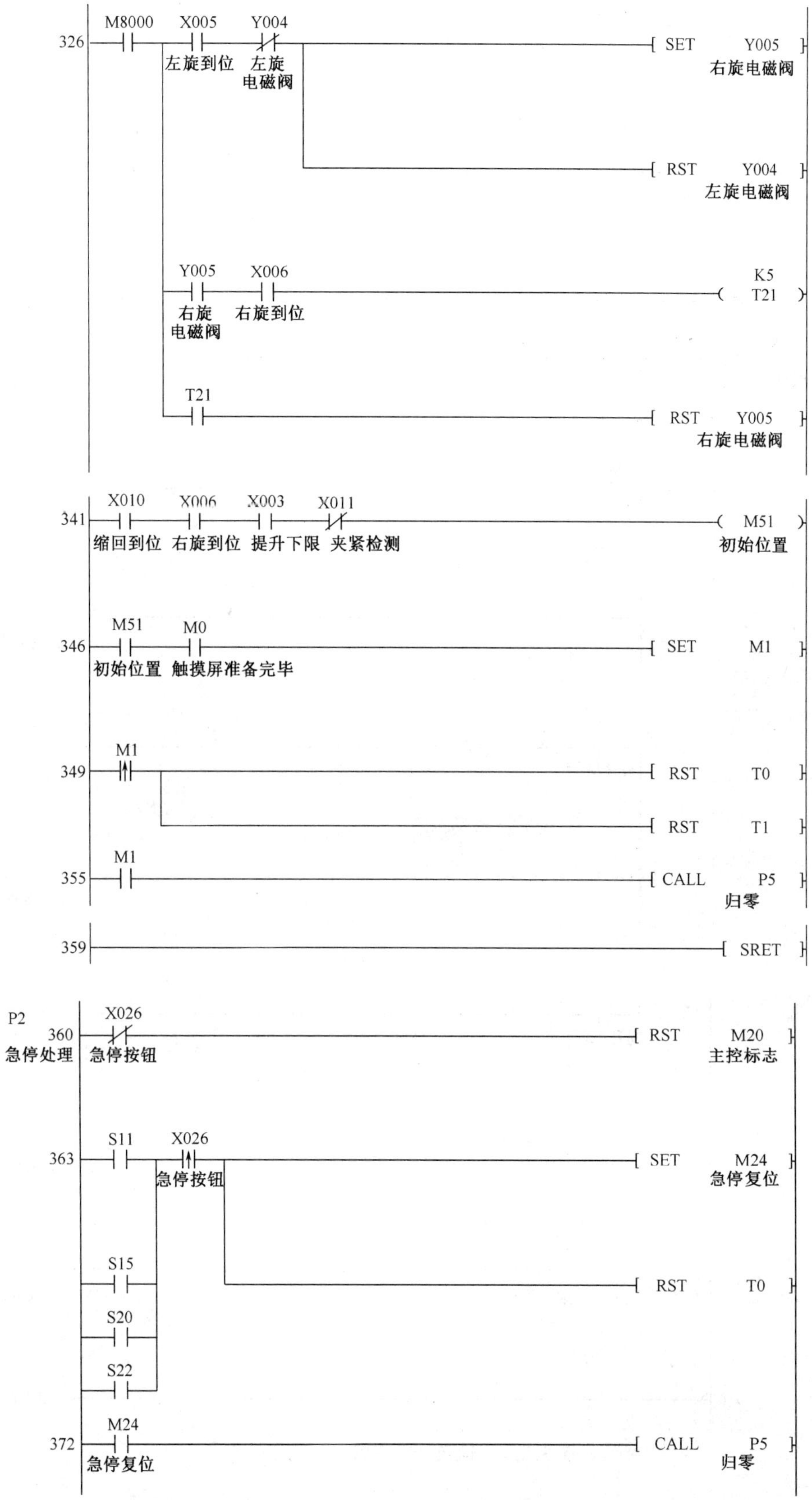

326 M8000 —| |— X005 左旋到位 —| |— Y004 左旋电磁阀 —|/|— [SET Y005 右旋电磁阀]

　　[RST Y004 左旋电磁阀]

　　Y005 右旋电磁阀 —| |— X006 右旋到位 —| |— (T21 K5)

　　T21 —| |— [RST Y005 右旋电磁阀]

341 X010 缩回到位 —| |— X006 右旋到位 —| |— X003 提升下限 —| |— X011 夹紧检测 —|/|— (M51 初始位置)

346 M51 初始位置 —| |— M0 触摸屏准备完毕 —| |— [SET M1]

349 M1 —|↑|— [RST T0]

　　[RST T1]

355 M1 —| |— [CALL P5 归零]

359 [SRET]

P2 急停处理

360 X026 急停按钮 —|/|— [RST M20 主控标志]

363 S11 / S15 / S20 / S22 —| |— X026 急停按钮 —|↑|— [SET M24 急停复位]

　　[RST T0]

372 M24 急停复位 —| |— [CALL P5 归零]

图 3.2.51　输送单元完整程序清单（续）

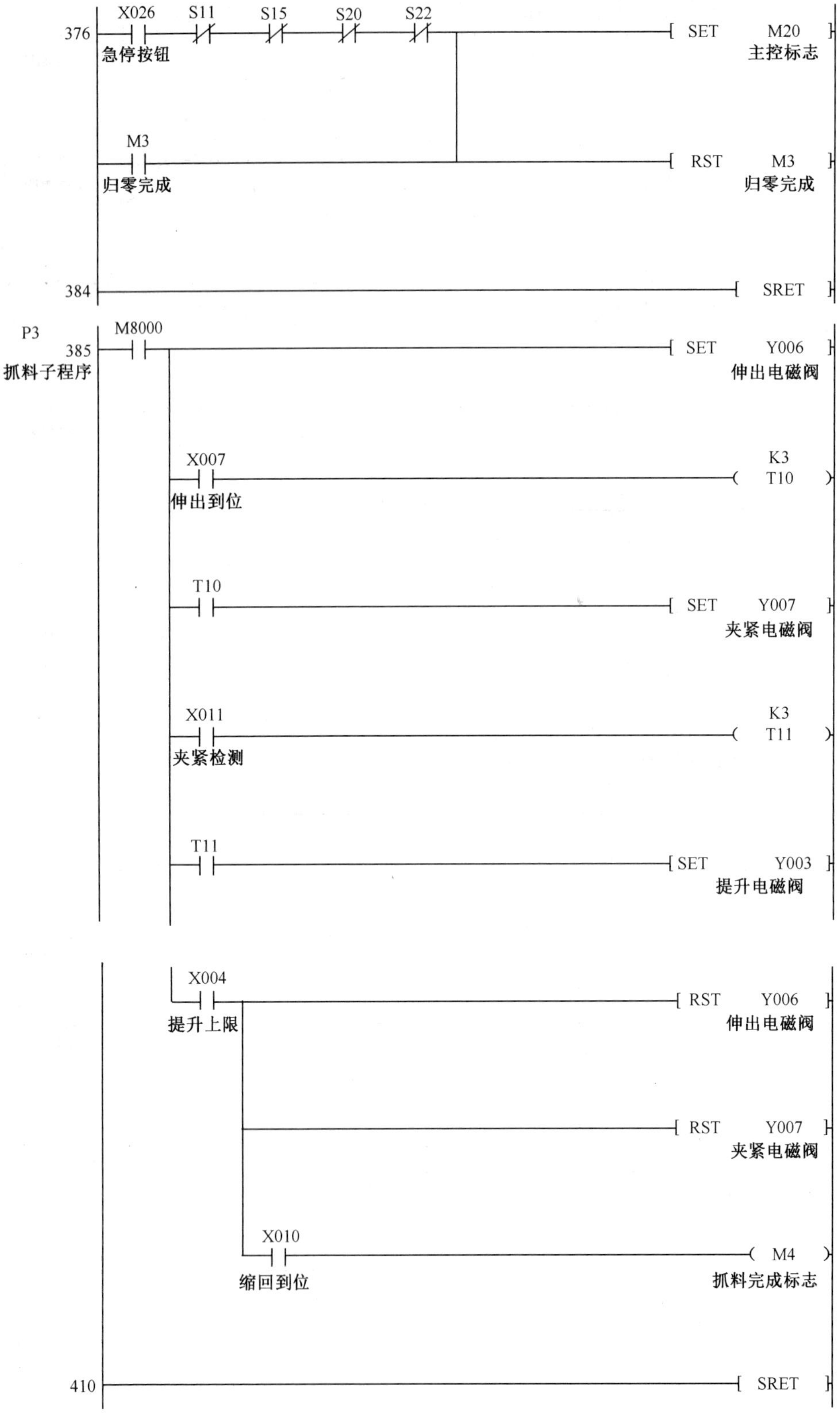

376 X026 急停按钮 S11 S15 S20 S22 [SET M20] 主控标志

M3 归零完成 [RST M3] 归零完成

384 [SRET]

P3 抓料子程序 385 M8000 [SET Y006] 伸出电磁阀

X007 伸出到位 (K3 T10)

T10 [SET Y007] 夹紧电磁阀

X011 夹紧检测 (K3 T11)

T11 [SET Y003] 提升电磁阀

X004 提升上限 [RST Y006] 伸出电磁阀

[RST Y007] 夹紧电磁阀

X010 缩回到位 (M4) 抓料完成标志

410 [SRET]

图 3.2.51 输送单元完整程序清单（续）

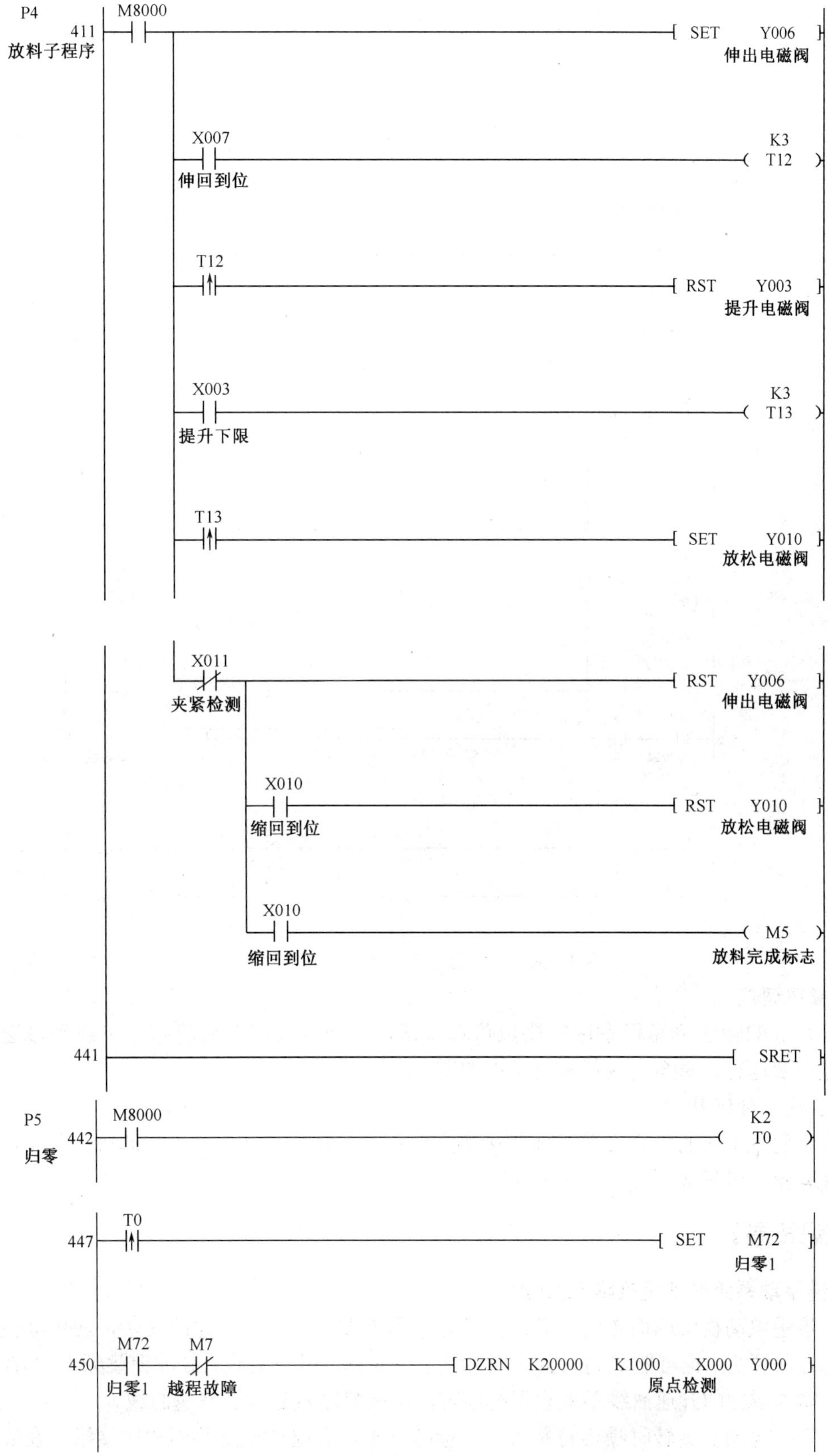

图 3.2.51　输送单元完整程序清单（续）

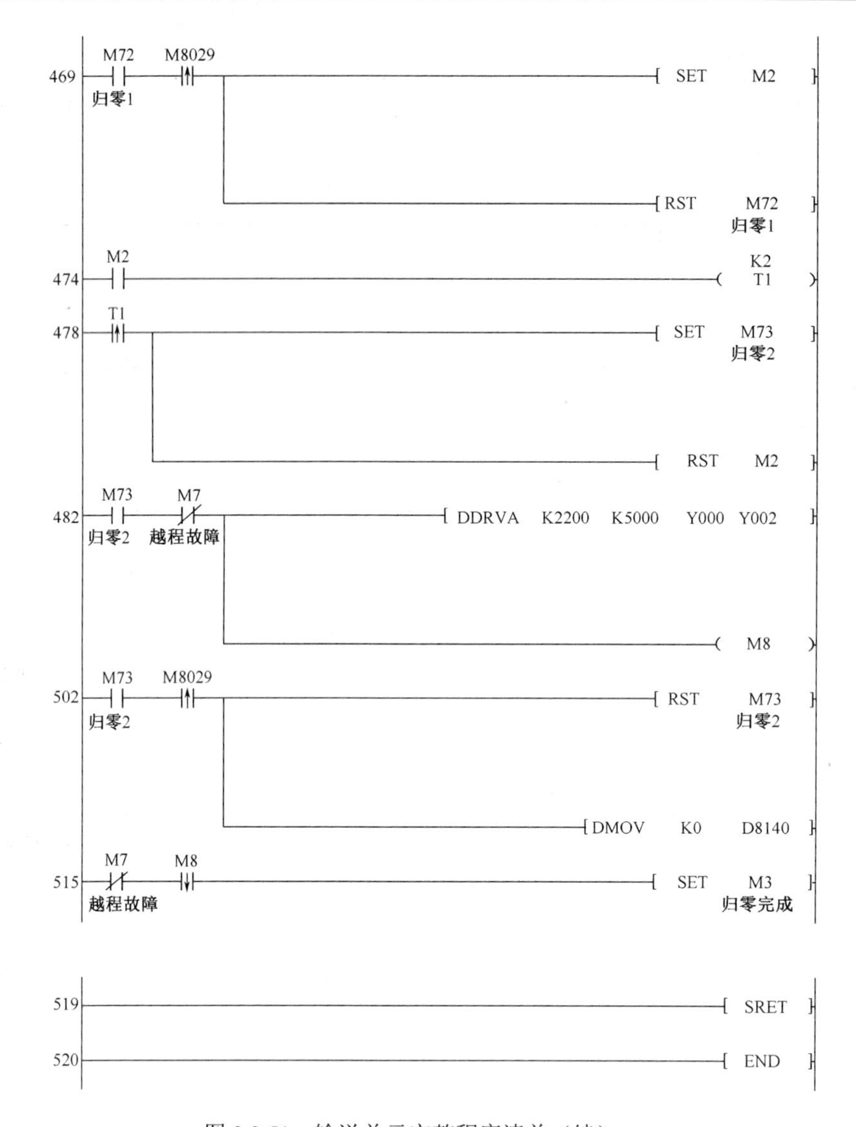

图 3.2.51　输送单元完整程序清单（续）

6. 程序调试

将编写好的输送单元程序进行模拟仿真调试，调试没有问题后将程序下载到输送单元的PLC中进行试运行，直至完成任务要求中的所有功能。

7. 验收交付使用

最后对输送单元的所有安全措施（接地、保护和互锁等）进行检查，即可投入生产线的试运行。试运行一切正常后，验收交付使用。

【知识拓展】

<步进驱动系统的常见故障与处理>

（1）步进电动机尖叫而不转。其原因是输入脉冲频率太高而引起的堵转，应用降低输入脉冲频率的方法解决；也可能是输入脉冲的突跳频率太高，用降低输入脉冲突跳频率的方法解决；还可能是输入脉冲的升速曲线不理想引起堵转，可调整输入脉冲的升速曲线。

（2）步进电动机旋转时噪声特别大。应检查相序，看电动机是否因相序接错，在低速旋转时有进二退一的现象，致使电动机高速旋转时转速上不去。

（3）步进电动机失步。其原因可能是升降频曲线设置不合适，或速度设置太高。可根据产生原因修改升降频曲线，或降低速度。

【项目检查评价】

根据学习者完成情况进行评价，评分标准见表 3.2.11。

表 3.2.11　评分标准

序号	考核项目	考核要求	配分	评分标准	扣分	得分
1	机械部件装配机工艺	直线传动部件装配正确，能正常运行；抓取机械手装置装配正确，能正常运行；拖链结构安装正确；摆动气缸摆角调整正确；无紧固件松动现象	15	（1）直线传动组件装配、调整不当导致无法运行扣 6 分，运行不顺畅酌情扣分，最多扣 4 分 （2）抓取机械手装置未完成或装配错误以致不能运行，扣 5 分；装配不当导致部分动作不能实现，每动作扣 2 分 （3）拖链机构安装不当或松脱妨碍机构正常运行扣 2 分 （4）摆动气缸摆角调整不恰当，扣 2 分 （5）有紧固件松动现象，每处扣 1 分		
2	气路连接及工艺	气路连接正确，无漏气现象，气缸节流阀调整正确，气管按工艺进行绑扎，符合要求	15	（1）气路连接未完成或有错，每处扣 2 分 （2）气路连接有漏气现象，每处扣 1 分 （3）气缸节流阀调整不当，每处扣 1 分 （4）气管没有绑扎或气路连接凌乱，外观不整洁美观扣 2 分		
3	电路连接及工艺	伺服电机及伺服驱动器正确接地，端子连接符合规范，电路绑扎符合专业技术规范	15	（1）伺服电机及伺服驱动器没有接地，每处扣 2 分 （2）端子连接，插针压接不牢或超过 2 根导线，每处扣 2 分；端子连接处没有线号，每处扣 2 分 （3）电路接线没有绑扎或电路接线凌乱，每处扣 2 分		
4	电气原理图绘制	电气原理图中图形符合和文字符号符合国家标准，符合设备工作原理要求	15	（1）制图草率，徒手画图扣 8 分 （2）电路图符号不规范，每处扣 1 分，最多扣 4 分 （3）不能实现要求的功能、可能造成设备或元件损坏，漏画元件，每 1 处扣 1 分，最多扣 6 分 （4）伺服驱动器漏画的接地保护等，扣 1 分 （5）提供的设计图纸缺少伺服驱动器参数设置表，扣 1 分；表格数据不符合要求，每处扣 1 分		
5	输送单元控制功能	伺服驱动器参数设置正确 抓取机械手装置单项测试正确 正反点动运行正确 运行中变速正确 原点搜索及确认正确 指示灯亮灭符合要求	30	（1）伺服驱动器参数设置不正确，每处扣 2 分 （2）抓取机械手装置单项测试不正确，每处扣 4 分 （3）正反点动运行不正确，每处扣 4 分 （4）运行中变速不正确，每处扣 1 分 （5）原点搜索及确认不正确，每处扣 2 分 （6）指示灯亮灭状态不符合要求，每处扣 2 分		
6	职业素养与安全意识	现场操作安全保护符合安全操作规程 工具摆放、包装物品、导线线头等的处理符合职业岗位的要求	10	（1）未经同意私自通电扣 5 分 （2）损坏设备扣 5 分 （3）损坏工具仪表扣 2 分 （4）工具码放不整齐扣 2 分 （5）导线线头处理不符合要求扣 2 分 （6）包装物品处理不符合要求扣 2 分 （7）工位不整洁扣 3 分		
合计			100			

【理论试题精选】

一、判断题

1．（　　）步进电动机的主要特点是能实现精确定位、移位，且无累积误差。

2．（　　）步进电动机的选用应注意：根据系统的特点选用步进电动机的类型，转矩应足够大以便带动负载，选择合适的步距角、精度，为满足精确编程的需要选择脉冲信号的频率。

3．（　　）步进电动机是一种由电脉冲控制的特殊异步电动机，其作用是将电脉冲信号变换为相应的角位移或线位移。

4．（　　）三相单三拍运行与三相双三拍运行相比，前者较后者运行平稳可靠。

二、选择题

1．步进电动机的驱动电源由运动控制器、脉冲分配器和功率驱动级组成。各相通断的时序逻辑信号由（　　）。

A．运动控制器给出　　B．脉冲分配器给出
C．功率驱动级给出　　D．另外电路给出

2．步进电动机的速度与（　　）有关。

A．环境温度　　B．负载变化
C．与驱动电源电压的大小　　D．脉冲频率

3．为避免步进电动机在低频区工作易产生失步的现象，不宜采用（　　）工作方式。

A．单双六拍　　B．单三拍　　C．双六拍　　D．单双八拍

4．旋转式步进电动机有多种。现代应用最多的是（　　）步进电动机。

A．反应式　　B．永磁式　　C．混合式　　D．锁相式

5．步进电动机的驱动方式有多种，（　　）目前普遍应用。由于这种驱动在低频时电流有较大的上冲，电动机低频噪声较大，使低频共振现象存在，使用时要注意。

A．细分驱动　　B．单电压驱动　　C．高电压驱动　　D．斩波驱动

6．步进电动机带额定负载不失步起动的最高频率，称为步进电动机的（　　）。

A．起动频率　　B．工作频率　　C．额定频率　　D．最高频率

7．三相六拍运行比三相双三拍运行时（　　）。

A．步距角不变　　B．步距角增加一半
C．步距角减少一半　　D．步距角增加一倍

8．步进电动机在高频工作区工作产生失步的原因是（　　）。

A．励磁电流过大　　B．励磁回路中的时间常数（$T=L/R$）过小
C．输入转矩随频率f的增加而升高　　D．输出转矩随频率f的增加而下降

模块四　应用电子电路调试维修模块

项目一　正弦波—三角波—方波发生器的连接与调试

【项目目标】

通过完成本项目，使学习者能够达到维修电工（高级）证书相应的理论和技能的考核要求，具体要求见表 4.1.1。

表 4.1.1　维修电工（高级）考核要素细目表

相关知识考核要点	相关技能考核要求
1．常用电子单元电路原理 2．集成运放的线性应用与非线性应用知识 3．集成运放应用电路的常见故障及排除方法	1．能分析由运放组成的应用电路 2．能阅读与分析由分立元件、运放组成的常用应用电路 3．能使用示波器对集成运放的常用电路进行调试并测量电路中的波形 4．能对常用的由分立元件组成的应用电路的故障进行分析排除 5．能对常用的由运放组成的应用电路的故障进行分析及排除

【电气图形符号和文字符号】

在本项目中涉及的元器件的图形符号和文字符号见表 4.1.2。

表 4.1.2　元器件的图形符号和文字符号

序号	名　称	图形符号 GB/T4728—2005-2008	文字符号 GB/T20939-2007	备　注
1	电阻器 S00555		RA	GB/T4728.4—2005
2	可调电阻器 S00557		RA	GB/T4728.4—2005
3	带滑动触点的电阻器 S00559		RA	GB/T4728.4—2005
4	电容器 S00567		CA	GB/T4728.4—2005
5	极性电容器 S00571		CA	GB/T4728.4—2005
6	半导体二极管 S00641		RA	GB/T4728.5—2005

续表

序号	名　称	图形符号 GB/T4728—2005-2008	文字符号 GB/T20939-2007	备　注
7	双向击穿二极管 S00647		RA	GB/T4728.5—2005
8	运算放大器 S01782		K	GB/T4728.13—2008
9	T 形连接 S00019			GB/T4728.3—2005
10	T 形连接 S00020			GB/T4728.3—2005
11	导线的双 T 形连接 S00021			GB/T4728.3—2005
12	导线的双 T 形连接 S00022			GB/T4728.3—2005

【项目任务描述】

现有正弦波—方波—三角波发生器电路原理图 1 张，如图 4.1.1 所示，本项目的主要任务是按照原理图完成正弦波—方波—三角波发生器电路的连接与测量，并记录相应的测量结果。

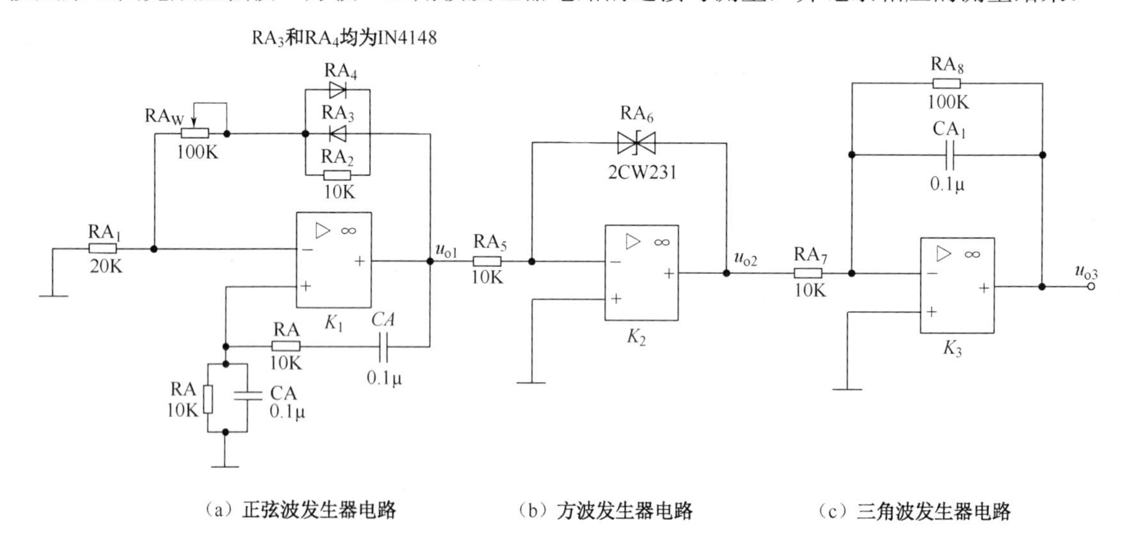

图 4.1.1　正弦波—方波—三角波发生器原理图

【项目实施条件】

1. 工具、仪表及器材

电子钳、电烙铁、镊子灯常用电子组装工具 1 套，15V 稳压电源，万用表及双踪示波器。

2. 元器件

项目所需的元器件清单见表 4.1.3。

表 4.1.3　电路所需元器件和仪表清单

序号	代　号	名　称	型号规则	数量
1	K_1、K_2、K_3	集成运算放大器	LM358	1
2	RA_1	电阻	20kΩ	1
3	RA、RA_2、RA_5、RA_7	电阻	10kΩ	4
4	RA_W	电位器	100kΩ	1
5	RA_3、RA_4	二极管	IN4148	2
6	RA_6	稳压二极管	2CW231	1
7	CA、CA_1	电容	0.1μF	3

【相关知识链接】

正弦波—方波—三角波发生器主要由 RC 桥式振荡器、滞回比较器、积分器三大主要电路模块构成。

经过 RC 桥式振荡电路产生正弦波，再经过限幅电路产生方波，最后经过低通滤波电路产生三角波。其总的设计原理框图如图 4.1.2 所示。

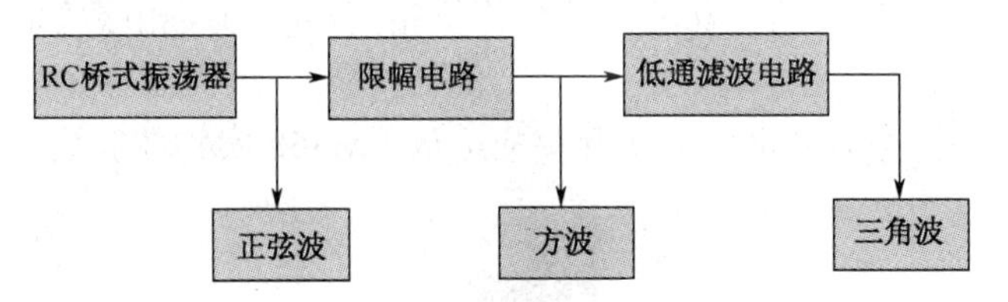

图 4.1.2　系统总体框图

1. 集成运算放大器

（1）集成运算放大电路的组成。

集成运算放大电路简称运放，是一种具有很高放大倍数的多级直接耦合放大电路，是发展最早、应用最广泛的一种模拟集成电路，具有运算和放大作用。集成运算放大电路由输入级、中间级、输出级和偏置电路 4 部分组成，如图 4.1.3 所示。

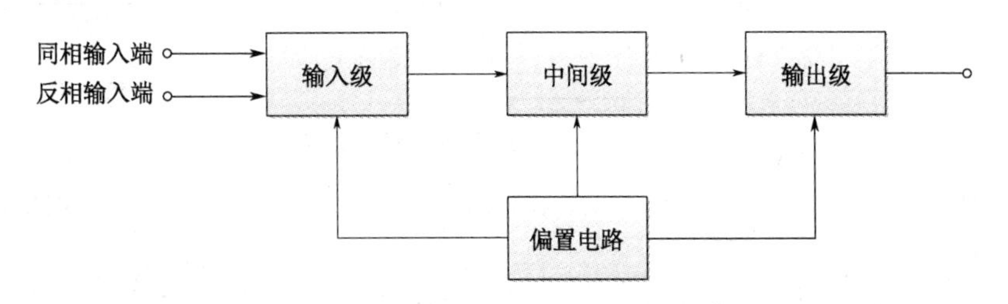

图 4.1.3　集成运算放大电路的结构框图

① 输入级：由具有恒流源的差动放大电路构成，输入电阻高，能减少零点漂移和抑制干扰信号，具有很高的共模抑制比。

② 中间级：由多级放大电路构成，具有较高的放大倍数。一般采用带恒流源的共发射极放大电路构成。

③ 输出级：与负载相接，要求输出电阻低，带负载能力强，一般由互补对称电路或射极输出器构成。

④ 偏置电路：由镜像恒流源等电路构成，为集成运放各级放大电路建立合适而稳定的静态工作点。

（2）集成运算放大电路的理想模型和基本特点。

集成运算放大电路在实际使用中，一般按理想模型来分析和处理。

集成运算放大电路的符号如图 4.1.4 所示。

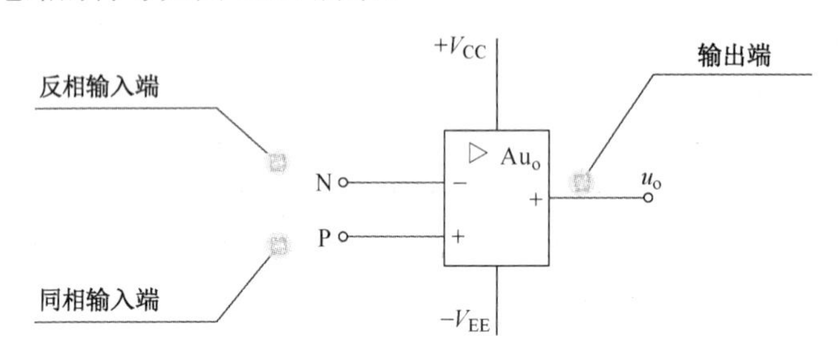

图 4.1.4　集成运算放电路符号

① 反相输入端：表示输出信号和输入信号相位相反，即当同相端接地，反相端输入一个正信号时，输出端输出信号为负。

② 同相输入端：表示输出信号和输入信号相位相同，即当反相端接地，同相端输入一个正信号时，输出端输出信号也为正。

集成运算放大电路符号的含义对应实际集成运放 LM358 实物图和引脚图，如图 4.1.5 所示。

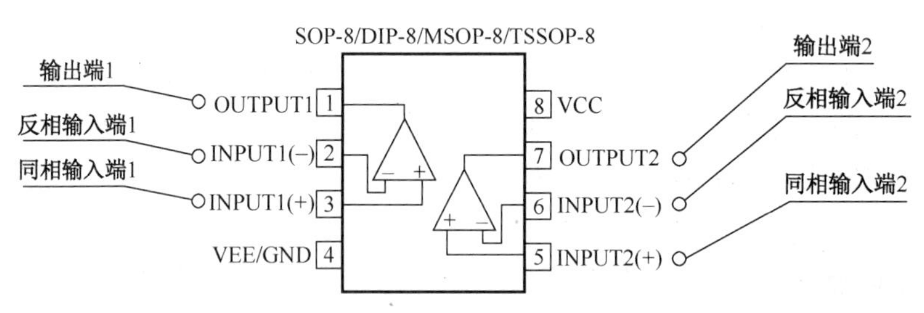

图 4.1.5　LM358 实物图和引脚图

集成运算放大电路中的“+”、“−”只是接线端名称，与所接信号电压的极性无关。

（3）理想运算放大电路的符号。

在分析运算放大电路时，一般将它看成时理想的运算放大电路。理想化的主要条件如下：

开环差模电压放大倍数：$A_{uo} \to \infty$

开环差模输入电阻：$r_i \to \infty$

开环输出电阻：$r_o \to \infty$

共模抑制比：$K_{CMR} \to \infty$

理想集成运算放大电路的符号如图 4.1.6 所示。

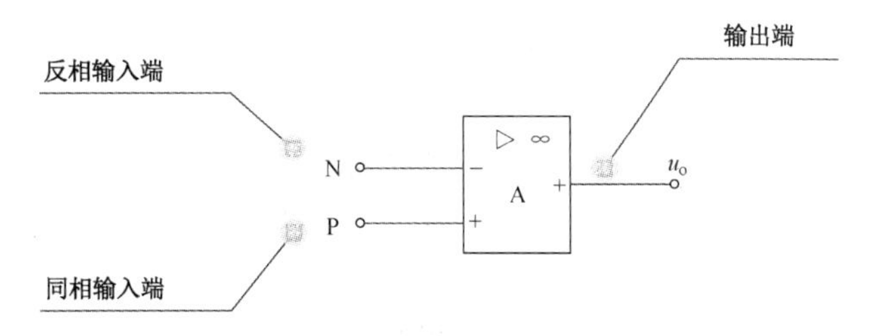

图 4.1.6　理想集成运算放大电路符号

（4）理想运算放大电路的两个重要特点。

① 两输入端电位相等，即 $u_P = u_N$

放大电路的电压放大倍数为

$$A_{uo} = \frac{U_o}{U_{PN}} = \frac{U_o}{U_P - U_N} \tag{4-1-1}$$

在线性区，集成运放的输出电压 u_o 为有限值，根据运放的理想特性 $A_{uo} \to \infty$，有 $u_P = u_N$，即集成运放同相输入端和反相输入端电位相等，相当于短路，此现象称为虚假短路，简称虚短，如图 4.1.7 所示。

② 净输入电流等于零，$I'_{i+} = I'_{i-} \approx 0$

运算放大电路的净输入电流 I'_i 为

$$I'_i = \frac{u_P - u_N}{r_i} \tag{4-1-2}$$

根据运放的理想特性 $r_i \to \infty$，有 $I'_{i+} = I'_{i-} \approx 0$，即集成运放两个输入端的净输入电流约为零，好像电路断开一样，但又不是实际断路，此现象称为虚假断路，如图 4.1.8 所示。

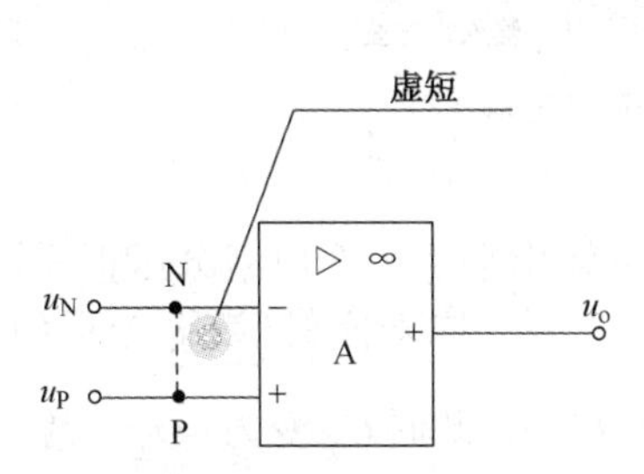

图 4.1.7　集成运放的虚假短路

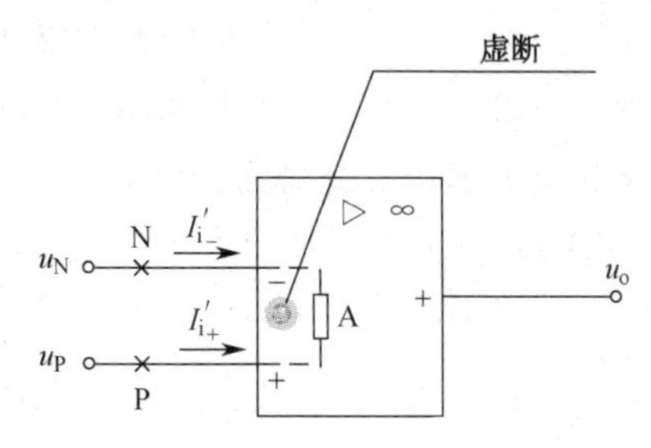

图 4.1.8　集成运放的虚假断路

由于实际集成运放放大电路的技术指标接近理想化条件，用理想集成运算放大电路分析电路会使问题大为简化。因此，对集成运算放大电路的分析一般都是按理想化条件进行的。

2. 运算放大器构成的积分电路

运算放大器构成的积分运算电路图如图 4.1.9 所示。

利用“虚短”概念，由于运算放大器“+”端直接经 RA_2 电阻接地，所以 $u_P \approx u_N = 0$，可知

$$i_1 = \frac{u_I}{RA_1} \tag{4-1-3}$$

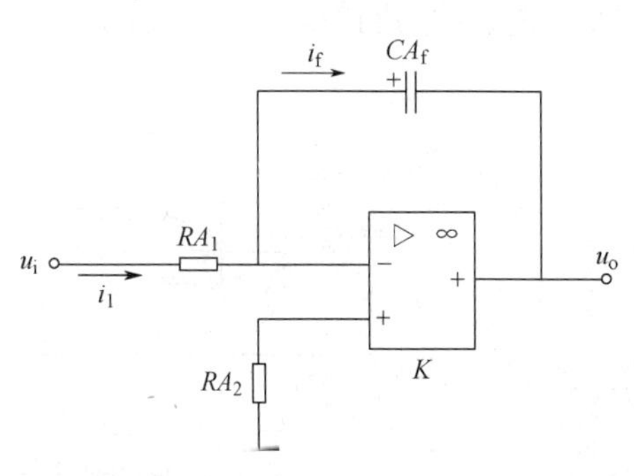

图 4.1.9　运算放大器构成的积分运算电路图

此时输出电压u_o为

$$u_o=-u_{CA_f}=-\frac{1}{CA_f}\int i_f dt \tag{4-1-4}$$

利用虚断概念，可知

$$i_f=i_1 \tag{4-1-5}$$

由此可知，将式（4-1-3）带入式（4-1-4）可得

$$u_o=-\frac{1}{RA_1CA_f}\int u_i dt \tag{4-1-6}$$

上式表明，u_o与u_i的积分成比例，式中的负号表示两者相反。RA_1CA_f为积分时间常数。当输入信号u_i为阶跃电压时，则

$$u_o=-\frac{U_i}{RA_1CA_f}t \tag{4-1-7}$$

运算放大器积分运算电路输入、输出波形关系图如图 4.1.10 所示。

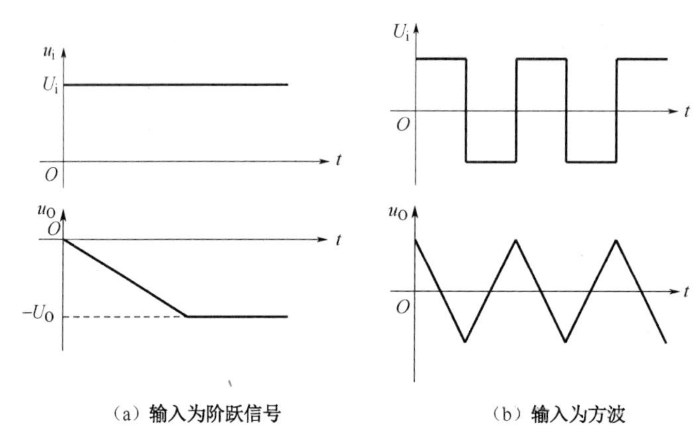

图 4.1.10　积分电路的输入、输出波形

3. 运算放大器构成的滞回比较器

如图 4.1.11 所示为运算放大器构成的滞回比较器，从输出端引一个电阻分压正反馈支路到同相输入端，若u_o改变状态，Σ点也随着改变电位，使过零点离开原来位置。当u_o为正（记作U_+）$U_\Sigma=\frac{RA_2}{RA_f+RA_2}U_+$，则当$u_i>U_\Sigma$后，$u_o$则由正变负（记作$U_-$），此时$U_\Sigma$变为$-U_\Sigma$。故只有当$u_i$下降到$-U_\Sigma$以下，才能使$u_o$再度回升到$U_+$，于是出现如图 4.1.11（b）所示的滞回特性。$-U_\Sigma$与U_Σ的差别称为回差。改变RA_2的数值可以改变回差的大小。

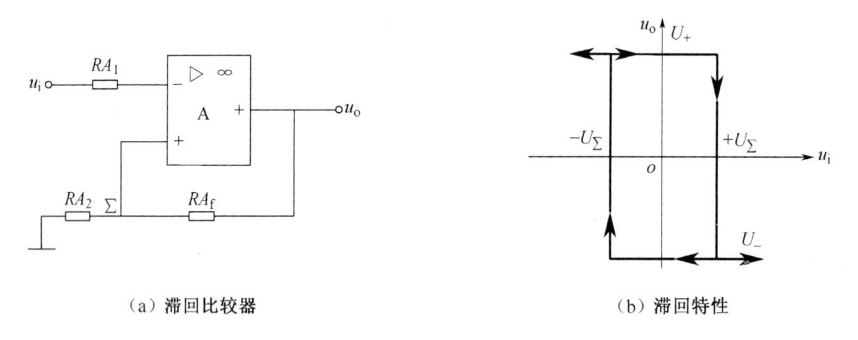

图 4.1.11　滞回比较器

4. RC桥式正弦波振荡器（文氏电桥振荡器）

如图4.1.12所示为RC桥式正弦波振荡器。其中RC串、并联电路构成正反馈支路，同时兼作选频网络，RA_1、RA_W及二极管（DT_1、DT_2）等元件构成负反馈和稳幅环节。调节电位器RA_W，可以改变负反馈深度，以满足振荡的振幅条件和改善波形。利用两个反向并联二极管DT_1、DT_2正向电阻的非线性特性来实现稳幅。DT_1、DT_2采用硅管（温度稳定性好），且要求特性匹配，才能保证输出波形正、负半周对称。RA_2的接入是为了削弱二极管非线性的影响，以改善波形失真。图中电阻RA和电容CA串并联构成选频网络。输出正弦波频率为：

$$f = \frac{1}{2\pi RA \bullet RC} \quad (4\text{-}1\text{-}8)$$

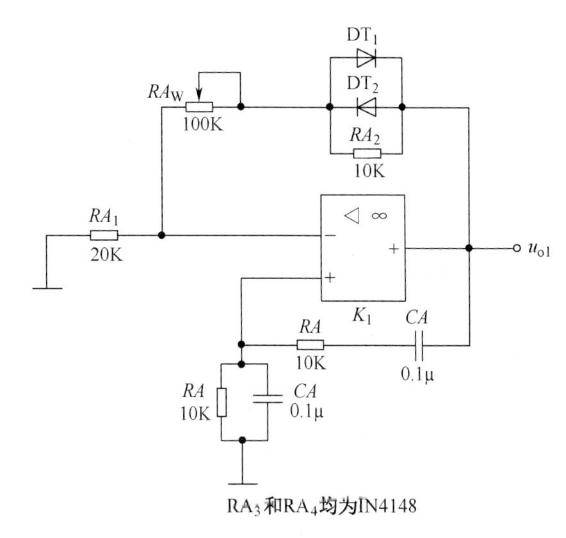

图4.1.12　RC桥式正弦波振荡器

为满足电路的起振条件和幅值平衡条件需要调整RA_W取值，使RA_W的取值要略大于$2RA_1$。

调整反馈电阻RA_W，使电路起振，且波形失真最小。如不能起振，则说明负反馈太强，应适当加大RA_W。如波形失真严重，则应适当减小RA_W。

改变选频网络的参数电容CA或电阻RA的数值，即可调节振荡频率。一般采用改变电容CA作频率量程切换，而调节电阻RA作量程内的频率细调。

5. 限幅电路（将正弦波转换成方波）

由运算放大器K_2组成一个限幅电路，稳压管跨接在继承运算放大器的输出端和反向输入端之间，如图4.1.13所示。此时，输出电压被稳定在稳压管的稳压值上，输出方波。这种电路的优点是：

① 由于集成运算放大器的净输入电压和净输入电流均近似为零，所以保护了输入级。

② 由于集成运算放大器并没有工作到非线性区,所以在输入电压过零时,其内部的晶体管不需要从截止区逐渐进入饱和区（或从饱和区逐渐进入截止区），可提高输出电压的变化速度。

4. 低通滤波电路（将方波转换成三角波）

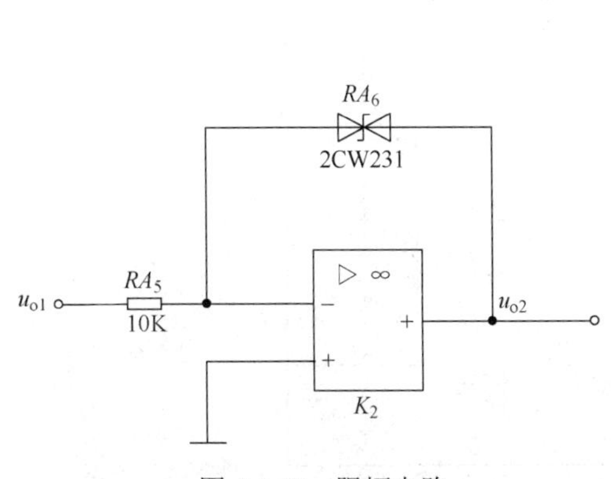

图4.1.13　限幅电路

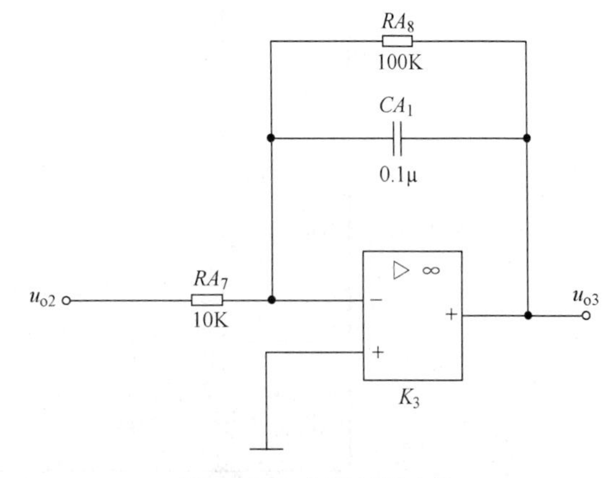

图4.1.14　低通滤波电路

由运算放大器 K_3 组成一个低通滤波电路，将方波转换成三角波，如图 4.1.14 所示。

【项目实施步骤】

（1）如图 4.1.15 所示的电路为电压跟随器电路，利用该电路测试运算放大器的好坏。若输出能跟随输入变化，则说明该运算放大器完好，否则，说明该运算放大器已损坏。对于有运算放大器的电路，在安装之前都需要对运算放大器进行测试以确定其能否正常工作。

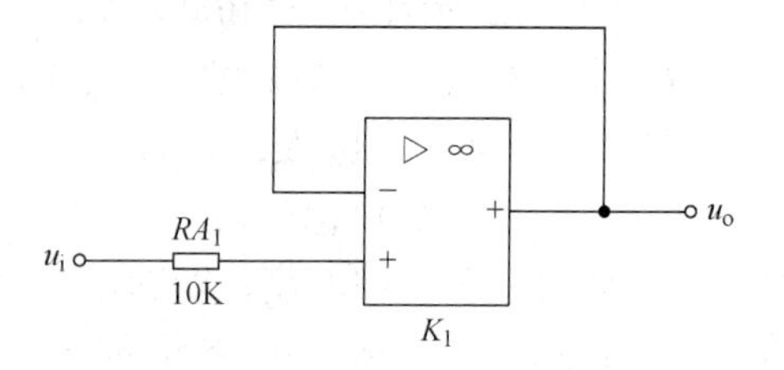

图 4.1.15　电压跟随器电路图

（2）完成正弦波发生电路的接线，通电调试，用双踪示波器测量并记录其输出波形 u_{o1}，如图 4.1.16 所示。

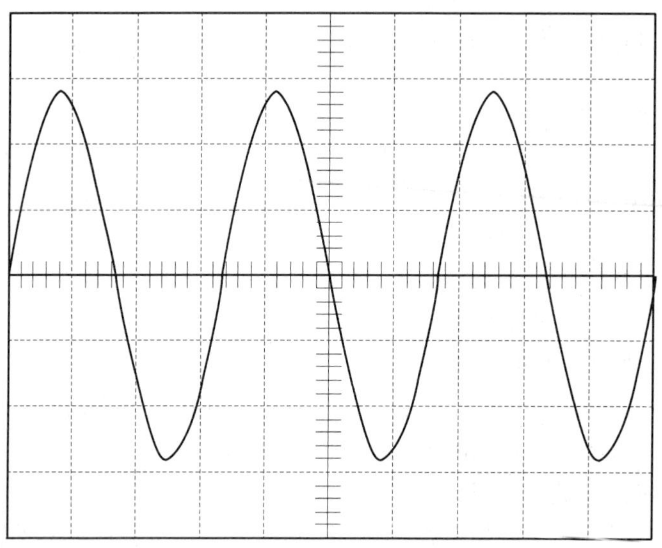
图 4.1.16　用双踪示波器测量输出电压 u_{o1} 的波形

（3）完成全部电路的接线和通电测试，用双踪示波器测量输出电压 u_{o2}、u_{o3} 的波形，如图 4.1.17 和图 4.1.18 所示。

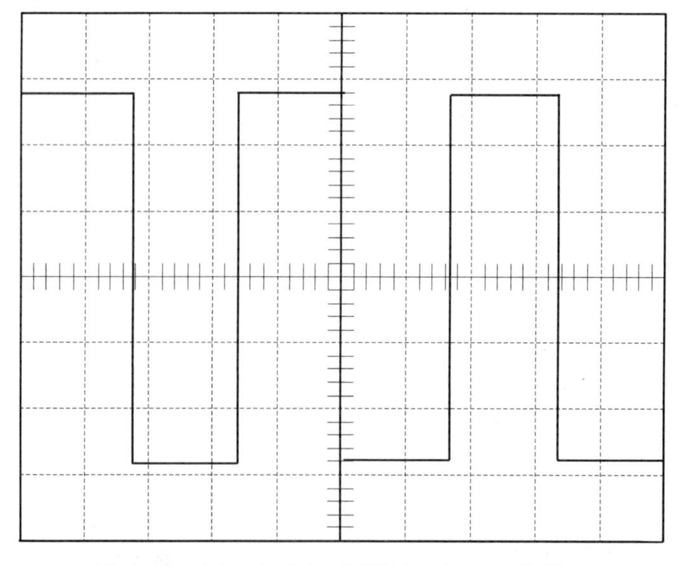
图 4.1.17　用双踪示波器测量输出电压 u_{o2} 的波形

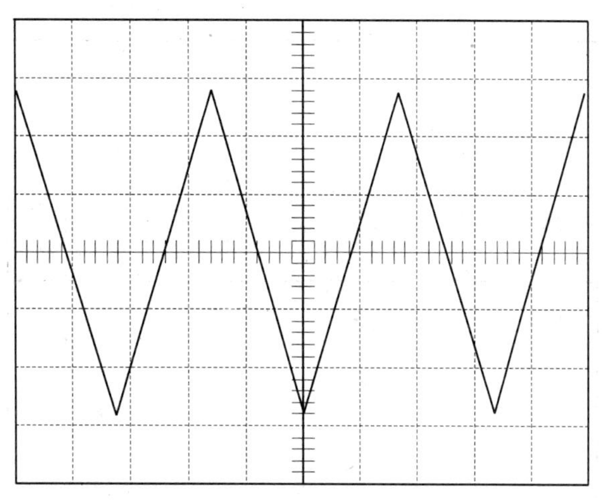

图 4.1.18　用双踪示波器测量输出电压 u_{o3} 的波形

4．在如图 4.1.19 所示图中绘制输出电压 u_{o1} 波形，并标明周期及幅值。

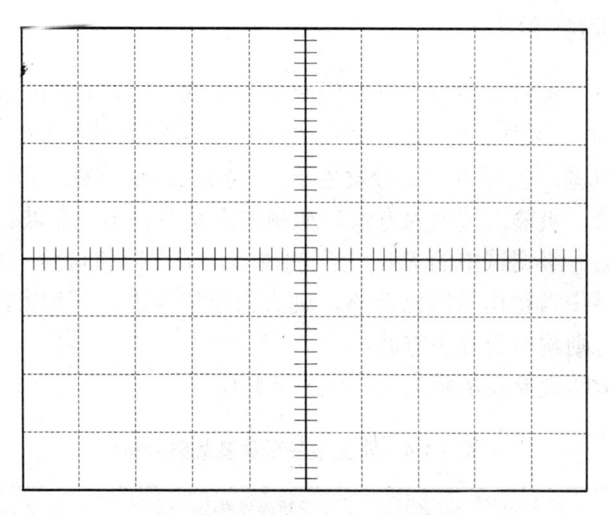

图 4.1.19　输出电压 u_{o1} 的波形

5．在如图 4.1.20 和图 4.1.21 所示图中绘制输出电压 u_{o2}、u_{o3} 波形，并标明幅值。

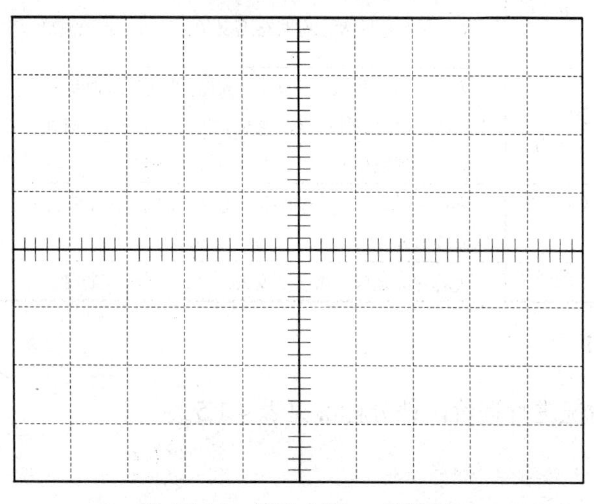

图 4.1.20　输出电压 u_{o2} 的波形

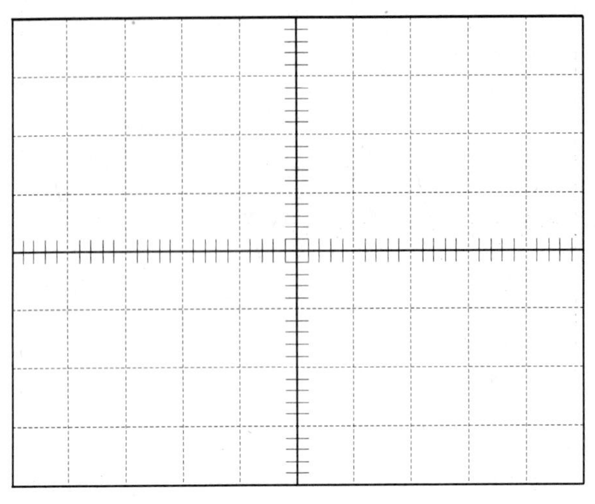

图 4.1.21　输出电压 u_{o3} 的波形

【知识拓展—故障排除】

在正弦波—方波—三角波发生器电路中没有级间反馈，故障问题的排除应从第一级开始，即依次观测 u_{o1} 是否输出正弦波、u_{o2} 是否输出方波、u_{o3} 是否输出三角波，从而确定故障出在哪一级，逐级缩小故障范围。也可借助信号发生器，在第二级前端输入正弦波，观测输出波形是否为方波。同样，在第三级输入端输入方波，观测输出是否输出三角波。

在调试中应注意第一级调试中的 RA_W 电阻的调节，如果阻值调整不合适，可能造成无法输出正弦波。而在第二级中若稳压管回路开路，则失去限幅功能，导致方波输出幅值增大。在第三级中，若电容开路，则输出会变为方波。

下面给出常见的故障现象及故障分析，见表 4.1.4。

表 4.1.4　常见故障现象及故障分析

序号	故障现象	分析故障原因	故　障　点
1	u_{o1}、u_{o2}、u_{o3} 都无波形	K_1 构成的正弦波振荡电路有故障，导致 u_{o2}，u_{o3} 都无波形、电源故障	RA_W 中间点断路
2	u_{o1} 有正弦波形，u_{o2}、u_{o3} 都无波形	$u_{o1}\sim RA_5\sim K_{2-}$ 有断路，导致 u_{o2}、u_{o3} 都无波形	$RA_5\sim K_{2-}$ 断路
3	u_{o2} 幅度变大，u_{o3} 三角波工作到饱和区（出现削尖、平顶）	K_{2-} ～双向稳压管～ u_{o2} 有断路，失去了双向稳压管正负 $6V$ 的双向限幅作用，使 u_{o2} 电压幅度变大，而 u_{o3} 三角波工作到饱和区	K_{2-} ～双向稳压管断路
4	u_{o1}、u_{o2} 都有波形 u_{o3} 三角波变方波	$K_{3-}\sim CA_1\sim u_{o3}$ 有断路，使 K_3 变成反向比例放大电路而输出方波	$CA_1\sim u_{o3}$ 断路
5	振荡频率低，u_{o1} 有方波	RA、CA 选频网络参数变大，$u_{o1}\sim RA_1$ 有断路	$u_{o1}\sim RA_2$ 断路

【项目检查评价】

根据学习者完成情况进行评价，评分标准见表 4.1.5。

表 4.1.5　评分标准

序号	考核项目	考核要求	配分	评分标准	扣分	得分
1	绘制的 PLC 电气原理图	（1）正确绘图 （2）图形符号和文字符号符合国家标准 （3）正确回答相关问题	6	（1）原理错误，每处扣 2 分 （2）图形符号和文字符号不符合国家标准，每处扣 1 分 （3）回答问题错 1 道扣 2 分 （4）本项配分扣完为止		
2	工具的使用	（1）正确使用工具 （2）正确回答相关问题	6	（1）工具使用不正确，每次扣 2 分 （2）回答问题错 1 道扣 2 分 （3）本项配分扣完为止		
3	仪表的使用	（1）正确使用仪表 （2）正确回答相关问题	8	（1）仪表使用不正确，每次扣 2 分 （2）回答问题错 1 道扣 2 分 （3）本项配分扣完为止		
4	安全文明生产	（1）明确安全用电的主要内容 （2）操作过程中符合文明生产要求	5	（1）未经同意私自通电扣 5 分 （2）损坏设备扣 2 分 （3）损坏工具仪表扣 1 分 （4）发生轻微触电事故扣 5 分 （5）本项配分扣完为止		
5	连接	按照电气原理图正确连接电路	15	（1）不按图纸接线，每处扣 2 分 （2）元器件安装不牢靠，每处扣 2 分 （3）本项配分扣完为止		
6	试运行	（1）通电前检测设备、元件及电路 （2）通电试运行实现电路功能	10	（1）通电试运行发生短路事故和开路现象扣 10 分 （2）通电运行异常，每项扣 5 分 （3）本项配分扣完为止		
合计			50			

【理论试题精选】

一、判断题

1.（　　）为防止集成运算放大器输入电压偏高，通常可采用两输入端间并接一个二极管。

2.（　　）共模抑制比 KCMR 越大，抑制放大电路的零点飘移的能力越强。

3.（　　）在运算电路中，集成运算放大器的反相输入端均为虚地。

4.（　　）集成运算放大器工作在线性区时，必须加入负反馈。

5.（　　）运算放大器组成的反相比例放大电路，其反相输入端与同相输入端的电位近似相等。

6.（　　）同相比例运算电路中集成运算放大器的反相输入端为虚地。

7.（　　）运算放大器的加法运算电路，输出为各个输入量之和。

8.（　　）运算放大器组成的积分器，当输入为恒定直流电压时，输出即从初始值起线性变化。

9.（　　）当集成运算放大器工作在非线性区时，输出电压不是高电平，就是低电平。

10.（　　）比较器的输出电压可以是电源电压范围内的任意值。

11.（　　）电平比较器比滞回比较器反干扰能力强，而滞回比较器比电平比较器灵敏度高。

12.（　　）在输入电压从足够低逐渐增大到足够高的过程中，电平比较器和滞回比较器的输出电压均只跃变一次。

13.（　　）用集成运算放大器组成的自激式方波发生器，其充放电共用一条回路。

二、选择题

1．集成运算放大器的互补输出级采用（　　）。

A．共基接法　　B．共集接法　　C．共射接法　　D．差分接法

2．KMCR 是集成运算放大器的一个主要技术指标，它反映放大电路（　　）的能力。

A．放大差模、抑制共模　　B．输入电阻高

C．输出电阻低　　D．放大共模、抑制差模

3．理想运算放大器的两个输入端的输入电流等于零，其原因是（　　）。

A．同相端和反相端的输入电流相等，而相位相反

B．运算放大器的差模输入电阻接近无穷大

C．运算放大器的开环电压放大倍数接近无穷大

D．同相端和反相端的输入电压相等而相位相反

4．分析运算放大器线性应用电路时，（　　）的说法是错误的。

A．两个输入端的净输入电流与净输入电压都为零

B．运算放大器的开环电压放大倍数为无穷大

C．运算放大器的输入电阻无穷大

D．运算放大器的反相输入端电位一定是“虚地”

5．欲实现 $\dot{A}_u = -100$ 的放大电路，应选用（　　）。

A．反相比例运算电路　　B．积分运算电路

C．微分运算电路　　D．加法运算电路

6．运算放大器组成的（　　），其输入电阻接近无穷大。

A．反相比例放大电路　　B．同相比例放大电路

C．积分器　　D．微分器

7．运算放大器组成的加法电路，所有的输入信号（　　）。

A．只能从反相端输入　　B．只能从同相端输入

C．可以任意选择输入端　　D．只能从同一个输入端输入

8．欲将方波电压转换成三角波电压，应选用（　　）。

A．反相比例运算电路　　B．积分运算电路

C．微分运算电路　　D．加法运算电路

9．欲将方波电压转换成尖顶波电压，应选用（　　）。

A．反相比例运算电路　　B．积分运算电路

C．微分运算电路　　D．加法运算电路

10．以下集成运算放大电路中，处于非线性工作状态的是（　　）。

A．反相比例放大电路　　B．同相比例放大电路

C．同相电压跟随器　　D．过零电压比较器

11．集成运算放大器的组成比较器必定（　　）。

A．无反馈　　B．有正反馈　　C．有负反馈　　D．无反馈或有正反馈

12．用集成运算放大器组成的电平比较器电路工作于（　　）。

A．线性状态　　B．开关状态　　C．放大状态　　D．饱和状态

13．在下面各种电压比较器中，抗干扰能力最强的是（　　）。

A．过零比较器　　B．单限比较器　C．双限比较器　　　D．滞回比较器

14．用运算放大器组成的锯齿波发生器一般由（　　）两部分组成。

A．积分器和微分器　　　　　　　B．微分器和比较器

C．积分器和比较器　　　　　　　D．积分器和差动放大

项目二　风机工作状态监测电路的连接与调试

【项目目标】

通过完成本项目，使学习者能够达到维修电工（高级）证书相应的理论和技能的考核要求，具体要求见表 4.2.1。

表 4.2.1　维修电工（高级）考核要素细目表

相关知识考核要点	相关技能考核要求
1．电子电路测绘方法	1．能测绘常用的由组合逻辑电路组成的应用电路
2．组合逻辑电路的原理	2．能根据组合逻辑电路的原理图和接线图完成电路的连接和测量
3．组合逻辑电路的常见故障及排除方法	3．能对常用组合逻辑电路应用电路的故障进行分析及排除

【电气图形符号和文字符号】

在本项目中涉及的元器件的图形符号和文字符号见表 4.2.2。

表 4.2.2　元器件的图形符号和文字符号

序号	名　称	图形符号 GB/T4728—2005-2008	文字符号 GB/T20939-2007	备　注
1	逻辑非，输出端 S01467		KF	GB/T4728.12—2008
2	“或”元件，一般符号 S01566	≥1	KF	GB/T4728.12—2008
3	“与”元件，一般符号 S01567	&	KF	GB/T4728.12—2008
4	非门 S01576	1	KF	GB/T4728.12—2008
5	有非输出的与门（与非门） S01579	1 2 13 & 12	KF	GB/T4728.12—2008
6	有非输出的或门（或非门） S01580	3 4 5 ≥1 6	KF	GB/T4728.12—2008

【项目任务描述】

现有风机工作状态监测电路原理图和接线图各 1 张，如图 4.2.1 和图 4.2.2 所示。本项目的主要任务是按照原理图和接线图完成风机工作状态监测电路的连接与测量，并记录相应的测量结果。

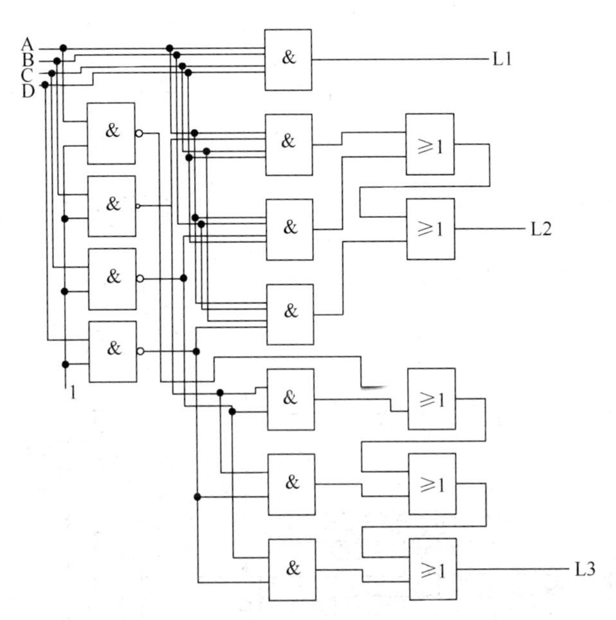

图 4.2.1　风机工作状态监测电路原理图

【项目实施条件】

1. 工具、仪表及器材

电子钳、电烙铁、镊子等常用电子组装工具 1 套，5V 直流稳压电源，万用表。

2. 元器件

项目所需的元器件清单见表 4.2.3。

表 4.2.3　电路所需元器件和仪表清单

序号	名　称	型号规则	数　量	备　注
1	发光二极管	红	1	
2	发光二极管	黄	1	
3	发光二极管	绿	1	
4	电阻	150Ω	2	
5	电阻	100Ω	1	
6	与非门	74LS00	1	2 输入端四与非门
7	与门	74LS21	2	4 输入端双与门
8	或门	74LS32	2	2 输入端四或门
9	与门	74LS08	1	2 输入端四与门
10	开关组	4 开关	1	

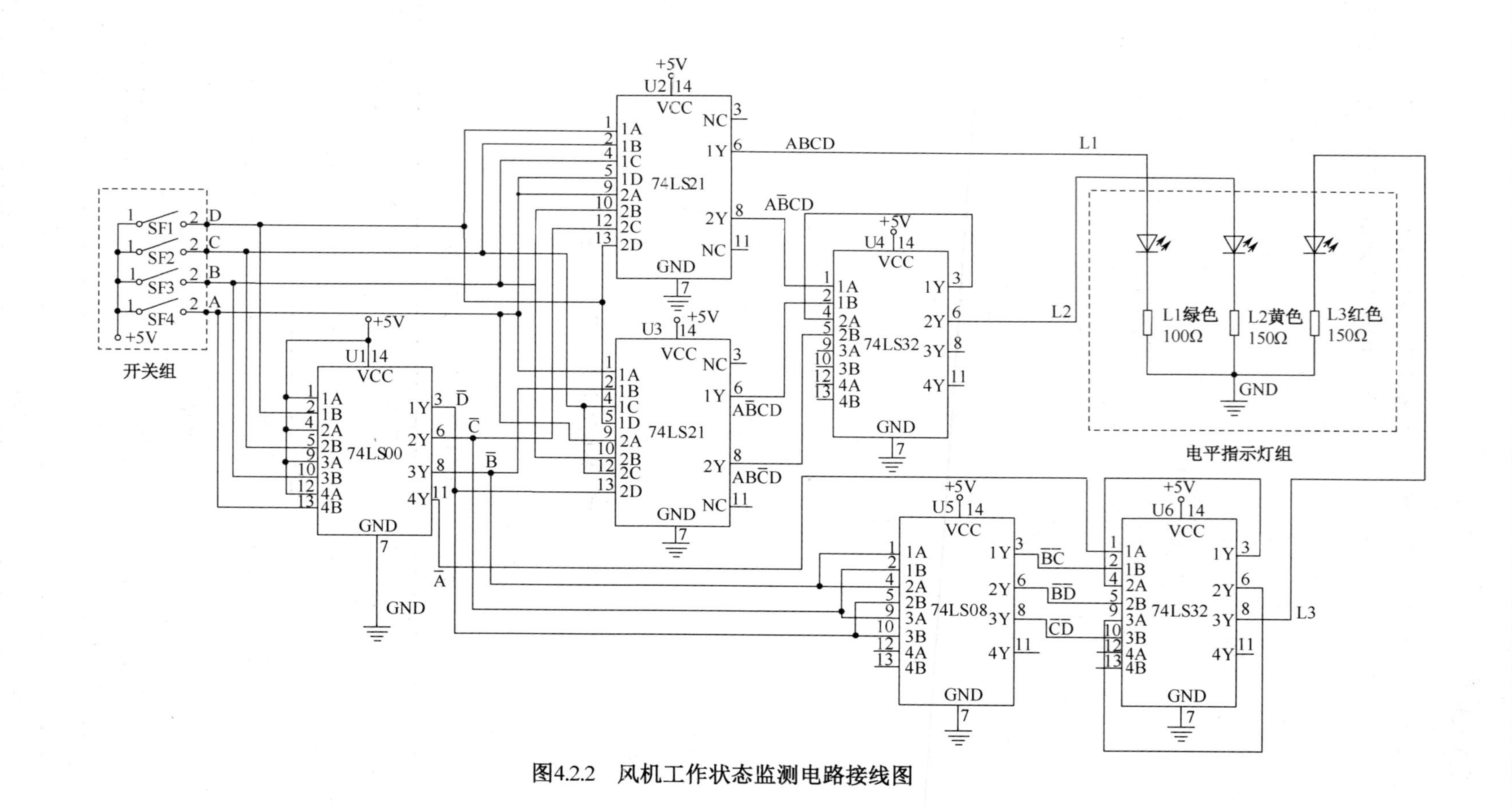

图4.2.2　风机工作状态监测电路接线图

【知识链接】

风机工作状态监测设备主要由 4 台风机、风机工作状态监测电路、指示灯三大主要模块构成。

风机工作状态监测电路能实现如下功能。

平时正常工作时，车间有 A、B、C、D 四台风机工作，车间状态指示灯为绿色。

当备用 B、C 和 D 风机中的只有一台出现运行异常时，将故障风机断电，同时发出黄灯提示。生产可以继续进行，但是维修工必须及时排除异常风机的故障。

当主风机 A 出现故障，或者有两台以上风机出现故障时，马上将所有风机断电，同时发出红灯警报。

其总的设计原理框图如图 4.2.3 所示。

1. 数字信号与数字电路

电子电路中的信号分为两类，一类是在时间上和幅度上都是连续变化的，称为模拟信号。如广播电视中传送的各种语音信号和图像信号，如图 4.2.4 所示。用于传递、加工和处理模拟信号的电路称作模拟电路。

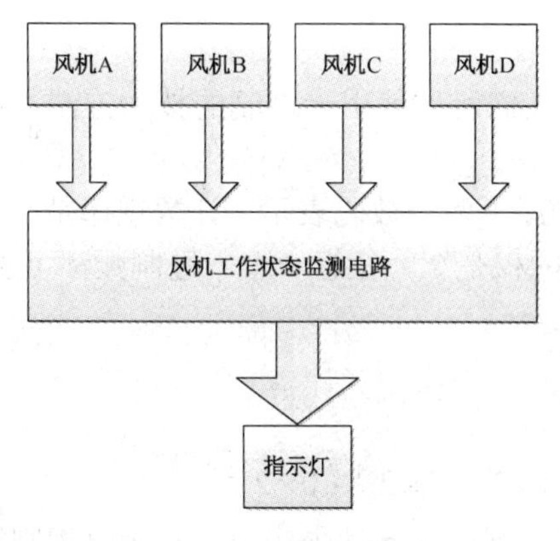

图 4.2.3　系统总体框图

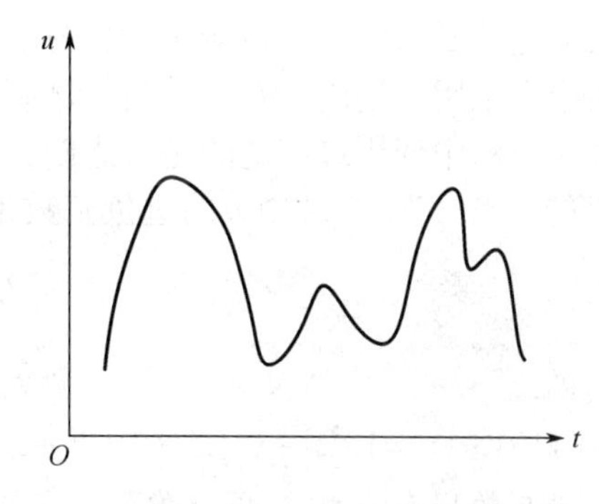

图 4.2.4　模拟信号

另一类是在时间上和幅度上都是断续变化的，称为数字信号。这类信号只在某些特定时间内出现。如图 4.2.5 所示为数字信号的一个例子，在这个例子中，信号只有两个取值。用于传递、加工和处理数字信号的电子电路，称作数字电路。

由于 A、B、C、D 四台风机只有开机、停机两个状态，指示灯只有点亮、熄灭两个状态，所以它们只能有两个取值，而且它们在时间上和幅度上都是断续变化的，因此在本项目中的信号是数字信号，本项目采用的电路是数字电路。

图 4.2.5　数字信号

2. 高电平与低电平

如图 4.2.6 所示，通过开关电路可获得高、低电平。其中 S 表示为受输入信号控制的电子开关（二极管、晶体管），当二极管、晶体管截止时相当于 S 断开，输出为高电平；当二极管、晶体管导通时，相当于 S 闭合，输出为低电平。用 1 表示高电平、0 表示低电平的情况称为正逻辑；反之称为负逻辑。

在数字电路中，只要能确切地区分出高、低电平两种状态就足够了。所以高、低电平都有一个允许的范围，如图 4.2.7 所示。正因为如此，在数字电路中，无论是对元器件参数的精度，还是对供电电源的稳定度的要求都比模拟电路低一些。

在本项目中，输入端采用了开关组，开关组的一端连接到高电平上。当开关闭合时，电路的输入端为高电平，用 1 表示。当开关断开时，电路的输入端为低电平，用 0 表示。开关的闭合或断开状态对应着 A、B、C、D 四台风机的开机或停机状态。

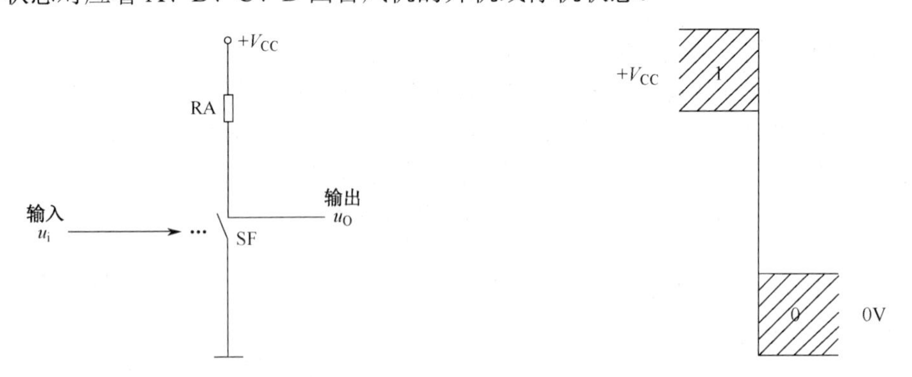

图 4.2.6　获得高、低电平的方法　　　　图 4.2.7　高低电平的逻辑赋值

在本项目中，输出端采用了指示灯，当指示灯点亮时，输出为高电平，用 1 表示。当指示灯熄灭时，输出为低电平，用 0 表示。

3. 二进制

数制是计数方法和进位规则的简称。日常生活中人们习惯使用十进制的技术方法，而在数字电路中多采用二进制，有时采用八进制或十六进制。

数字电路中应用最广泛的是二进制。二进制数用 0、1 两个数码表示，计数规律是“逢二进一”、“借一当二”。二进制数的进位基数是 2，第 i 位的权是 2^i。任意一个二进制数都可表示为

$$N_2 = \sum_{i=-\infty}^{+\infty} K_i \times 2^i \tag{4-2-1}$$

例如：

$$(101101.01)_2 = 1\times 2^5 + 0\times 2^4 + 1\times 2^3 + 1\times 2^2 + 0\times 2^1 + 1\times 2^0 + 0\times 2^{-1} + 0\times 2^{-2}$$

二进制数只有 0 和 1 两个数码，它的每一位都可以用电子元件来实现，且运算规则简单，相应的运算电路也容易实现。

二进制数的运算规则如下：

$$0+0=0 \qquad 0+1=1+0=1$$

$$1+1=10 \qquad 0\times 0=0$$

$$0\times 1=1\times 0=0 \qquad 1\times 1=1$$

本任务中由于风机只有开机和停机两个工作状态，分别对应 1 和 0。指示灯只有点亮和熄灭两个工作状态，也分别对应 1 和 0。因此本项目中就采用二进制数。

4. 与、或、非逻辑

决定某一事件发生的所有条件全部具备时，这一事件才会发生，这种逻辑关系称为逻辑与，也叫与运算或逻辑乘。

如图 4.2.8 所示是一个表征与逻辑关系的照明电路。假定灯泡完好无损，电源电路中有两个开关 A 和 B，不难看出，只有开关 A 和 B 全部闭合，灯 Y 才会亮，两个开关中只要一个不闭合，灯 Y 就不会亮。

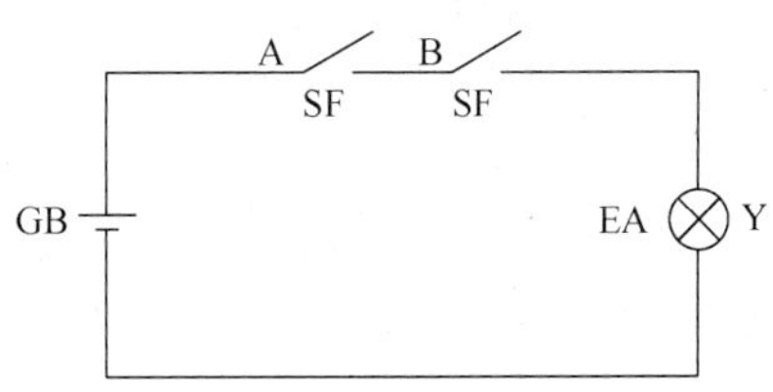

图 4.2.8　与逻辑电路实例图

为了更加清楚地描述上述逻辑关系，可以把条件和结果的所有可能性用表格表示出来，这一能反映逻辑函数所有变量组合关系的表格称为真值表（或功能表），反映与逻辑关系的真值表见表 4.2.4。与逻辑也可以

概括为输入有 0，输出为 0；输入全 1，输出为 1。

表 4.2.4　与逻辑真值表

A	B	Y
0	0	0
0	1	0
1	0	0
1	1	1

表 4.2.4 中的 A、B、Y 均为逻辑变量，函数关系可以用以下表达式描述

$$Y=A \cdot B \tag{4-2-2}$$

式中，“• ”叫逻辑与或逻辑乘符号，一般情况下可以省略，与逻辑国家标准符号如图 4.2.9 所示。

在决定事物结果的诸条件中只要任何一个满足，结果就会发生，这种因果关系叫做逻辑或，也叫或运算或逻辑加。

如图 4.2.10 所示是一个表征或逻辑关系的照明电路。可以看出，如果要想灯亮，开关 A、B 至少有一个闭合就行。

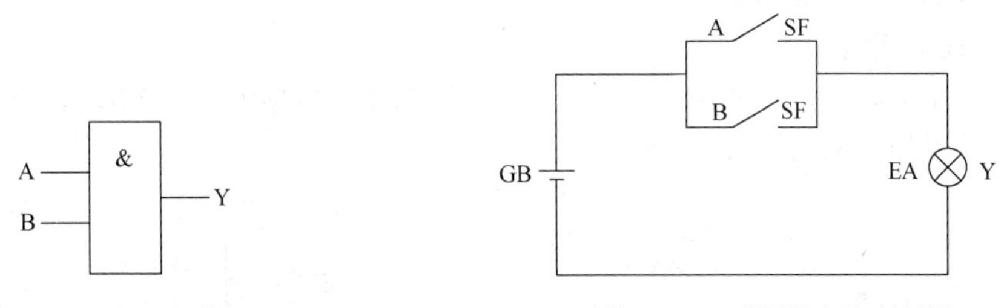

图 4.2.9　与逻辑符号　　　　图 4.2.10　或逻辑电路实例图

或逻辑的逻辑真值表见表 4.2.5，或逻辑也可以概括为输入有 1，输出为 1；输入全 0，输出为 0。

表 4.2.5　或逻辑真值表

A	B	Y
0	0	0
0	1	1
1	0	1
1	1	1

或逻辑表达式为：

$$Y=A+B \tag{4-2-3}$$

式中，“+”是或运算符号，叫逻辑或，也叫逻辑加，或逻辑国家标准符号如图 4.2.11 所示。

事件的发生和条件的具备总是相反的逻辑关系叫非逻辑，即条件具备时事件不发生，条件不具备时事件发生。

如图 4.2.12 所示为一个表征非逻辑关系的照明电路，开关 A 闭合，电灯 Y 就灭；开关 A 断开，电灯 Y 就亮。

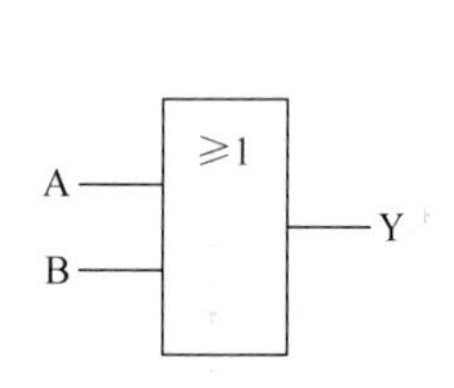

图 4.2.11　或逻辑符号

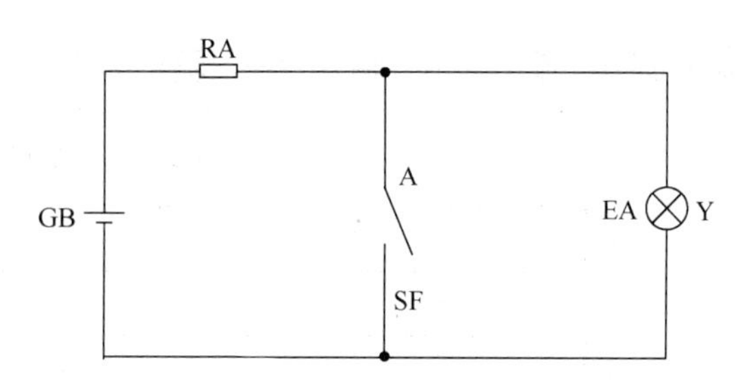

图 4.2.12　非逻辑电路实例图

其真值表见表 4.2.6。

表 4.2.6　非逻辑真值表

A	Y
0	1
1	0

非逻辑表达式为：

$$Y = \overline{A} \tag{4-2-4}$$

非逻辑国家标准符号如图 4.2.13 所示。

5. 与非、或非逻辑

与非逻辑是由与和非两种逻辑复合形成的。其逻辑功能概括为：有 0 出 1，全 1 出 0。与非逻辑国家标准符号如图 4.2.14 所示。

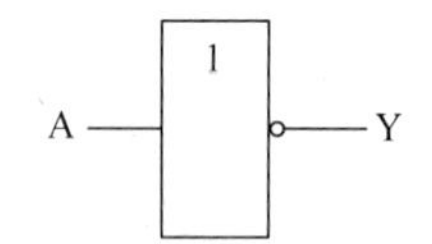

图 4.2.13　非逻辑符号

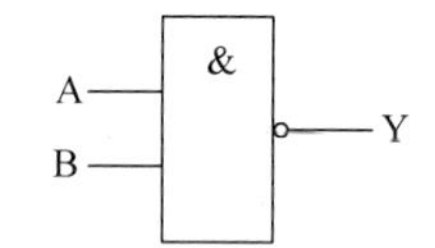

图 4.2.14　与非逻辑符号

其真值表见表 4.2.7。

表 4.2.7　与非逻辑真值表

A	B	Y
0	0	1
0	1	1
1	0	1
1	1	0

与非逻辑表达式为：

$$Y = \overline{A \cdot B} \tag{4-2-5}$$

或非逻辑是由或和非两种逻辑复合形成的。其逻辑功能概括为：有 1 出 0，全 0 为 1。或非逻辑国家标准符号如图 4.2.15 所示。

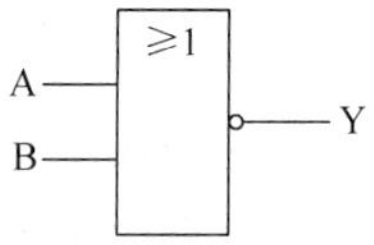

图 4.2.15　或非逻辑符

其真值表见表 4.2.8。

表 4.2.8 或非逻辑真值表

A	B	Y
0	0	1
0	1	0
1	0	0
1	1	0

或非逻辑表达式为：

$$Y = \overline{A + B} \tag{4-2-6}$$

6. 逻辑代数的基本公式

逻辑代数的基本公式见表 4.2.9。有的定律与普通代数相似，有的定律与普通代数不同，使用时切勿混淆。使用以下公式可以进行逻辑代数的化简。

表 4.2.9 逻辑代数的基本公式

名称	公式 1	公式 2
0-1 律	$A \cdot 1 = A$ $A \cdot 0 = 0$	$A+0=A$ $A+1=1$
互补律	$A\overline{A} = 0$	$A + \overline{A} = 1$
重叠律	$AA=A$	$A+A=1$
交换律	$AB=BA$	$A+B=B+A$
结合律	$A(BC)=(AB)C$	$A+(B+C)=(A+B)+C$
分配律	$A(B+C)=AB+AC$	$A+BC=(A+B)(A+C)$
反演律	$\overline{AB} = \overline{A} + \overline{B}$	$\overline{A+B}=\overline{A}\overline{B}$
吸收律	$A(A+B)=A$ $A(\overline{A} + B) = AB$ $(A+B)(\overline{A} + C)(B+C) = (A+B)(\overline{A} + C)$	$A+AB=A$ $A+\overline{A}B=A+B$ $AB+\overline{A}C+BC=AB+\overline{A}C$
还原律	$\overline{\overline{A}} = A$	

7. 组合逻辑电路

所谓组合逻辑电路是指电路在任一时刻的输出状态只与同一时刻各输入状态的组合有关，而与前一时刻的输出状态无关。组合逻辑电路可以有一个或多个输入端，也可以有一个或多个输出端。组合逻辑电路的示意图如图 4.2.16 所示。

图 4.2.16 组合逻辑电路框图

8. 组合逻辑电路的分析

组合逻辑电路的分析步骤如下。

（1）写出输出逻辑函数式。由给定逻辑电路，一般从输入端向输出端逐级写出各个门输出对其输入的逻辑表达式，从而写出整个逻辑电路的输出对输入变量的逻辑函数式。通常要进行变换和化简，求出输出逻辑函数式的最简式。

（2）列真值表。将输入变量的各种取值组合代入输出逻辑函数式，求出相应的输出状态，并填入表中，即真值表。通常按自然二进制数的顺序。

（3）分析逻辑功能。通常通过分析真值表的特点来说明电路的逻辑功能。

9. 组合逻辑电路的设计

组合逻辑电路的设计一般步骤如下。

（1）分析要求。根据设计要求中提出的逻辑功能，确定输入变量、输出变量以及它们之间的相互关系，并对输入与输出进行逻辑赋值，即确定什么情况是逻辑 1，什么情况是逻辑 0。

（2）列真值表。根据输入信号状态和输出函数状态之间的对应关系列出真值表。列真值表时，凡属不会出现或不允许出现的输入信号状态组合和输入变量取值组合可以不列出，如果列出，则应在相应输出处记上×号。

（3）写出逻辑表达式并化简。根据真值表写出逻辑表达式，并进行化简，转换成所要求的逻辑表达式。

（4）画逻辑图。根据化简和变换后的输出函数逻辑表达式画出逻辑图。

10. 组合逻辑电路的测试

（1）静态测试。

将电路的输入端分别接到逻辑电平开关上，注意按真值表中的输入信号高、低位顺序排列。

将电路的输入端和输出端分别连至“0-1”电平显示器，分别显示电路的输入状态和输出状态。注意输入信号的显示也按真值表中的高、低位的顺序排列，不要颠倒。

根据真值表，用逻辑电平开关给出所有组合状态，观察输出端的电平显示是否满足所规定的逻辑功能。

（2）动态测试。

动态测试是根据要求，在组合逻辑电路输入端分别输入合适信号，用脉冲示波器测试电路的输出响应。输入信号可由脉冲信号发生器或脉冲序列发生器产生，测试时，用脉冲示波器观察输出信号是否跟得上输入信号的变化，输出波形是否稳定并且是否符合输入、输出逻辑关系。

【项目实施步骤】

（1）把电路原理图上的逻辑门转换成接线图上的集成逻辑门电路，需要集成逻辑门电路引脚排列图，见表 4.2.10。

表 4.2.10 集成逻辑门电路引脚排列

序号	集成逻辑门电路型号	集成逻辑门电路引脚排列图
1	74LS00	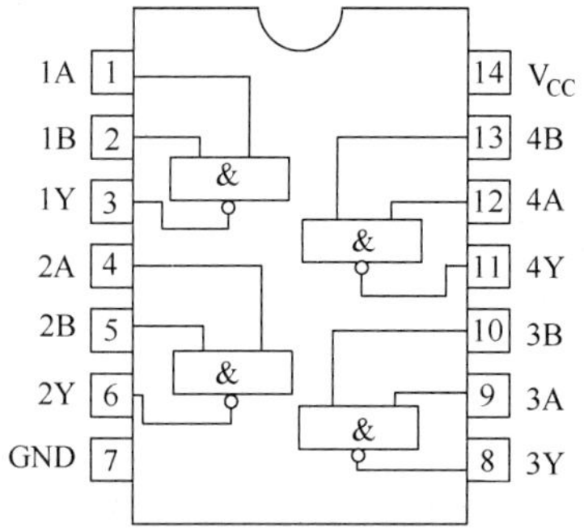 1A 1 / 1B 2 / 1Y 3 / 2A 4 / 2B 5 / 2Y 6 / GND 7 / 8 3Y / 9 3A / 10 3B / 11 4Y / 12 4A / 13 4B / 14 V_{CC} （&）

续表

序号	集成逻辑门电路型号	集成逻辑门电路引脚排列图
2	74LS21	1A 1, 1B 2, NC 3, 1C 4, 1D 5, 1Y 6, GND 7, 2Y 8, 2A 9, 2B 10, NC 11, 2C 12, 2D 13, V_{CC} 14（& ×2）
3	74LS32	1A 1, 1B 2, 1Y 3, 2A 4, 2B 5, 2Y 6, GND 7, 3Y 8, 3A 9, 3B 10, 4Y 11, 4A 12, 4B 13, V_{CC} 14（≥1 ×4）
4	74LS08	1A 1, 1B 2, 1Y 3, 2A 4, 2B 5, 2Y 6, GND 7, 3Y 8, 3A 9, 3B 10, 4Y 11, 4A 12, 4B 13, V_{CC} 14（& ×4）

（2）测试电路时需要对照真值表，见表 4.2.11。

表 4.2.11　风机工作状态监测电路真值表

输　入				输　出		
A	B	C	D	L_1	L_2	L_3
0	0	0	0	0	0	1
0	0	0	1	0	0	1
0	0	1	0	0	0	1
0	0	1	1	0	0	1
0	1	0	0	0	0	1
0	1	0	1	0	0	1
0	1	1	0	0	0	1
0	1	1	1	0	0	1

续表

输　入				输　出		
A	B	C	D	L_1	L_2	L_3
1	0	0	0	0	0	1
1	0	0	1	0	0	1
1	0	1	0	0	0	1
1	0	1	1	0	1	0
1	1	0	0	0	0	1
1	1	0	1	0	1	0
1	1	1	0	0	1	0
1	1	1	1	1	0	0

（3）根据工作步骤表进行工作，通过阅读图纸等步骤完成电路测试，具体步骤见表 4.2.12。

表 4.2.12　工作步骤表

序　号	工 作 步 骤	备　注
1	断开电源	
2	阅读电路原理图	
3	在电路原理图基础上绘制接线图	如图 4.2.2 所示
4	连接电路	
5	检查电路	
6	通电测试	对照真值表测试

【知识拓展】

<风机工作状态监测电路故障排除>

在车间内风机工作状态监测电路运行了一段时间后，发现该电路发生了故障，黄色指示灯始终处于熄灭状态，无法点亮。为保证车间生产正常进行，将风机工作状态监测电路拆下对其进行测量，寻找故障点，并且进行检修。

排除故障需要风机工作状态监测电路接线图，如图 4.2.2 所示。真值表见表 4.2.11。材料、工具清单见表 4.2.3。

根据工作步骤表进行工作，通过阅读图纸等步骤完成电路测量，具体步骤见表 4.2.13。

表 4.2.13　工作步骤表

序　号	工 作 步 骤	备　注
1	断开电源	
2	根据接线图检查线路的连接，确保线路连接无误	
3	在接线图上圈出和黄灯有关的芯片	
4	查找真值表，找出黄灯为 1 时的输入	
5	打开电源，按照黄灯为 1，经开关组给电路输入	
6	用电压表对照图上自左向右的方向测量每个被圈芯片的输出是否正确	
7	找出故障芯片并替换	

和黄灯有关的芯片如图 4.2.17 所示。按照黄灯为 1，经开关组给电路输入后，在这些芯片的输出引脚上标出电压表测量出的电压所对应的逻辑值。

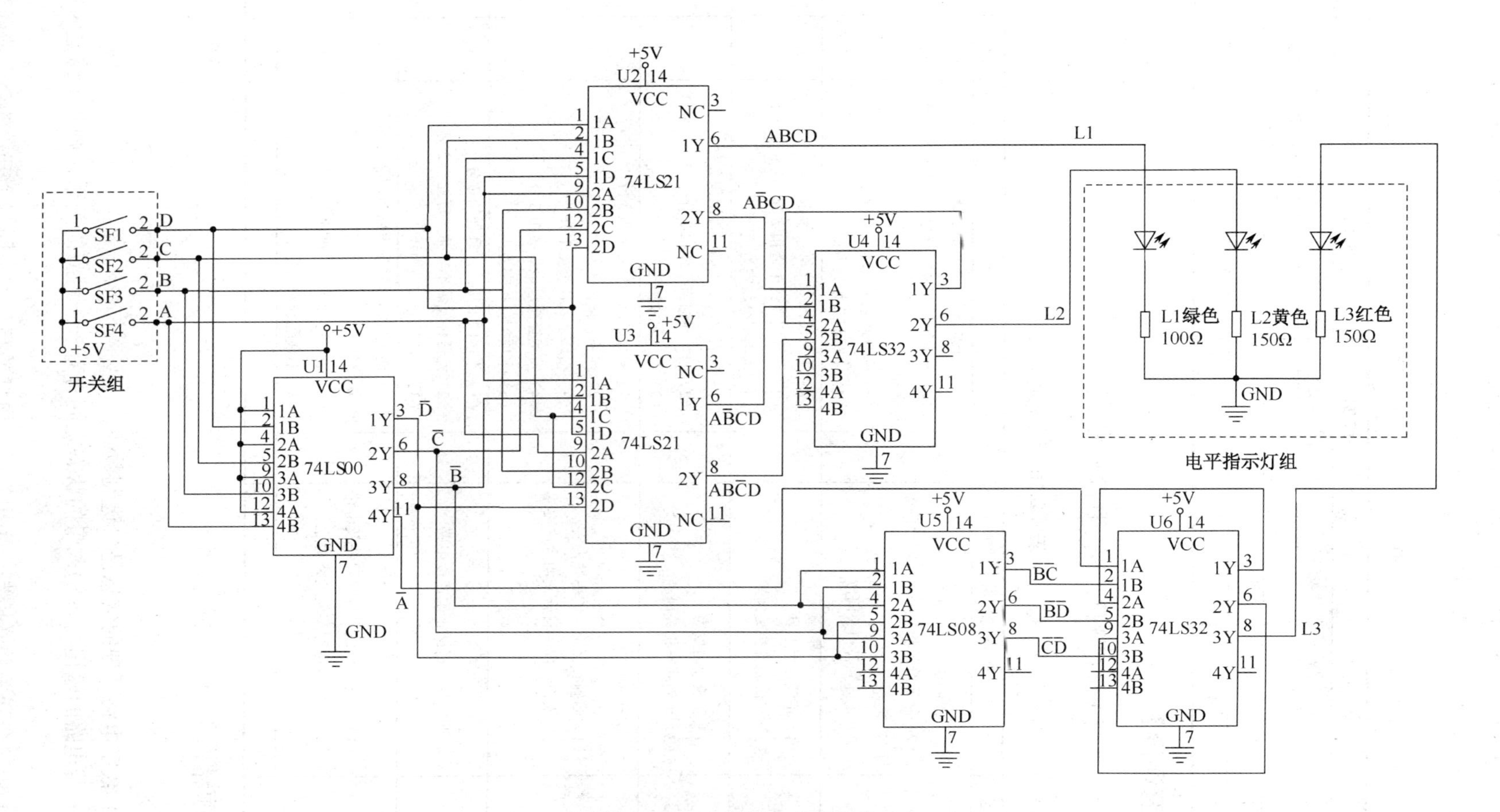

图 4.2.17　和黄灯有关的芯片

整理测量数据并填写表4.2.14。正常情况下，风机A、B、C、D的输入分别为1、0、1、1和1、1、0、1以及1、1、1、0时对应黄灯点亮。

表4.2.14 数据记录表

输入	U_1（74LS00）				U_2（74LS21）		U_3（74LS21）		U_4（74LS32）	
	1Y	2Y	3Y	4Y	1Y	2Y	1Y	2Y	1Y	2Y
1011										
1101										
1110										

【项目检查评价】

根据学习者完成情况进行评价，评分标准见表4.2.15。

表4.2.15 评分标准

序号	考核项目	考核要求	配分	评分标准	扣分	得分
1	绘制的PLC电气原理图	（1）正确绘图 （2）图形符号和文字符号符合国家标准 （3）正确回答相关问题	6	（1）原理错误，每处扣2分 （2）图形符号和文字符号不符合国家标准，每处扣1分 （3）回答问题错1道扣2分 （4）本项配分扣完为止		
2	工具的使用	（1）正确使用工具 （2）正确回答相关问题	6	（1）工具使用不正确，每次扣2分 （2）回答问题错1道扣2分 （3）本项配分扣完为止		
3	仪表的使用	（1）正确使用仪表 （2）正确回答相关问题	8	（1）仪表使用不正确，每次扣2分 （2）回答问题错1道扣2分 （3）本项配分扣完为止		
4	安全文明生产	（1）明确安全用电的主要内容 （2）操作过程中符合文明生产要求	5	（1）未经同意私自通电扣5分 （2）损坏设备扣2分 （3）损坏工具仪表扣1分 （4）发生轻微触电事故扣5分 （5）本项配分扣完为止		
5	连接	按照电气原理图正确连接电路	15	（1）不按图纸接线，每处扣2分 （2）元器件安装不牢靠，每处扣2分 （3）本项配分扣完为止		
6	试运行	（1）通电前检测设备、元件及电路 （2）通电试运行实现电路功能	10	（1）通电试运行发生短路事故和开路现象扣10分 （2）通电运行异常，每项扣5分 （3）本项配分扣完为止		
合计			50			

【理论试题精选】

一、判断题

1.（　　）数字电路处理的信息是二进制数码。

2.（　　）若电路的输出与各输入量的状态之间有着一一对应的关系，则此电路是时序逻辑电路。

3.（　　）由三个开关并联控制一个电灯时，电灯的亮与不亮同三个开关的闭合或断开之间的对应关系属于“与”的逻辑关系。

4.（　　）对于与非门来讲，其输入－输出关系为有 0 出 1，全 1 出 0。

5.（　　）对于或非门来讲，其输入－输出关系为有 0 出 1，全 1 出 0。

6.（　　）对于任何一个逻辑函数来讲，其逻辑图都是唯一的。

7.（　　）变量和函数值均只能取 0 或 1 的函数称为逻辑函数。

8.（　　）已知 AB＝AC，则 B＝C。

9.（　　）已知 A+B＝A+C，则 B＝C。

10.（　　）组合逻辑电路的功能特点是：任意时刻的输出只取决于该时刻的输入，而与电路的过去状态无关。

11.（　　）在组合逻辑电路中，门电路存在反馈线。

二、选择题

1．数字电路中的工作信号为（　　）。

A．随时间连续变化的信号　　B．脉冲信号

C．直流信号　　D．开关信号

2．二进制是以 2 为基数的进位数制，一般用字母（　　）表示。

A．H　　B．B　　C．A　　D．O

3．对于与门来讲，其输入－输出关系为（　　）。

A．有 1 出 0　　B．有 0 出 1　　C．全 1 出 1　　D．全 1 出 0

4．一个四输入与非门，使其输出为 0 的输入变量取值组合有（　　）种。

A．15　　B．8　　C．7　　D．1

5．一个四输入与非门，使其输出为 1 的输入变量取值组合有（　　）种。

A．15　　B．8　　C．7　　D．1

6．由函数式 Y=A/B+BC 可知，只要 A=0，B=1，输出 Y 就（　　）。

A．等于 0　　B．等于 1

C．不一定，要由 C 值决定　　D．等于 BC

7．符合逻辑运算法则的是（　　）。

A．$C \cdot C=C^2$　　B．1+1=10　　C．0<1　　D．A+1=1

8．下列说法正确的是（　　）。

A．已知逻辑函数 A+B=AB，则 A=B

B．已知逻辑函数 A+B=A+C，则 B=C

C．已知逻辑函数 AB=AC，则 B=C

D．已知逻辑函数 A+B=A，则 B=1

9．已知 Y=A+BC，则下列说法正确的是（　　）。

A．当 A=0，B=1，C=0 时，Y=1

B．当 A=0，B=0，C=1 时，Y=1

C．当 A=1，B=0，C=0 时，Y=1

D．当 A=1，B=0，C=0 时，Y=0

10．组合逻辑门电路在任意时刻的输出状态只取决于该时刻的（　　）。

A．电压高低　　B．电流大小　　C．输入状态　　D．电路状态

11．组合逻辑电路通常由（　　）组合而成。

A．门电路　　B．触发器　　C．计数器　　D．寄存器

项目三　直流电机转速测量电路的连接与测试

【项目目标】

通过完成本项目，使学习者能够达到维修电工（高级）证书相应的理论和技能的考核要求，表 4.3.1 维修电工（高级）考核要素细目表。

表 4.3.1　维修电工（高级）考核要素细目表

相关知识考核要点	相关技能考核要求
1．时序逻辑电路的原理 2．计数器芯片及显示译码芯片 3．组合逻辑电路故障排除知识	1．能连接简单时序逻辑电路 2．能对计数、译码、显示的常用电路进行调试并测量电路中的波形 3．能对组合时序逻辑电路的简单故障进行检修

【电气图形符号和文字符号】

在本项目中涉及的元器件的图形符号和文字符号见表 4.3.2。

表 4.3.2　元器件的图形符号和文字符号

序号	名　称	图形符号 GB/T4728—2005-2008	文字符号 GB/T20939-2007	备　注
1	电阻器 S00555		RA	GB/T4728.4—2005
2	带滑动触点的电阻器 S00559		RB	GB/T4728.4—2005
3	晶闸管 S00567		QA	GB/T4728.4—2005
4	普通二极管		RA	GB/T4728.5—2005
5	RS 触发器	Q　$\overline{Q}$ S　R $\overline{S}$　$\overline{R}$	RS	GB/T4728
6	JK 触发器	Q　$\overline{Q}$ 1J　C1　1K J　CP　K	JK	GB/T4728

续表

序号	名　称	图形符号 GB/T4728—2005-2008	文字符号 GB/T20939-2007	备　注
7	D 触发器	Q $\overline{Q}$ 1D C1 D CP	D	GB/T4728
8	T 触发器	Q $\overline{Q}$ 1T C1 T CP	T	GB/T4728
9	T 形连接 S00019			GB/T4728.3—2005
10	T 形连接 S00020			GB/T4728.3—2005
11	导线的双 T 形连接 S00021			GB/T4728.3—2005
12	导线的双 T 形连接 S00022			GB/T4728.3—2005

【项目任务描述】

某工作现场有一台直流电机，需要有一个测速装置，经分析，转速测量系统示意图如图 4.3.1 所示。

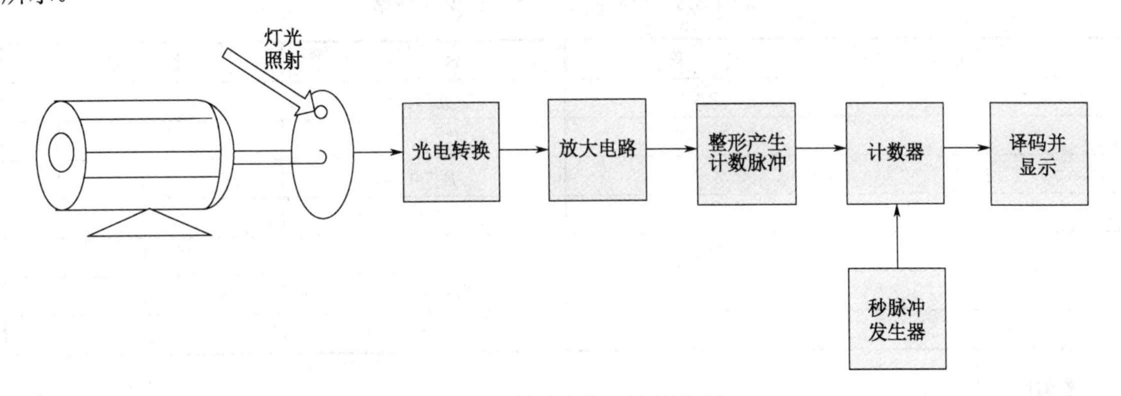

图 4.3.1　转速测量系统示意图

电机每转一周，光线透过圆盘上的小孔照射光电元件一次，光电元件产生一个电脉冲。光电元件每秒发出的脉冲个数就是电机的转速。光电元件产生的电脉冲信号较弱，且不够规则，必须放大、整形后，才能作为计数器的计数脉冲。脉冲发生器产生一个脉冲宽度为 1s 的矩形脉冲，去控制计数器的计数控制端，让计数功能打开 1s。在这 1s 内，计数脉冲进入计数器。根据转速范围，采用 1 位或者 2 位十进制计数器，计数器以 8421 码输出，经译码器译码在数码管上显示，显示的数为每秒钟的转速，该数字乘以 60，即得每分钟的转速。

秒脉冲发生器用信号发生器产生一个秒脉冲代替，计数脉冲源用信号发生器产生一个频率为 100Hz 的方波代替，现给出测速电路的部分电路原理框图，在面包板上完成对测速电路的连接与测试。原理框图如图 4.3.2 所示。

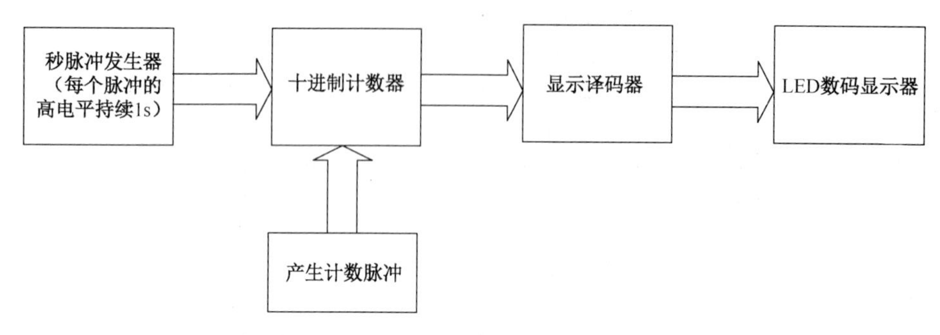

图 4.3.2　转速测量系统原理框图

现有直流电机测速电路原理图纸一张，通过阅读低速直流电机转速测量电路的图纸，完成直流电机转速测量电路的电路连接；通过对集成计数器模块，译码驱动模块和显示芯片模块的调试和测量，掌握数字电压表、信号发生器的使用方法以及集成芯片的逻辑功能，并能排除数字电路的简单故障。

【项目实施条件】

1. 工具、仪表及器材

电子钳、电烙铁、镊子等常用电子组装工具 1 套，万用表及双踪示波器及信号发生器。

2. 元器件

项目所需的元器件及仪表清单见表 4.3.3。

表 4.3.3　电路所需元器件和仪表清单

序　号	代　号	名　称	数　量
1	RA	发光二极管	
2		芯片 74LS160	1
3		芯片 74LS48	1
4		芯片共阴极数码管	3
5	RA	电阻器	
6		信号发生器	1
7		导线	若干

【知识链接】

<时序逻辑电路>

时序电路是一种输出不仅与当前的输入有关，而且与其输出状态的原始状态有关，其相当于在组合逻辑的输入端加上了一个反馈输入，在其电路中有一个存储电路，其可以将输出的状态保持住，我们可以用如图 4.3.3 所示的框图来描述时序电路的构成。

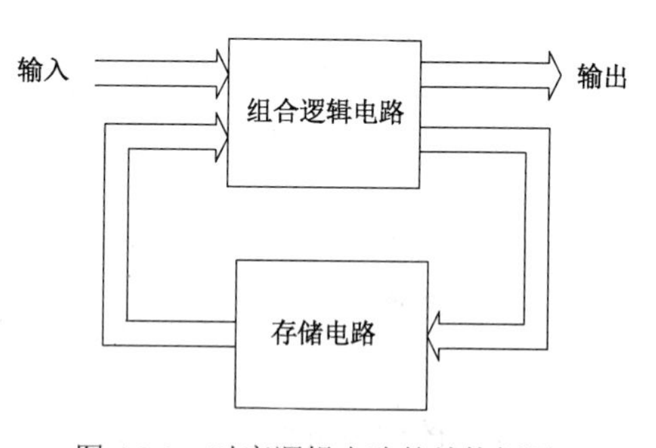

图 4.3.3　时序逻辑电路的结构框图

<存储电路>

存储电路主要由触发器构成；触发器是具有记忆功能的基本逻辑电路，能存储二进制信息。

根据逻辑功能不同，触发器分为 RS 触发器、D 触发器、JK 触发器、T 触发器和 T′触发器；根据触发方式不同，触发器分为电平触发器、边沿触发器和主从触发器等。

根据电路结构不同，触发器分为基本 RS 触发器、同步触发器、维持阻塞触发器、主从触发器和边沿触发器等。

<显示译码器>

译码器是一类多输入、多输出组合逻辑电路器件，显示译码器用来将二进制数转换成对应的七段码，一般其可分为驱动 LED 和驱动 LCD 两类。

74LS48 是专门设计来译码/驱动共阴极数码管的 TTL 芯片，它输入是 8421BCD 码，输出则译码为数码字段 a～g，并且具有直接驱动数码管的能力（高电平）。例如，当输入 8421 码 DCBA=0100 时，应显示 4，即要求同时点亮 b、c、f、g 段，熄灭 a、d、e 段，故译码器的输出应为 a～g=0110011，这也是一组代码，常称为段码。同理，根据组成 0～9 这 10 个字形的要求，可列出 8421BCD 七段译码器的真值表。

74LS48 所具有的逻辑功能如下。

（1）7 段译码功能（$\overline{LT}$=1，$\overline{RBI}$=1）。在灯测试输入端（LT）和动态灭零输入端（$\overline{RBI}$）都接无效电平时，输入 DCBA 经 74LS48 译码，输出高电平有效的 7 段字符显示器的驱动信号，显示相应字符。除 DCBA = 0000 外，$\overline{RBI}$ 也可以接低电平。

（2）消隐功能（$\overline{BI}$=0）。此时 BI/RBO 端作为输入端，该端输入低电平信号时，无论 $\overline{LT}$ 和 $\overline{RBI}$ 输入什么电平信号，不管输入 DCBA 为什么状态，输出全为“0”，7 段显示器熄灭。该功能主要用于多显示器的动态显示。

（3）灯测试功能（$\overline{LT}$ = 0）。此时 $\overline{BI}/\overline{RBO}$ 端作为输出端，端输入低电平信号时，与 DCBA 输入无关，输出全为“1”，显示器 7 个字段都点亮。该功能用于 7 段显示器测试，判别是否有损坏的字段。

（4）动态灭零功能（$\overline{LT}$=1，$\overline{RBI}$=1）。此时 $\overline{BI}/\overline{RBO}$ 端也作为输出端，$\overline{LT}$ 端输入高电平信号，$\overline{RBI}$ 端输入低电平信号，若此时 DCBA = 0000，输出全为“0”，显示器熄灭，不显示这个零。DCBA≠0000，则对显示无影响。该功能主要用于多个 7 段显示器同时显示时熄灭高位的零。

把芯片的输出端 a～g 对应连接到数码管部分的输入端 a～g，就可以按十进制数字 0～9 的形式显示 8421 编码。

<LED 数码管>

数码管实际上是由七个发光管组成 8 字形构成的，加上小数点就是 8 个。这些段分别由字母 a、b、c、d、e、f、g、dp 来表示。共阴极数码管的内部结构如图 4.3.4 所示。

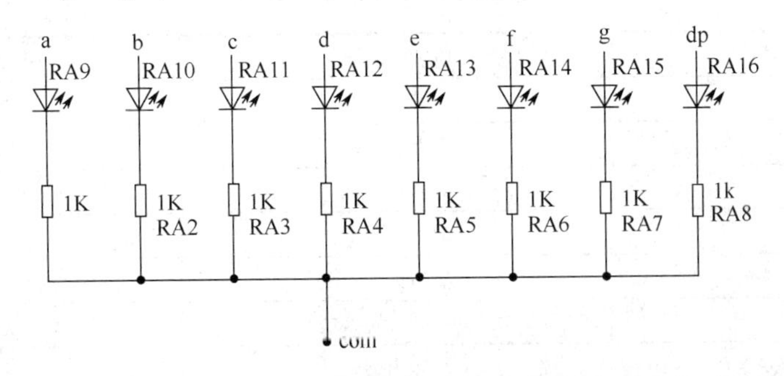

图 4.3.4 共阴极数码管内部结构图

发光二极管的负极连在一起作为电流流出的公共端 com，各发光二极管的阳极则是电流的输入端，在需要发光的发光二极管中流过适当强度的电流，就会显示出所需的字。

<常用的时序逻辑电路>

1. 寄存器

在数字电路中，用来存放二进制数据或代码的电路称为寄存器。

寄存器是由具有存储功能的触发器组合起来构成的。一个触发器可以存储 1 位二进制代码，存放 n 位二进制代码的寄存器，需用 n 个触发器来构成。

按照功能的不同，可将寄存器分为基本寄存器和移位寄存器两大类。基本寄存器只能并行送入数据，需要时也只能并行输出。移位寄存器中的数据可以在移位脉冲作用下依次逐位右移或左移，数据既可以并行输入、并行输出，也可以串行输入、串行输出，还可以并行输入、串行输出，串行输入、并行输出，十分灵活，用途也很广。

2. 计数器

在数字电路中，能够记忆输入脉冲个数的电路称为计数器。计数器是一种累计脉冲个数的逻辑部件，不仅用于计数，而且还用于定时、分频和程序控制等，用途极为广泛，几乎所有数字系统中都有计数器。

计数器可按多种方式来进行分类。按计数过程数字增减趋势可分为加法计数器、减法计数器以及加减均可的可逆计数器。按照进制方式不同，可分为二进制计数器、十进制计数器以及任意进制计数器。根据各个计数单元动作的次序，可将计数器分为同步计数器和异步计数器两大类。计数器分类见表 4.3.5。

表 4.3.5 计数器分类

计数器分类	按计数制不同分为	二进制计数器
		十进制计数器
		任意进制计数器
	按脉冲源分为	同步计数器
		异步计数器
	按计数器增减趋势分为	加法计数器
		减法计数器
		可逆计数器

74LS160 为可预置的十进制同步计数器。其引脚符号说明见表 4.3.6。功能说明见表 4.3.7。

表 4.3.6 引脚符号说明表

引脚符号	功能说明	备注
$\overline{CLR}$	异步清零端	低电平有效
ENP	计数控制端	
ENT	计数控制端	
CP	时钟输入端	脉冲上升沿有效
DCBA	预置数据输入端	
$\overline{LOAD}$	同步并行置入端	低电平有效
QD QC QB QA	输出端	
RCO	进位输出端	

表 4.3.7　功能说明表

功　能	条　件	功能说明	备　注
异步清零	$\overline{CLR}$ 为低电平	计数器清零	QDQCQBQA=0000
同步预置数	$\overline{CLR}$ 为高电平，$\overline{LOAD}$ 为低电平	QDQCQBQA=DCBA	
保持	$\overline{CLR}$ 为高电平 $\overline{LOAD}$ 为高电平 ENT 和 ENP 至少一个为低电平	计数器状态不变	QD QC QB QA 不变
同步计数	$\overline{CLR}$ 为高电平 $\overline{LOAD}$ 为高电平 ENT 和 ENP 全为高电平	脉冲上升沿时，QD QC QB QA 实现二进制加一	计数到 1001 时，进位输出 RCO 为高电平

<触发器的逻辑功能描述>

触发器的逻辑功能描述见表 4.3.8。

表 4.3.8　触发器逻辑功能描述

触发器的逻辑功能描述	
功能表	以表格形式描述触发器的逻辑功能
特征方程	描述次态、现态与输入信号之间的关系的特征方程
状态转换图	用图形方式来描述触发器的状态转换关系及转换条件
时序图	反映时钟脉冲 CP、输入信号和触发器状态之间在时间上的对应关系

<触发器的现态和次态>

现态 Q^n——触发器接收输入信号之前的状态。

次态 Q^{n+1}——触发器接收输入信号之后的状态。

现态 Q^n 和次态 Q^{n+1} 的逻辑关系是研究触发器工作原理的基本问题。

<触发器分类>

触发器的分类见表 4.3.9。

表 4.3.9　触发器分类

触发器分类	按电路结构不同分	基本触发器	输入信号直接加到输入端，是触发器的基本电路结构，是构成其他类型触发器的基础
		同步触发器	输入信号经过控制门输入，控制门受时钟信号 CP 控制
		边沿触发器	只在时钟信号 CP 的上升沿或下降沿时刻，输入信号才能被接收
	按逻辑功能不同分	RS 触发器	
		JK 触发器	
		D 触发器	
		T 触发器	
		T′触发器	

<基本 RS 触发器>

与非门组成的基本 RS 触发器的逻辑符号如图 4.3.5 所示。

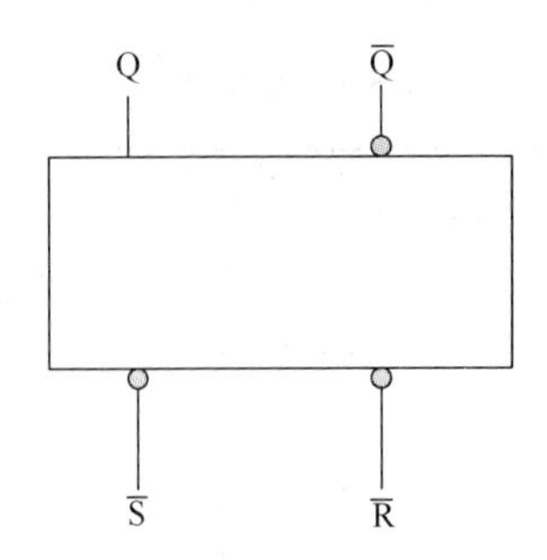

图 4.3.5　与非门组成的基本 RS 触发器逻辑符号

基本 RS 触发器特性方程：$Q^{n+1}=S+\overline{R}Q^{n}$，约束条件：$\overline{S}+\overline{R}=1$

基本 RS 触发器的功能表见表 4.3.10。

表 4.3.10　基本 RS 触发器功能表

输　入		输　出		功　能
$\overline{S}$	$\overline{R}$	Q^n	Q^{n+1}	
0	1	0	1	置位
0	1	1	1	置位
1	0	0	0	复位
1	0	1	0	复位
1	1	0	0	保持
1	1	1	1	保持
0	0			不允许

基本 RS 触发器的状态转移图如图 4.3.6 所示。

<JK 触发器>

边沿触发的 JK 触发器的逻辑符号。

JK 触发器的逻辑符号如图 4.3.7 所示。

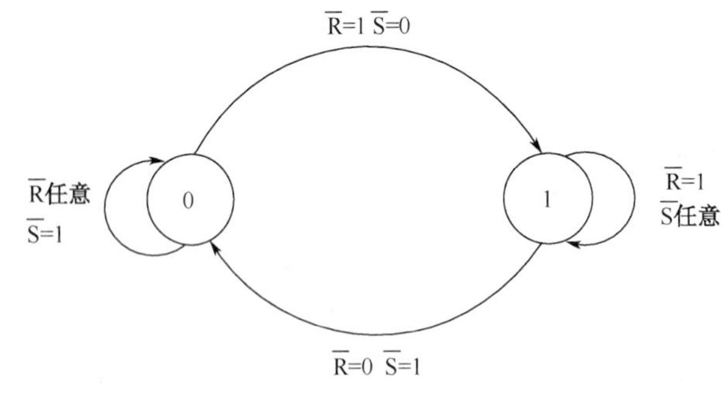

图 4.3.6　基本 RS 触发器状态转移图

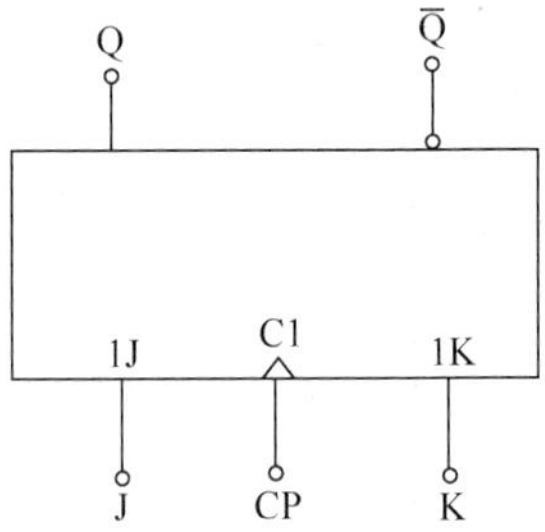

图 4.3.7　边沿 JK 触发器逻辑符号

JK 触发器的特性方程：$Q^{n+1}=J\overline{Q^{n}}+\overline{K}Q^{n}$

JK 触发器的状态转换图如图 4.3.8 所示。

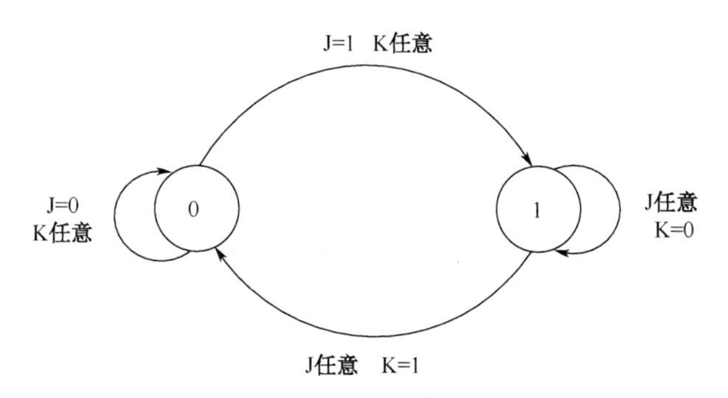

图 4.3.8　JK 触发器状态转换图

JK 触发器功能表见表 4.3.11。

表 4.3.11　JK 触发器功能表

输入			输出		功能
CP	J	K	Q^n	Q^{n+1}	
↑	1	0	0	1	置位
↑	1	0	1	1	置位
↑	0	1	0	0	复位
↑	0	1	1	0	复位
↑	0	0	0	0	保持
↑	0	0	1	1	保持
↑	1	1	0	1	翻转
↑	1	1	1	0	翻转
1	—	—	0	0	不变
1	—	—	1	1	不变

<D 触发器>

边沿触发 D 触发器的逻辑符号如图 4.3.9 所示。

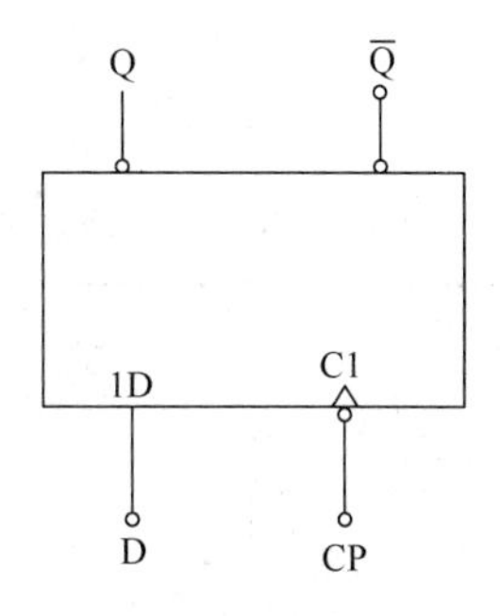

图 4.3.9　D 触发器逻辑符号

边沿触发 D 触发器的特性方程：Q^{n+1}=D（CP 下降沿有效）

表 4.3.12　D 触发器功能表

输　入		输　出		功　能
CP	D	Q^n	Q^{n+1}	
↓	0	0	0	输出等于输入
↓	0	1	0	输出等于输入
↓	1	0	1	输出等于输入
↓	1	1	1	输出等于输入

D 触发器状态转换图如图 4.3.10 所示。

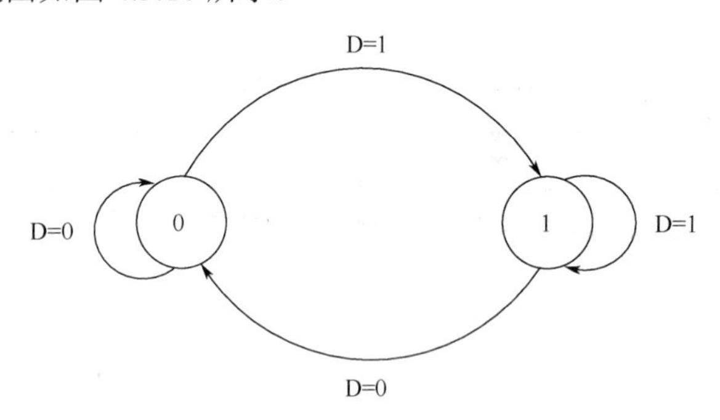

图 4.3.10　D 触发器状态转换图

<T 触发器>

T 触发器的逻辑符号如图 4.3.11 所示。

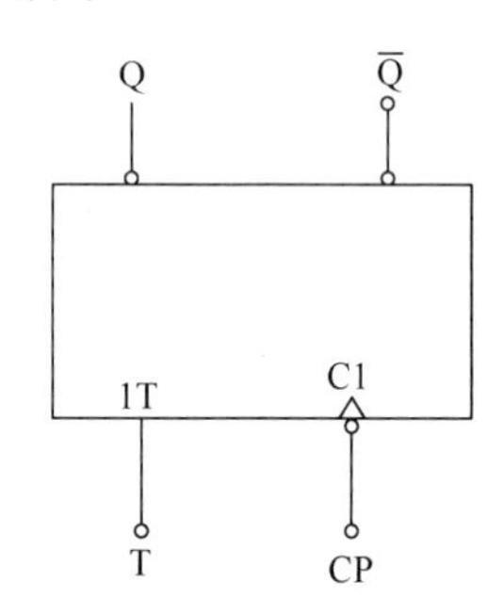

图 4.3.11　T 触发器逻辑符号

T 触发器的特性方程：$Q^{n+1}=T\oplus Q^n$

T 触发器功能表见表 4.3.13。

表 4.3.13　T 触发器功能表

输　入		输　出		功　能
CP	T	Q^n	Q^{n+1}	
↓	0	0	0	保持
↓	0	1	1	保持
↓	1	0	1	翻转
↓	1	1	0	翻转

<T′触发器>

T′触发器的逻辑符号如图 4.3.12 所示。

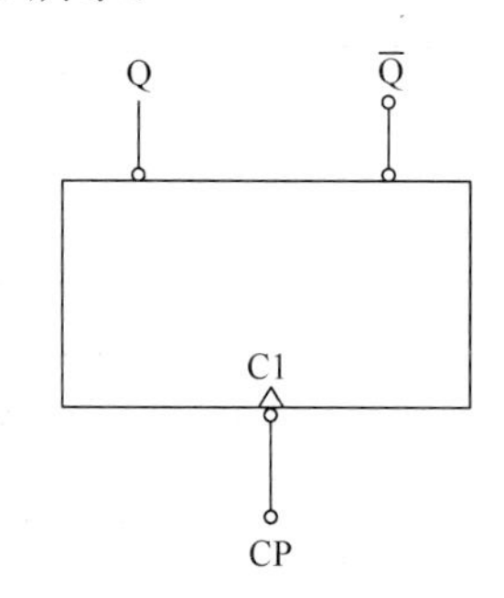

图 4.3.12　T′触发器逻辑符号

T′触发器的特性方程：$Q^{n+1}=\overline{Q^n}$（CP 下降沿有效）

T′触发器功能表见表 4.3.14。

表 4.3.14　T′触发器功能表

输　入	输　出		功　能
CP	Q^n	Q^{n+1}	
↓	0	1	翻转
↓	1	0	翻转

<集成计数器>

（1）各类触发器构成计数器。

用 *n* 个 D 触发器构成的 *n* 位异步二进制加/减计数器，如图 4.3.13 所示。

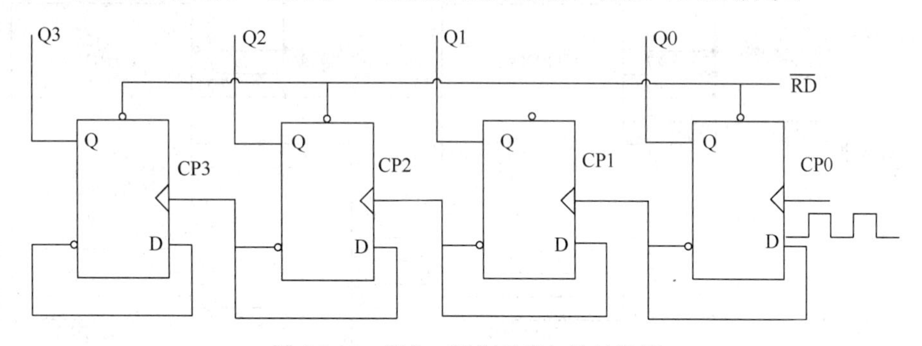

图 4.3.13　四位二进制异步加法计数器

（2）集成计数器芯片 74LS160。

74LS160 芯片为同步可预置十进制计数器，是由四个 D 型触发器和若干个门电路构成，内部有超前进位，具有计数、置数、禁止、直接（异步）清零等功能。对所有触发器同时加上时钟，使得当计数使能输入和内部门发出指令时输出变化彼此协调一致而实现同步工作。这种工作方式消除了非同步（脉冲时钟）计数器中常有的输出计数尖峰。缓冲时钟输入将在时钟输入上升沿触发四个触发器。74LS160 工作模式见表 4.3.15。

表 4.3.15 74LS160 工作模式表

输入					输出	工作模式
CLK	$\overline{CLR}$	$\overline{LOAD}$	ENT ENP	D C B A	QD QC QB QA	
—	L	—	— —	— — — —	L L L L	异步清零
↑	H	L	— —	d c b a	d c b a	同步置数
—	H	H	L —	— — — —	保持	保持
—	H	H	— L	— — — —	保持	保持
↑	H	H	H H	— — — —	十进制计数	加法计数

74LS160 的逻辑符号如图 4.3.14 所示。

<集成寄存器>

把若干个触发器串接起来，就可以构成一个移位寄存器。典型的双向移位寄存器芯片有 74LS194 等。

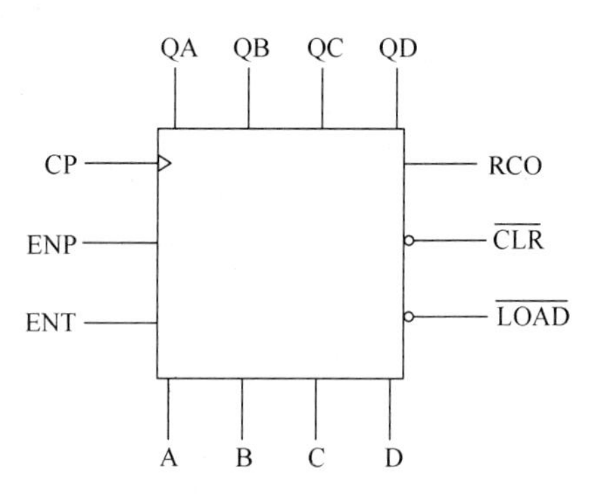

图 4.3.14 计数器 74LS160 逻辑符号

<计数器芯片扩展实现百进制计数器的方法>

74LS160 构成的 100 进制同步加法计数器原理图如图 4.3.15 所示。

由图 4.3.15 可见：低位片 CT74LS160（1）在计到 9 以前，其进位输出 RCO＝0，高位片 CT74LS160（2）的 ENT＝0，保持原状态不变。当低位片计到 9 时，其输出 RCO＝1，即高位片的 ENT＝1，这时，高位片才能接收 CP 端输入的计数脉冲。所以，输入第 10 个计数脉冲时，低位片回到 0 状态，同时使高位片加 1。

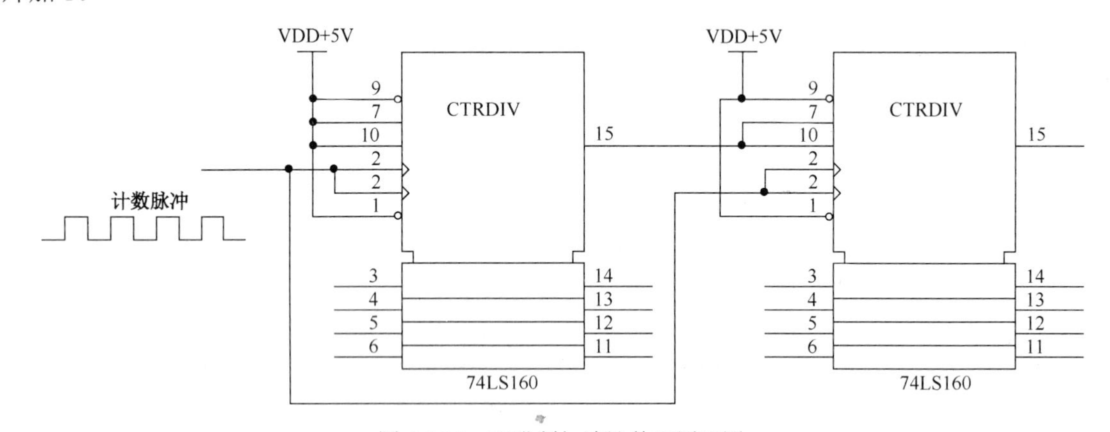

图 4.3.15 百进制加法计数器原理图

<计数器芯片扩展实现任意进制计数器的方法>

任意进制计数器是指计数器的模 N 不等于 2^n 的计数器，由于 74LS160 的计数容量为 10，即计数 10 个脉冲，发生一次进位，所以可以用它构成 10 进制以内的各进制计数器，实现的方法有两种：置零法（复位法）和置数法（置位）法。

（1）用复位法获得任意进制计数器。

假定已有 N 进制计数器，而需要得到一个 M 进制计数器时，只要 M<N，用复位法使计数

器计数到 M 时置“0”，即获得 M 进制计数器。

（2）用预置数功能获得 M 进制计数器。

置位法与置零法不同，它是通过给计数器重复置入某个数值的跳跃 N−M 个状态，从而获得 M 进制计数器的，置数操作可以在电路的任何一个状态下进行，这种方法适用于有预置数功能的计数器电路。

<带有时序逻辑电路的数字电路主要故障分析>

时序逻辑电路其任一时刻的输出不仅取决于该时刻的输入，而且还与过去各时刻的输入有关。常见的时序逻辑电路有触发器、计数器、寄存器等。由于时序逻辑电路具有存储或记忆的功能，检修起来就比较复杂。带有时序逻辑电路的数字电路主要故障分析如下。

1. 时钟

时钟是整个系统的同步信号，当时钟出现故障时会带来整体的功能故障。可以接上示波器观察脉冲源能否正常产生脉冲。

2 逐级查找

当电路中由很多功能模块组成时，可以分级查找，先从源头查起，逐级确定故障点。

3. 检查芯片电源

数字电路较常采用+5V 电源。当电源对地短路或电源稳定性差都可能导致系统故障，表现为系统无反应。

4. 检查芯片片选或控制端

检查芯片的片选端或控制端是否按照功能表正常设置。一般存在断线现象。

5. 替换芯片

集成芯片故障将导致整个与其相关的电路逻辑功能发生改变，影响该电路的正常运行。对怀疑损坏的集成芯片可进行功能测试或替代法来替换。

【项目实施步骤】

本项目分 1、2、3 三个步骤进行，每个步骤都是一个小任务。

1. 转速测量电路中数字芯片的识别与功能检测

某电机转速测量电路中，有计数芯片 74LS160 和显示译码芯片 74LS48 及八段数码管，试识别各器件并检测其功能。芯片外观如图 4.3.16～图 4.3.18 所示。

图 4.3.16　74LS160 外观图

图 4.3.17　74LS48 外观图

图 4.3.18　数码管外观图

<实施条件>

现有各类芯片引脚排列图及功能表及测试电路图各一张，如图 4.3.19～图 4.3.23 所示。

（1）引脚排列图。

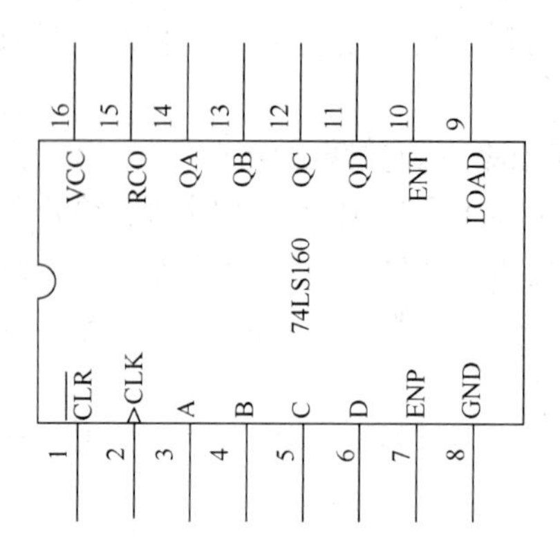

图 4.3.19　74LS160 引脚排列图

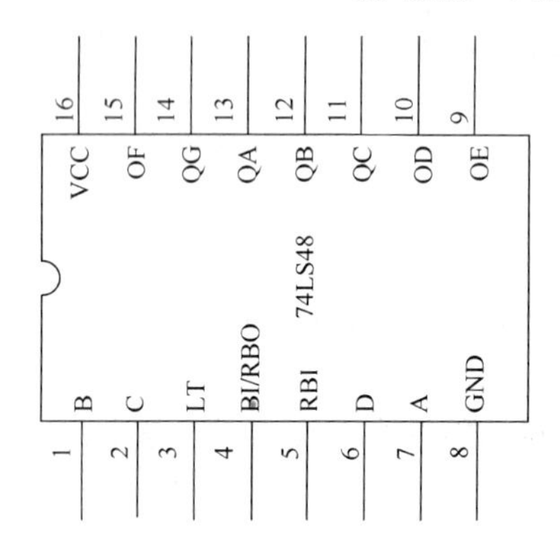

图 4.3.20　74LS48 引脚排列图

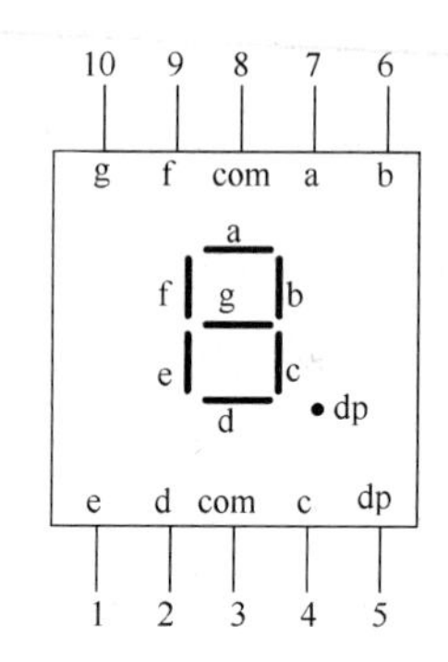

图 4.3.21　1 位数码管引脚排列图

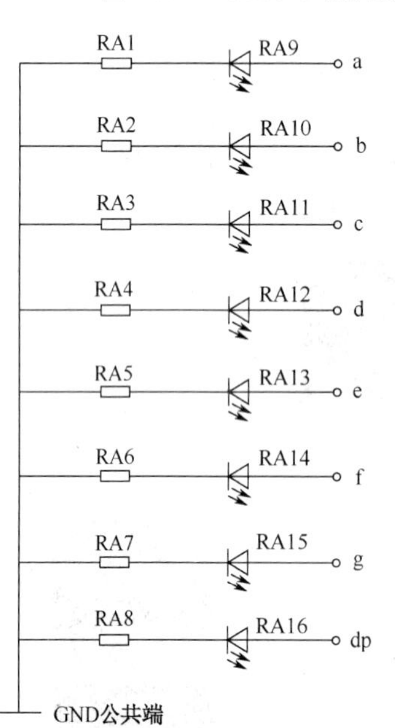

图 4.3.22　共阴极接法

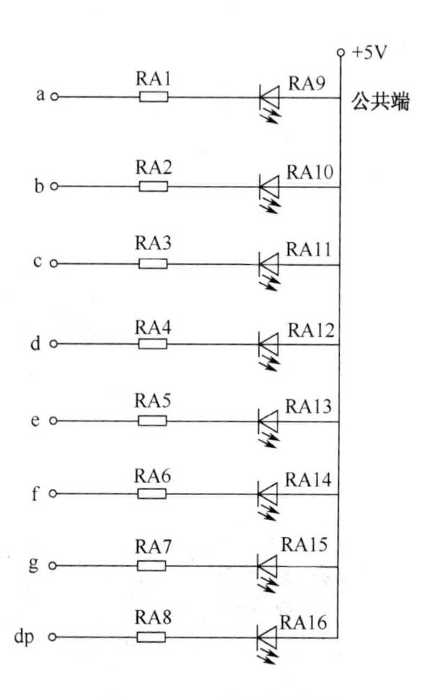

图 4.3.23　共阳极接法

备注：识别集成芯片（IC）引脚的方法：将 IC 正面的字母、代号对着自己，使定位标记（半圆缺）朝左方，则处于最左下方的引脚是第 1 脚，再按逆时针方向依次数引脚，便是第 2 脚，第 3 脚等。一般最右下方的引脚接地，最左上方的引脚接+5V 电源。

（2）功能表。

74LS160、74LS48 和数码管的功能表分别见表 4.3.16～表 4.3.18。

表 4.3.16　74LS160 功能表

输入									输出			
CLK	$\overline{CLR}$	$\overline{LOAD}$	ENP	ENT	D	C	B	A	QD	QC	QB	QA
—	L	—	—	—	—	—	—	—	L	L	L	L
↑	H	L	—	—	d	c	b	a	d	c	b	a
—	H	H	L	—	—	—	—	—	保持			
—	H	H	—	H	—	—	—	—	保持（RCO=0）			
↑	H	H	H	H	—	—		—	计数			

注：“↑”表示上升沿，“H”表示高电平，“L”表示低电平，“—”表示无关。

表 4.3.17　74LS48 功能表

十进制数/功能	输入						$\overline{BI}/\overline{RBO}$	输出							备注
	$\overline{LT}$	$\overline{RBI}$	D	C	B	A		a	b	c	d	e	f	g	
0	H	H	L	L	L	L	H	H	H	H	H	H	H	L	1
1	H	—	L	L	L	H	H	L	H	H	L	L	L	L	
2	H	—	L	L	H	L	H	H	H	L	H	H	L	H	
3	H	—	L	L	H	H	H	H	H	H	H	L	L	H	
4	H	—	L	H	L	L	H	L	H	H	L	L	H	H	
5	H	—	L	H	L	H	H	H	L	H	H	L	H	H	
6	H	—	L	H	H	L	H	L	L	H	H	H	H	H	
7	H	—	L	H	H	H	H	H	H	H	L	L	L	L	
8	H	—	H	L	L	L	H	H	H	H	H	H	H	H	
9	H	—	H	L	L	H	H	H	H	H	L	L	H	H	
10	H	—	H	L	H	L	H	L	L	L	H	H	L	H	
11	H	—	H	L	H	H	H	L	L	H	H	L	L	H	
12	H	—	H	H	L	L	H	L	H	L	L	L	H	H	
13	H	—	H	H	L	H	H	H	L	L	H	L	H	H	
14	H	—	H	H	H	L	H	L	L	L	H	H	H	H	
15	H	—	H	H	H	H	H	L	L	L	L	L	L	L	
$\overline{BI}$	—	—	—	—	—	—	L	L	L	L	L	L	L	L	2
$\overline{RBI}$	H	L	L	L	L	L	L	L	L	L	L	L	L	L	3
$\overline{LT}$	L	—	—	—	—	—	H	H	H	H	H	H	H	H	4

注：“H”表示高电平，“L”表示低电平，“—”表示无关；

“1”表示七段译码功能；“2”表示消隐功能；“3”表示动态灭零功能；“4”表示试灯功能。

表 4.3.18　共阴极数码管功能表

输　入									显示字形
com	a	b	c	d	e	f	g	dp	
L	H	H	H	H	H	H	L	L	0
L	0	H	H	L	L	L	L	L	1
L	H	H	L	H	H	L	H	L	2
L	H	H	H	H	L	L	H	L	3
L	0	H	H	L	L	H	H	L	4
L	H	L	H	H	L	H	H	L	5
L	L	L	H	H	H	H	H	L	6
L	H	H	H	L	L	L	L	L	7
L	H	H	H	H	H	H	H	H	8
L	H	H	H	L	L	H	H	L	9
H	—	—	—	—	—	—	—	—	灭灯

注：“H”表示高电平，“L”表示低电平，“—”表示无关。

（3）测试接线图。

74LS160、74LS48 和数码管的功能测试原理图分别如图 4.3.24～4.3.26 所示。

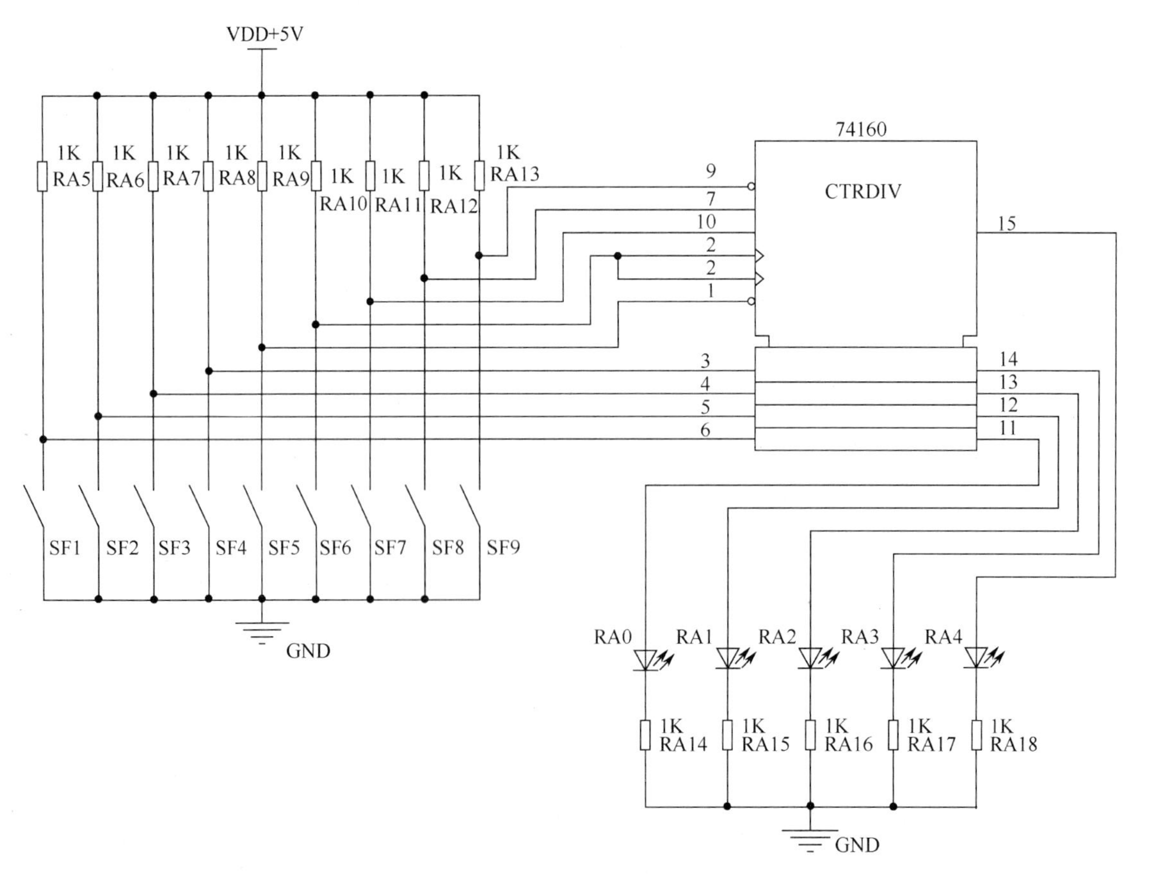

图 4.3.24　74LS160 功能测试原理图

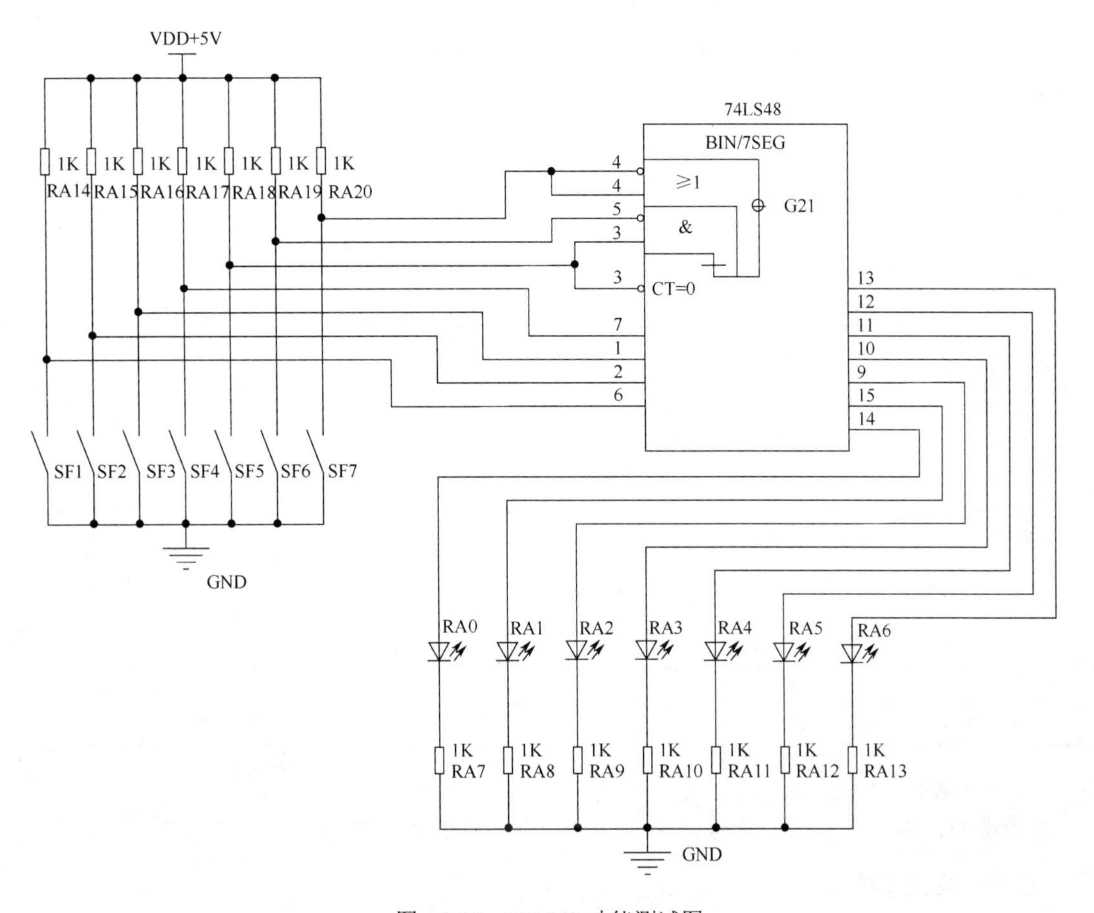

图 4.3.25　74LS48 功能测试图

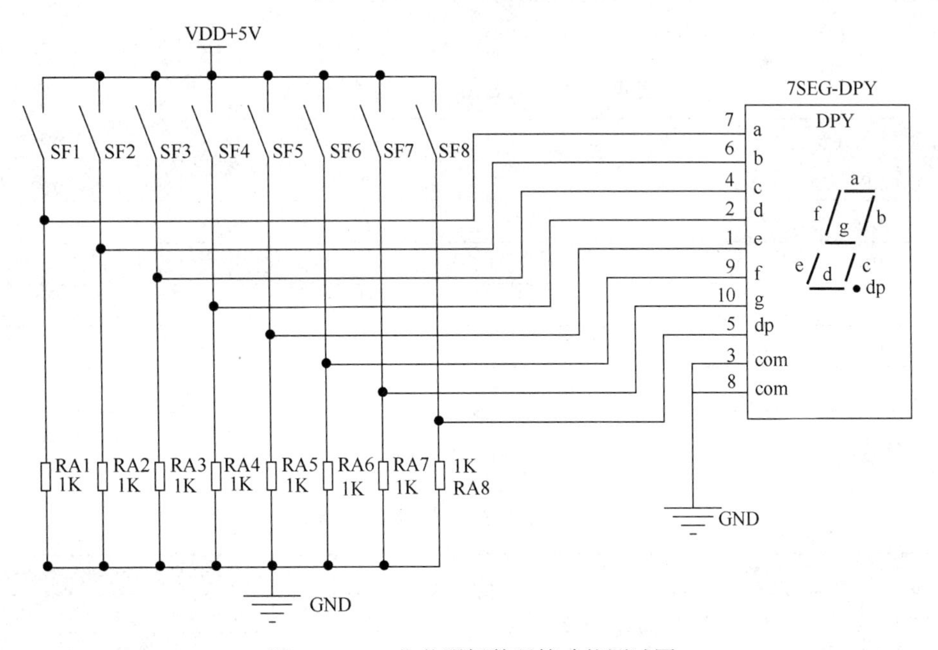

图 4.3.26　1 位共阴极数码管功能测试图

材料工具清单

使用元器件和工具见表 4.3.4。

表 4.3.4　元器件及工具清单

序　号	名　称	型　号
1	计数器芯片	74LS160
2	显示译码芯片	74LS48
3	共阴极数码管	BS201
4	数字万用表	
5	电源	5V DC

<工作步骤>

每个芯片的功能测试步骤都一样，具体步骤见表 4.3.19。

表 4.3.19　工作步骤表

序　号	工 作 步 骤	备　注
1	断开 5V 电源	
2	按测试电路图接线	手接触芯片前要先摸金属外壳释放静电
3	检查接线	
4	接通 5V 电源	
5	按功能表测试	

<通电测试>

接通电源，按功能表一个个验证功能，并学会芯片的正确使用。

<检测观察记录结果>

将检测观察记录具体结果填写在表 4.3.20～表 4.3.22 中。

（1）74LS160。

表 4.3.20　74LS160 功能检测记录表

输　入									输出（工作状态）
CLK	$\overline{CLR}$	$\overline{LOAD}$	ENP	ENT	D	C	B	A	QD　QC　QB　QA
—	L	—	—	—	—	—	—	—	
↑	H	L	—	—	1	1	0	0	
—	H	H	L	—	—	—	—	—	
—	H	H	—	H	—	—	—	—	
↑	H	H	H	H	—	—	—	—	

（2）74LS48。

表 4.3.21　74LS48 功能检测记录表

十进制数/功能	输　入						$\overline{BI}/\overline{RBO}$	输出（可以写对应发光二极管的亮灭状态）						
	$\overline{LT}$	$\overline{RBI}$	D	C	B	A		a	b	c	d	e	f	g
0	H	H	L	L	L	L	H							
1	H	—	L	L	L	H	H							
2	H	—	L	L	H	L	H							
3	H	—	L	L	H	H	H							

续表

十进制数/功能	输入						$\overline{BI}/\overline{RBO}$	输出（可以写对应发光二极管的亮灭状态）						
	$\overline{LT}$	$\overline{RBI}$	D	C	B	A		a	b	c	d	e	f	g
4	H	—	L	H	L	L	H							
5	H	—	L	H	L	H	H							
6	H	—	L	H	H	L	H							
7	H	—	L	H	H	H	H							
8	H	—	H	L	L	L	H							
9	H	—	H	L	L	H	H							
10	H	—	H	L	H	L	H							
11	H	—	H	L	H	H	H							
12	H	—	H	H	L	L	H							
13	H	—	H	H	L	H	H							
14	H	—	H	H	H	L	H							
15	H	—	H	H	H	H	H							
$\overline{BI}$	—	—	—	—	—	—	L							
$\overline{RBI}$	H	—	L	L	L	L	L							
$\overline{LT}$	L	—					H							

（3）数码管。

表 4.3.22 数码管功能检测记录表

输入							字形
a	b	c	d	E	f	g	
H	H	H	H	H	H	L	
L	H	H	L	L	L	L	
H	H	L	H	H	L	H	
H	H	H	H	L	L	H	
L	H	H	L	L	H	H	
H	L	H	H	L	H	H	
L	L	H	H	H	H	H	
H	H	H	L	L	L	L	
H	H	H	H	H	H	H	
H	H	H	L	L	H	H	

提示：数码管数字代号和合成显示如下：

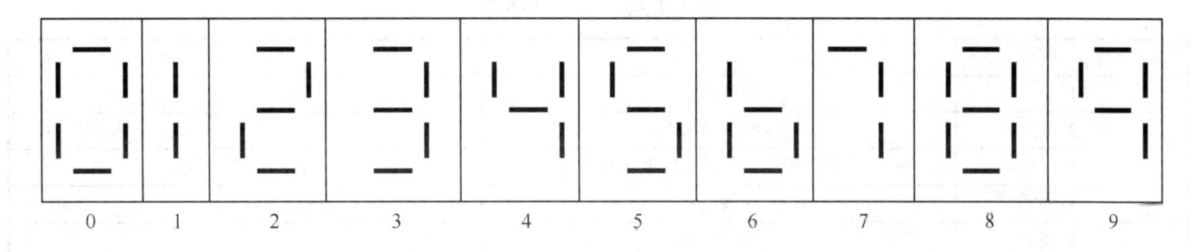

<结果分析>

经检测，74LS160 芯片的功能为异步清零、同步置初值、同步计数和数据保持。74LS48 的功能为显示译码 0～9；数码管显示数字 0～9。

2. 低速直流电机转速测量电路的连接与测试

某工作现场的电机为低速直流电机，需要测量其转速，测速范围：540 r/min，请按照原理图完成测速电路的连接。

低速直流电机转速测量电路如图 4.3.27 所示。

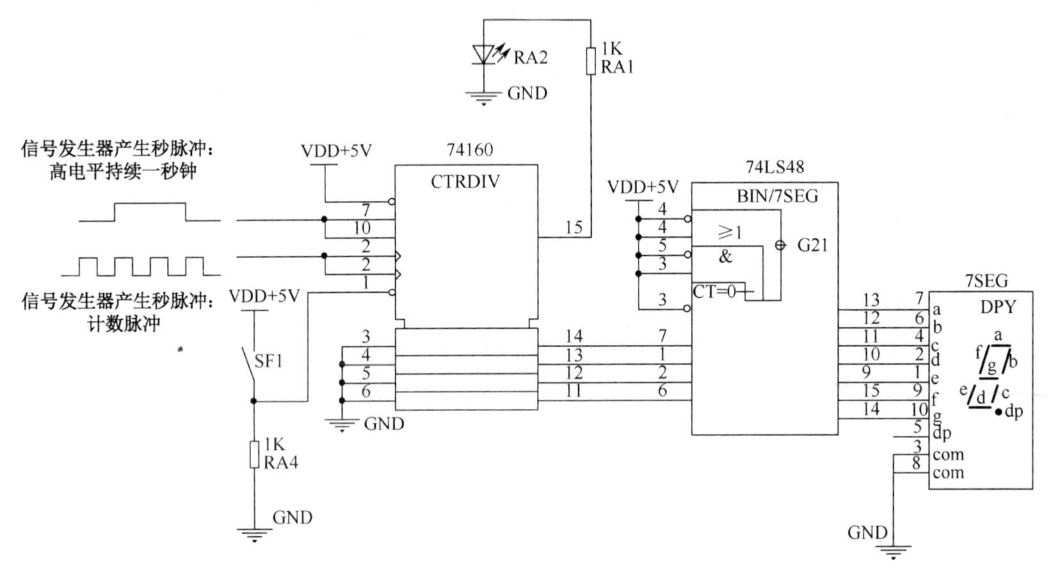

图 4.3.27 直流电机测速电路图

本任务所需元器件清单见表 4.3.23。

表 4.3.23 元器件清单

序 号	名 称	型 号	数 量	备 注
1	发光二极管		1	红
2	芯片 74LS160		1	
3	芯片 74LS48		1	
4	芯片共阴极数码管		1	
5	信号发生器		1	
6	导线		若干	

<任务实施>

（1）工作步骤。

根据工作步骤表进行工作，通过阅读图纸等步骤完成电路测试，具体步骤见表 4.3.24。

表 4.3.24 工作步骤表

序 号	工 作 步 骤	备 注
1	断开电源	
2	阅读电路图	
3	在面包板简图基础上绘制接线图	如图 4.3.27 所示
4	连接电路	
5	检查电路	
6	通电测试	

完成面包板元器件接线图简图，如图 4.3.28 所示。

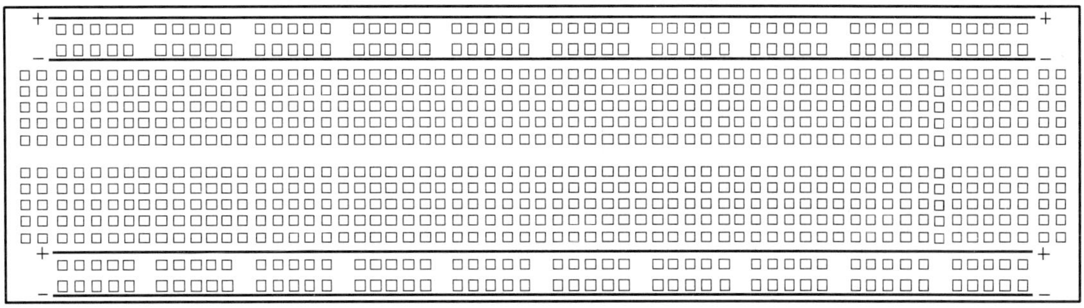

图 4.3.28　电路接线图

（2）通电测试。

通过示波器观察到信号发生器产生的合适的方波脉冲，然后给测速电路开通电源，看到数码管上从 0 字形显示到 9 字形后又开始从 0 字形循环显示，调节信号发生器的脉冲频率，可以观察到数码管的 0～9 字形的显示频率相应变化，实际的应用电路中，脉冲个数代表电机转的圈数，秒脉冲发生器控制计数器系统每一秒钟显示一次计数值，故数码管的显示值乘以 60 即为转速（r/min）。

3. 低速直流电机转速测量电路故障检测

低速直流电机测速电路运行一段时间后，发现数码管显示异常或不显示，为能正常监测直流电机转速，需将所有集成芯片拆除，对其进行测量和检修。

为了便于测试，安装了 12 个发光二极管，分别显示 74LS160 和 74LS48 芯片能否正常工作；

低速直流电机转速测量电路一张如图 4.3.29 所示。

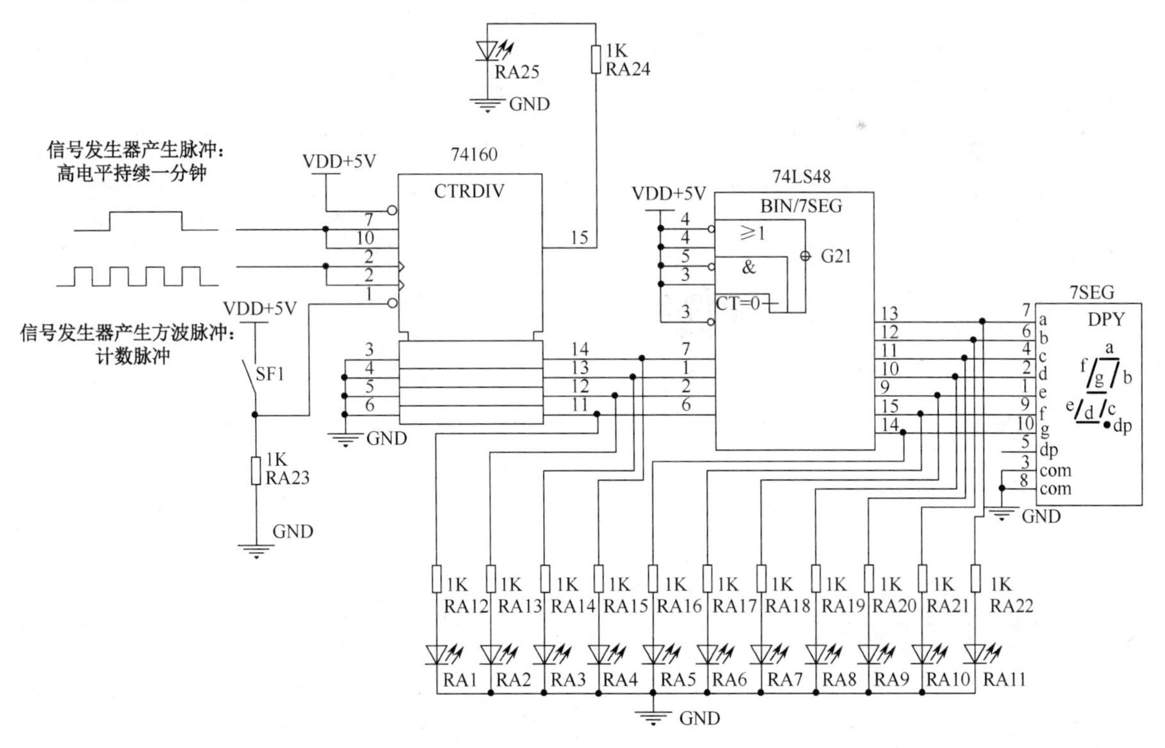

图 4.3.29　测速电路检修电路图

本任务所需材料、工具清单见表 4.3.25。

表 4.3.25　元器件清单

序　号	名　称	型　号	数　量	备　注
1	发光二极管		12	红
2	电阻	1K	12	
3	计数器芯片	74LS160	1	
4	显示译码芯片	74LS48	1	
5	数码管	共阴极	1	
6	电源	+5V		
7	导线		若干	
8	万用表	数字式	1	
9	通用面包板			

<任务实施>

（1）工作步骤。

根据工作步骤表进行工作，通过阅读图纸等步骤完成电路测试，具体步骤见表 4.3.26。

表 4.3.26　工作步骤表

序　号	工 作 步 骤	备　注
1	断开电源	
2	阅读电路图，绘制接入检测指示灯后的电路图	
3	根据电路图，绘制接线图	如图 4.3.30 所示
4	面包板上实现接线图	
5	检查电路	
6	通电测试	

（2）完成面包板元器件接线图简图，如图 4.3.30 所示。

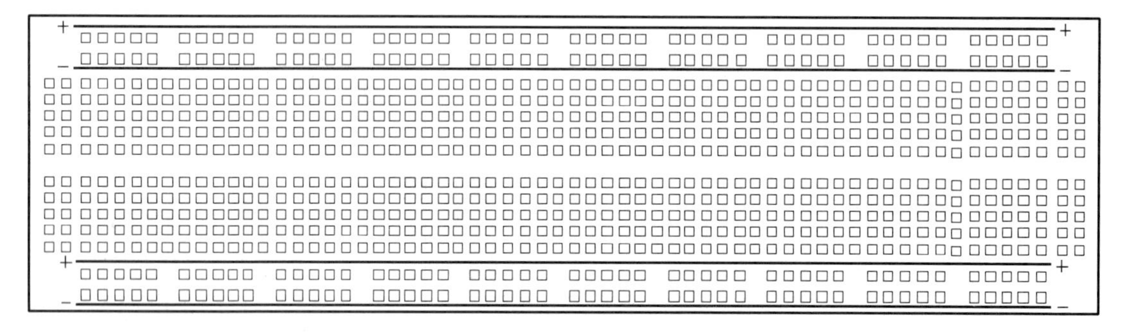

图 4.3.30　面包板元件接线图简图

（3）通电调试观察并填写表 4.3.27，从而确定故障单元。

表 4.3.27　数据记录表

序　号	观 测 对 象	观 察 内 容	结　果
1	各芯片	外观完好与否，闻着有无糊味	
2	RA1～RA4	亮灭状态	
3	RA5～RA11	亮灭状态	
4	数码管	各段能否正常显示	

（4）逐级查找故障，确定故障点。

如图 4.3.31～图 4.3.40 所示为系统电路及各单元电路检修流程图。

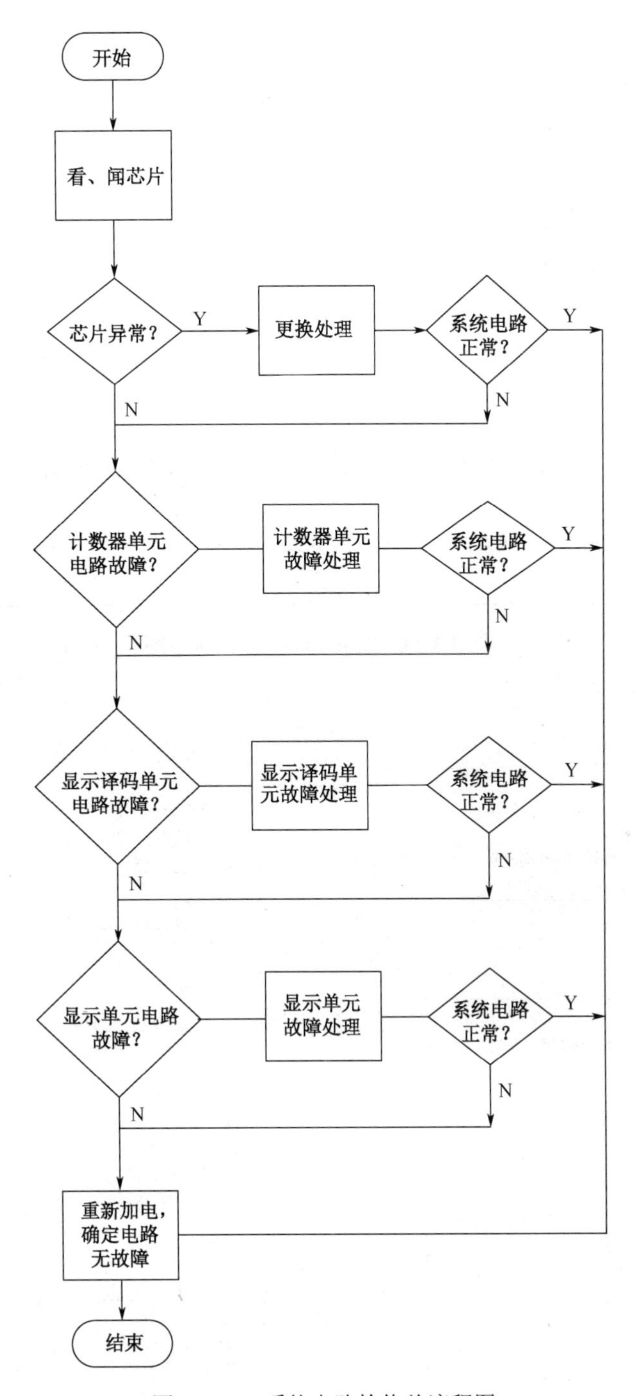

图 4.3.31　系统电路检修总流程图

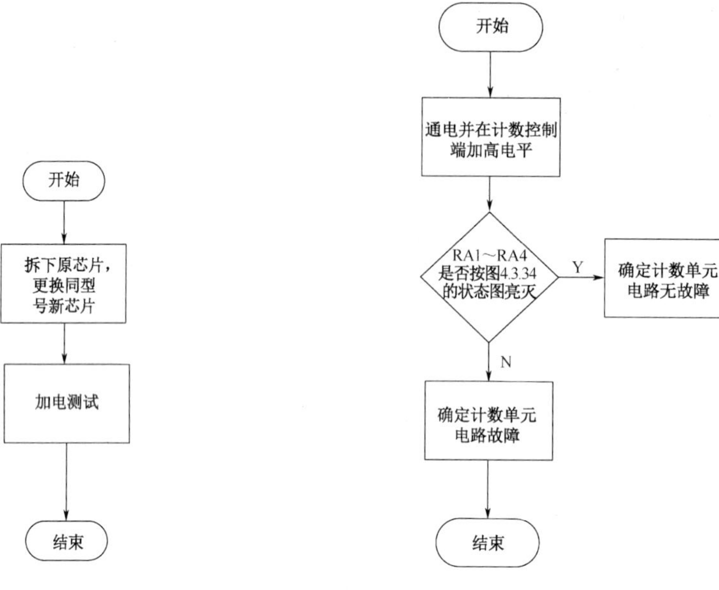

图 4.3.32　更换处理流程图　　图 4.3.33　计数器单元电路故障与否判别流程图

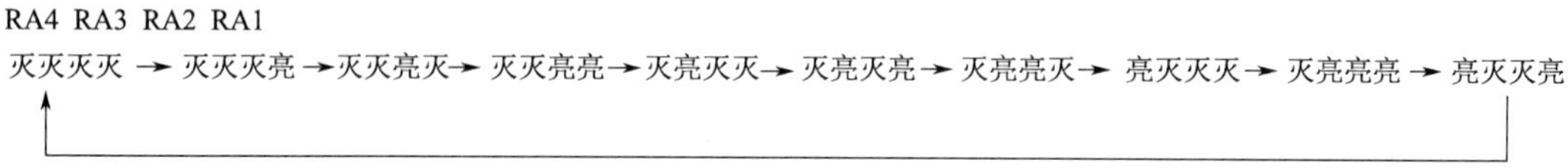

RA4 RA3 RA2 RA1

灭灭灭灭 → 灭灭灭亮 → 灭灭亮灭 → 灭灭亮亮 → 灭亮灭灭 → 灭亮灭亮 → 灭亮亮灭 → 亮灭灭灭 → 灭亮亮亮 → 亮灭灭亮

图 4.3.34　RA4～RA1 亮灭状态图

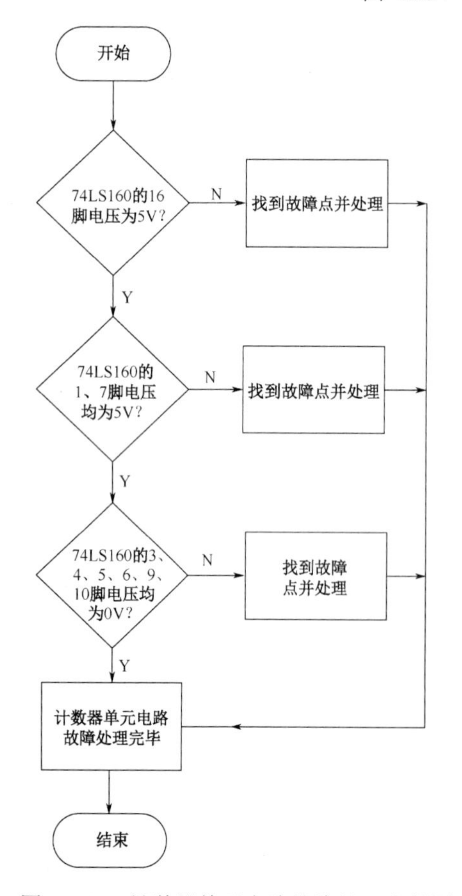

图 4.3.35　计数器单元电路故障处理流程图

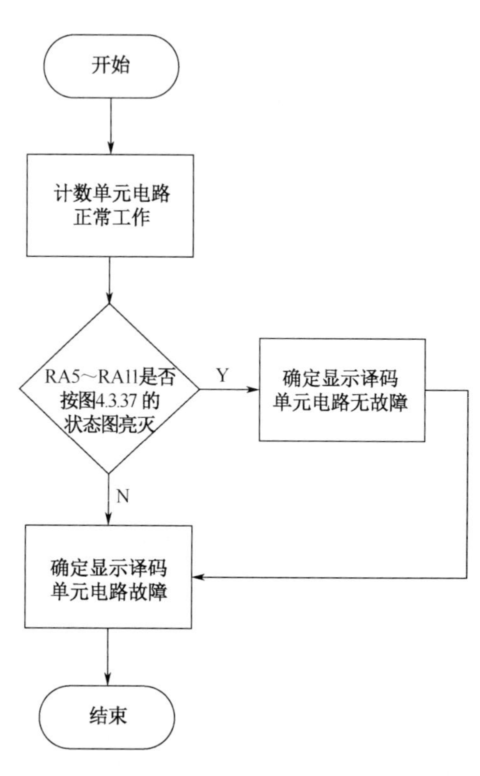

图 4.3.36　显示译码单元电路故障判别流程图

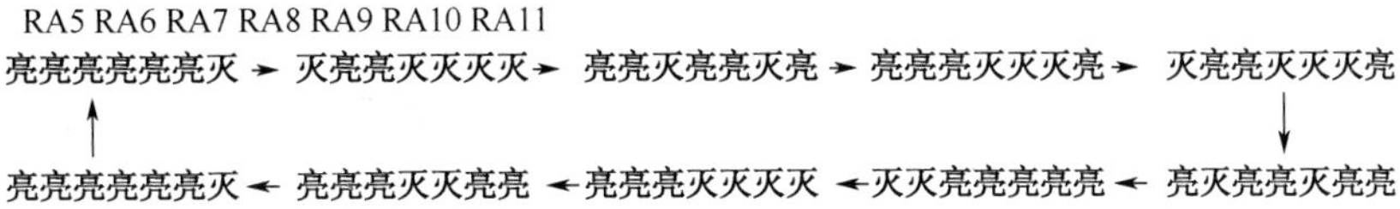

RA5 RA6 RA7 RA8 RA9 RA10 RA11

亮亮亮亮亮亮灭 → 灭亮亮灭灭灭灭 → 亮亮灭亮亮灭亮 → 亮亮亮灭灭灭亮 → 灭亮亮灭灭灭亮

↑　　　　　　　　　　　　　　　　　　　　　　　　　　　　　　↓

亮亮亮亮亮亮灭 ← 亮亮亮灭灭亮亮 ← 亮亮亮灭灭灭灭 ← 灭灭亮亮亮亮亮 ← 亮灭亮亮灭亮亮

图 4.3.37　RA5～RA11 亮灭状态图

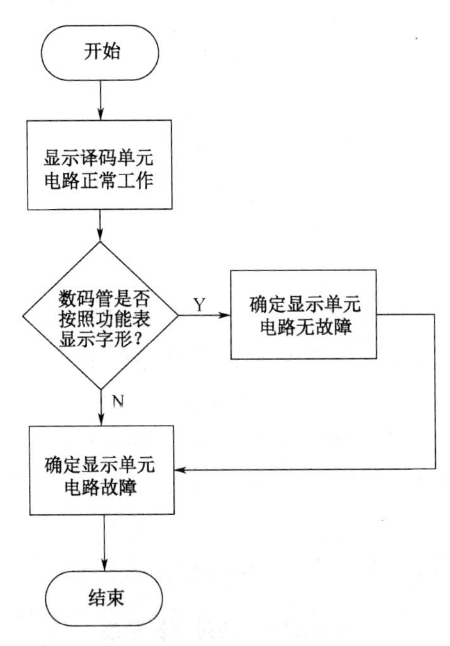

图 4.3.38　显示译码单元电路故障处理流程图

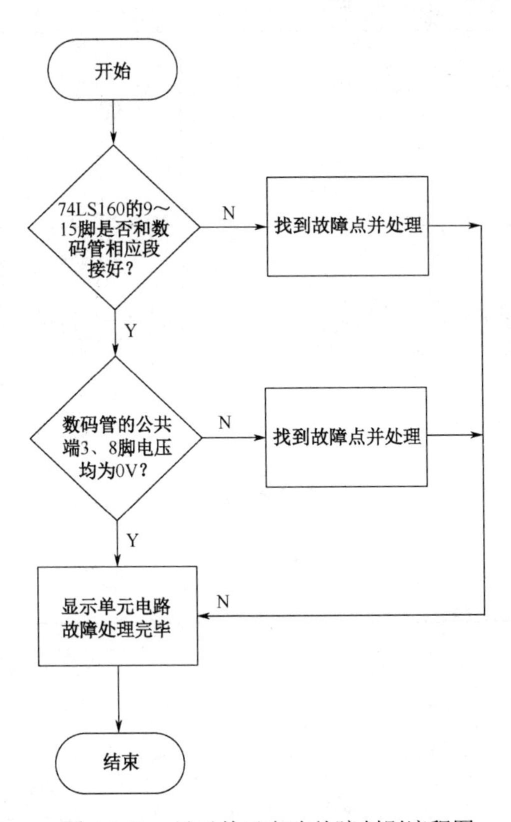

图 4.3.39　显示单元电路故障判别流程图

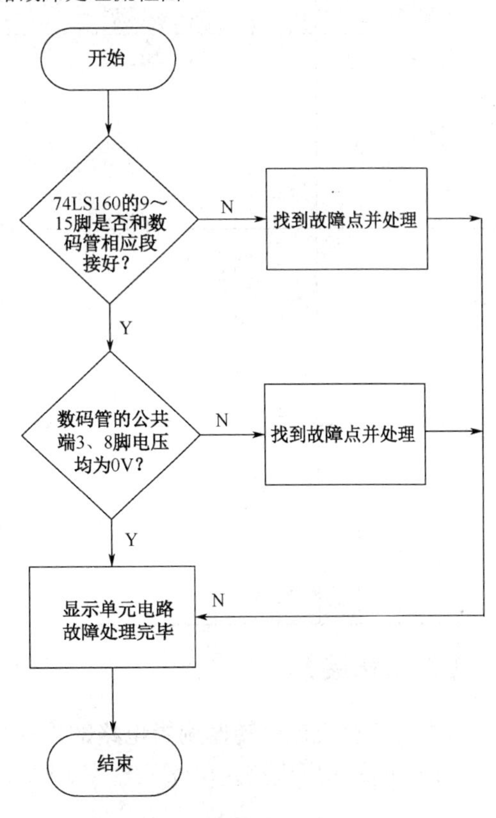

图 4.3.40　显示单元电路故障处理流程图

以上流程图的文字说明如下.

a．芯片有无缺损或闻着有无糊味，若有上述一种情况，即可替换之，然后看能否正常工作，若不正常需进行以下检测。

b．查找计数器模块故障：加上低频脉冲，观察亮灭状态是否是：灭灭灭灭→灭灭灭亮→灭灭亮灭→灭灭亮亮→灭亮灭灭→灭亮灭亮→灭亮亮灭→灭亮亮亮→亮灭灭灭→亮灭灭亮→灭灭灭灭；，若是，则表明计数器模块没问题；若 RA4～RA1 一直不亮，用万用表直流电压挡 20V 挡位测量芯片 16 脚和 8 脚间电压是否 5V，若正常，则测量 1 脚和 7 脚相对于地的电压是否 5V，测量 3、4、5、6、9、10 脚相对于地的电压是否 0V，若均正常，则证明是芯片坏掉，换之。

c．查找显示译码模块故障：计数器模块正常工作前提下，观察 RA16～RA22 亮灭状态是否是：亮亮亮亮亮亮灭→灭亮亮灭灭灭灭→亮亮灭亮亮灭亮→亮亮亮灭灭灭亮→灭亮亮灭灭灭亮→亮灭亮亮灭亮亮→灭灭亮亮亮亮亮→亮亮亮灭灭灭灭→亮亮亮亮亮亮亮→亮亮亮灭灭亮亮→亮亮亮亮亮亮灭，若是，则此模块无故障，否则，若 RA16～RA22 一直不亮，此模块有故障，逐个确定故障点，用万用表直流电压挡 20V 挡位测量芯片 16 脚和 8 脚间电压是否 5V，若正常，则测量 3、4、5 脚相对于地的电压是否 5V，若均正常，则证明是芯片坏掉，换之。

d．查找数码管模块故障：计数器模块和显示译码模块均正常工作前提下，用万用表直流电压挡 20V 挡位测量芯片 3 脚和 8 脚相对于地的电压是否 0V，若是，则证明数码管坏掉，换之。

（5）故障查找记录表。

通过第（4）步的故障点查找流程图，查找故障并填写表 4.3.28。

表 4.3.28　故障点记录表

故障单元	故障点	解决方法	故障是否排除
计数器单元			
显示译码单元			
显示单元			

【知识拓展】

<中高速直流电机转速测量电路的连接与测试>

（1）中高速电机测速电路原理图如图 4.3.41 所示。

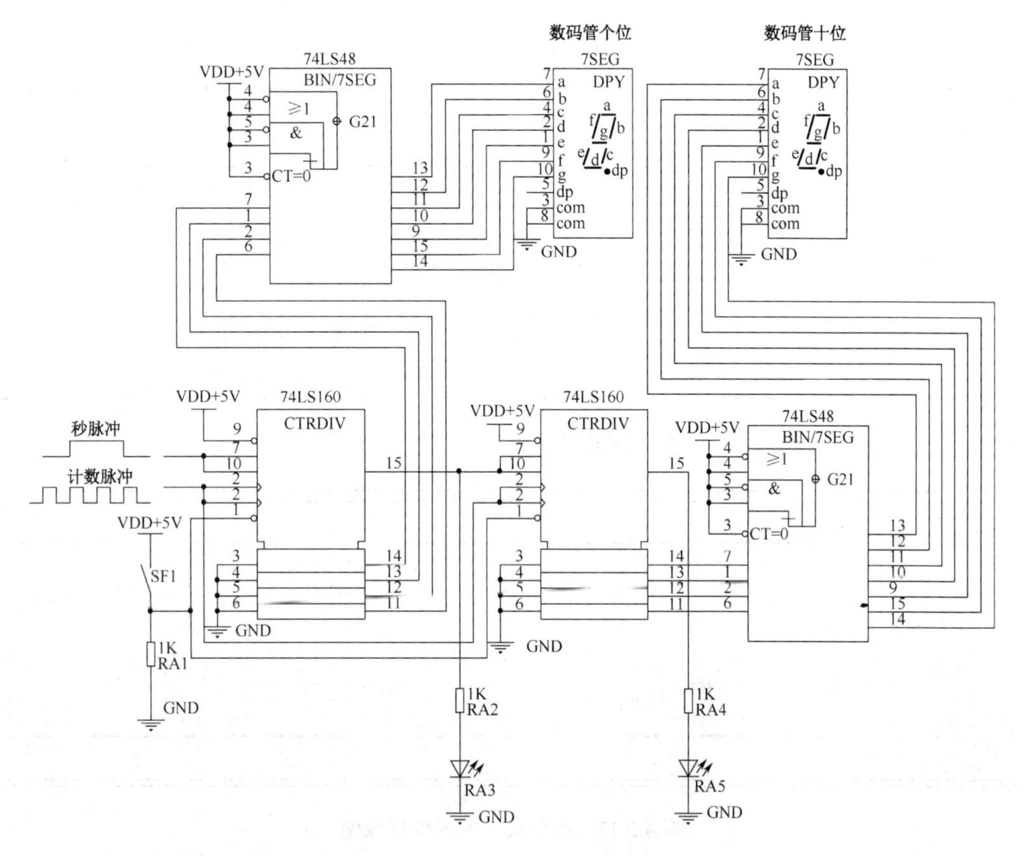

图 4.3.41　中高速电机测速电路原理图

（2）本任务所用元器件清单见表 4.3.29。

表 4.3.29　元器件清单

序　号	名　称	型　号	数　量	备　注
1	发光二极管		2	红
2	计数器芯片 74LS160		2	
3	显示译码芯片 74LS48		2	
4	共阴极数码管		2	
5	信号发生器		1	
6	导线		若干	
7	通用面包板		1	

<安全提示>

连接电路元件必须在断电情况下进行，插入芯片时注意芯片半圆缺的位置，千万不能插反，否则芯片易烧毁。

<任务实施>

1. 工作步骤

根据工作步骤表进行工作，通过阅读图纸完成电路测试，具体步骤见表 4.3.30。

表 4.3.30　工作步骤表

序　号	工 作 步 骤	备　注
1	断开电源	
2	阅读电路图	注意和任务二电路图的区别
3	在面包板简图基础上绘制接线图	如图 4.3.42 所示
4	连接电路	与任务二比，多了一个计数器芯片一个显示译码芯片和一个数码管
5	检查电路	可以采用采用万用表蜂鸣挡测电路通断
6	通电测试	确保电路连接正确经老师同意，方能通电

完成面包板元器件接线图简图，如图 4.3.42 所示。

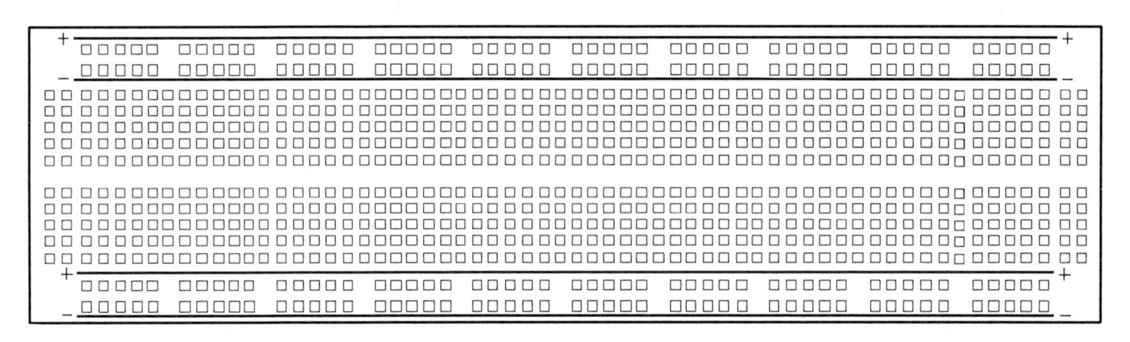

图 4.3.42　面包板上元器件接线图

2. 通电测试

通过示波器观察到信号发生器产生的合适的方波脉冲，然后给测速电路开通电源，看到两个数码管上从 00 字形显示到 99 字形后，又开始从 00 字形循环显示，调节信号发生器的脉冲频率，可以观察到数码管的 00～99 字形的显示频率相应变化，实际的应用电路中，脉冲个数代表电机转的圈数，秒脉冲发生器控制计数器系统每一秒钟显示一次计数值，故数码管的显示值乘以 60 即为每分钟的转速。

【项目检查评价】

序号	考 核 项 目	考 核 要 求	配分	评 分 标 准	扣分	得分
1	绘制的 PLC 电气原理图	（1）正确绘图 （2）图形符号和文字符号符合国家标准 （3）正确回答相关问题	6	（1）原理错误，每处扣 2 分 （2）图形符号和文字符号不符合国家标准，每处扣 1 分 （3）回答问题错 1 道扣 2 分 （4）本项配分扣完为止		
2	工具的使用	（1）正确使用工具 （2）正确回答相关问题	6	（1）工具使用不正确，每次扣 2 分 （2）回答问题错 1 道扣 2 分 （3）本项配分扣完为止		
3	仪表的使用	（1）正确使用仪表 （2）正确回答相关问题	8	（1）仪表使用不正确，每次扣 2 分 （2）回答问题错 1 道扣 2 分 （3）本项配分扣完为止		

续表

序号	考 核 项 目	考 核 要 求	配分	评 分 标 准	扣分	得分
4	安全文明生产	（1）明确安全用电的主要内容 （2）操作过程中符合文明生产要求	5	（1）未经同意私自通电扣5分 （2）损坏设备扣2分 （3）损坏工具仪表扣1分 （4）发生轻微触电事故扣5分 （5）本项配分扣完为止		
5	连接	按照电气原理图正确连接电路	15	（1）不按图纸接线，每处扣2分 （2）元器件安装不牢靠，每处扣2分 （3）本项配分扣完为止		
6	试运行	（1）通电前检测设备、元件及电路 （2）通电试运行实现电路功能	10	（1）通电试运行发生短路事故和开路现象扣10分 （2）通电运行异常，每项扣5分 （3）本项配分扣完为止		
合计			50			

【理论试题精选】

一、判断题

1.（　　）时序逻辑电路一般是由记忆部分触发器和控制部分组合电路两部分组成的。

2.（　　）触发器是能够记忆一位二进制信息的基本逻辑单元电路。

3.（　　）凡是称为触发器的电路都具有记忆功能。

4.（　　）在基本RS触发器的基础上，加两个或非门即可构成同步RS触发器。

5.（　　）维持－阻塞D触发器是下降沿触发。

6.（　　）JK触发器都是下降沿触发的，D触发器都是上升沿触发的。

7.（　　）T触发器都是下降沿触发的。

8.（　　）用D触发器组成的数据寄存器在寄存数据时必须先清零，然后才能输入数据。

9.（　　）移位寄存器除具有寄存器的功能外，还可将数码移位。

10.（　　）CC40194是一个4位双向通用移位寄存器。

11.（　　）计数脉冲引至所有触发器的CP端，使应翻转的触发器同时翻转，称为同步计数器。

12.（　　）计数脉冲引至所有触发器的CP端，使应翻转的触发器同时翻转，称为计数器。

13.（　　）二进制异步减法计数器的接法必须把低位触发器的Q端与高位触发器的CP端相连。

14.（　　）集成计数器40192是一个可预置数二－十进制可逆计数器。

15.（　　）只要将移位寄存器的最高位的输出端接至最低的输入端，即构成环形计数器。

二、选择题

1．时序逻辑电路中一定含（　　）。

A．触发器　　B．组合逻辑电路

C．移位寄存器　　D．译码器

2．根据触发器的（　　），触发器可分为RS触发器、JK触发器、D触发器、T触发器等。

A．电路结构　　B．电路结构逻辑功能

C．逻辑功能　　D．用途

3．已知R、S是与非门构成的基本RS触发器的输入端，则约束条件为（　　）。

A．RS=0　　B．R+S=1　　C．R+S=0　　D．RS=1

4．触发器的RD端是（　　）。

A．高电平直接置零端　　B．高电平直接置1端

C．低电平直接置零端　　D．低电平直接置1端

5．维持－阻塞D触发器是（　　）。

A．上升沿触发　　B．下降沿触发　　C．高电平触发　　D．低电平触发

6．某JK触发器，每来一个时钟脉冲就翻转一次，则其J、K端的状态应为（　　）。

A．J=1,K=0　　B．J=0,K=1　　C．J=0,K=0　　D．J=1,K=1

7．T触发器中，当T＝1时，触发器实现（　　）功能。

A．置1　　B．置0　　C．计数　　D．保持

8．四位并行输入寄存器输入一个新的四位数据时需要（　　）个CP时钟脉冲信号。

A．0　　B．1　　C．2　　D．4

9．（　　）触发器可以构成移位寄存器。

A．基本RS　　B．同步RS　　C．同步D　　D．边沿D

10．CC40914的控制信号S_1＝0、S_0＝1时，它所完成的功能是（　　）。

A．保持　　B．并行输入　　C．左移　　D．右移

11．同步计数器是指（　　）的计数器。

A．由同类型的触发器构成

B．各触发器时钟端连在一起，统一由系统时钟控制

C．可用前级的输出做后级触发器的时钟

D．可用后级的输出做前级触发器的时钟

12．同步时序电路和异步时序电路比较，其差异在于后者（　　）。

A．没有触发器　　B．没有统一的时钟脉冲控制

C．没有稳定状态　　D．输出只与内部状态有关

13．在异步二进制计数器中，从0开始计数，当十进制数为60时，需要触发器的个数为（　　）个。

A．4　　B．5　　C．6　　D．8

14．集成计数器40192置数方式是（　　）。

A．同步0有效　　B．异步0有效

C．异步1有效　　D．同步1有效

15．由3级触发器构成的环形计数器的计数模值为（　　）。

A．9　　B．8　　C．6　　D．3

16．由n位寄存器组成的扭环移位寄存器可以构成（　　）进制计数器。

A．n　　B．$2n$　　C．$4n$　　D．$6n$

17．555定时器中的缓冲器的作用是（　　）。

A．反相　　B．提高带负载能力

C．隔离　　D．提高带负载能力同时具有隔离作用

18．多谐振荡器有（　　）。

A．两个稳定状态　　B．一个稳定状态，一个暂稳态

C．两个暂稳态　　D．记忆二进制数的功能

19．石英多晶体多谐振荡器的输出频率取决于（　　）。

A．晶体的固有频率和 RC 参数　　B．晶体的固有频率

C．门电路的传输时间　　D．RC 参数

20．施密特触发器的主要特点是（　　）。

A．有两个稳态　　B．有两个暂稳态

C．有一个暂稳态　　D．有一个稳态

项目四　三相半波可控整流电路的连接与调试

【项目目标】

通过完成本项目，使学习者能够达到维修电工（高级）证书相应的理论和技能的考核要求，具体要求见表 4.4.1。

表 4.4.1　维修电工（高级）考核要素细目表

相关知识考核要点	相关技能考核要求
1．三相半波可控整流电路的组成及工作原理 2．三相半波可控整流电路的计算方法 3．三相半波可控整流电路的调试方法和波形分析知识	1．能分析三相半波可控整流电路的组成及工作原理 2．能绘制三相半波可控整流电路的工作波形 3．能用示波器对三相半波可控整流电路进行调试和波形测量 4．能对三相半波可控整流电路主电路与触发电路进行维修

【电气图形符号和文字符号】

在本项目中涉及的元器件的图形符号和文字符号见表 4.4.2。

表 4.4.2　元器件的图形符号和文字符号

序号	名　称	图形符号 GB/T4728—2005-2008	文字符号 GB/T20939-2007	备　注
1	电阻器 S00555	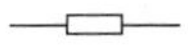	RA	GB/T4728.4—2005
2	三绕组变压器	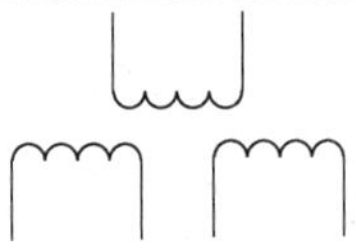	TA	GB/T4728.4—2005
3	带滑动触点的电阻器 S00559	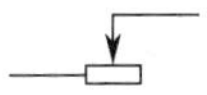	RB	GB/T4728.4—2005
4	晶闸管 S00567		QA	GB/T4728.4—2005
5	普通二极管		RA	GB/T4728.5—2005
6	T 形连接 S00019	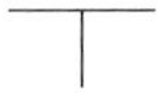		GB/T4728.3—2005
7	T 形连接 S00020			GB/T4728.3—2005
8	导线的双 T 形连接 S00021	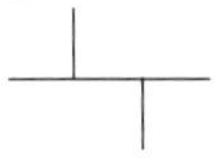		GB/T4728.3—2005
9	导线的双 T 形连接 S00022			GB/T4728.3—2005

【项目任务描述】

现有带电阻性负载的三相半波可控整流电路原理图 1 张，如图 4.4.1 所示。本项目的主要任务是按照原理图完成三相半波可控整流电路的连接与测量，并记录相应的测量结果。

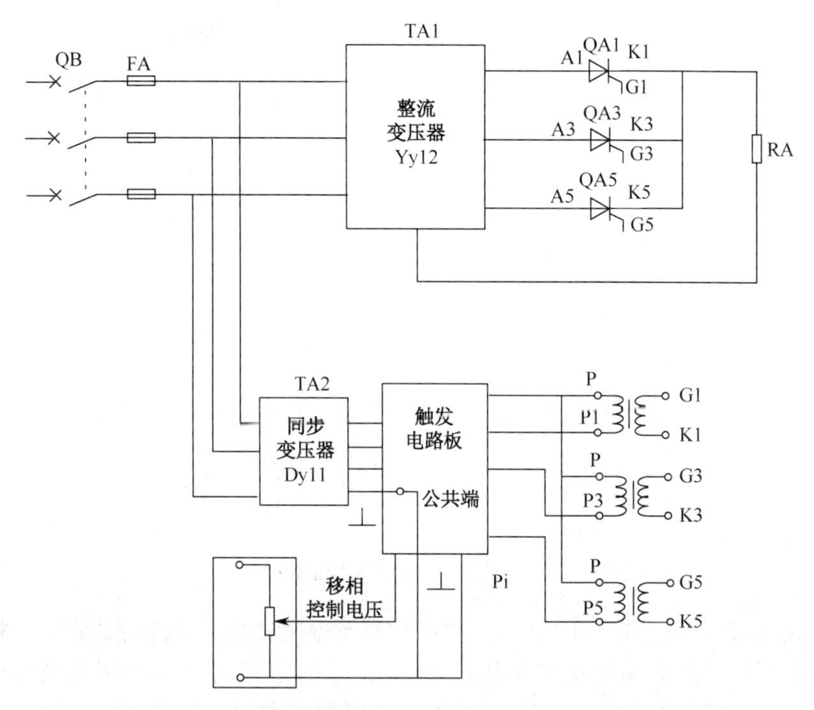

图 4.4.1　带电阻性负载三相半波可控整流电路原理图

【项目实施条件】

1．工具、仪表及器材

电子钳、电烙铁、镊子灯常用电子组装工具 1 套，万用表及双踪示波器。

2．元器件

项目所需的元器件清单见表 4.4.3。

表 4.4.3　电路所需元器件和仪表清单

序　号	代　号	名　称	型号规则	数　量
1	TA1	整流变压器		1
2	TA2	同步变压器		1
3		触发电路板	TC787	1
5	QA1QA3QA5	晶闸管		3
6	RA	电阻器		1

【相关知识链接】

1．三相半波可控整流电路带电阻性负载原理图

三相半波可控整流电路带电阻性负载原理流程框图如图 4.4.2 所示。

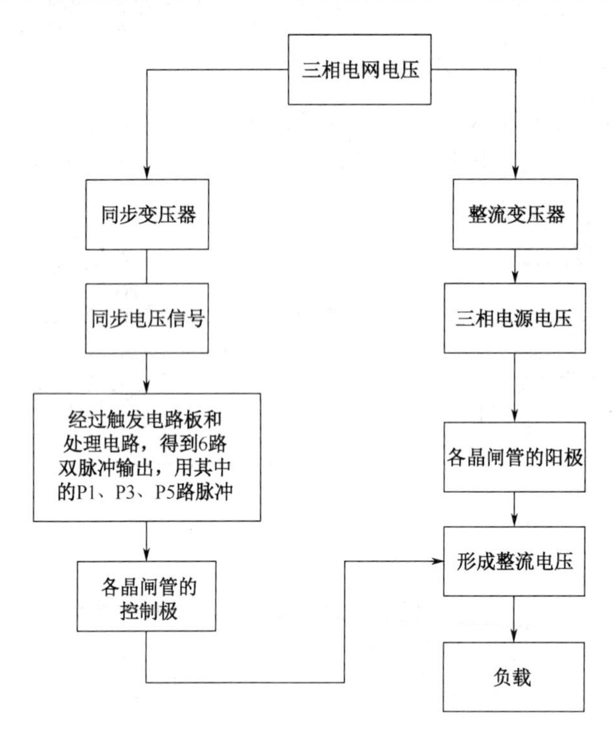

图 4.4.2　原理图流程框图

如图 4.4.3 所示为共阴极接法的三相半波可控整流电阻性负载电路原理图。三相半波可控整流电路的接法有两种，即共阴极接法和共阳极接法，图中三个晶闸管的阴极接在一起，称为共阴极接法。由于共阴极接法的晶闸管有公共端，使用调试方便，所以共阴极接法的三相半波可控整流电阻性负载电路常被采用。

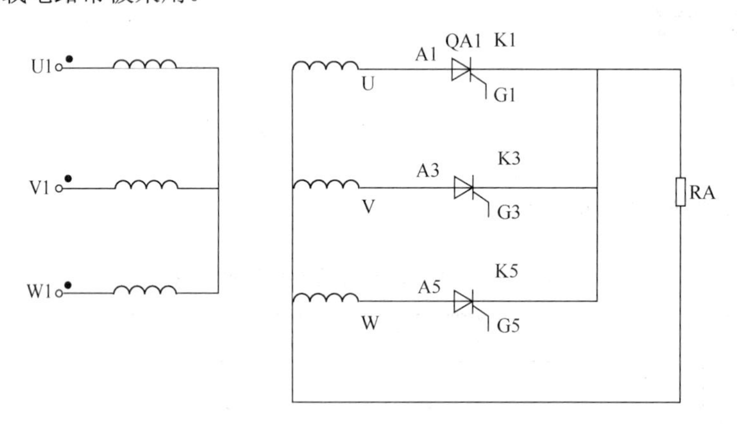

图 4.4.3　共阴极接法的三相半波可控整流电阻性负载电路原理图

三相半波可控整流电路的电源由三相整流变压器供电，也可由三相四线制交流电网供电，二次相电压有效值为 U_2，其表达式为：

U 相：$u_U = \sqrt{2}U_2 \sin\omega t$

V 相：$u_V = \sqrt{2}U_2 \sin(\omega t - 2\pi/3)$

W 相：$u_W = \sqrt{2}U_2 \sin(\omega t + 2\pi/3)$

三相电压波形如图 4.4.4 所示。图中的 1、3、5 交点为电源电压正半波的相邻交点，成为自

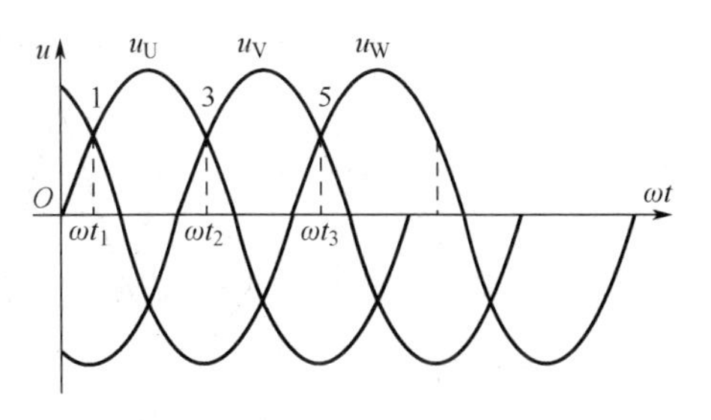

图 4.4.4　三相电压波形图

然换相点，也就是三相半波可控整流各相晶闸管移相触发延迟角（过去称为控制角）α 的起始点，即 $\alpha=0°$ 点。由于自然换相点距对应相电压的原点为 $30°+\alpha$。

2. 工作原理分析

（1）$\alpha=0°$ 时。

如图 4.4.5 所示为 $\alpha=0°$ 时的输出电压 u_d 和晶闸管 QA1 两端电压的理论波形。设电路已在工作，W 相 QA5 已导通，经过自然换相点 1 时，U 相 QA1 开始承受正向电压，触发脉冲 u_{g1} 到达，于是 QA1 管承受正向电压导通，QA5 承受反向电压 u_{WU} 截止。输出电压波形由 u_W 换成 u_U。

经过自然换相点 3 时，V 相 QA3 开始承受正向电压，触发脉冲 u_{g3} 到达，于是 QA3 管承受正向电压导通，QA1 承受反向电压 u_{UV} 截止。输出电压波形由 u_U 换成 u_V。

经过自然换相点 5 时，W 相 QA5 开始承受正向电压，触发脉冲 u_{g5} 到达，于是 QA5 管承受正向电压导通，QA3 承受反向电压 u_{VW} 截止。输出电压波形由 u_V 换成 u_W。

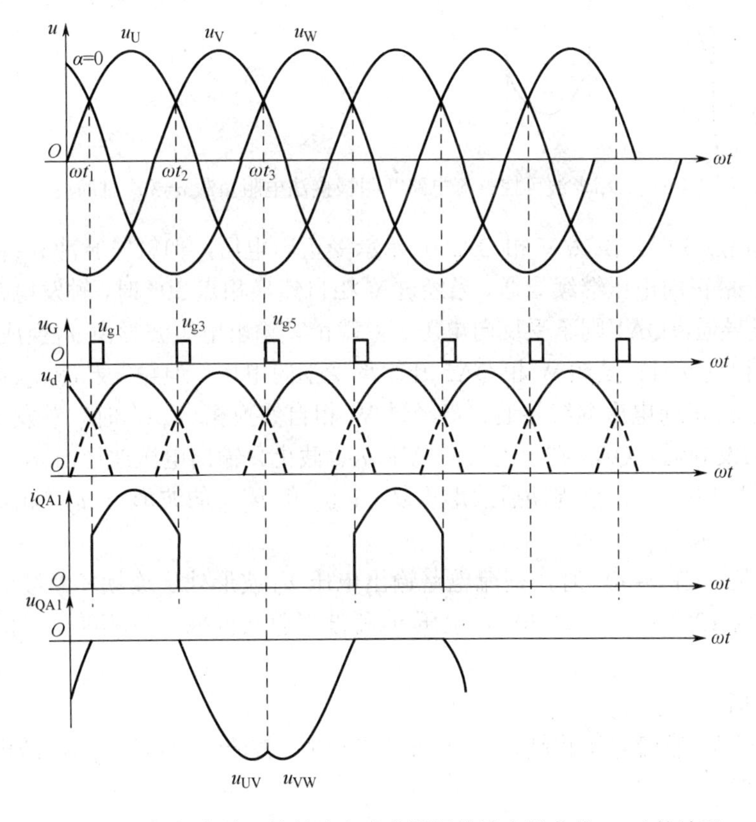

图 4.4.5　三相半波可控整流电路共阴极接法电阻负载 $\alpha=0°$ 的波形

（2）$\alpha=30°$ 时。

如图 4.4.6 所示为 $\alpha=30°$ 时的输出电压 u_d 和晶闸管 QA1 两端电压的理论波形。设电路已在工作，W 相 QA5 已导通，经过自然换相点 1 时，虽然 U 相 QA1 开始承受正向电压，但触发脉冲 u_{g1} 尚未到达，于是 QA5 管仍然承受 u_W 正向电压继续导通，。当经过 U 相自然换相点 30° 时，触发电路送出触发脉冲 u_{g1}，QA1 被触发导通，QA5 则承受反向电压 u_{WU} 截止。输出电压波形由 u_W 换成 u_U。

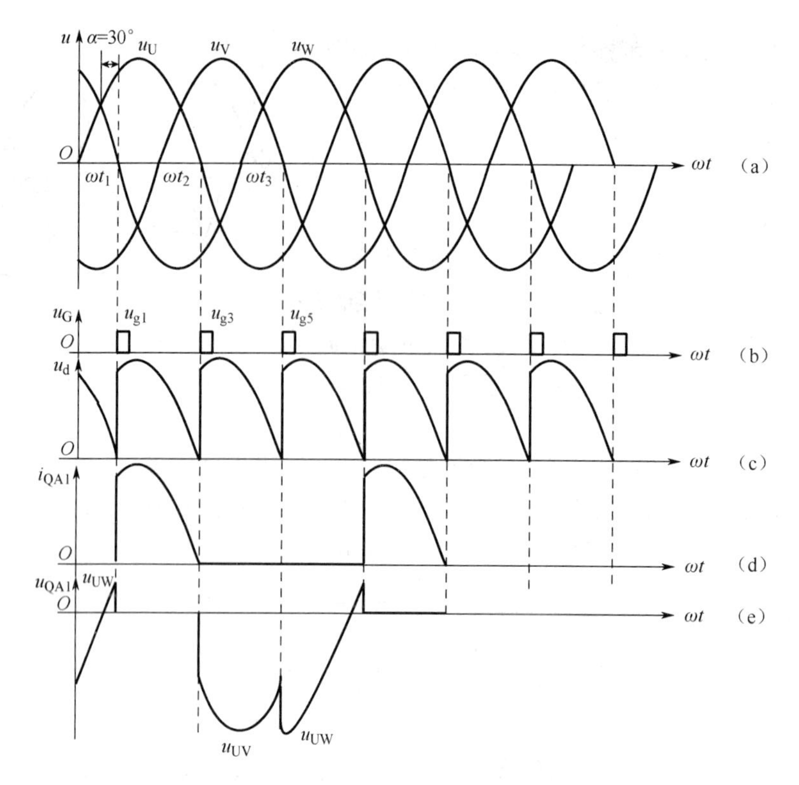

图 4.4.6　三相半波可控整流电路共阴极接法电阻负载 α=30° 时的波形

经过自然换相点 3 时，虽然 V 相 QA3 开始承受正向电压，但触发脉冲 u_{g3} 尚未到达，于是 QA1 管仍然承受 u_U 正向电压继续导通。当经过 V 相自然换相点 30° 时，触发电路送出触发脉冲 u_{g3}，QA3 被触发导通，QA1 则承受反向电压 u_{UV} 截止。输出电压波形由 u_U 换成 u_V。

经过自然换相点 5 时，虽然 W 相 QA5 开始承受正向电压，但触发脉冲 u_{g5} 尚未到达，于是 QA3 管仍然承受 u_V 正向电压继续导通。当经过 W 相自然换相点 30° 时，触发电路送出触发脉冲 u_{g5}，QA5 被触发导通，QA3 则承受反向电压 u_{VW} 截止。输出电压波形由 u_V 换成 u_W。

以上三段各为 120°，一个周期后波形重复，u_{QA3} 和 u_{QA5} 的波形与 u_{QA1} 相似，但相应依次互差 120°。

需要指出的是，当 α=30° 时，整流电路输出电压 u_d 波形处于连续和断续的临界状态，各相晶闸管依然导通 120°；一旦 α>30°，电压 u_d 和波形就会间断，各相晶闸管的导通角将小于 120°。

（3）α>300° 时。

若 α 角继续增大，整流电压将越来越小，α＝150° 时，整流输出电压为零。故电阻负载时 α 角的移相范围为 150°。

（4）负载电压。

整流电压平均值的计算分两种情况：（U_2 为变压器二次侧电压有效值）

① α≤30° 时，负载电流连续，有

$$U_d=\frac{1}{\frac{2\pi}{3}}\int_{\frac{\pi}{6}+a}^{\frac{5\pi}{6}+a}\sqrt{2}U_2\sin\omega t\mathrm{d}(\omega t)=\frac{3\sqrt{6}}{2\pi}U_2\cos a=1.17U_2\cos\alpha$$

当 α= 0° 时，U_d 最大，为 $U_d= U_{d0}＝1.17U_2$。

② α>30°时，负载电流断续，晶闸管导通角减小，此时有

$$U_{\mathrm{d}}=\frac{1}{\frac{2\pi}{3}}\int_{\frac{\pi}{6}+\alpha}^{\pi}\sqrt{2}U_2\sin\omega t\mathrm{d}(\omega t)=\frac{3\sqrt{2}}{2\pi}U_2\left[1+\cos(\frac{\pi}{6}+6)\right]=0.675U_2\left[1+\cos(\frac{\pi}{6}+6)\right]$$

负载电流平均值为

$$I_{\mathrm{d}}=\frac{U_{\mathrm{d}}}{R}$$

晶闸管承受的最大反向电压，如图 4.4.6（e）所示，为变压器二次线电压峰值，即

$$U_{\mathrm{RM}}=\sqrt{2}\times\sqrt{3}U_2=\sqrt{6}U_2=2.45U_2$$

由于晶闸管阴极与零线间的电压即为整流输出电压 u_{d}，其最小值为零，而晶闸管阳极与阴极间的最大正向电压等于变压器二次侧相电压的峰值，即

$$U_{\mathrm{FM}}=\sqrt{2}U_2$$

【项目实施步骤】

1．进行电路连接

按电路原理图 4.4.1 所示，在实验装置上进行电路的连接，在接线过程中要求照图配线，本项目中整流变压器的接法为 YY12，如图 4.4.7（a）所示，同步变压器的接法为 DY11，如图 4.4.7（a）所示，其实物图如图 4.4.8 所示。

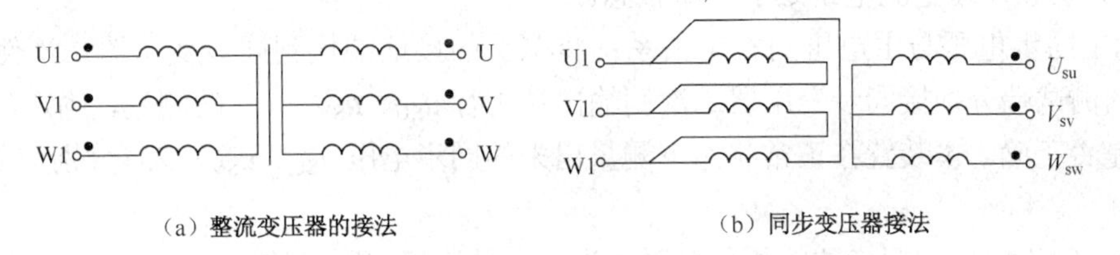

（a）整流变压器的接法　　（b）同步变压器接法

图 4.4.7　变压器的接法

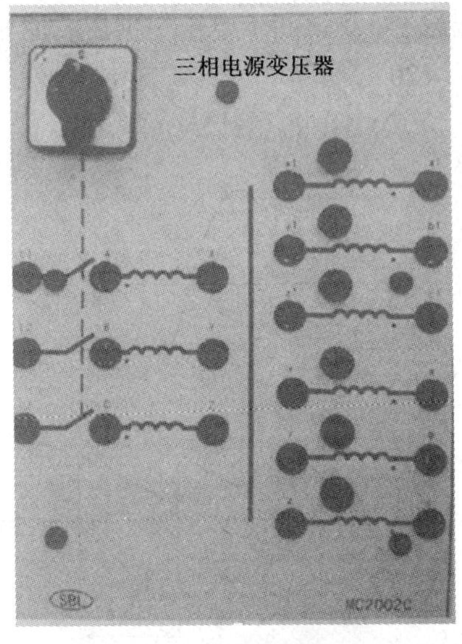

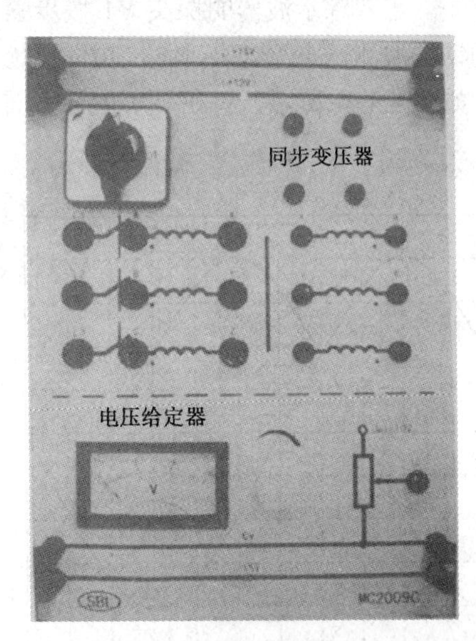

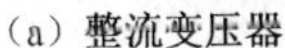

（a）整流变压器　　（b）同步变压器

图 4.4.8　整流变压器与同步变压器实物图

由变压器的知识可以分析出，同步变压器二次侧电压与整流变压器二次线电压同相，即 u_{SU} 与 u_{UV} 同相，其相量关系如图 4.4.9 所示。

在晶闸管整流电路中，必须根据被触发的晶闸管阳极电压相位正确确定各触发电路待定相位的同步电压，才能使触发电路分别在各晶闸管需要发出脉冲的时刻输出触发脉冲，一般是先确定三相整流变压器的接线组别，然后再通过同步变压器不同接线组别或配合阻容移相来得到所要求相位的同步电压。

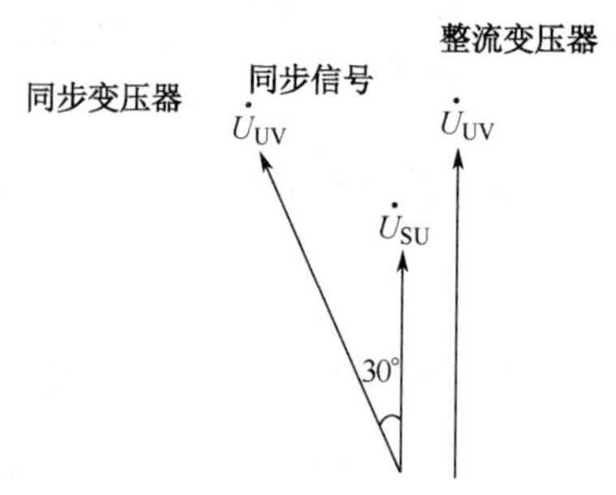

图 4.4.9　同步变压器二次相电压与整流变压器二次线电压的相量关系

2．进行电路调试

检查接线正确无误后送电，进行电路的调试。

（1）测定电源的相序。

用双踪示波器法测定电源的相序时，可指定一根电源线为 U 相，并用探头 I 测量其波形。再用探头 II 测量另一根电源线，若探头 II 测出波形滞后探头 I 波形 120°，则探头 II 测定的一根电源线为 V 相，剩下一根电源线则为 W 相。反之，若探头 II 测得波形超前于探头 I 的波形 120°，则探头 II 测得的一根电源线为 W 相，剩下一根电源线为 V 相。

U 相和 V 相的实测相位关系如图 4.4.10 所示。

（2）测定触发电路。

① 断开负载，使整流电路处于开路状态。

② 确定同步电压与主电压的相位关系：将探头的接地端接到同步变压器二次侧的中性点上，探头的测试端分别接同步变压器二次侧输出端进行 u_{SU}、u_{SV}、u_{SW} 的测量，确定与主电路的相位关系是否正确。本装置在正常状态下测量出来的同步电压 u_{SU}、u_{SV}、u_{SW} 分别与 u_{UV}、u_{VW}、u_{WU} 同相。

③ 确定同步电压与锯齿波的相位关系：为了满足移相和同步的要求，同步电压和锯齿波有一定的相位差。用双踪示波器的探头 Y1 按步骤 B 所示测量同步电压 u_{sU}，将探头 Y2 的测试端接在面板的锯齿波测试点"A"点上，探头的接地端悬空，测得同步电压与锯齿波的相位关系（以 U 相为例）如图 4.4.11 所示，V 相、W 相依次滞后 120°。

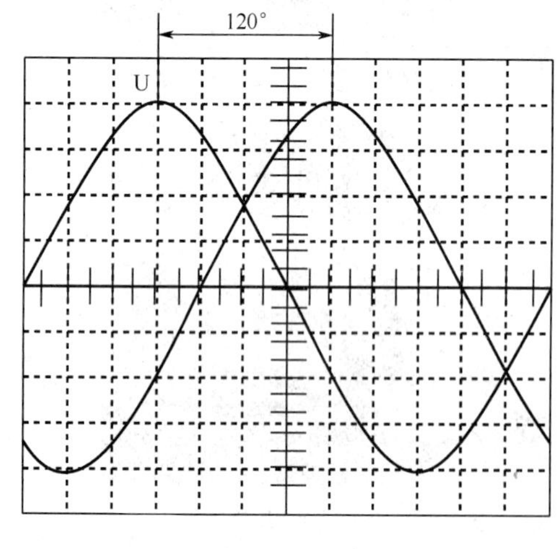

图 4.4.10　U 相和 V 相的实测相位关系

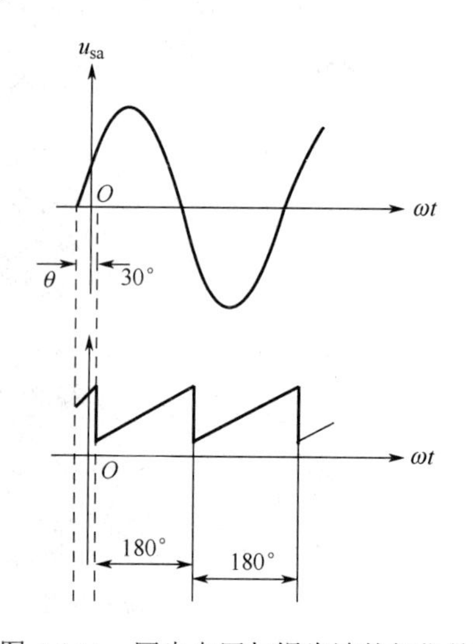

图 4.4.11　同步电压与锯齿波的相位关系

④ 如图 4.4.11 所示锯齿波滞后同步电压一个电角度θ（由双脉冲触发电路实验板中的 RC 移相产生），该角度在不同的设备中取值有所不同，本书实验装置中θ 约为 30° 左右。特别指出，在双脉冲触发电路板上有 3 个“RC”移相旋钮，如图 4.4.12 所示。这三个旋钮是用来调节三相锯齿波斜率的，在测量过程中可进行适当调节，使三相锯齿波的斜率基本一致。

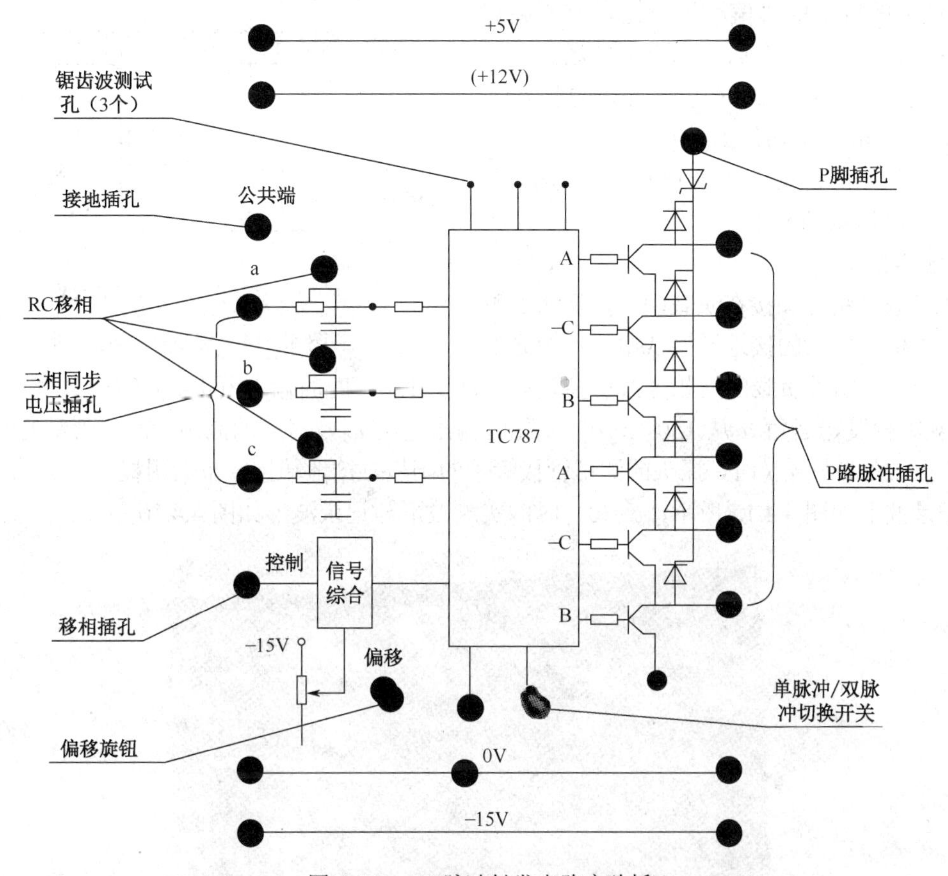

图 4.4.12　双脉冲触发电路实验板

（3）确定初始脉冲位置。

① 调节电压给定器，使控制电压 U_c=0，电压给定器面板如图 4.4.13 所示。

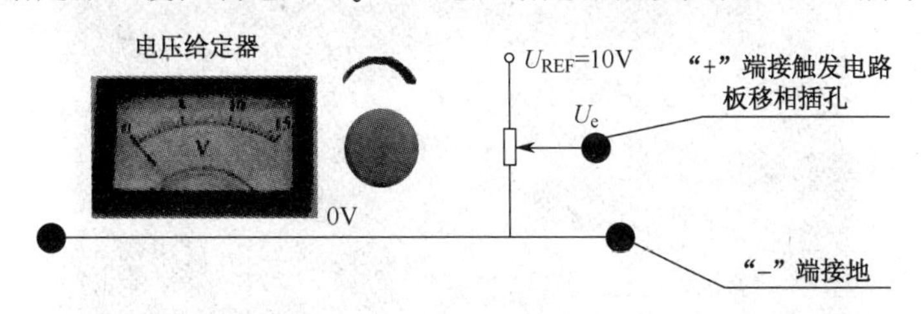

图 4.4.13　电压给定器面板图

② 将 Y1 探头的接地端接到双脉冲触发电路实验面板的公共端点上，探头的测试端接在面板上“UR1”测量同步电压 u_{SU}，在荧光屏上确定 u_{SU} 正向过零点的位置，将 Y2 探头的测试端接到面板上的“P1”点处，探头的接地端悬空，荧光屏上显示出脉冲 Up1 的波形，如图 4.4.14 所示。

将三相半波可控电阻性负载的整流电路要求初始脉冲定在 α=150°，因为 u_{SU} 与 u_{UV} 同相位，电路延迟角 α 的起始点（即 α=0°）滞后 u_{UV} 正向过零点 60°，所以初始脉冲的位置应滞后 u_{SU}

正向过零点的角度为 150°+60°=210°，以此在荧光屏上确定脉冲的位置，对应确定位置标于图 4.4.14 中。

在三相半波可控整流电路中，只需要用单脉冲就可以使电路正常工作。

③ 调节面板上的“偏移”旋钮，改变偏移电压 U_b 的大小，将脉冲 u_{p1} 的主脉冲移至距 u_{SU} 正向过零点 210° 处，此时电路所处的状态为 α=150°，输出电压平均值 U_d=0。

注意：初始脉冲的位置一旦确定，“偏移”旋钮就不可以随意调整了。

3. 电路测试

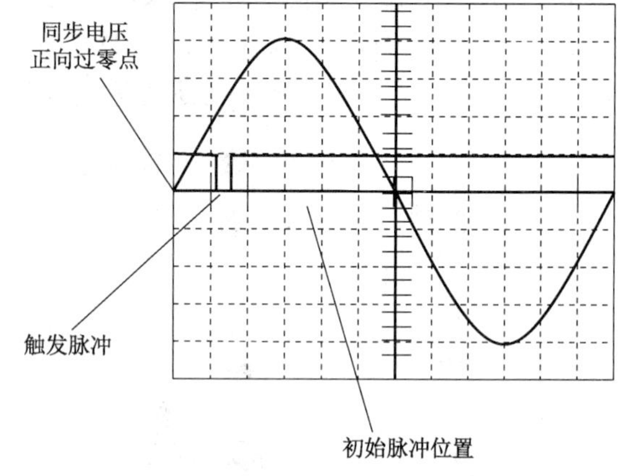

图 4.4.14 初始脉冲 u_{p1} 波形

接入负载，将探头接在负载两端，探头的测试端接高电位，探头的接地端接低电位，荧光屏上显示的应为带阻性负载的三相半波可控整流电路 α=150° 时的输出电压 U_d 的波形，增大控制电压 Uc，观察触发延迟角 α 从 150° ～0° 变化时输出电压 u_d 及对应的晶闸管两端承受的电压 u_{QA} 波形。注意：在测量 u_{QA} 时，探头的测试管接管子的阳极，接地端接管子的阴极。α=0° 时的实测波形与记录波形如图 4.4.15 所示，α=30° 时的实测波形与记录波形如图 4.4.16 所示。

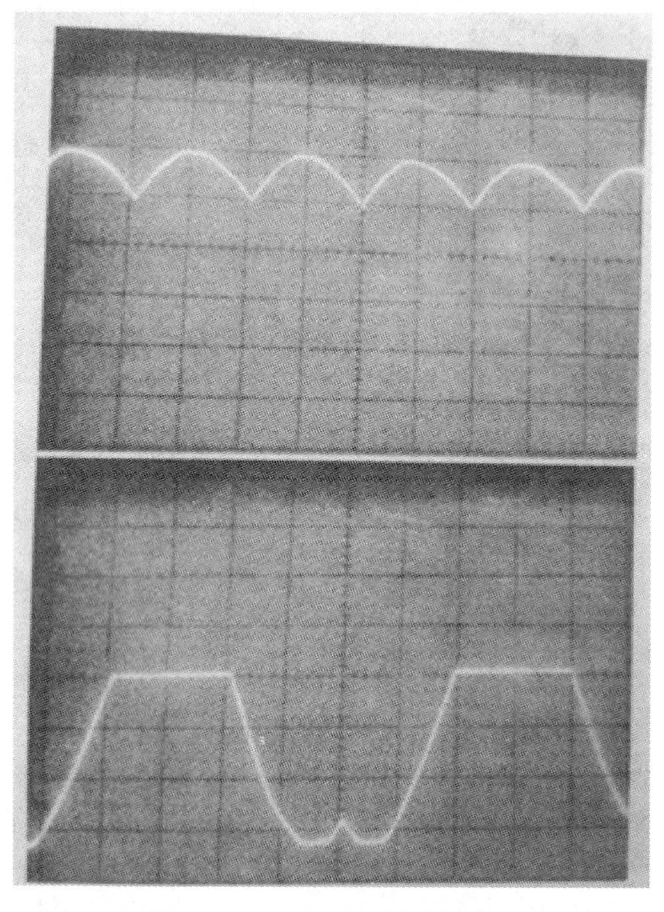

图 4.4.15 （a）α=0° 时的实测波形

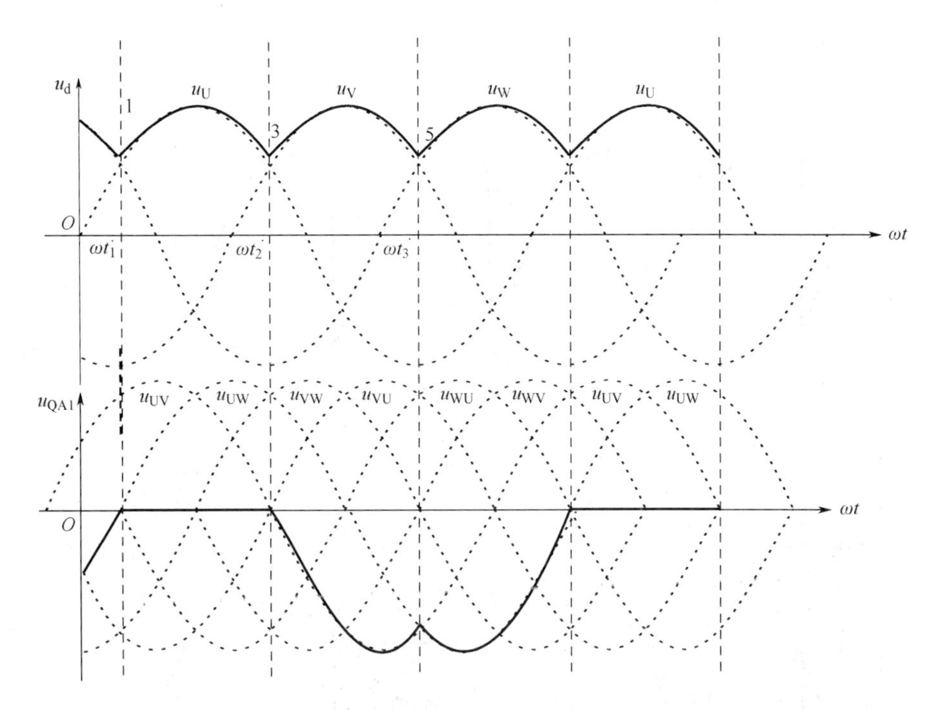

图 4.4.15　（b）α=0° 时的记录波形

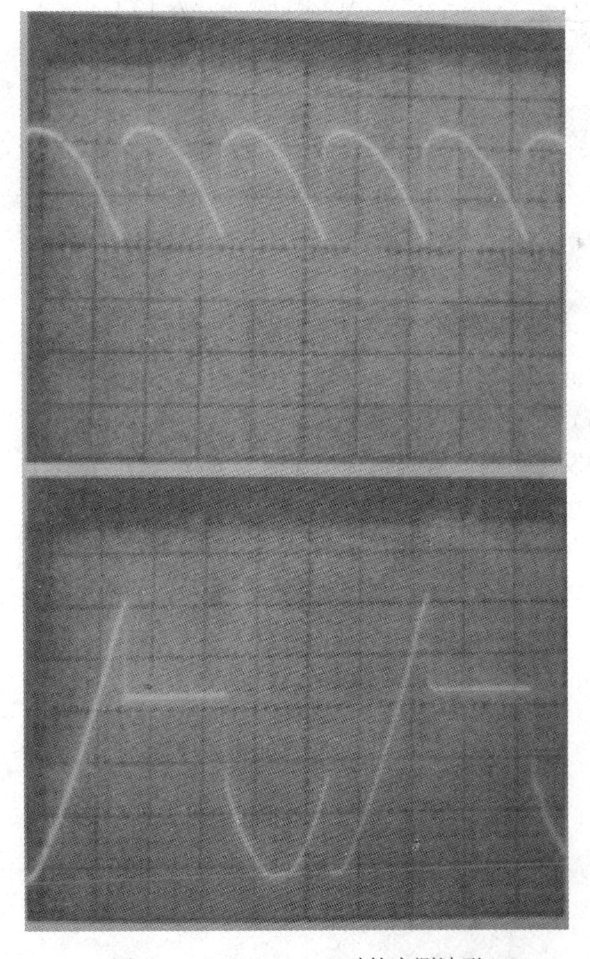

图 4.4.16　（a）α=30° 时的实测波形

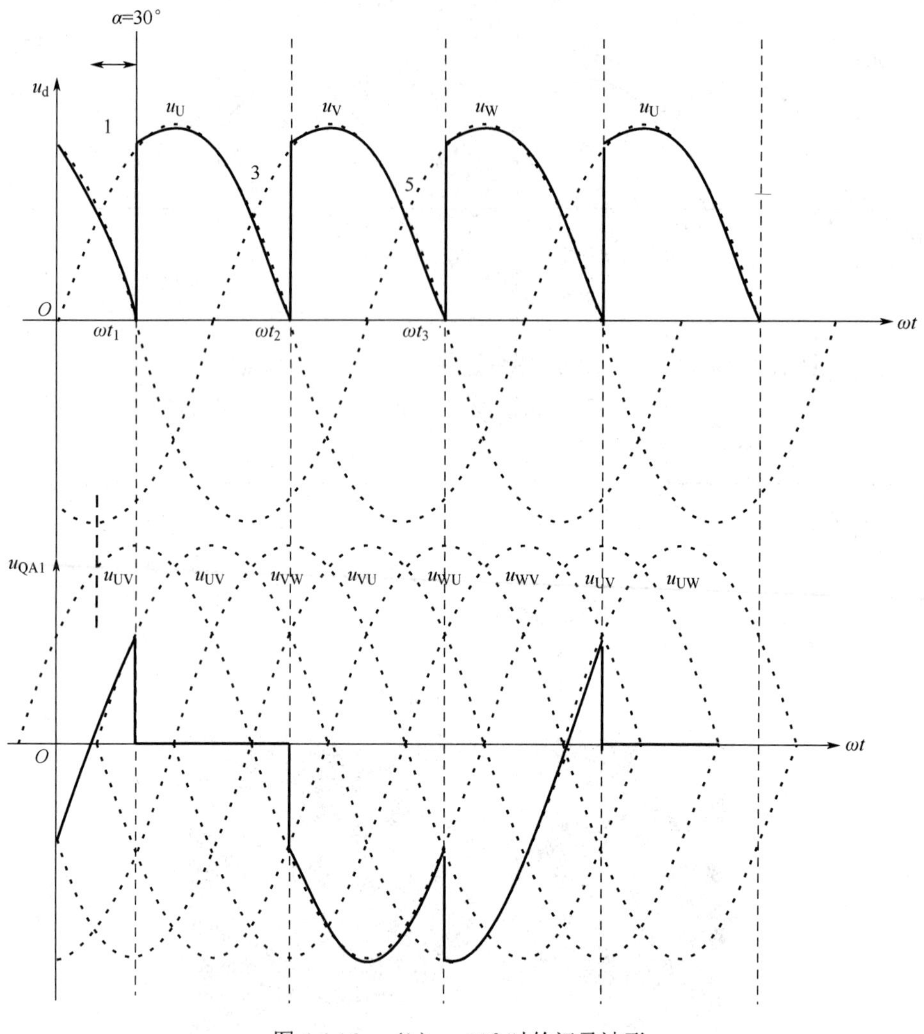

图 4.4.16　（b）α=30° 时的记录波形

要求：（1）能用示波器测量并在图 4.4.17 中绘制出 α 为 15°、30°、45°、60°、75°（由考评员选择其一，下同）时的输出直流电压 u_d 的波形。

（2）绘出晶闸管触发电路功放管集电极电压 u_{P1}、u_{P2}、u_{P3}、u_{P4}、u_{P5}、u_{P6} 的波形。

（3）晶闸管两端电压 u_{QA1}、u_{QA2}、u_{QA3}、u_{QA4}、u_{QA5}、u_{QA6} 波形。

（4）同步电压 u_{SU}、u_{SV}、u_{SW} 波形。

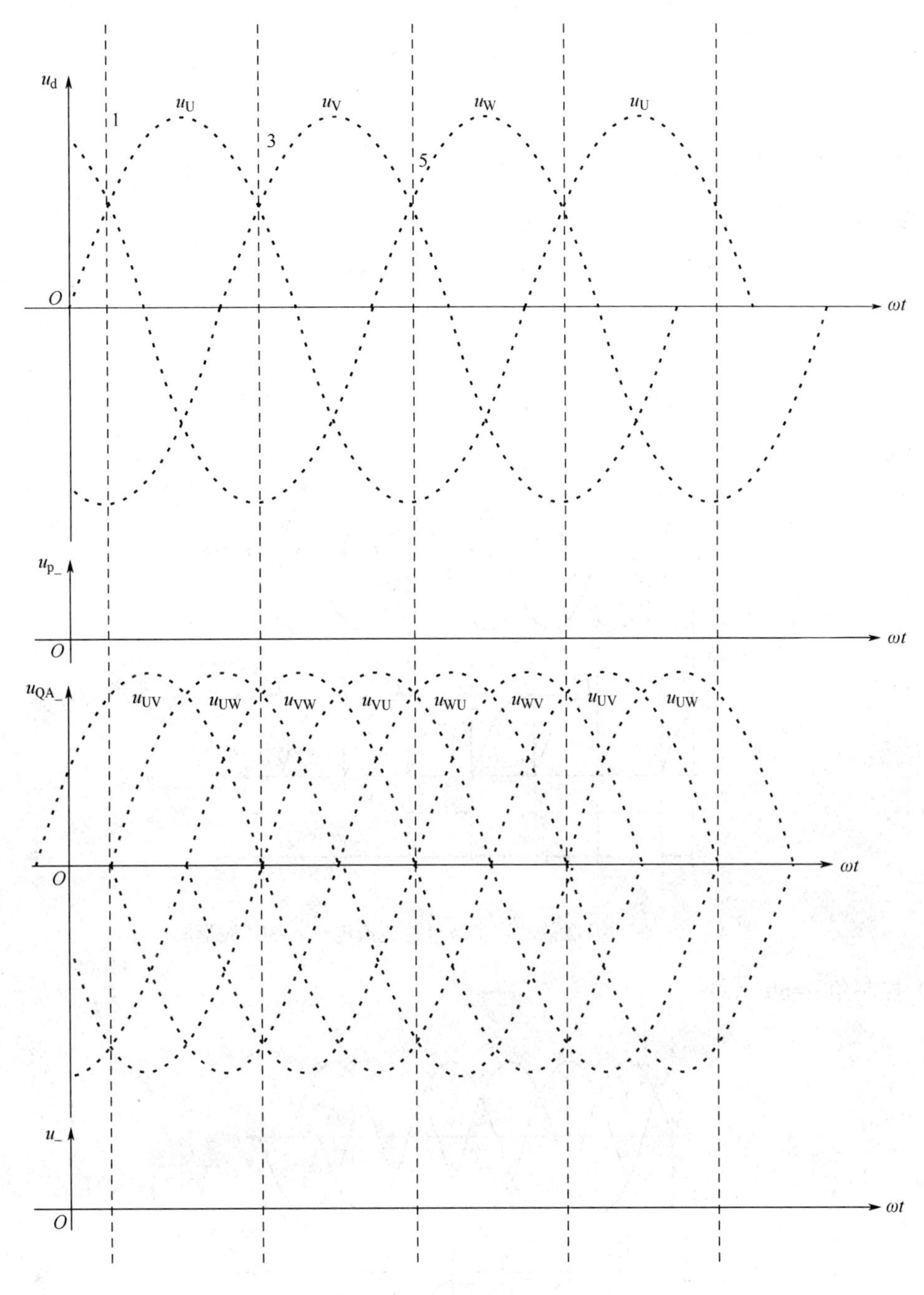

图 4.4.17　绘制波形

【知识拓展】

<感性负载和容性负载的三项半波可控整流电路>

1．感性负载的三项半波可控整流电路

（1）控制角 α=30°。

α≤30°时，u_d波形与纯电阻性负载波形一样，U_d计算式和纯电阻性负载一样；当电感足够大时，可近似认为 i_d 波形为平直波形，晶闸管导通角为 120°，3 个晶闸管各负担 1/3 的负载电流。

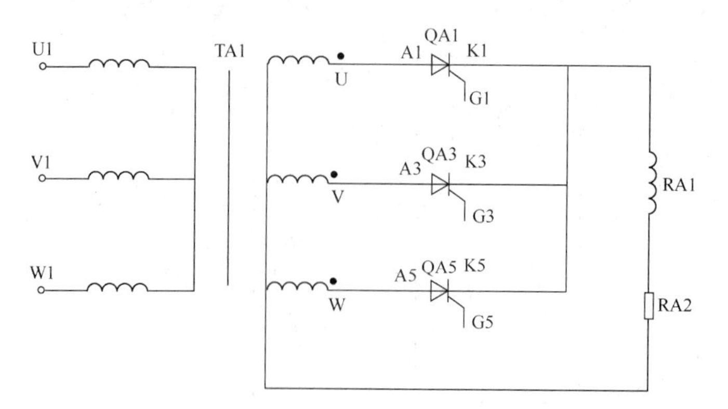

图 4.4.18　感性负载的三项半波可控整流电路原理图

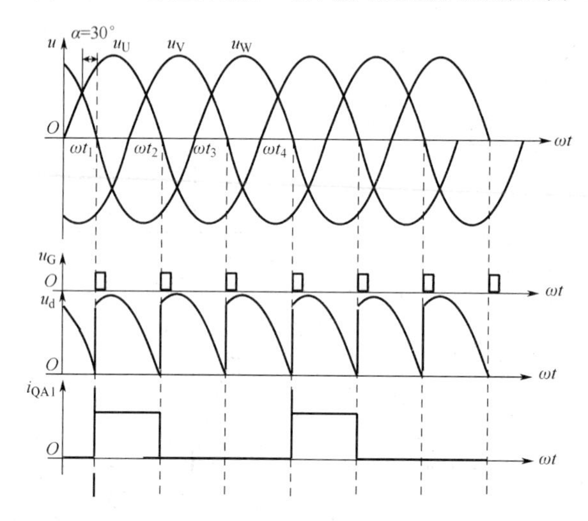

图 4.4.19　感性负载的三项半波可控整流电路 α=30° 波形图

（2）控制角 α=60°。

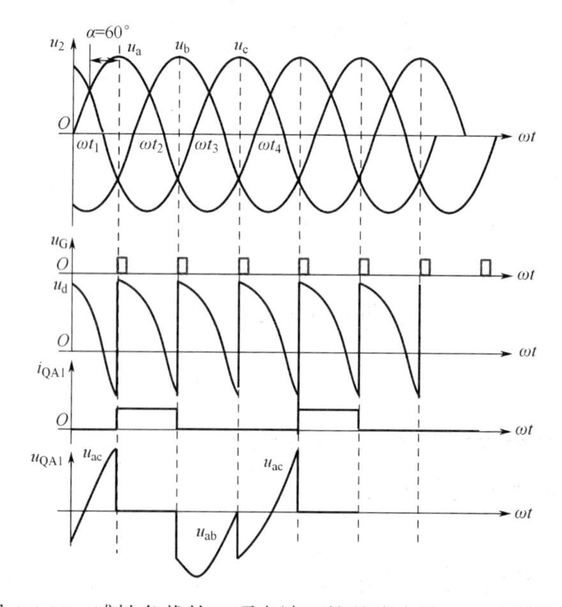

图 4.4.20　感性负载的三项半波可控整流电路 α=60° 波形图

α＞30° 时，电压波形出现负值，波形连续，输出电压平均值下降，晶闸管导通角为 120°，晶闸管承受的最大正反向压降为 $\sqrt{6}U_2$。

电感性负载 $0° \leqslant \alpha \leqslant 90°$ 时，$U_d = 1.17U_2\cos\alpha$

移相范围为 90° 时，

$$I_d = \frac{U_d}{R}$$

$$I_2 = I_T = \frac{I_d}{\sqrt{3}}$$

$$I_{T(AV)} = \frac{I_T}{1.57}$$

【项目检查评价】

根据学习者完成情况进行评价，评分标准见表 4.4.5。

表 4.4.5　评分标准

序号	考 核 项 目	考 核 要 求	配分	评 分 标 准	扣分	得分
1	绘制的 PLC 电气原理图	（1）正确绘图 （2）图形符号和文字符号符合国家标准 （3）正确回答相关问题	6	（1）原理错误，每处扣 2 分 （2）图形符号和文字符号不符合国家标准，每处扣 1 分 （3）回答问题错 1 道扣 2 分 （4）本项配分扣完为止		
2	工具的使用	（1）正确使用工具 （2）正确回答相关问题	6	（1）工具使用不正确，每次扣 2 分 （2）回答问题错 1 道扣 2 分 （3）本项配分扣完为止		
3	仪表的使用	（1）正确使用仪表 （2）正确回答相关问题	8	（1）仪表使用不正确，每次扣 2 分 （2）回答问题错 1 道扣 2 分 （3）本项配分扣完为止		
4	安全文明生产	（1）明确安全用电的主要内容 （2）操作过程中符合文明生产要求	5	（1）未经同意私自通电扣 5 分 （2）损坏设备扣 2 分 （3）损坏工具仪表扣 1 分 （4）发生轻微触电事故扣 5 分 （5）本项配分扣完为止		
5	连接	按照电气原理图正确连接电路	15	（1）不按图纸接线，每处扣 2 分 （2）元器件安装不牢靠，每处扣 2 分 （3）本项配分扣完为止		
6	试运行	（1）通电前检测设备、元件及电路 （2）通电试运行，实现电路功能	10	（1）通电试运行发生短路事故和开路现象扣 10 分 （2）通电运行异常，每项扣 5 分 （3）本项配分扣完为止		
合计			50			

【理论试题精选】

一、判断题

1.（　　）整流二极管、晶闸管、双向晶闸管及可关断晶闸管均属半控型器件。

2.（　　）用于工频整流的功率二极管也称为整流管。

3.（　　）当阳极和阴极之间加上正向电压而控制极不加任何信号时，晶闸管处于关断状态。

4.（　　）晶闸管的导通条件是阳极和控制极上都加上电压。

5.（　　）晶闸管的关断条件是阳极电流小于管子的擎住电流。

6.（　　）若晶闸管正向重复峰值电压为 500V，反向重复峰值电压为 700V，则该晶闸管的额定电压是 700V。

7.（　　）在晶闸管的电流上升到其维持电流后，去掉门极触发信号，晶闸管仍能维持导通。

8.（　　）若流过晶闸管的电流的波形为全波时，则其电流波形系数为 1.57。

9.（　　）将万用表置于 $R\times 1K$ 或 $R\times 10K$ 欧姆挡，测量晶闸管阳极和阴极之间的正反向阻值时，原则上其值越大越好。

10.（　　）GTO、GTR、IGBT 均属于全控型器件。

11.（　　）IGBT 是电压型驱动的全控型开关器件。

12.（　　）GTO 的门极驱动电路包括开通电路、关断电路和反偏电路。

13.（　　）三相半波可控整流电路带电阻负载时，其输出直流电压的波形在 $a<60°$ 的范围内是连续的。

14.（　　）三相半波可控整流电路带阻性负载时，若触发脉冲（单窄脉冲）加于自然换相点之前，则输出电压波形将出现缺相现象。

15.（　　）在三相半波可控整流电路中，每个晶闸管的最大导通角为 120°

16.（　　）三相半波可控整流电路带电阻性负载时，其触发脉冲控制角 a 的移相范围为 0°～180°。

17.（　　）三相半波可控整流电路，变压器次级相电压为 200V，带大电感负载，无续流二极管，当 $a=60°$ 时的输出电压为 117V。

18.（　　）三相半波可控整流电路，变压器次级相电压有效值为 100V，负载中流过的最大电流有效值为 157A，考虑 2 倍的安全余量，晶闸管应选择 KP200—5 型。

19.（　　）三相半波可控整流电路带电阻性负载时，晶闸管承受的最大正向电压是 $1.414U_2$。

20.（　　）三相半波可控整流电路，每个晶闸管可能承受的最大反向电压为 $\sqrt{6}U_2$。

二、选择题

1. 整流二极管属（　　）器材。

A. 不控型　　B. 半控型　　C. 全控型　　D. 复合型

2. 用于工频整流的功率二极管也称为（　　）。

A. 整流管　　B. 检波管　　C. 闸流管　　D. 稳压管

3. 当阳极和阴极之间加上正向电压而控制极不加任何信号时，晶闸管处于（　　）。

A. 导通状态　　B. 关断状态　　C. 不确定状态　　D. 低阻状态

4. 晶闸管的导通条件是（　　）和控制极上同时加上正向电压。

A. 阳极　　B. 阴极　　C. 门极　　D. 栅极

5. 晶闸管的关断条件是阳极电流小于管子的（　　）。

A. 擎住电流　　B. 维持电流　　C. 触发电流　　D. 关断电流

6. 若晶闸管正向重复峰值电压为 500V，反向重复峰值电压为 700V，则该晶闸管的额定电压是（　　）V。

A．200　　B．500　　C．700　　D．1200

7．在晶闸管的电流上升到其（　　）电流后，去掉门极触发信号，晶闸管仍能维持导通。

A．维持电流　　B．擎住电流　　C．额定电流　　D．触发电流

8．若流过晶闸管的电流的波形系数为 1.11，则其对应的电波波形为（　　）。

A．全波　　B．半波

C．导通角为 120° 的方波　　D．导通角为 90° 的方波

9．将万用表置于 $R\times1K$ 或 $R\times10K$ 欧姆挡，测量晶闸管阳极和阴极之间的正反向阻值时，原则上其（　　）。

A．越大越好　　B．越小越好

C．正向时要小，反向时要大　　D．正向时要大，反向时要小

10．下列电力电子器件中不属于全控型器件的是（　　）。

A．SCR　　B．GTO　　C．GTR　　D．IGBT

11．下列全控型开关器件中属于电压型驱动的有（　　）。

A．GTR　　B．GTO　　C．MOSFET　　D．达林顿管

12．三相半波可控整流电路带电阻负载时，其输出直流电压的波形在（　　）的范围内是连续的。

A．$\alpha<60°$　　B．$\alpha<30°$　　C．$30°<\alpha<150°$　　D．$\alpha>30°$

13．三相半波可控整流电路带阻性负载时，若触发脉冲（单窄脉冲）加于自然换相点之前，则输出电压波形将（　　）。

A．很大　　B．很小　　C．出现缺相现象　　D．变为最大

14．在三相半波可控整流电路中，每个晶闸管的最大导通角为（　　）。

A．30°　　B．60°　　C．90°　　D．120°

15．三相半波可控整流电路带电阻性负载时，其触发脉冲控制角 α 的移相范围为（　　）。

A．0°～90°　　B．0°～120°　　C．0°～150°　　D．0°～180°

16．三相半波可控整流电路带大电感负载时，在负载两端（　　）续流二极管。

A．必须要接　　B．不可接　　C．可接可不接　　D．应串接

17．三相半波可控整流电路中，变压器次级相电压为 200V，带大电感负载，无续流二极管，当 $\alpha=60°$ 时的输出电压为（　　）V。

A．100　　B．117　　C．200　　D．234

18．三相半波可控整流电路，变压器次级相电压有效值为 100V，负载中流过的最大电流有效值为 157A，考虑 2 倍的安全余量，晶闸管应选择（　　）型。

A．KP200—10　　B．KP200—1　　C．KP200—5　　D．KS200—5

19．三相半波可控整流电路带电阻性负载时，晶闸管承受的最大正向电压是（　　）。

A．$2.282U_2$　　B．$1.414U_2$　　C．$2.45U_2$　　D．$1.732U_2$

20．三相半波可控整流电路，每个晶闸管可能承受的最大反向电压为（　　）。

A．$\sqrt{6}U_2$　　B．$\sqrt{3}U_2$　　C．$\sqrt{2}U_2$　　D．$2\sqrt{2}U_2$

项目五　三相全控桥式整流电路的连接与调试

【项目目标】

通过完成本项目，使学习者能够达到维修电工（高级）证书相应的理论和技能的考核要求，具体要求见表 4.5.1。

表 4.5.1　维修电工（高级）考核要素细目表

相关知识考核要点	相关技能考核要求
1．三相全控桥式整流电路的组成及工作原理 2．三相全控桥式整流电路的计算方法 3．三相全控桥式整流电路的调试方法和波形分析知识	1．能分析三相全控桥式整流电路的组成及工作原理 2．能绘制三相全控桥式整流电路的工作波形 3．能用示波器对三相全控桥式整流电路进行调试和波形测量 4．能对三相全控桥式整流电路主电路与触发电路进行维修

【电气图形符号和文字符号】

在本项目中涉及的元器件的图形符号和文字符号见表 4.5.2。

表 4.5.2　元器件的图形符号和文字符号

序号	名　称	图形符号 GB/T4728—2005-2008	文字符号 GB/T20939-2007	备　注
1	电阻器		RA	GB/T4728.4—2005
2	三绕组变压器		TA	GB/T4728.4—2005
3	带滑动触点的电阻器 S00559		RA	GB/T4728.4—2005
4	晶闸管 S00567		QA	GB/T4728.4—2005
5	T 形连接 S00019			GB/T4728.3—2005
6	T 形连接 S00020			GB/T4728.3—2005
7	导线的双 T 形连接 S00021			GB/T4728.3—2005
8	导线的双 T 形连接 S00022			GB/T4728.3—2005

【项目任务描述】

现有带电感性负载的三相全控桥式整流电路原理图 1 张，如图 4.5.1 所示。本项目的主要任务是按照原理图完成三相全控桥式整流电路的连接与测量，并记录相应的测量结果。

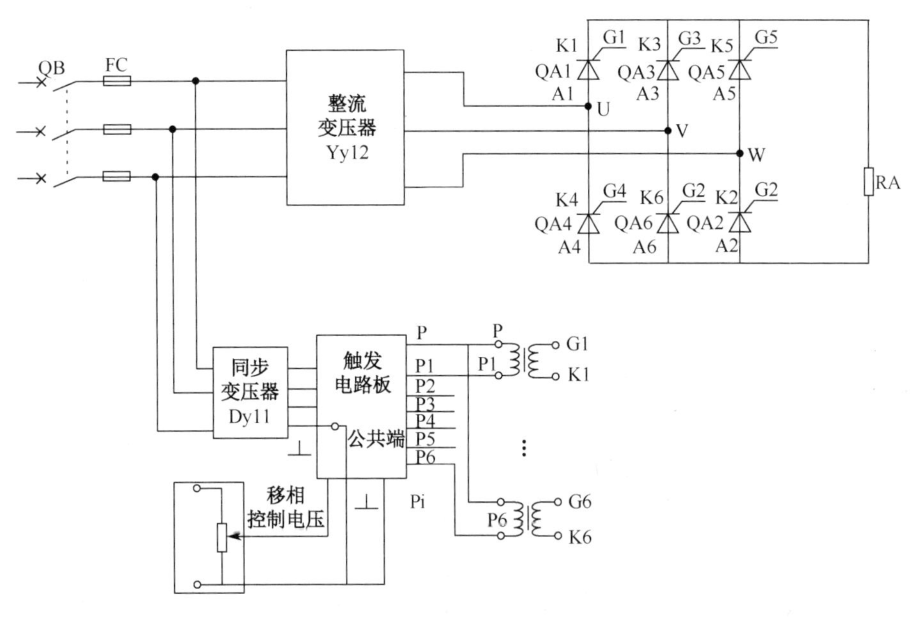

图 4.5.1　带阻性负载三相全控桥式整流电路原理图

【项目实施条件】

1. 工具、仪表及器材

电子钳、电烙铁、镊子灯常用电子组装工具 1 套，万用表及双踪示波器。

2. 元器件

项目所需的元器件清单见表 4.5.3。

表 4.5.3　电路所需元器件和仪表清单

序号	代　号	名　称	型号规则	数量
1	TA	整流变压器		1
2	TA	同步变压器		1
3	MC2014	触发电路板	TC787	1
4	QA_1～QA_6	晶闸管		1
5	RA	电阻器		1

【知识链接】

1. 阻性负载电路结构特点

（1）原理图。

三相桥式全控整流带阻性负载电路相当于两组半波电路的串联，一组来自共阴极组，另一组来自共阳极组。

三相桥式全控整流带阻性负载电路，晶闸管的编号与自然换相点的点号保持一致。

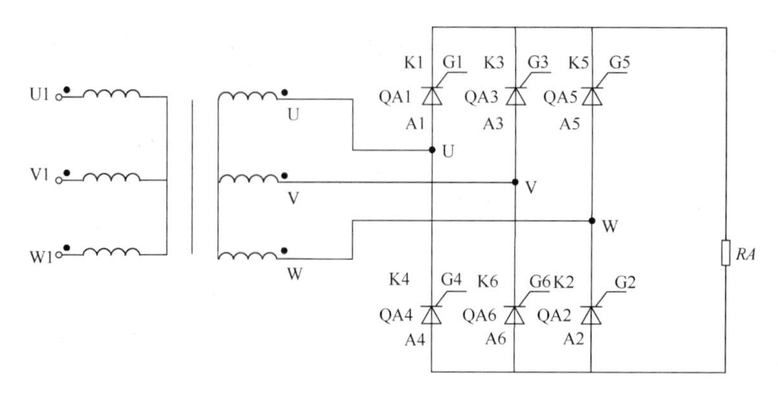

图 4.5.2　三相全控桥式整流带阻性负载电路原理图

（2）触发脉冲。

① 采用双脉冲触发。

图 4.5.3 所示为双窄脉冲。触发电路送出的是窄的矩形脉冲，宽度一般为 18°～20°，在送出某一相晶闸管脉冲的同时，向前一相晶闸管补发一个触发脉冲，成为补脉冲（或辅脉冲）。例如，在送出 u_{g3} 触发 QA3 的同时，触发电路也向 QA2 送出 u_{g2}，故 QA3 与 QA2 同时被触发导通，输出电压 u_d 为 u_{VW}）。

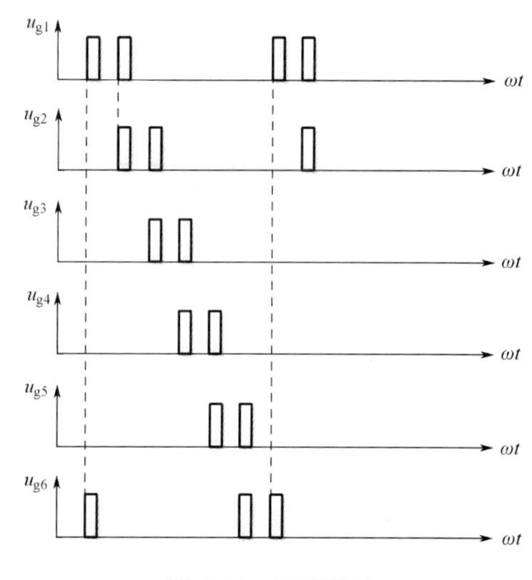

图 4.5.3　双窄脉冲

触发脉冲“依次、成对”出现，如图 4.5.4 所示。

② 采用单宽脉冲触发。

如图 4.5.5 所示为单宽脉冲。每一个触发脉冲的宽度大于 60° 而小于 120°（一般取 80°～90° 为宜），这样在相隔 60° 要触发换相时，当后一个触发脉冲出现时刻，前一个脉冲还未消失，这样就保证在任一换相时刻都有相邻的两个晶闸管有触发脉冲。例如，在送出 u_{g3} 触发 QA3 的同时，由于 u_{g2} 还未消失，所以 QA3 与 QA2 便同时被触发导通，整流输出电压 u_d 为 u_{VW}。显然，双窄脉冲的作用和单宽脉冲的作用是一样的，但是双窄脉冲触发可减少触发电路的功率和脉冲变压器铁芯体积。

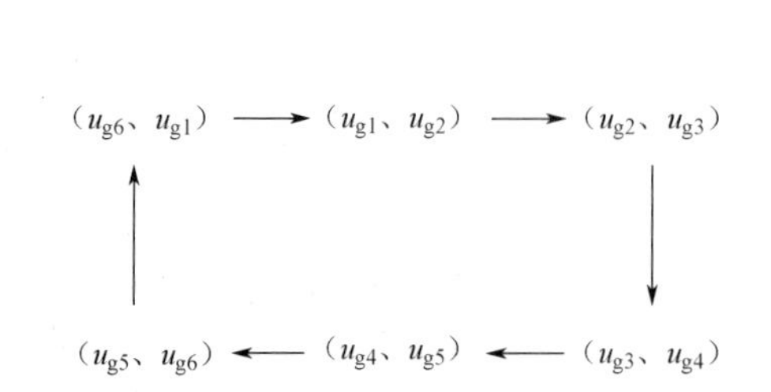

图 4.5.4　三相全控桥式整流带阻性负载电路晶闸管触发脉冲次序示意图

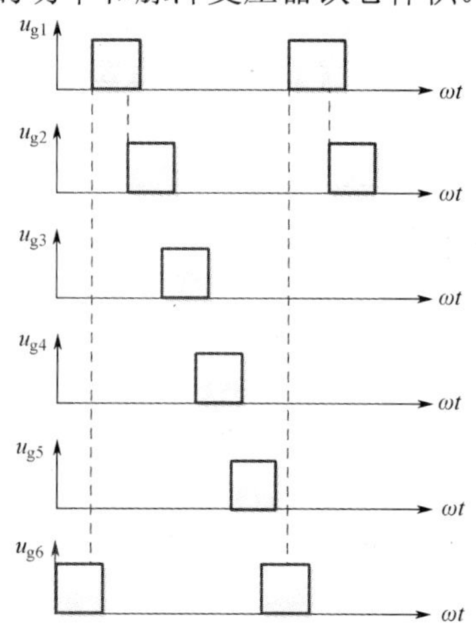

图 4.5.5　单宽脉冲

2. 三相全控桥式整流带电阻性负载电路工作原理

（1）α=0° 时电路工作原理分析。

① ωt_1～ωt_2 区间。

ωt_1～ωt_2 区间，电流流向为如图 4.5.6 所示的虚线及箭头方向：U→QA1→负载→QA6→V。

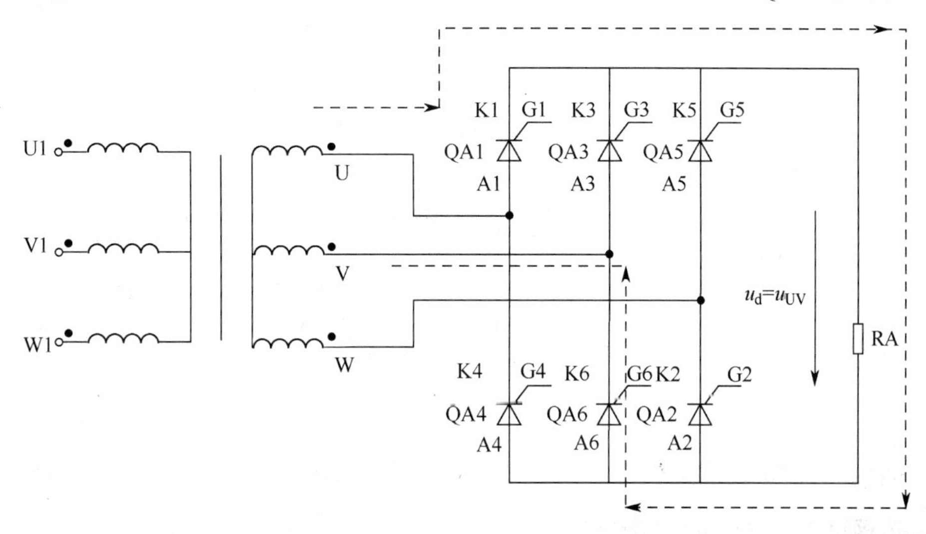

图 4.5.6　三相全控整流阻性负载 QA1 及 QA6 导通时输出电压与电流回路（ωt_1～ωt_2 区间）

ωt_1～ωt_2 区间波形如图 4.5.7 所示。

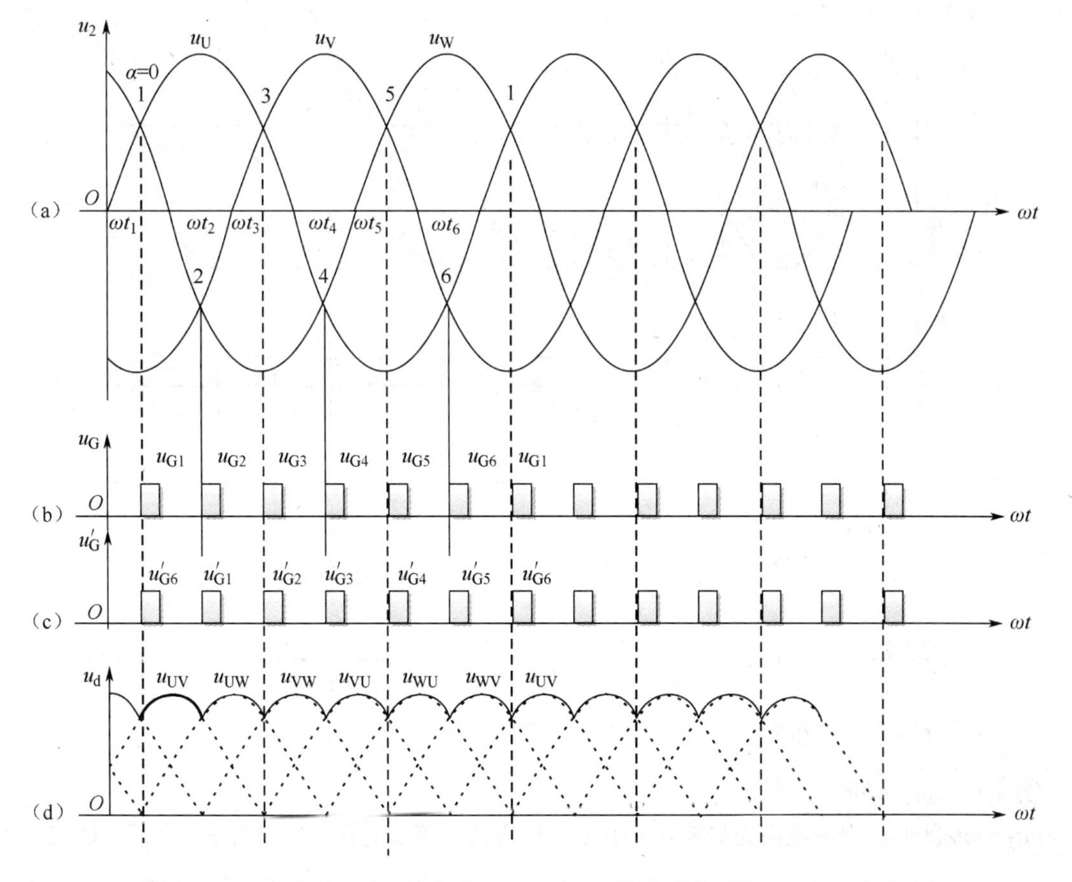

图 4.5.7　三相全控整流阻性负载 QA1 及 QA6 导通时波形图（ωt_1～ωt_2 区间）

② $\omega t_2 \sim \omega t_3$区间。

$\omega t_2 \sim \omega t_3$区间电流流向为如图 4.5.8 所示的虚线及箭头方向：U→QA1→负载→QA2→W。

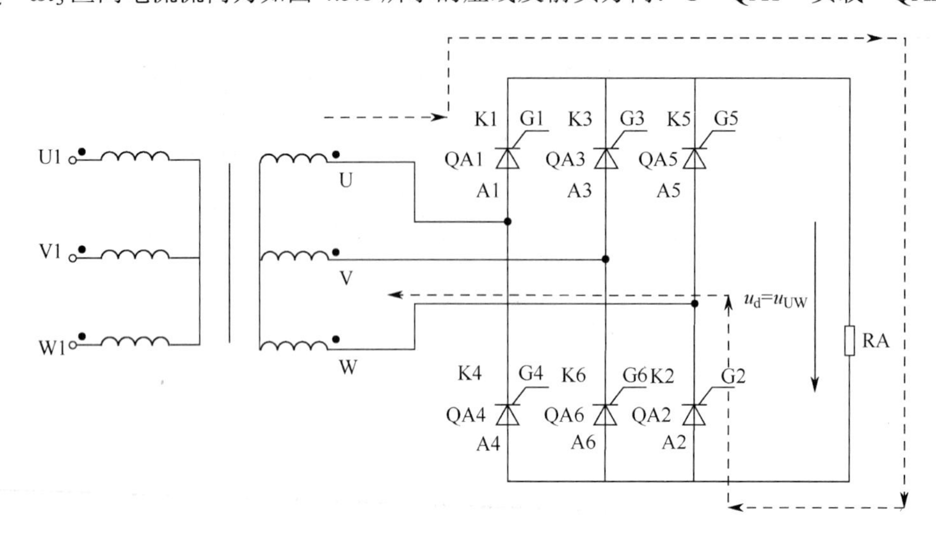

图 4.5.8　三相全控整流阻性负载 QA1 及 QA2 导通时输出电压与电流回路（$\omega t_2 \sim \omega t_3$区间）

$\omega t_2 \sim \omega t_3$区间波形如图 4.5.9 所示。

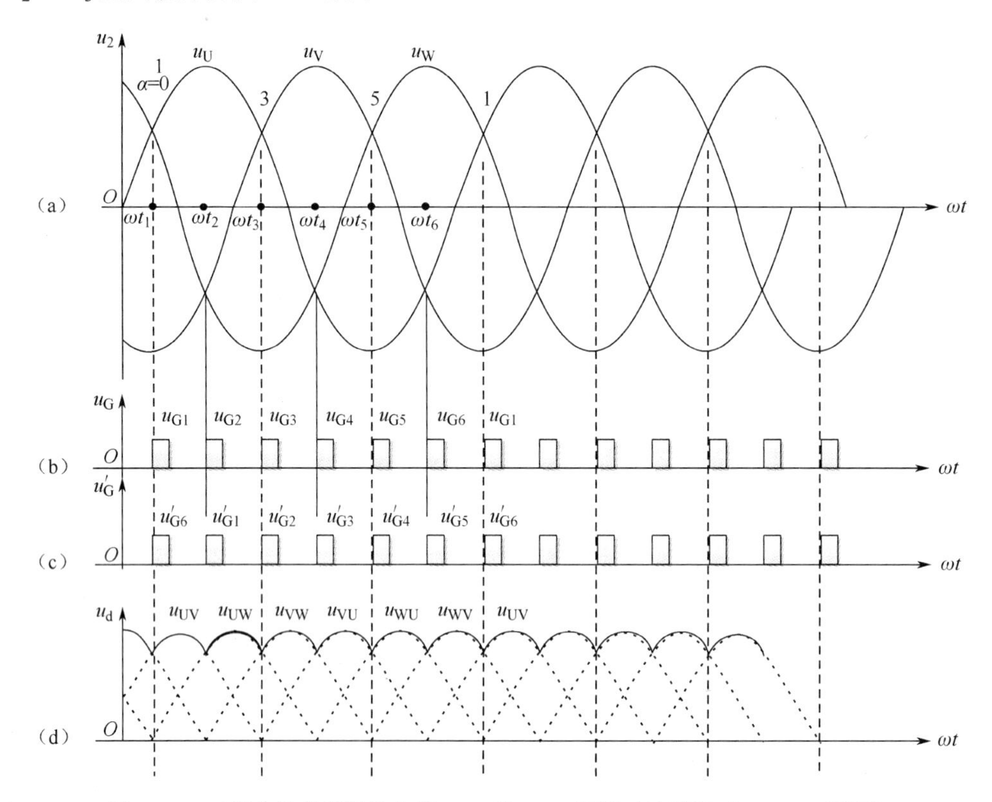

图 4.5.9　三相全控整流阻性负载 QA1 及 QA2 导通时波形图（$\omega t_2 \sim \omega t_3$区间）

③ $\omega t_3 \sim \omega t_4$区间。

$\omega t_3 \sim \omega t_4$区间，电流流向为如图 4.5.10 所示的虚线及箭头方向：V→QA3→负载→QA2→W。

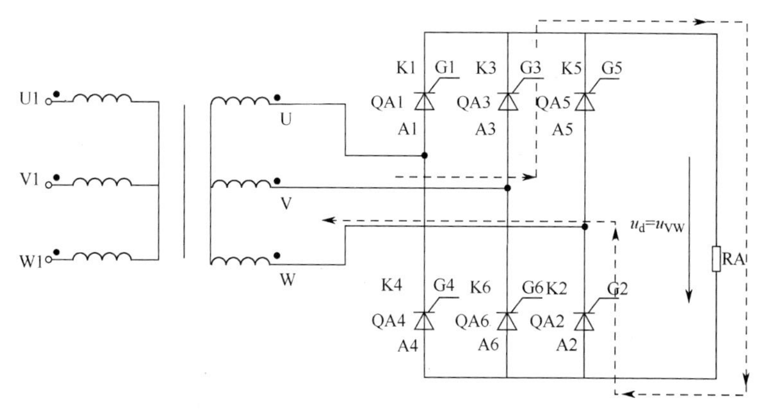

图 4.5.10 三相全控整流阻性负载 QA3 及 QA2 导通时输出电压与电流回路（ωt_3～ωt_4区间）

ωt_3～ωt_4区间，波形如图 4.5.11 所示。

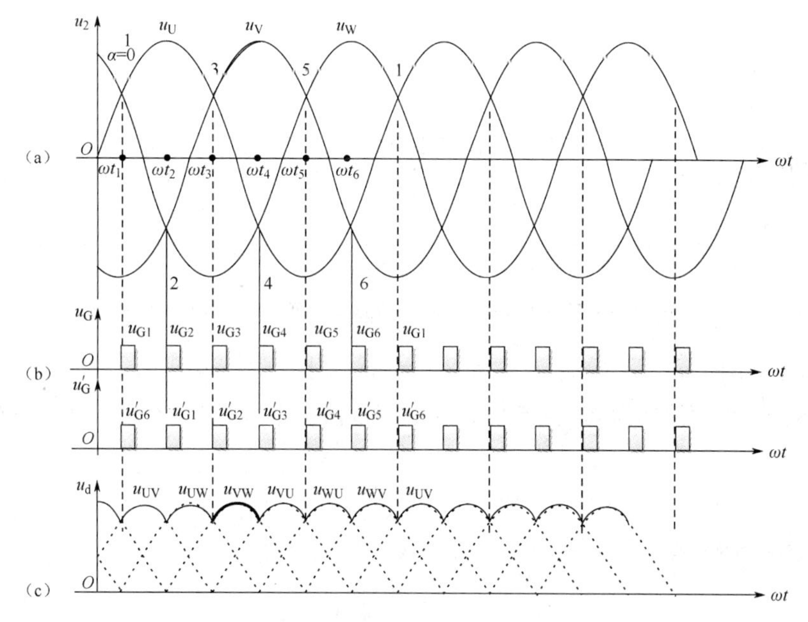

图 4.5.11　三相全控整流阻性负载 QA3 及 QA2 导通时波形图（ωt_3～ωt_4区间）

④ ωt_4～ωt_5区间。

ωt_4～ωt_5区间，电流流向为如图 4.5.12 所示的虚线及箭头方向：V→QA3→负载→QA4→U。

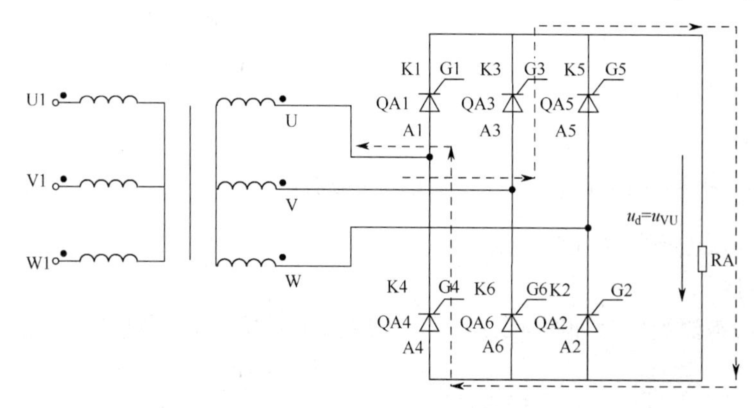

图 4.5.12　三相全控整流阻性负载 QA3 及 QA4 导通时输出电压与电流回路（ωt_4～ωt_5区间）

$\omega t_4 \sim \omega t_5$ 区间，波形如图 4.5.13 所示。

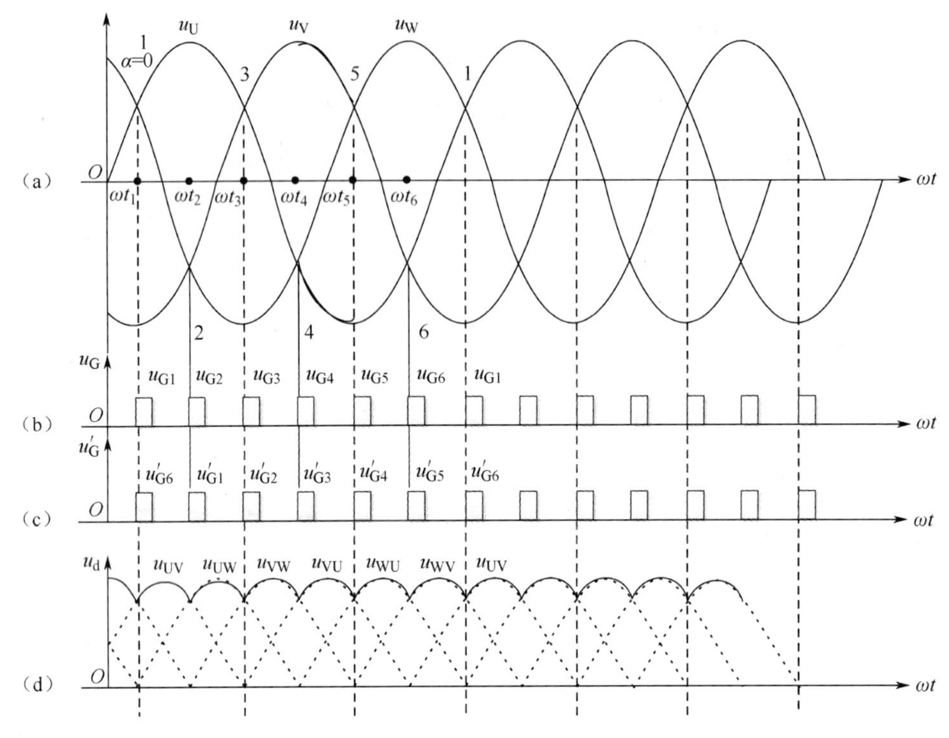

图 4.5.13　三相全控整流阻性负载 QA3 及 QA4 导通时波形图（$\omega t_4 \sim \omega t_5$ 区间）

⑤ $\omega t_5 \sim \omega t_6$ 区间。

$\omega t_5 \sim \omega t_6$ 区间，电流流向为如图 4.5.14 所示虚线及箭头方向：W→QA5→负载→QA4→U。

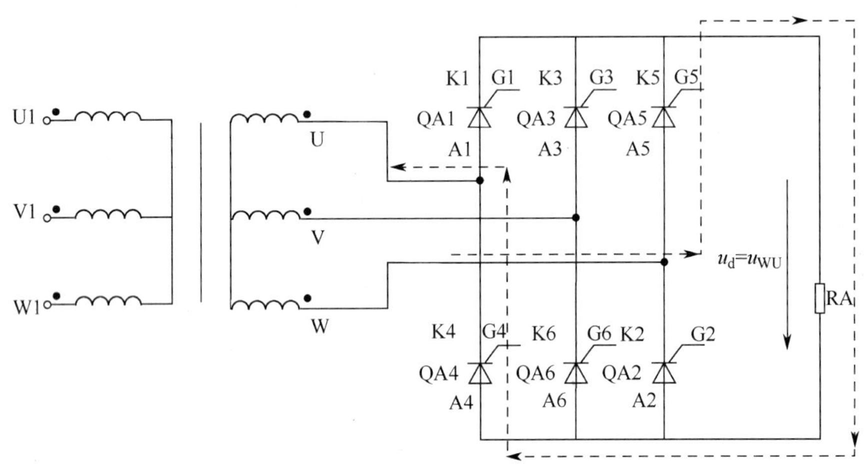

图 4.5.14　三相全控整流阻性负载 QA5 及 QA4 导通时输出电压与电流回路（$\omega t_5 \sim \omega t_6$ 区间）

$\omega t_5 \sim \omega t_6$ 区间，波形如图 4.5.15 所示。

⑥ $\omega t_6 \sim \omega t_1$ 区间。

$\omega t_6 \sim \omega t_1$ 区间电流流向为如图 4.5.16 所示虚线及箭头方向：W→QA5→负载→QA6→V。

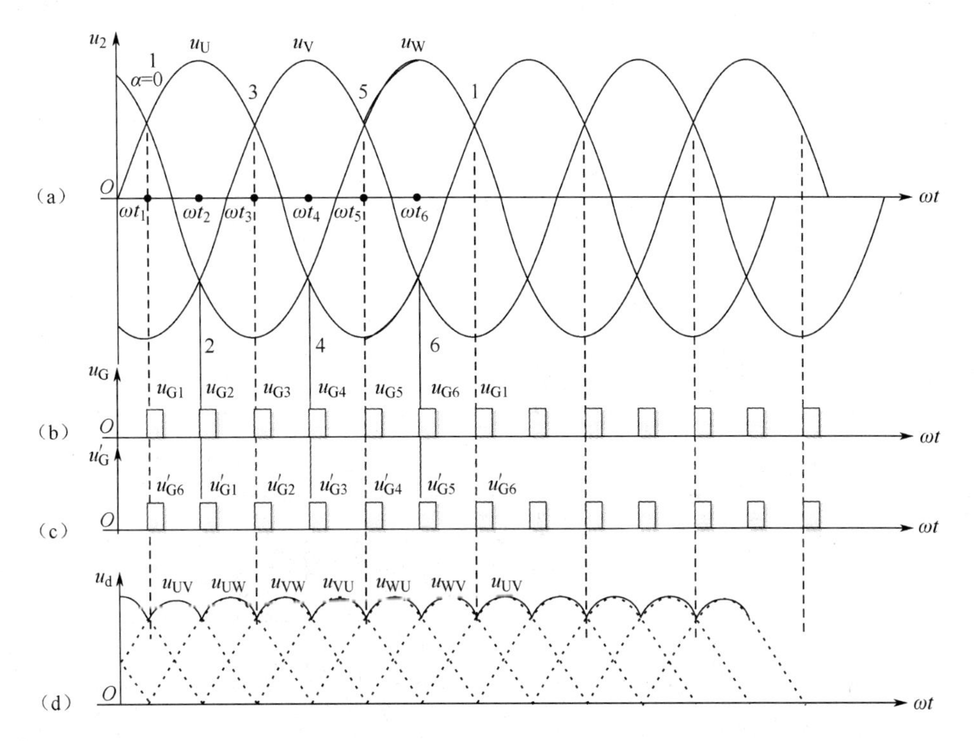

图 4.5.15　三相全控整流阻性负载 QA5 及 QA4 导通时波形图（ωt_5～ωt_6区间）

ωt_6～ωt_1区间，波形如图 4.5.16 所示。

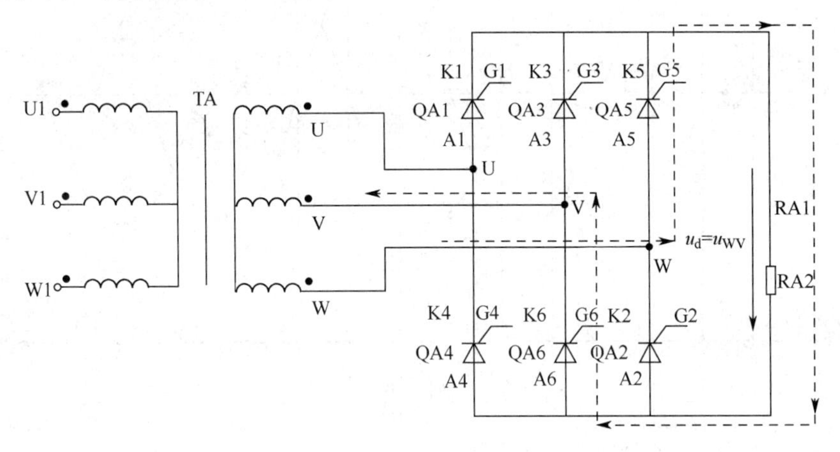

图 4.5.16 三相全控整流阻性负载 QA5 及 QA6 导通时输出电压与电流回路（ωt_6～ωt_1区间）

（2）α=30° 时电路工作原理分析。

如图 4.5.18（d）和图 4.5.18（e）所示分别为 α=30° 时输出电压 u_d 和晶闸管 QA1 两端电压的理论波形。

如图 4.5.18 所示波形中，设电路已在工作，QA5、QA6 已导通，输出电压 u_{WV} 经过自然换相点 1 时，虽然 U 相 QA1 开始承受正向电压，但触发脉冲 u_{G1} 尚未送到，QA1 无法导通，于是 QA5 仍承受正向电压继续导通。当经过 U 相（1 号管）自然换相点 30°，即 α=30° 时，触发电路送出触发脉冲 u_{G1}、u_{G6}，触发 QA1、QA6 导通，QA5 承受反压而关断，输出电压 u_d 波形由 u_{WV} 变成 u_{UV} 波形，QA1、QA6 被触发导通时的输出电压与电流回路如图 4.5.19 虚线所示。

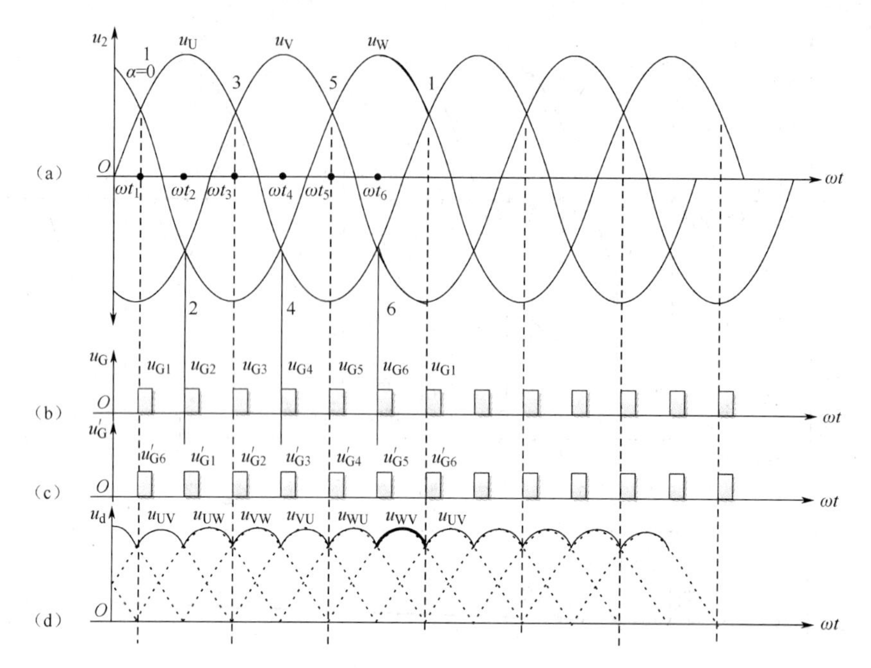

图 4.5.17　三相全控整流阻性负载 QA5 及 QA6 导通时波形图（ωt_6～ωt_1 区间）

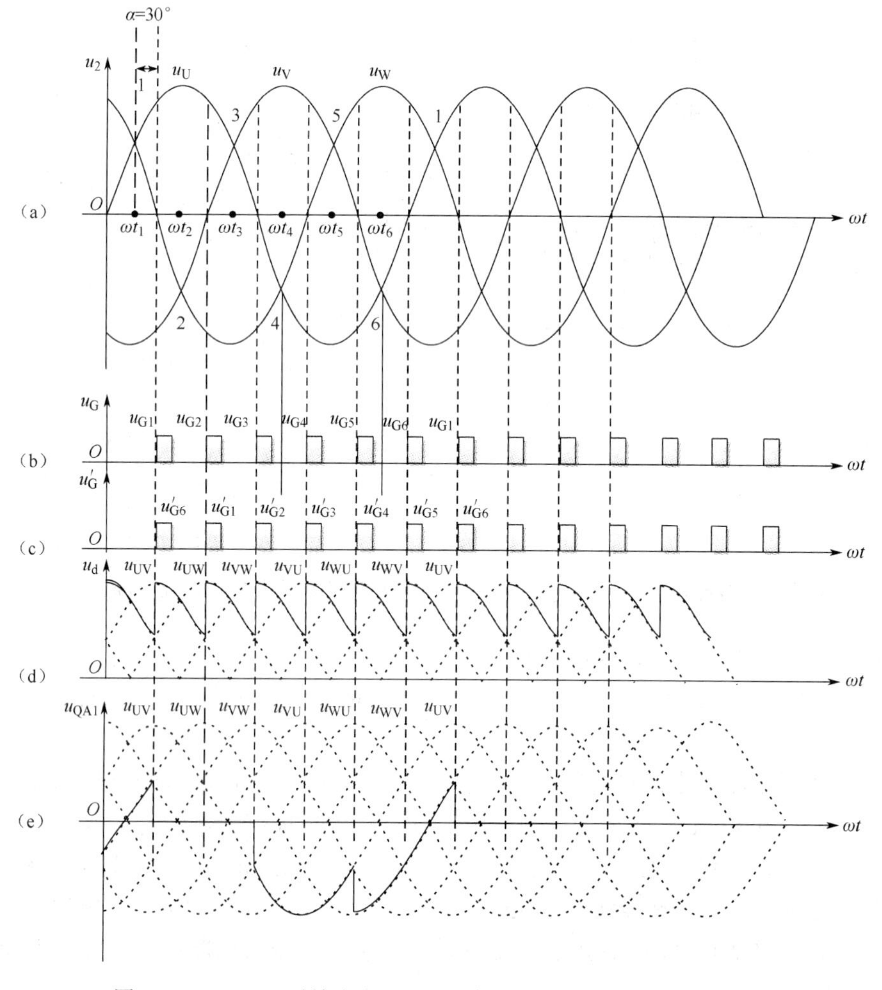

图 4.5.18　$\alpha=30°$ 时输出电压和晶闸管 QA1 两端电压的理论波形

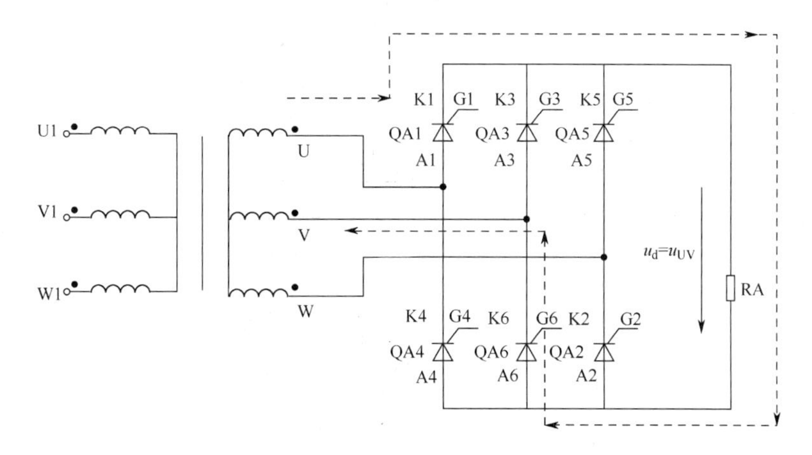

图 4.5.19　QA1 及 QA6 导通时输出电压与电流回路

经过自然换相点 2 时，虽然 W 相 QA2 开始承受正向电压，但触发脉冲 u_{G2} 尚未送到，QA1 无法导通，于是 QA6 仍承受正向电压继续导通。当经过 2 号管自然换相点 30°，即 α–30° 时，触发电路送出触发脉冲 u_{G2}、u_{G1}，触发 QA1、QA2 导通，QA6 承受反压而关断，输出电压 u_d 波形由 u_{UV} 变成 u_{UW} 波形，QA1、QA2 被触发导通时的输出电压与电流回路如图 4.5.20 虚线所示。

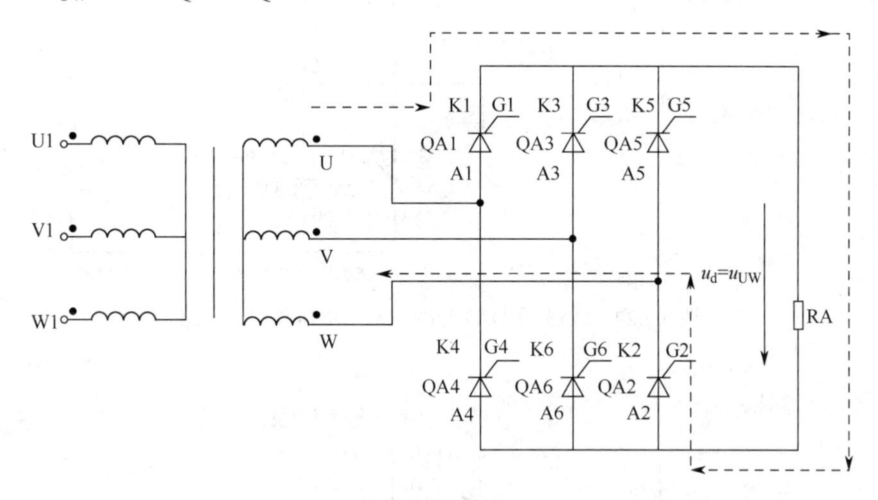

图 4.5.20　QA1 及 QA2 导通时输出电压与电流回路

经过自然换相点 3 时，虽然 V 相 QA3 开始承受正向电压，但触发脉冲 u_{G3} 尚未送到，QA3 无法导通，于是 QA1 仍承受正向电压继续导通。当经过 3 号管自然换相点 30°，即 α=30° 时，触发电路送出触发脉冲 u_{G3}、u_{G2}，触发 QA3、QA2 导通，QA1 承受反压而关断，输出电压 u_d 波形由 u_{UW} 变成 u_{VW} 波形，QA3、QA2 被触发导通时的输出电压与电流回路如图 4.5.21 虚线所示。

经过自然换相点 4 时，虽然 U 相 QA4 开始承受正向电压，但触发脉冲 u_{G4} 尚未送到，QA3 无法导通，于是 QA2 仍承受正向电压继续导通。当经过 4 号管自然换相点 30°，即 α=30° 时，触发电路送出触发脉冲 u_{G4}、u_{G3}，触发 QA3、QA4 导通，QA2 承受反压而关断，输出电压 u_d 波形由 u_{VW} 变成 u_{VU} 波形，QA3、QA4 被触发导通时的输出电压与电流回路如图 4.5.22 虚线所示。

经过自然换相点 5 时，虽然 W 相 QA5 开始承受正向电压，但触发脉冲 u_{G5} 尚未送到，QA5 无法导通，于是 QA3 仍承受正向电压继续导通。当经过 5 号管自然换相点 30°，即 α=30° 时，触发电路送出触发脉冲 u_{G5}、u_{G4}，触发 QA5、QA4 导通，QA3 承受反压而关断，输出电压 u_d 波形由 u_{VU} 变成 u_{WU} 波形，QA5、QA4 被触发导通时的输出电压与电流回路如图 4.5.23 虚线所示。

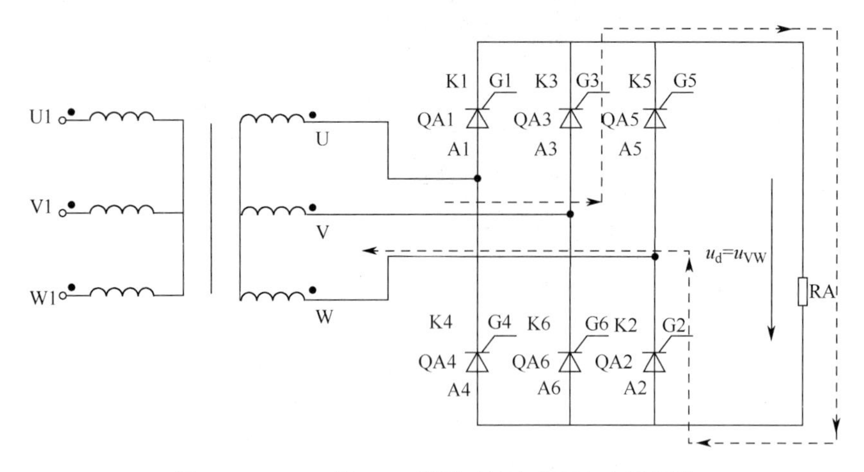

图 4.5.21　QA3 及 QA2 导通时输出电压与电流回路

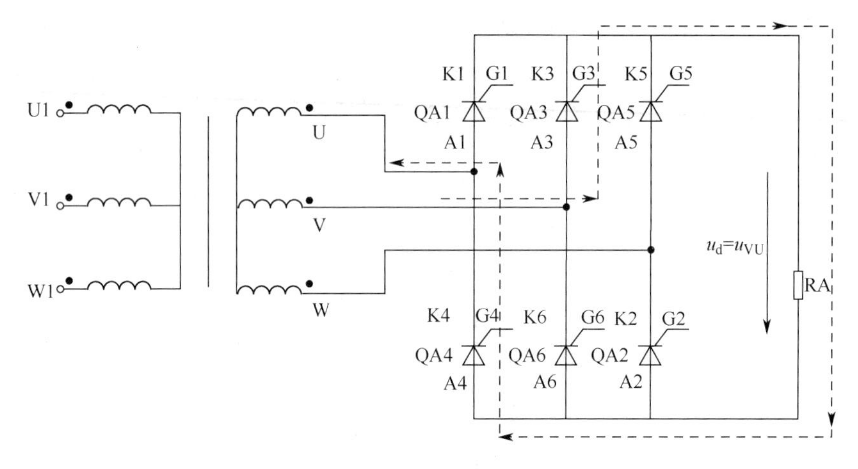

图 4.5.22　QA3 及 QA4 导通时输出电压与电流回路

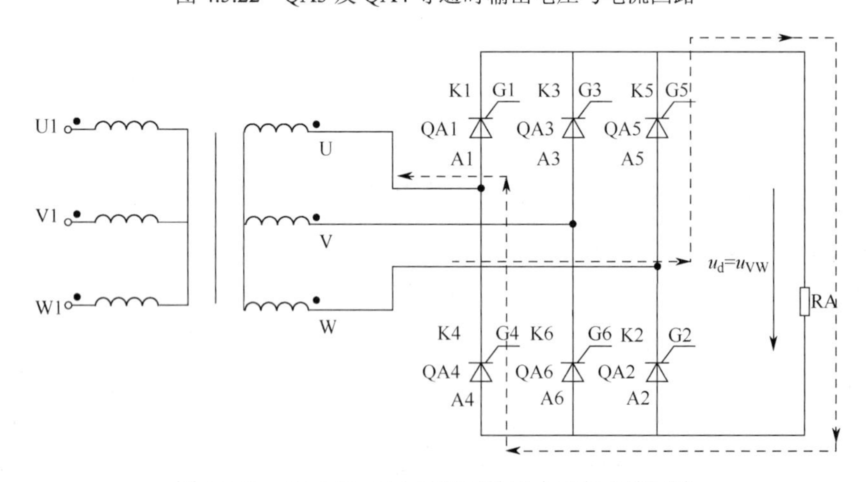

图 4.5.23　QA5 及 QA4 导通时输出电压与电流回路

经过自然换相点 6 时，虽然 V 相 QA6 开始承受正向电压，但触发脉冲 u_{G6} 尚未送到，QA6 无法导通，于是 QA4 仍承受正向电压继续导通。当过 6 号管自然换相点 30°，即 α=30° 时，触发电路送出触发脉冲 u_{G6}、u_{G5}，触发 QA5、QA6 导通，QA4 承受反压而关断，输出电压 u_d 波形由 u_{WU} 变成 u_{WV} 波形，QA5、QA6 被触发导通时的输出电压与电流回路如图 4.5.24 虚线所示。

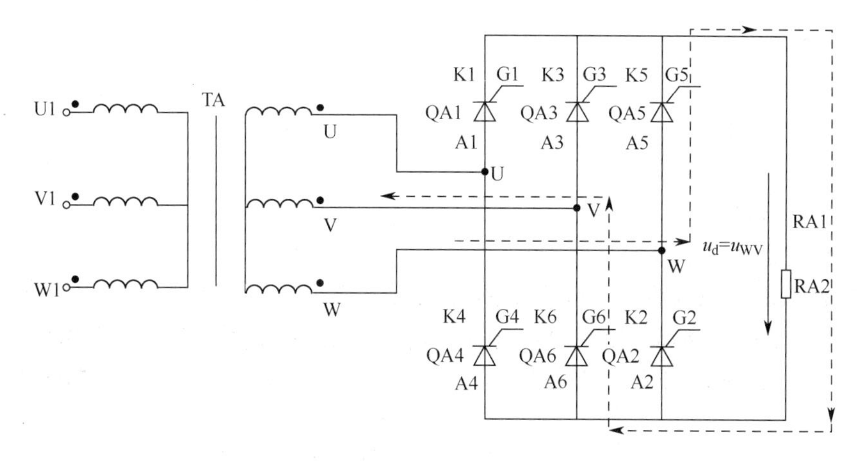

图 4.5.24　QA5 及 QA6 导通时输出电压与电流回路

这样就完成了一个周期的换流过程。电路中 6 只晶闸管导通的顺序与输出电压的对应关系如图 4.5.25 所示。

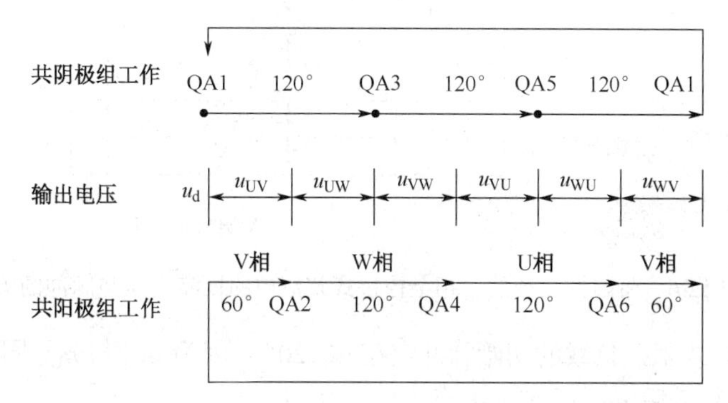

图 4.5.25　6 只晶闸管导通的顺序与输出电压的对应关系

（3）三相桥式全控整流电路阻性负载的特点。

① 两管同时导通形成供电回路，其中共阴极组和共阳极组各一个，且不能为同一相器件。

② 对触发脉冲的要求如下。

按 QA1→QA2→QA3→QA4→QA5→QA6 的顺序，相位依次相差 60°。

共阴极组 QA1、QA3、QA5 的脉冲依次相差 120°，共阳极组 QA4、QA6、QA2 也依次相差 120°。

同一相的上下两个桥臂，即 QA1 与 QA4、QA3 与 QA6、QA5 与 QA2、脉冲相差 180°。

采用双脉冲触发，保证电流通路：对某管发触发脉冲时对前一管同时发。如给 1 号时，同时给 6 号；给 2 号时同时给 1 号。

③ u_d 一周期脉动 6 次，每次脉动的波形都一样，故该电路为 6 脉冲波整流电路。

④ 需保证同时导通的两个晶闸管均有脉冲。

⑤ 晶闸管承受的电压波形与三相半波时相同，晶闸管承受最大正、反向电压的关系也相同。

【项目实施步骤】

1．进行电路连接

按如图 4.5.1 所示的电路原理图在实验装置上进行电路的连接，在接线过程中要求照图配线，本项目中整流变压器的接法为 YY12，同步变压器的接法为 DY11，同项目四。

2．进行电路调试

检查接线正确无误后送电，进行电路的调试。其方法与项目四一致，此处不再赘述。

（1）测定电源的相序。

（2）测定触发电路。

（3）确定初始脉冲位置。

调节电压给定器，使控制电压 U_c=0。

① 将 Y1 探头的接地端接到双脉冲触发电路实验面板的公共端点上，探头的测试端接在面板上“UR1”测量同步电压 u_{SU}，在荧光屏上确定 u_{SU} 正向过零点的位置，将 Y2 探头的测试端接到面板上的“P1”点处，探头的接地端悬空，荧光屏上显示出脉冲 U_{p1} 的波形，如图 4.5.26 所示。

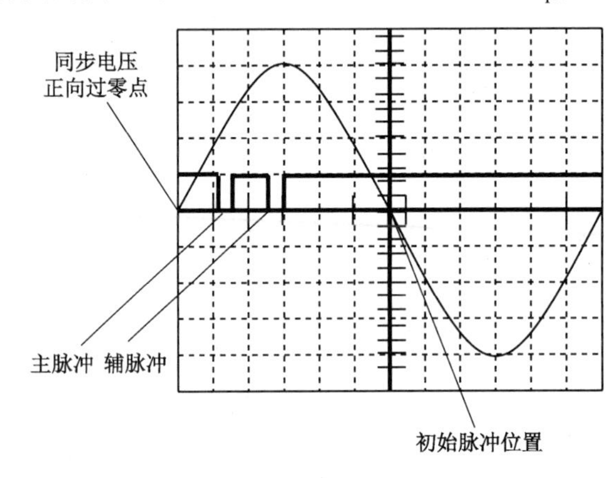

图 4.5.26 带阻性负载的三相全控桥式整流电路同步电压与脉冲的关系

② 将三相全控桥式阻性负载的初始脉冲定在 α=120°，因为 u_{SU} 与 u_{UV} 同相位，电路延迟角 α 的起始点（即 α=0°）滞后 u_{UV} 正向过零点 60°，所以初始脉冲的位置应滞后 u_{SU} 正向过零点的角度为 120°+60°=180°，以此在荧光屏上确定脉冲的位置，对应确定位置标于图 4.5.26 中。

③ 调节面板上的“偏移”旋钮，改变偏移电压 u_b 的大小，将脉冲 u_{p1} 的主脉冲移至距 u_{SU} 正向过零点 180° 处，此时电路所处的状态为 α=120°，输出电压平均值 U_d=0，如图 4.5.27 所示。

注意：初始脉冲的位置一旦确定，“偏移”旋钮就不可以随意调整了。

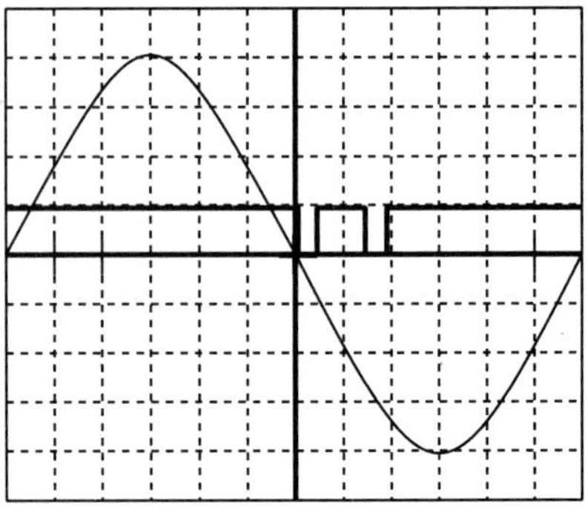

图 4.5.27 调节后同步电压与脉冲的位置关系

3．电路测试

接入负载，将探头接在负载两端，探头的测试端接高电位，探头的接地端接低电位，荧光屏上显示的应为带感性负载的三相全控桥式整流电路 α=120° 时的输出电压 U_d 的波形，增大控制电压 U_c，观察触发延迟角 α 从 120°～0° 变化时输出电压及对应的晶闸管两端承受的电压 u_{QA}，注意：在测量 u_{QA} 时，探头的测试端接管子的阳极，接地端接管子的阴极。α=60° 时的实测波形与记录波形如图 4.5.28（a）和图 4.5.28（b）所示。

要求：（1）能用示波器测量并在图 4.5.29 中绘制出 α=15°、30°、45°、60°、75°（由考评员选择其一，下同）时的输出直流电压 u_d 的波形。

（2）绘出晶闸管触发电路功放管集电极电压 u_{P1}、u_{P2}、u_{P3}、u_{P4}、u_{P5}、u_{P6} 的波形。

（3）晶闸管两端电压 u_{QA1}、u_{QA2}、u_{QA3}、u_{QA4}、u_{QA5}、u_{QA6} 波形。

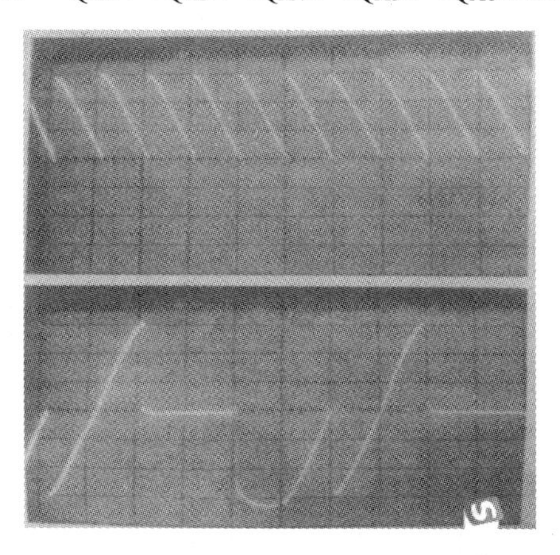

图 4.5.28（a）α=60° 时实测波形

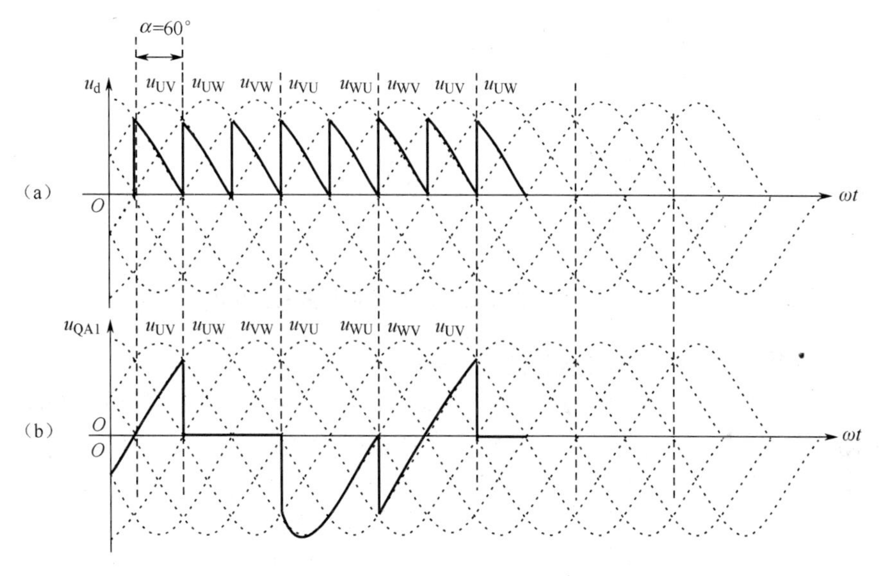

图 4.5.28（b）α=60° 时的记录波形

（4）同步电压 u_{SU}、u_{SV}、u_{SW} 波形。

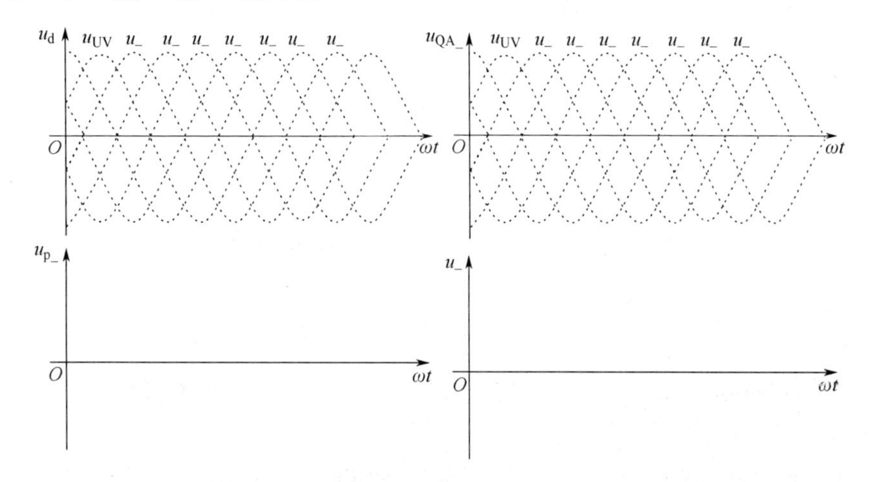

图 4.5.29　绘制波形

【知识拓展】

1. 带感性负载的三相全控桥式整流电路

如图 4.5.30 所示为带电感性负载的三相全控桥式整流电路图。

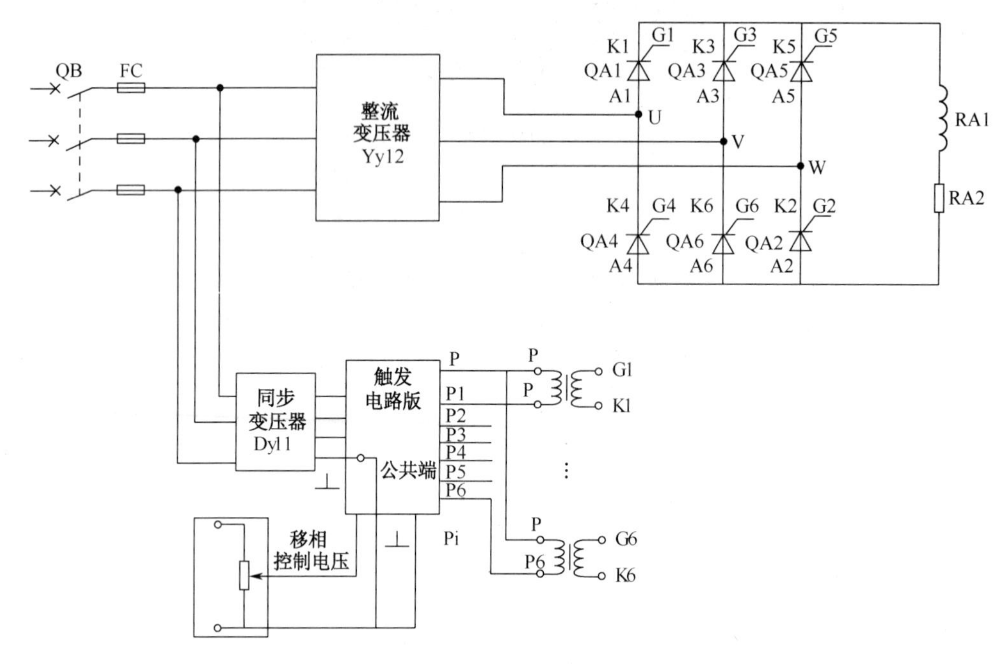

图 4.5.30　带电感性负载的三相全控桥式整流电路图

（1）三相全控桥式整流大电感负载电路原理图。

三相全控桥式整流大电感负载电路原理图如图 4.5.31 所示，三相全控桥式整流大电感负载电路主电感 RA1 足够大，且满足 RA1>>RA2，各相晶闸管触发延时角 α 为 0°，在自然换相点。

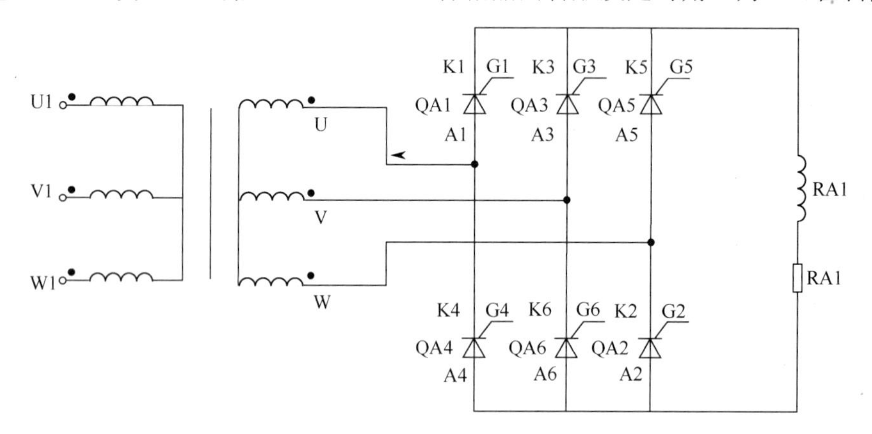

图 4.5.31　三相全控桥式整流大电感负载电路图

（2）$\alpha\leqslant60°$ 时电路工作原理分析。

$\alpha\leqslant60°$ 时电压 u_d 波形在正半周连续，负载两端的输出电压 u_d 波形、晶闸管两端电压波形分析方法与电阻性负载相同，请用 $\alpha=0°$ 时的分析方法自行分析，这里不再重复。

（3）$\alpha=90°$ 时电路工作原理分析

如图 4.5.32 所示为 $\alpha=90°$ 时输出电压 u_d 和晶闸管 QA1 两端电压的理论波形。

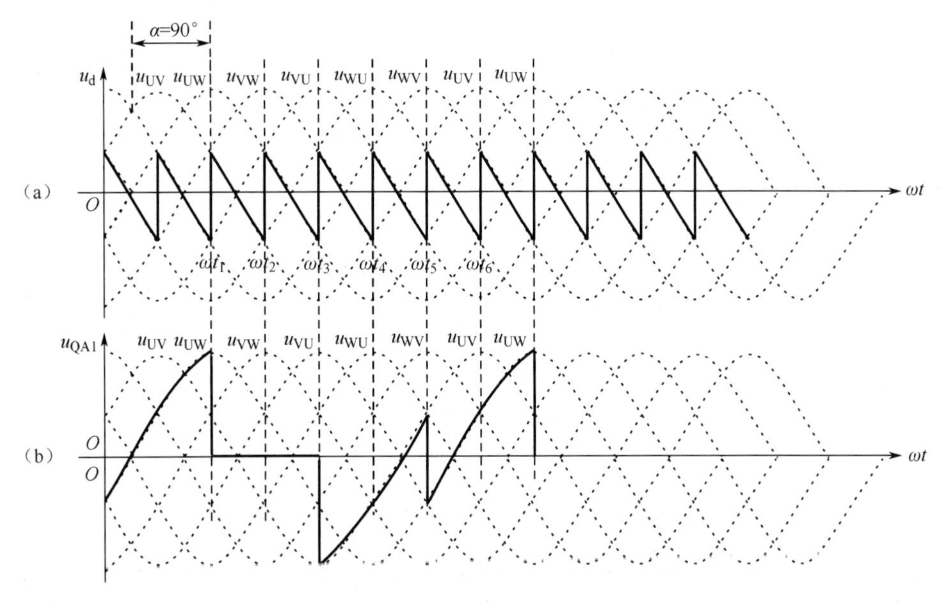

图 4.5.32 α=90°时输出电压 u_d 和晶闸管 QA1 两端电压的理论波形

在 ωt_1 时刻，加入触发脉冲触发晶闸管 QA1 导通。晶闸管 QA6 此时也处于导通状态，忽略管压降，负载上得到的输出电压 u_d 为 u_{UV}，QA1、QA6 被触发导通时输出电压与电流回路如图 4.5.33 所示的虚线部分。

当线电压过零变负时，由于 RA1 自感电动势的作用，所以导通的晶闸管不会关断，将 RA1 释放的能量回馈给电网，输出电压 u_d 的波形出现负半周。负载电流回路依然如图 4.5.30 所示的虚线部分。

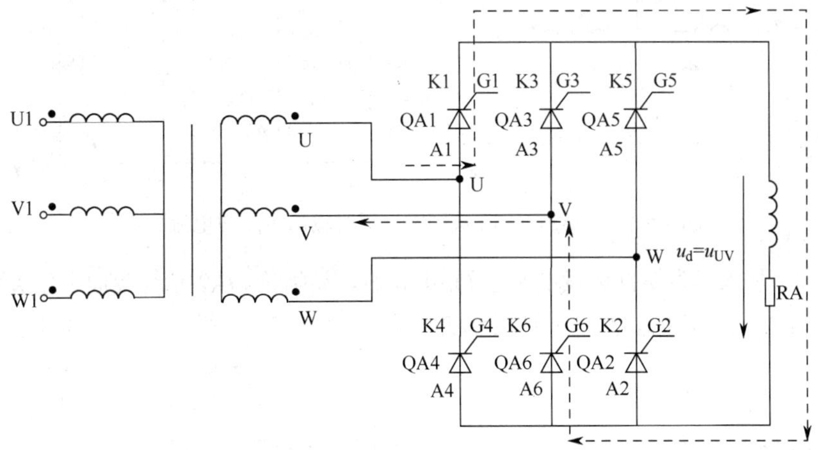

图 4.5.33 QA1、QA6 被触发导通时输出电压与电流回路

在 ωt_2 时刻，加入触发脉冲触发晶闸管 QA2 导通。晶闸管承受反向电压关断，负载上得到的输出电压 u_d 为 u_{UW}，QA1、QA2 被触发导通时输出电压与电流回路如图 4.5.31 所示的虚线部分。

同样当线电压 u_{UW} 过零变负时，由于 RA1 自感电动势的作用，维持晶闸管持续导通，将 RA1 释放的能量回馈给电网，输出电压 u_d 的波形出现负半周。负载电流回路依然如图 4.5.34 所示的虚线部分。

在 ωt_3 时刻，加入触发脉冲触发晶闸管 QA3 导通。晶闸管 QA1 承受反向电压关断，负载上得到的输出电压 u_d 为 u_{VW}，QA3、QA2 被触发导通时输出电压与电流回路如图 4.5.35 所示的虚线部分。

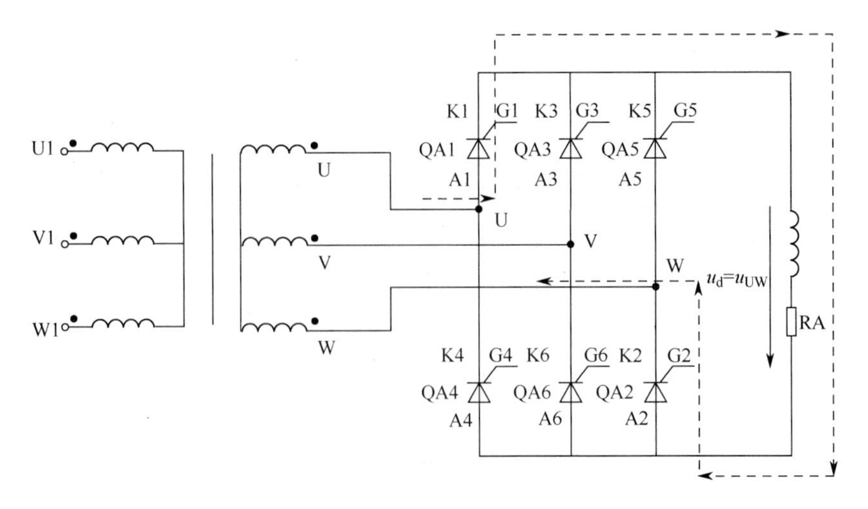

图 4.5.34 QA1、QA2 被触发导通时输出电压与电流回路

同样当线电压 u_{VW} 过零变负时，由于 RA1 自感电动势的作用，维持晶闸管持续导通，将 RA1 释放的能量回馈给电网，输出电压 u_d 的波形出现负半周。负载电流回路依然如图 4.5.35 所示的虚线部分。

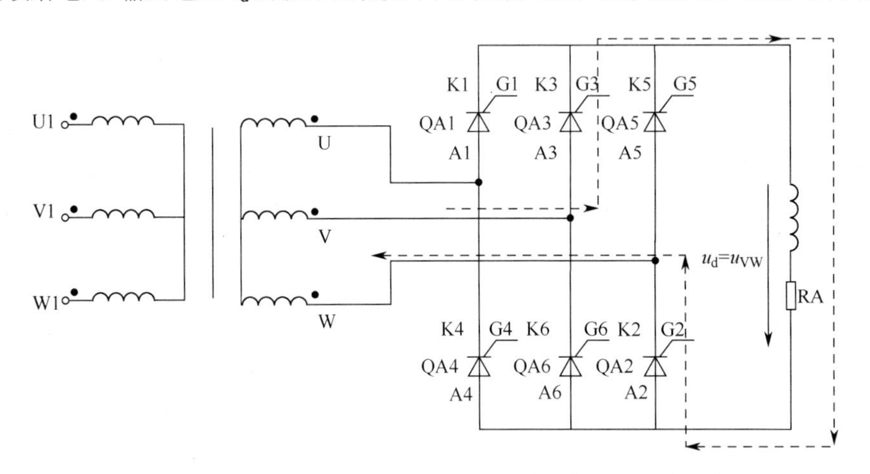

图 4.5.35 QA3、QA2 被触发导通时输出电压与电流回路

在 ωt_4 时刻，加入触发脉冲触发晶闸管 QA4 导通。晶闸管 QA2 承受反向电压关断，负载上得到的输出电压 u_d 为 u_{VU}，QA3、QA4 被触发导通时输出电压与电流回路如图 4.5.36 所示的虚线部分。

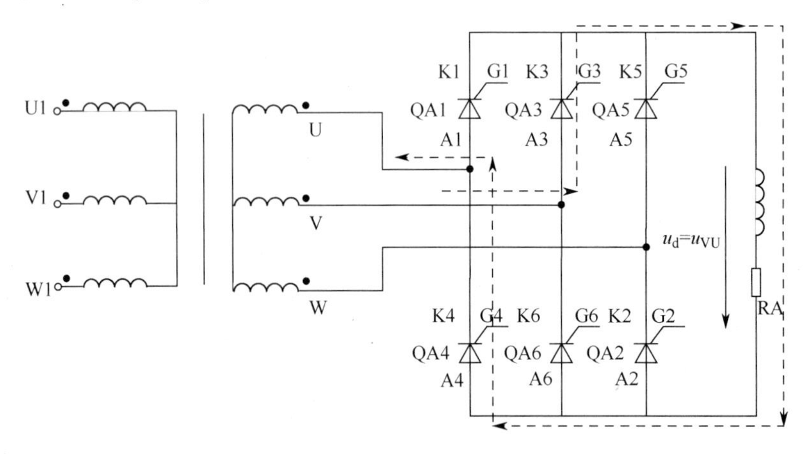

图 4.5.36 QA3、QA4 被触发导通时输出电压与电流回路

同样，当线电压 u_{VU} 过零变负时，由于 RA1 自感电动势的作用，维持晶闸管持续导通，将 RA1 释放的能量回馈给电网，输出电压 u_d 的波形出现负半周。负载电流回路依然如图 4.5.36 所示的虚线部分。

在 ωt_5 时刻，加入触发脉冲触发晶闸管 QA5 导通。晶闸管 QA3 承受反向电压关断，负载上得到的输出电压 u_d 为 u_{WU}，QA5、QA4 被触发导通时输出电压与电流回路如图 4.5.37 所示的虚线部分。

同样，当线电压 u_{WU} 过零变负时，由于 RA1 自感电动势的作用，维持晶闸管持续导通，将 RA1 释放的能量回馈给电网，输出电压 u_d 的波形出现负半周。负载电流回路依然如图 4.5.37 所示的虚线部分。

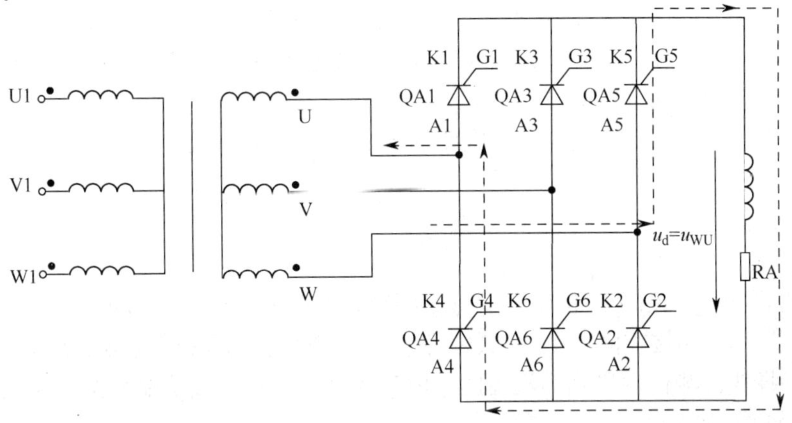

图 4.5.37　QA5、QA4 被触发导通时输出电压与电流回路

在 ωt_6 时刻，加入触发脉冲触发晶闸管 QA6 导通。晶闸管 QA4 承受反向电压关断，负载上得到的输出电压 u_d 为 u_{WV}，QA5、QA6 被触发导通时输出电压与电流回路如图 4.5.38 所示的虚线部分。

同样，当线电压 u_{WV} 过零变负时，由于 RA1 自感电动势的作用，维持晶闸管持续导通，将 RA1 释放的能量回馈给电网，输出电压 u_d 的波形出现负半周。负载电流回路依然如图 4.5.38 所示的虚线部分。

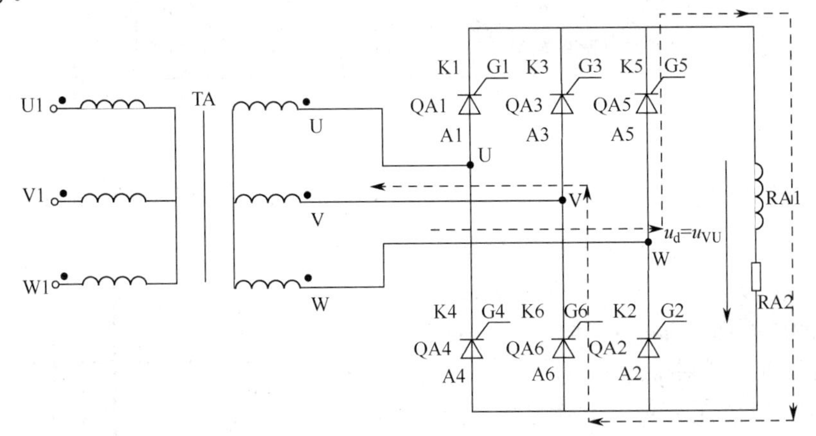

图 4.5.38　QA5、QA6 被触发导通时输出电压与电流回路

在 ωt_7 时刻，再次触发晶闸管 QA1 导通。负载上得到的输出电压 u_d 为 u_{UV}，至此完成一个周期的工作，在负载上得到一个完整的波形。

显然，当触发脉冲后移到 $\alpha=90°$ 时，u_d 波形正压部分与负压部分近似相等，输出电压平均值 $U_d≈0$。

（4）由以上分析和测试可以得出以下结论。

① 三相桥式全控整流大电感负载电路，在不接续流二极管的情况下，当 QA1>>QA2、$\alpha \leqslant 90°$、u_d 和 i_d 波形连续时，在一个周期内各相晶闸管轮流导通 120°。

② 移相范围为 α 为 0°～90°。

③ 输出电压 u_d 在 $0° \leqslant \alpha \leqslant 90°$ 范围内波形连续，当 $\alpha>60°$ 时，波形出现负半周。

④ 在触发延迟角 α 为 0°～90° 范围内变化时，晶闸管阳极承受的电压 u_{QA} 的波形分为 3 段：当晶闸管导通时，$u_{QA}≈0$（忽略管压降），其他任一相导通时，都使晶闸管承受相应的线电压。

（5）带感性负载的三相全控桥式整流电路安装调试步骤。

① 按如图 4.5.30 所示的电路原理图在实验装置上进行电路的连接，在接线过程中要求照图配线，本项目中整流变压器的接法为 YY12，同步变压器的接法为 DY11，同项目四。

② 检查接线正确无误后送电，进行电路的调试。其方法与项目四一致，此处不再赘述。

a．测定电源的相序。

b．测定触发电路。

c．确定初始脉冲位置。

调节电压给定器，使控制电压 $U_c=0$。将 Y1 探头的接地端接到双脉冲触发电路实验面板的公共端点上，探头的测试端接在面板上“UR1”测量同步电压 u_{SU}，在荧光屏上确定 u_{SU} 正向过零点的位置，将 Y2 探头的测试端接到面板上的“P1”点处，探头的接地端悬空，荧光屏上显示出脉冲 U_{p1} 的波形，如图 4.5.39 所示。

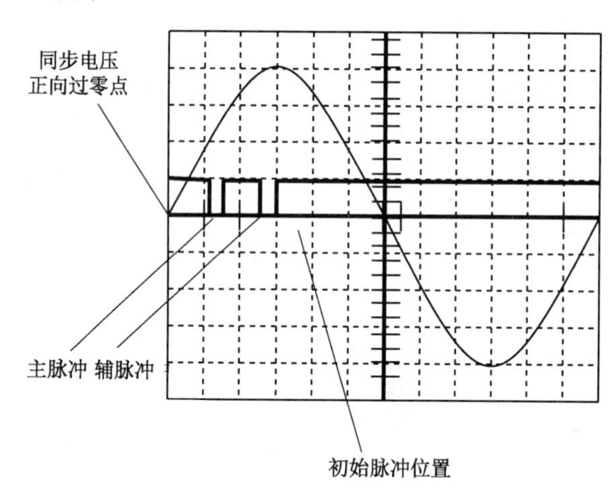

图 4.5.39　带电感性负载的三相全控桥式整流电路同步电压与脉冲的关系

将三相全控桥式电感性负载的初始脉冲定在 $\alpha=90°$，因为 u_{SU} 与 u_{UV} 同相位，电路延迟角 α 的起始点（即 $\alpha=0°$）滞后 u_{UV} 正向过零点 60°，所以初始脉冲的位置应滞后 u_{SU} 正向过零点的角度为 90°+60°=150°，以此在荧光屏上确定脉冲的位置，对应确定位置标于图 4.5.39 中。

调节面板上的“偏移”旋钮，改变偏移电压 u_b 的大小，将脉冲 u_{p1} 的主脉冲移至距 u_{SU} 正向过零点 150° 处，此时电路所处的状态为 $\alpha=90°$，输出电压

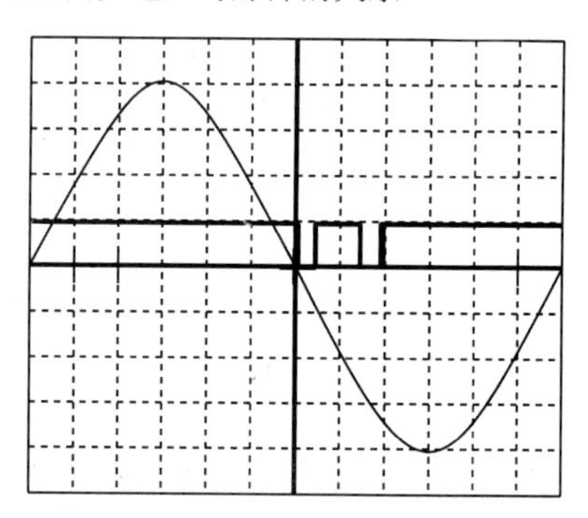

图 4.5.40　调节后同步电压与脉冲的位置关系

平均值 U_d=0，如图 4.5.40 所示。

注意：初始脉冲的位置一旦确定，“偏移”旋钮就不可以随意调整了。

（6）电路测试。

接入负载，将探头接在负载两端，探头的测试端接高电位，探头的接地端接低电位，荧光屏上显示的应为带感性负载的三相全控桥式整流电路 α=90° 时的输出电压 U_d 的波形，增大控制电压 U_c，观察触发延迟角 α 从 90°～0° 变化时输出电压及对应的晶闸管两端承受的电压 u_{QA}，注意：在测量 u_{QA} 时，探头的测试端接管子的阳极，接地端接管子的阴极。α=90° 时的实测波形与记录波形如图 4.5.41（a）和图 4.5.41（b）所示。

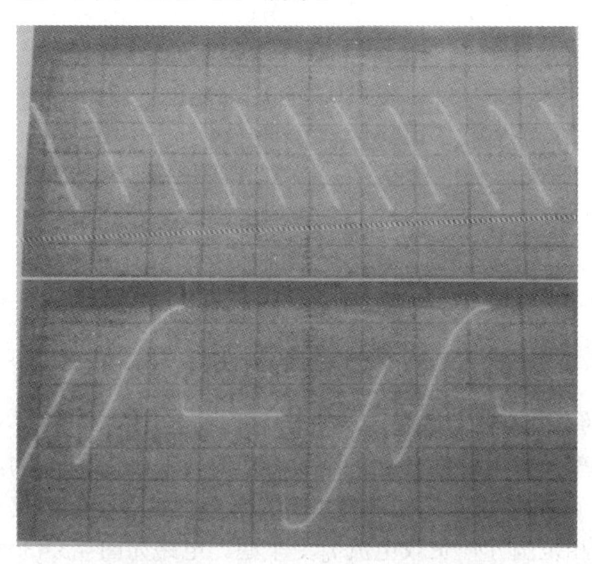

图 4.5.41（a）α=90° 时的实测波形

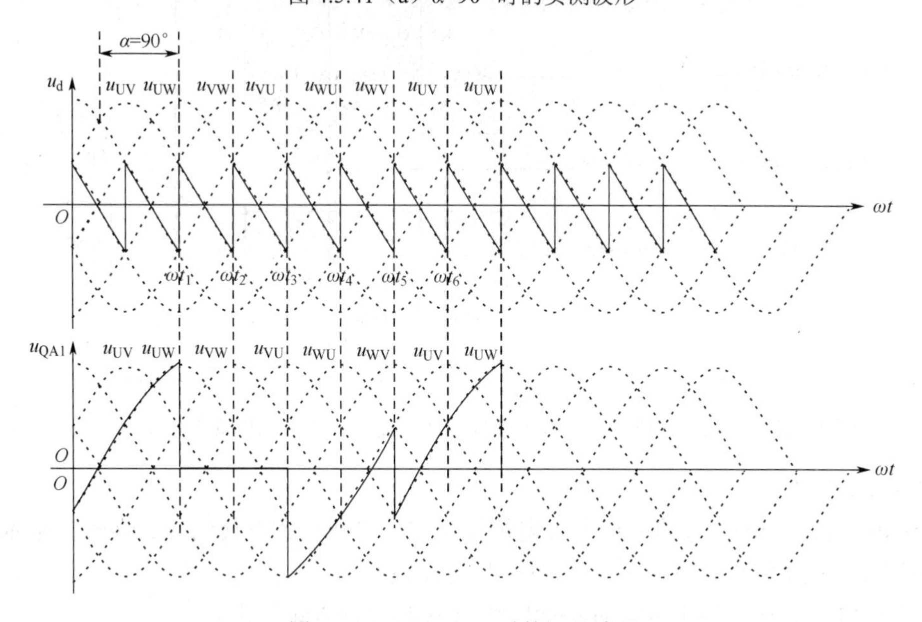

图 4.5.41（b）α=90° 时的记录波形

要求：① 能用示波器测量并在图 4.5.42 中绘制出 α 为 15°、30°、45°、60°、75°（由考评员选择其一，下同）时的输出直流电压 u_d 的波形。

② 绘出晶闸管触发电路功放管集电极电压 u_{P1}、u_{P2}、u_{P3}、u_{P4}、u_{P5}、u_{P6} 的波形。

③ 晶闸管两端电压 u_{QA1}、u_{QA2}、u_{QA3}、u_{QA4}、u_{QA5}、u_{QA6} 波形。

④ 同步电压 u_{SU}、u_{SV}、u_{SW} 波形。

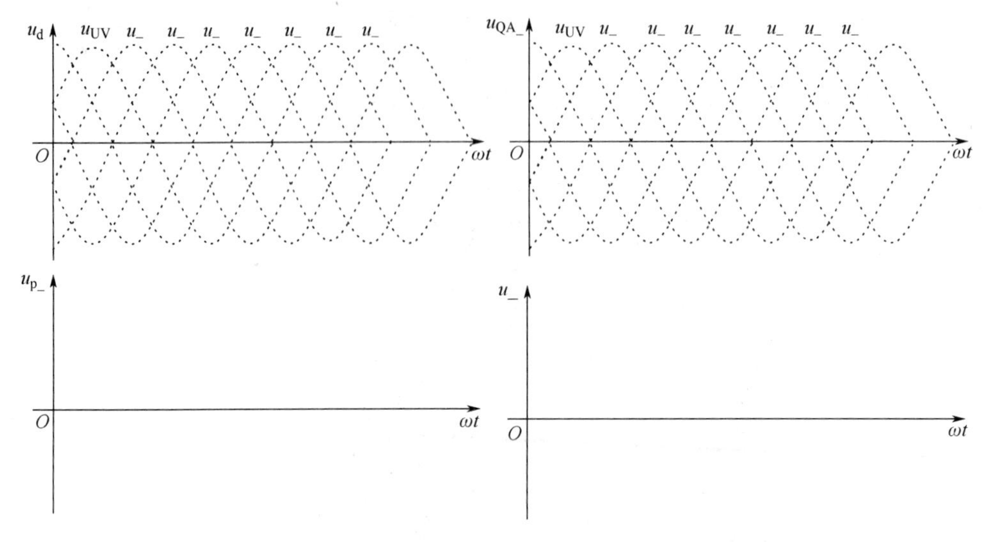

图 4.5.42　绘制波形

2. 带续流二极管的三相全控桥式整流大电感性负载

对于三相全控桥式整流大电感性负载，当 α>60° 时，输出电压 u_d 的波形出现负值，会使平均电压 u_d 下降，此时，可在大电感负载两端并接续流管 RA3，这样不仅可以提高输出平均电压 u_d 值，而且可以扩大异相范围并使负载电流 i_d 更平稳。电路如图 4.5.43 所示。

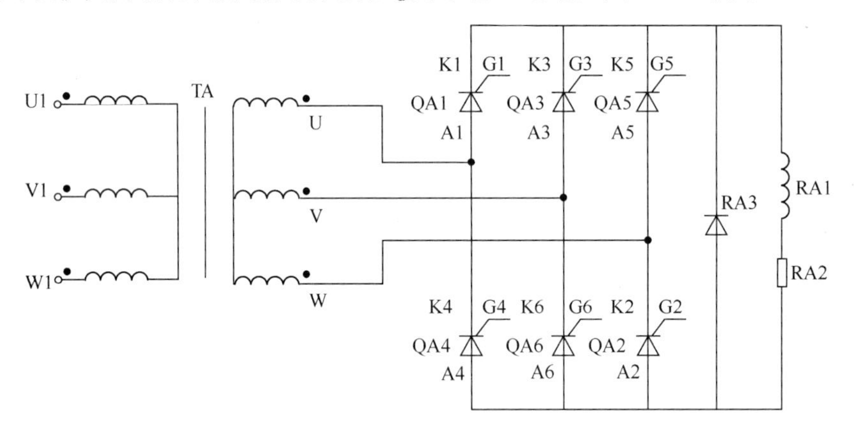

图 4.5.43　三相全控桥式整流大电感性负载两端并接续流二极管主电路原理图

工作过程分析如下。

当 $\alpha \leqslant 60°$ 时输出电压 u_d 的波形和各电量计算与大电感负载不接续流二极管时基本相同，且连续均为正压，续流管 RA3 不起作用，每相晶闸管导通 120°。

当 α>60° 时，如图 4.5.44 所示为 α=90° 输出电压 u_d 的理论波形。

当三相电源电压每相过零变负时，电感 RA1 中的感应电动势使续流二极管 RA3 承受正向电压而导通进行续流，其续流电路回路如图 4.5.45 所示的虚线部分。

续流期间输出电压 u_d= 0，使得 u_d 波形不出现负压，但已出现断续，在电感性负载并接续流管后，整流电压波形与电阻性负载电路时相同，晶闸管导电角小于 120°。

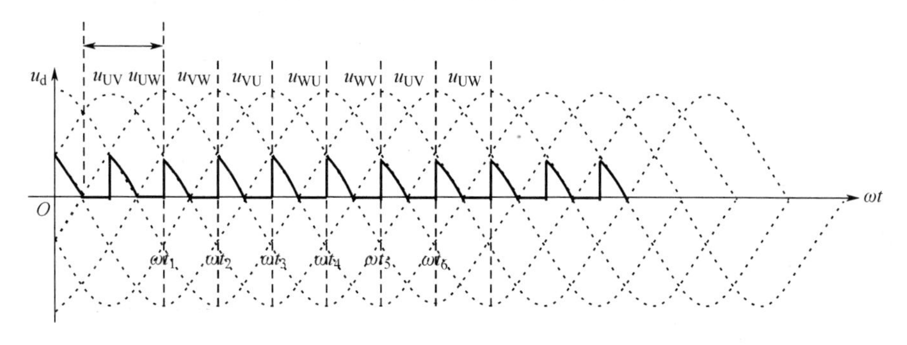

图 4.5.44　α=90° 输出电压 u_d 的理论波形

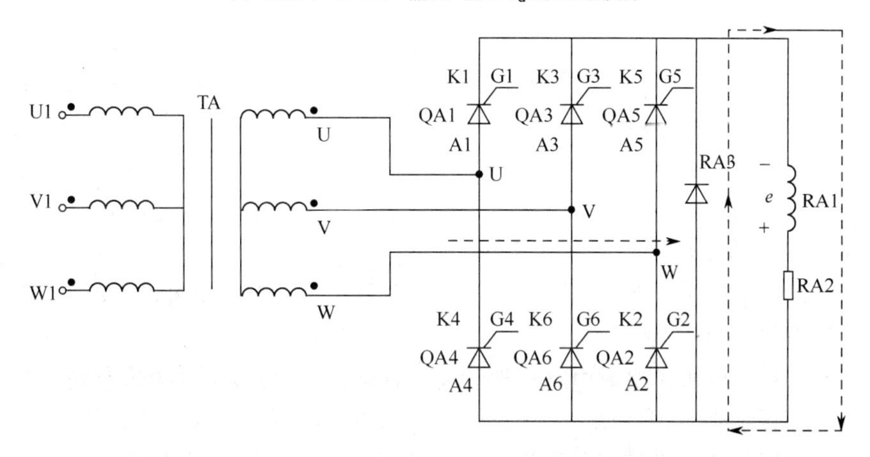

图 4.5.45　续流二极管 RA3 承受正向电压导通时的续流电流回路

【项目检查评价】

根据学习者完成情况进行评价，评分标准见表 4.5.4。

表 4.5.4　评分标准

序号	考核项目	考核要求	配分	评分标准	扣分	得分
1	绘制的 PLC 电气原理图	（1）正确绘图 （2）图形符号和文字符号符合国家标准 （3）正确回答相关问题	6	（1）原理错误，每处扣 2 分 （2）图形符号和文字符号不符合国家标准，每处扣 1 分 （3）回答问题错 1 道扣 2 分 （4）本项配分扣完为止		
2	工具的使用	（1）正确使用工具 （2）正确回答相关问题	6	（1）工具使用不正确，每次扣 2 分 （2）回答问题错 1 道扣 2 分 （3）本项配分扣完为止		
3	仪表的使用	（1）正确使用仪表 （2）正确回答相关问题	8	（1）仪表使用不正确，每次扣 2 分 （2）回答问题错 1 道扣 2 分 （3）本项配分扣完为止		
4	安全文明生产	（1）明确安全用电的主要内容 （2）操作过程中符合文明生产要求	5	（1）未经同意私自通电扣 5 分 （2）损坏设备扣 2 分 （3）损坏工具仪表扣 1 分 （4）发生轻微触电事故扣 5 分 （5）本项配分扣完为止		

续表

序号	考核项目	考核要求	配分	评分标准	扣分	得分
5	连接	按照电气原理图正确连接电路	15	（1）不按图纸接线，每处扣 2 分 （2）元器件安装不牢靠，每处扣 2 分 （3）本项配分扣完为止		
6	试运行	（1）通电前检测设备、元件及电路 （2）通电试运行实现电路功能	10	（1）通电试运行发生短路事故和开路现象扣 10 分 （2）通电运行异常，每项扣 5 分 （3）本项配分扣完为止		
合计			50			

【理论试题精选】

一、判断题

1.（　　）在三相桥式全控整流电路中，两组三相半波电路是同时并联工作的。

2.（　　）三相桥式全控整流电路带大电感性负载时，晶闸管的导通规律为每隔 120° 换相一次，每个管子导通 60°。

3.（　　）三相全控桥式整流电路带电阻性负载，当其交流侧的电压有效值为 U_2，控制角 $\alpha \leqslant 60°$ 时，其输出直流电压平均值 $U_d = 2.34U_2 \cos\alpha$。

4.（　　）三相全控桥式整流电路带大电感性负载，已知 $U_2 = 200\text{V}$，$R_d = 5\Omega$，则流过负载的最大电流平均值为 40A。

5.（　　）三相全控桥式整流电路（无续流二极管），当负载上的电流有效值为 I 时，流过每个晶闸管的电流有效值为 $0.577I$。

6.（　　）三相全控桥式整流电路带大电感负载时，其移相范围是 0°～90°。

7.（　　）三相桥式全控整流电路晶闸管应采用双窄脉冲触发。

8.（　　）带电阻性负载的三相桥式半控整流电路，一般都由三个二极管和三个晶闸管组成。

9.（　　）三相桥式半控整流电路带电阻负载，每个晶闸管流过的平均电流是负载电流的 1/3。

10.（　　）带平衡电抗器的双反星形可控整流电路带电感性负载时，任何时刻都有两个晶闸管同时导通。

11.（　　）整流电路中晶闸管导通的时间用电角度表示称为换相重叠角。

12.（　　）可控整流电路对直流负载来说是一个带内阻的可变直流电源。

13.（　　）晶闸管可控整流电路承受的过电压为换相过电压、操作过电压、交流侧过电压等几种。

14.（　　）晶闸管装置常采用的过电压保护措施有压敏电阻、硒堆、限流、脉冲移相等。

15.（　　）晶闸管装置常用的过电流保护措施有直流快速开关、快速熔断器、电流检测和过电流继电器、阻容吸收等。

16.（　　）在晶闸管可控整流电路中，快速熔断器只可安装在桥臂上与晶闸管串联。

17.（　　）造成晶闸管误导通的主要原因有两个，一是干扰信号加至控制极，二是加至晶闸管阳极上的电压上升率过大。

18.（　　）为保证晶闸管装置能正常可靠地工作，触发脉冲应有一定的宽度及陡峭的前沿。

19.（　　）常用的晶闸管触发电路按同步信号的形式不同，分为正弦波及锯齿波触发电路。

20.（　　）晶闸管触发电路一般由同步移相、脉冲形成、脉冲放大、输出等基本环节组成。

二、选择题

1. 在三相桥式全控整流电路中，两组三相半波电路是（　　）工作的。

A. 同时并联　　B. 同时串联　　C. 不能同时并联　　D. 不能同时串联

2. 三相桥式全控整流电路带大电感负载时，晶闸管的导通规律为（　　）。

A. 每隔 $120°$ 换相一次，每个管子导通 $60°$

B. 每隔 $60°$ 换相一次，每个管子导通 $120°$

C. 同一相中两个管子的触发脉冲相隔 $120°$

D. 同一相中相邻两个管子的触发脉冲相隔 $60°$

3. 三相全控桥式整流电路带电阻性负载，当其交流侧的电压有效值为 U_2，控制角 $\alpha > 60°$ 时，其输出直流电压平均值 U_d=（　　）。

A. $1.17U_2 > \cos\alpha$　　B. $0.675U_2[1+\cos(30°+\alpha)]$

C. $2.34U_2[1+\cos(60°+\alpha)]$　　D. $2.34U_2\cos\alpha$

4. 三相全控桥式整流电路（无续流二极管），当负载上的电流有效值为 I 时，流过每个晶闸管的电流有效值为（　　）。

A. $0.707I$　　B. $0.577I$　　C. $0.333I$　　D. $0167I$

5. 三相全控桥式整流电路带大电感负载时，其移相范围是（　　）。

A. $0°\sim90°$　　B. $0°\sim120°$　　C. $0°\sim150°$　　D. $0°\sim180°$

6. 三相桥式全控整流电路晶闸管应采用（　　）触发。

A. 单窄脉冲　　B. 尖脉冲　　C. 双窄脉冲　　D. 脉冲列

7. 带电阻性负载的三相桥式半控整流电路，一般都由（　　）组成。

A. 六个二极管　　B. 三个二极管和三个晶闸管

C. 六个晶闸管　　D. 六个三极管

8. 在三相半控桥式整流电路中，要求共阴极组晶闸管的触发脉冲之间的相位差为（　　）。

A. $90°$　　B. $120°$　　C. $150°$　　D. $180°$

9. 三相半控桥式整流电路带电阻性负载时，其移相范围是（　　）。

A. $0°\sim90°$　　B. $0°\sim120°$　　C. $0°\sim150°$　　D. $0°\sim180°$

10. 三相半控桥式整流电路接感性负载，当控制角 $\alpha = 0°$ 时，输出平均电压为 234V，变压器二次变压有效值 U_2 为（　　）。

A. 100　　B. 117　　C. 200　　D. 234

11. 三相桥式半控整流电路带电阻负载，每个晶闸管流过的平均电流是负载电流的（　　）。

A. 1 倍　　B. 1/2　　C. 1/3　　D. 1/3 或不到 1/3

12. 带平衡电抗器的双反星形可控整流电路带电感负载时，任何时刻都有（　　）同时导通。

A. 1 个晶闸管　　B. 2 个晶闸管同时

C. 3 个晶闸管同时　　D. 4 个晶闸管同时

13. 带平衡电抗器的三相双反星形可控整流电路中，平衡电抗器的作用是使两组三相半波可控整流电路（　　）。

A. 相串联　　B. 脉冲信号

C. 单独输出　　D. 以 $180°$ 相差位相并联同时工作

14．带平衡电抗器的三相双反星形可控整流电路中，每个晶闸管流过的平均电流是负载电流的（　　）倍。

A．1/2　　B．1/3　　C．1/4　　D．1/6

15．在带平衡电抗器的双反星形可控整流电路中（　　）。

A．存在直流磁化问题　　B．不存在直流磁化问题

C．存在直流磁化损耗　　D．不存在交流磁化问题

16．变压器存在漏抗是整流电路中换相压降产生的（　　）。

A．结果　　B．原因　　C．过程　　D．特点

17．整流电路在换流过程中，两个相邻相的晶闸管同时导通的时间用电角度表示称为（　　）。

A．导通角　　B．逆变角　　C．换相重叠角　　D．控制角

18．相控整流电路对直流负载来说是一个带内阻的（　　）。

A．直流电源　　B．交流电源

19．晶闸管可控整流电路承受的过电压为（　　）。

A．换相过电压、交流侧过电压与直流侧过电压

B．换相过电压、关断过电压与直流侧过电压

C．交流过电压、操作过电压与浪涌过电压

D．换相过电压、操作过电压与交流侧过电压

参 考 文 献

[1] 中华人民共和国人力资源和社会保障部.国家职业技能标准：维修电工[M]．北京：中国劳动社会保障出版社，2009．

[2] 王建．常用电气控制线路安装与调试[M]．北京：中国劳动社会保障出版社，2006．

[3] 王建．维修电工（高级）[M]．北京：机械工业出版社，2010．

[4] 王兆晶．维修电工（高级）[M]．北京：机械工业出版社，2007．

[5] 秦雯．电工电子技术[M]．北京：机械工业出版社，2013．

[6] 倪涛．电工电子技术[M]．北京：北京大学出版社，2011．

[7] 李艳新．电工电子技术[M]．北京：北京大学出版社，2007．

[8] 卢菊洪．电工与电子技术基础[M]．北京：北京大学出版社，2007．

[9] 劳动和社会保障部教材办公室，上海市职业技术培训教研室．维修电工（高级）[M]．北京：中国劳动社会保障出版社，2012．

[10] 亚龙科技集团．亚龙 YL-235A 型机电一体化设备说明书，2008．

[11] 亚龙科技集团．亚龙 YL-335B 自动化生产线设备说明书，2009．

[12] 潘明，潘松．数字电子技术基础．北京：科学出版社，2008．

[13] 阎石．数字电子技术基本教程．北京：清华大学出版社，2007．

[14] 曹林根．数字逻辑．上海：上海交通大学出版社，2007．

[15] 陈志武．数字电子技术基础辅导教案．西安：西北工业大学出版社，2007．

[16] 阎石，王红．数字电子技术基础（第五版）习题解答．北京：高等教育出版社，2006．

[17] 张静之，刘建华．高级维修电工实训教程．北京：机械工业出版社，2011．

[18] 黄丽卿．高级维修电工取证培训教程．北京：机械工业出版社，2008．